高等学校应用型本科电子信息类专业系列教材

电工电子技术及其应用

储开斌　朱　栋　冯成涛　编著

西安电子科技大学出版社

内 容 简 介

本书基于非电类专业近年来对“电工电子技术”课程的要求，结合应用型人才培养目标及教学特点，精选教学内容，强化工程应用，引导读者将所学知识应用到专业课程及专业实践中，有效激发读者的学习兴趣。

本书共分为12章。第1～4章为电工部分，主要介绍电路模型、电路分析方法、交流电的表示方法、交流电路分析、三相交流电路、电路的暂态过程、变压器与电动机、继电接触控制系统等。第5～8章为模拟电子技术部分，主要介绍常用电子元器件、常用分立元器件电路及分析方法、集成电路应用、反馈放大器、信号产生电路及直流稳压电源等。第9～12章为数字电子技术部分，主要介绍门电路、逻辑函数的运算及表示方法、组合逻辑电路的设计与分析、时序逻辑电路、模/数转换、数/模转换及555定时器的应用等。

本书内容精练，知识新，系统性及实用性强，全书配有大量的例题、习题及工程应用实例，使读者易于学习、掌握及应用。

本书可作为各类高校非电类专业学生电工电子技术类课程的教材或教学参考书，也可作为相关工程技术人员的学习及参考用书。

图书在版编目(CIP)数据

电工电子技术及其应用/储开斌，朱栋，冯成涛编著. —西安：西安电子科技大学出版社，2020.9(2021.2 重印)
ISBN 978-7-5606-5837-7

Ⅰ.①电… Ⅱ.①储… ②朱… ③冯… Ⅲ.①电工技术 ②电子技术
Ⅳ.①TM ②TN

中国版本图书馆 CIP 数据核字(2020)第148881号

策划编辑 高 樱
责任编辑 张 玮
出版发行 西安电子科技大学出版社(西安市太白南路2号)
电 话 (029)88242885 88201467 邮 编 710071
网 址 www.xduph.com 电子邮箱 xdupfxb001@163.com
经 销 新华书店
印刷单位 陕西日报社
版 次 2020年9月第1版 2021年2月第2次印刷
开 本 787毫米×1092毫米 1/16 印张 19.5
字 数 462千字
印 数 2001～4000册
定 价 46.00元
ISBN 978-7-5606-5837-7/TM

XDUP 6139001-2

前　言

本书是参照教育部制定的“电工技术”和“电子技术”课程教学基本要求，结合应用型本科院校非电类专业对电工与电子技术的需要组织编写的教材。编写过程中，编者融入了多年非电类专业教学经验，精选教学内容，优选教学实例，力求使读者学有所用。

本书共分为12章。第1章介绍电路模型、电路的基本定律、电路的分析方法及电路的暂态过程；第2章介绍正弦电路的概念及表示方法、交流电路的相量形式、电路中的谐振、功率因数的提高、三相电路分析；第3章简单介绍磁路的基本概念、变压器的原理及三相异步电动机的原理，重点介绍了电磁铁的应用、变压器的三大作用以及三相异步电动机的机械特性及应用；第4章介绍常用的低压控制电器、基本的继电接触控制系统、控制线路图的识图及画法；第5章介绍常用电子元器件的原理、符号、伏安特性及选用原则；第6章介绍二极管模型等效、二极管电路分析、三极管模型等效、三极管电压放大电路分析、差分放大电路分析；第7章介绍集成电路的结构、理想运算放大器的特点、反馈的概念与判定、负反馈放大器、集成运算放大器的典型应用、正弦波振荡电路、非正弦波发生器；第8章介绍直流稳压电源的整流电路、滤波电路、稳压电路；第9章介绍基本的门电路、逻辑函数的计算、逻辑函数的表示方法、组合逻辑电路的分析与设计；第10章介绍基本的时序逻辑电路的原理、触发器、计数器、寄存器；第11章介绍A/D转换的基本原理、A/D转换的类型与特点、A/D转换电路的选择原则、D/A转换的基本原理、D/A转换的类型与特点、D/A转换电路的选择原则；第12章介绍555定时器的结构、基本原理、典型应用。全书每个章节根据知识点的不同，均优选了与工程实际结合较为紧密的应用实例，便于读者理解并应用。

本书由储开斌、朱栋、冯成涛编著。其中，冯成涛编写了第1～4章，储开斌编写了第5～8章，朱栋编写了第9～12章，全书由储开斌统稿。在本书编写过程中，得到了朱正伟、包伯成和何宝祥等老师的大力帮助，在此谨向他们致谢。书中参考了许多专家、学者的研究成果，在此特向他们表示衷心的感谢。西安电子科技大学出版社为本书的出版亦付出了艰辛的劳动，在此表示感谢。

由于编者水平有限，加之时间仓促，书中的不妥之处在所难免，殷切希望使用本书的读者给予批评指正。

编　者

2020年4月于江苏常州

目录 Contents

第1章　电路及其分析方法

电路理论是电工技术和电子技术的基础，与电子工程、通信工程、电气工程、自动化、计算机科学技术等学科专业的发展相互促进、相互影响。本章讨论实际电路与电路模型，电阻元件、电感元件、电容元件及其选用原则，基本概念与基本定律，几种常用的电路分析方法。最后介绍插线板电路、电池组的连接、电动车的充电原理等应用实例。

1.1　电路模型

1.1.1　实际电路与电路模型

电路是由金属导线和电气、电子部件组成的导电回路，或者是电流可以在其中流通的由导体连接的电路元件的组合。实际电路是为了实现某种目的，把元器件或者设备按照一定的方式用导线连接起来构成的整体，它常常借助于电压、电流来完成传输电能或信号、处理信号、测量、控制、计算等功能。电路规模可以相差很大，小到硅片上的集成电路，大到高低压输电网。根据所处理信号的不同，电路可以分为模拟电路和数字电路。根据流过的电流性质，直流电通过的电路称为直流电路，交流电通过的电路称为交流电路。

通常电路可分为三个部分：电源、负载和中间环节。电源(信号源)用来提供能量(提供信息)，是将其它形式的能量转换为电能的装置，通常又称为激励，如电池就是常用的电源。负载消耗能量(接收信息)，是将电能转换为其它形式的能量的装置，通常又称为响应，如电灯、电动机等都是负载。中间环节是连接电源和负载的部分，它起传输和分配电能的作用，如变压器和导线等都是中间环节。

实际电路都是由一些按需要起不同作用的实际装置所组成的，电路系统的实际装置包括各种设备、器件和元件等，直接面对实际电路进行分析和研究是很复杂、很困难，甚至是不可能的。当实际电路工作时，如果只考虑电源、负载和中间环节的主要电磁性能，而忽略其次要的电磁性能，则构成电路的各个器件或元件就可以看成理想电路元件。为了便于对实际电路进行分析和数学描述，可将实际装置模型化(理想化)。理想电路元件是实际电路器件的理想化和近似，其电特性单一、精确，可定量分析和计算。常用的理想电路元件有电阻、电容、电感、电压源、电流源、受控源等。

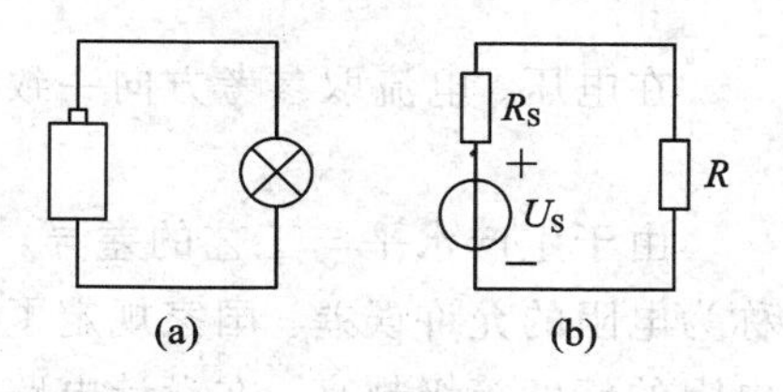

图1-1　实际电路与电路模型

图1-1(a)所示为一个简单的实际电路，这是一个由电池和灯泡用两根导线组成的照明电路，其电路模型如图1-1(b)所示。图中的电阻元件R作为灯泡的电路模型，电压源U_S和电阻元件R_S的串联组合作为电池的

电路模型，用理想导线(其电阻设为零)即线段表示连接导线。

后面分析中用到的都是电路模型，简称电路。

1.1.2 电阻元件、电感元件、电容元件

电路元件是电路中最基本的组成单元，其本身就是一个最简单的电路模型。电路元件通过其端子与外部电路相连接，元件的特性通过与端口有关的电路变量之间的代数函数关系来描述。每种元件反映一种确定的电磁性质。

电路元件按其与电路的连接端子可分为二端元件、三端元件及多端元件等；按线性关系可分为线性元件与非线性元件；按时间关系可分为时不变元件和时变元件；按能量关系可分为有源元件和无源元件。

电阻电路是只含电阻元件和电源元件的电路。电阻电路的理想元件有电阻元件、电压源、电流源和四种受控源，它们可以用电压和电流的关系即伏安关系(Voltage-Current Relation，VCR)来表征。

1. 电阻元件及伏安关系

电阻元件是电路中使用最多的元件，是德国物理学家欧姆在1862年首先提出的。

一个二端元件在任一时刻t，其电压与电流的关系可由$i-u$平面上的一条曲线(伏安特性曲线)确定，则称该元件为电阻元件，简称电阻。若该曲线是一条经过原点的直线(不随t变化)，则称该电阻为线性电阻(线性时不变电阻)。

线性电阻元件的图形符号如图1-2(a)所示。由欧姆定律的定义得，电阻元件的参数(即电阻)为

$$R=\frac{u}{i} \tag{1-1}$$

R是一个正实常数，单位为欧姆(Ω)。

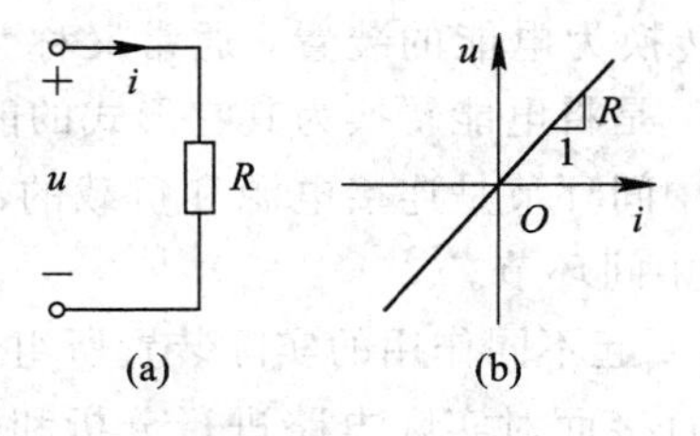

图1-2 线性电阻元件及其伏安特性曲线

图1-2(b)所示为线性电阻元件的伏安特性曲线，它是通过原点的一条直线，直线的斜率即为元件的电阻R。因此，电阻元件的代数函数关系(即伏安关系)可以表示为

$$f(u, i)=0 \tag{1-2}$$

在电压、电流取参考方向一致时，式(1-2)变成

$$u=Ri \tag{1-3}$$

由于生产水平与工艺的差异，电阻的实际阻值与标称阻值存在一定的误差，这个误差称为电阻的允许误差。国家规定了误差等级有±5%、±1%、±0.5%。允许误差越小，则电阻的精度等级越高。在设计电路中选取电阻时，应把握以下几个原则：

(1) 电阻的阻值一般随温度变化而变化，电路对稳定性要求比较高时，应选温度系数

小的电阻。

(2) 电路中长期连续工作所允许消耗的最大功率，具体有1/16 W、1/8 W、1/4 W、1/2 W、1 W；所选额定功率应大于实际承受功率的2倍以上，才能保证电阻在电路中长期工作的可靠性。

(3) 根据电路的工作频率选择。高频电路(3 MHz～30 MHz)要求电阻的分布参数越小越好，即电阻的分布电感应尽可能小，应选用金属膜电阻、金属氧化膜电阻等高频电阻；低频电路(300 kHz以下)对电阻的分布参数要求不高，可选用绕线电阻、碳膜电阻；退耦电路、滤波电路对阻值变化没有严格要求，任何电阻都适用。

(4) 根据电路板的大小选用电阻。

2. 电感元件及伏安关系

从实际电感器抽象出来的电路模型称为电感元件。导线中有电流时，其周围产生磁场。实际电感器可以通过将一定长度的导线绕成线圈构成，如图1-3所示，等效于增大产生磁场的电流，同时也增大了磁场。假设穿过一匝线圈的磁通量为Φ，那么与每匝线圈交链的磁通量之和称为磁链Ψ，若有N匝线圈，则

$$\Psi = N\Phi \tag{1-4}$$

Ψ和Φ都是线圈本身的电流产生的，如果忽略实际电感器在工作时消耗能量等次要因素，就可以把它看成一个只存储磁场能量的理想元件——电感元件。

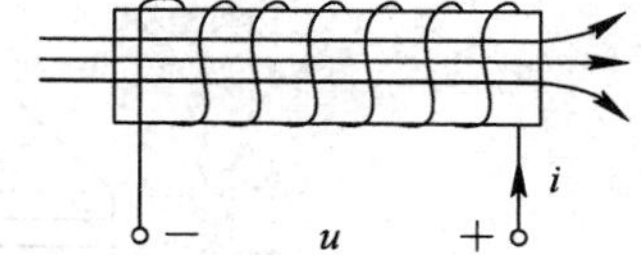

图1-3　电感器及其磁通线

某个二端元件在任一时刻的磁链$\Psi(t)$和电流$i(t)$之间存在代数关系：

$$f(\Psi, i) = 0 \tag{1-5}$$

当此特性曲线是通过原点的直线时，称为线性电感元件，否则称为非线性电感元件。当特性曲线不随时间变化时，称为时不变电感元件，否则称为时变电感元件。本书中除非特别指明，否则只讨论线性时不变电感元件，其符号和特性曲线如图1-4(a)、(b)所示。在任意时刻，磁链与电流的关系为

$$\Psi(t) = Li(t) \tag{1-6}$$

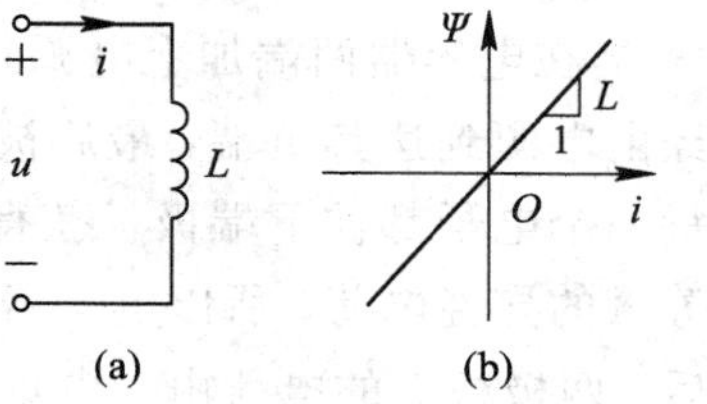

图1-4　电感元件及其特性曲线

这里磁链和电流的参考方向符合右手螺旋定则。L称作电感的电路参数，单位是亨利(H)。L是一个与Ψ、i无关的正实常数，其数值等于单位电流流过电感元件时，电感元件所产生的磁链，因此L代表了电感元件储存磁场的能力。

根据电磁感应定律，感应电压等于Ψ的变化率，当电压与磁链的方向符合右手螺旋定则时，可得

$$u(t) = \frac{\mathrm{d}\Psi(t)}{\mathrm{d}t} \tag{1-7}$$

将式(1-6)代入式(1-7)，得

$$u(t) = L\frac{\mathrm{d}i(t)}{\mathrm{d}t} \tag{1-8}$$

这就是电感元件VCR的微分形式。

由于磁芯材料的磁参数均有较大的分布误差，批次不同或厂商不同，则差异可能较大，所以设计时需考虑在磁参数有偏差时所造成的影响，留有一定的裕量。

(1) 电感额定电流要正确选用，以防电感饱和及线圈过热。一般要求工作电流(有效值)不超过厂家给的额定电流。电感器长期工作温升不超过 30℃(表面贴装型)或 40℃(插装型)；电感器工作时自身最高温度不要超过额定温度。

(2) 小电流电感优先选表面贴装型电感器，尤其是高频电感，表面贴装的电感不仅体积小，且分布电容小，可靠性高，对器件密度高的单板尤其有利；功率型电感优先选插装型电感器，尽量不使用表面贴装型。

3. 电容元件及伏安关系

从实际电容器抽象出来的电路模型称为电容元件。图 1-5(a)、(b)所示是常用的平板式电容器，其基本结构是由两块金属极板中间隔以绝缘介质构成的。图 1-5(a)中的绝缘介质是空气，图 1-5(b)中的绝缘介质是固体绝缘片。

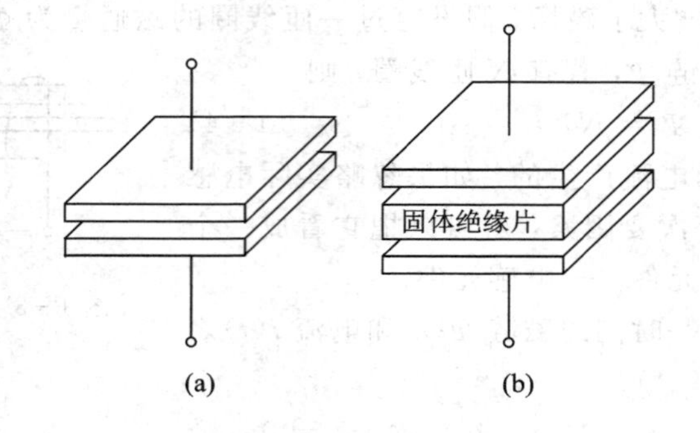

图 1-5 平板式电容器

当在电容器两端加上电源时，电容器充电，上端极板上的电子被吸引到电源的正端，再经由电源到达其负端，最后被电源负极排斥到电容器下端极板上，因为上端极板上失去的每一个电子都被下端极板获得，所以两块极板上的电荷量相同。由于两块极板分别聚集了等量的异性电荷，所以电容器在其绝缘介质中建立了电场，并储存电场能量。当电源移除后，两极板上的电荷由于电场力的作用互相吸引，但中间介质是绝缘的，所以互相不能中和，电荷被长久地储存起来。因此电容器是一种能存储电场能的电路器件，如果忽略电容器在实际工作中的漏电和磁场影响等次要因素，就可以把它抽象成一个只存储电场能量的元件——电容元件。

某个二端元件在任一时刻的电荷量 $q(t)$和电压 $u(t)$之间存在代数关系，即

$$f(q,\ u)=0$$

当此特性曲线是通过原点的直线时，称为线性电容元件，否则称为非线性电容元件。当特性曲线不随时间变化时，称为时不变电容元件，否则称为时变电容元件。本书中除非特别指明，只讨论线性时不变电容元件，其符号和特性曲线如图 1-6(a)、(b)所示。在任意时刻，电荷与其端电压的关系为

$$q(t)=Cu(t) \tag{1-9}$$

C 称作电容的电路参数，单位是法拉(F)。在使用中法拉单位过大，实际的电容值通常在皮法(pF)到微法(μF)的范围内。C 是一个与 q、u 无关的正实常数，其数值等于单位电压加

于电容元件两端时，电容元件储存的电荷量，因此 C 代表了电容元件储存电荷的能力。

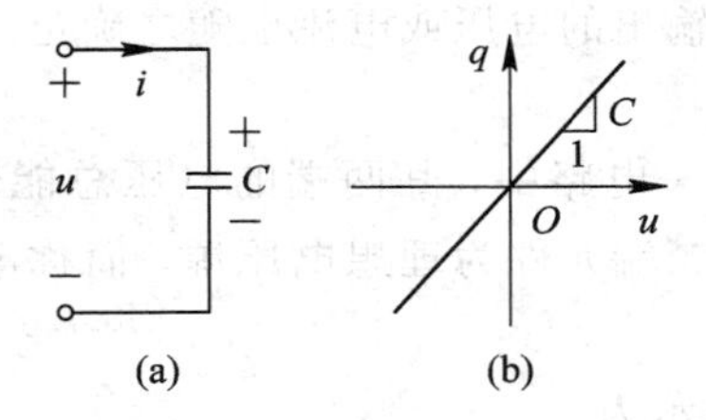

图 1-6　电容元件及其特性曲线

假设此时将一个外部元器件连接到电容上，那么将产生一个正的电流，它从电容的一个极板流出，然后进入另一个极板。在外加元器件两端，流入和流出的电流大小相同。在电容内部，如图 1-6(a)所示，进入一个极板的正电流表示正电荷正通过导线流向该极板，前面曾介绍过中间的介质是绝缘的，因此电荷不能穿越介质，将聚集在极板上。事实上，此时的传导电流与该电荷具有如下关系：

$$i(t) = \frac{\mathrm{d}q(t)}{\mathrm{d}t} \tag{1-10}$$

把 $q(t)=Cu(t)$ 代入上式，可得

$$i(t) = C\frac{\mathrm{d}u(t)}{\mathrm{d}t} \tag{1-11}$$

式(1-11)就是电容元件 VCR 的微分形式。

从电容元件的 VCR 可以得到，某一时刻电容电流与该时刻电容电压的变化率成正比，而与电压的大小无关。如果电压恒定不变，即电流为零，则此时电容相当于开路，所以电容具有隔直流、通交流的特性。

电容元件的选用及使用注意事项如下：

(1) 一般在低频耦合或旁路中，对电气特性要求较低，可选用纸介、涤纶电容器；在高频高压电路中，应选用云母电容器或瓷介电容器；在电源滤波和退耦电路中，可选用电解电容器。

(2) 在振荡电路、延时电路、音调电路中，电容器容量应尽可能与计算值一致；在各种滤波及选频网络中，电容器容量要求精确；在退耦电路、低频耦合电路中，对电容器精度的要求不高。

(3) 电容器额定电压应高于实际工作电压，并要有足够的裕量，一般选用耐压值为实际工作电压 2 倍以上的电容器。

(4) 应优先选用绝缘电阻高、损耗小的电容器，并注意使用环境。

1.1.3　电源

电源是电路中另一个用得比较多的元件，实际电源有电池、发电机、信号源等。电压源和电流源是从实际电源抽象得到的电路模型，它们是二端有源元件。

电源可分为两类：独立电源和受控电源(又称为受控源)。

独立电源(即电压源或电流源)是能独立地向外电路提供能量的电源，其向外电路输出的电压或电流值不受外电路电压或电流变化的影响。

受控源向外电路输出的电压或电流随其控制支路电压或电流变化，在控制支路电压或电流恒定时，受控源向外电路输出的电压或电流也随之确定。

1. 电压源

如果一个二端元件接到任一电路中，其两端的电压总能保持规定的值 $u_S(t)$，而与通过它的电流大小无关，则称该二端元件为理想电压源，简称电压源。电压源的图形符号如图 1－7(a)所示。

电压源的端电压 $u(t)$可表示为

$$u(t) = u_S(t) \tag{1-12}$$

式中，$u_S(t)$为给定的时间函数，称为电压源的激励电压。当 $u_S(t)$为恒定值时，这种电压源称为直流电压源，它的图形符号如图 1－7(b)所示，其中长线表示电源的“＋”端。

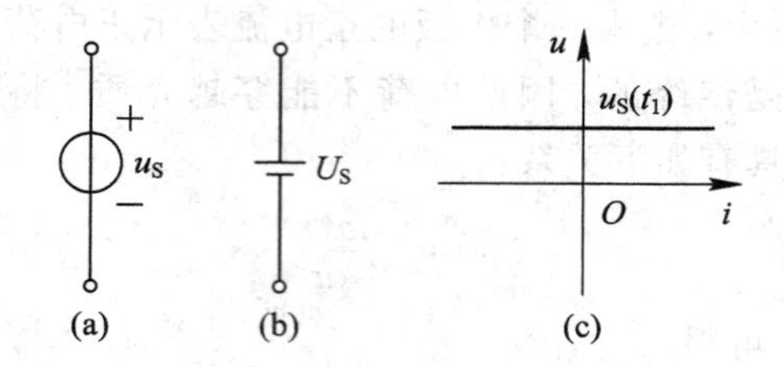

图 1－7　电压源

电压源在 t_1时刻的伏安特性曲线如图 1－7(c)所示，它是一条不通过原点且与电流轴平行的直线。电压源两端的电压由电压源本身决定，与外电路无关，与流经它的电流方向、大小也无关；但是通过电压源的电流由外电路来决定，而不是它本身。所以电路中的电流可以从不同方向流经电压源。因此，电压源存在两种工作状态：当电流经“－”流入从“＋”流出电压源时，它向外发出功率，作为电源工作；当电流经“＋”流入从“－”流出电压源时，它从外电路吸收功率，作为负载工作。如果一个电压源的电压 $u_S=0$，则此电压源相当于一条短路线，与电压源的特性相矛盾，所以理想电压源是不允许“短路”的。

2. 电流源

如果一个二端元件接到任一电路中，流经它的电流始终保持规定的值 $i_S(t)$，而与其两端的电压大小无关，则称该二端元件为理想电流源，简称电流源。电流源的图形符号如图 1－8(a)所示。

电流源发出的电流 $i(t)$可表示为

$$i(t) = i_S(t) \tag{1-13}$$

式中，$i_S(t)$为给定的时间函数，称为电流源的激励电流。当 $i_S(t)$为恒定值时，这种电流源称为直流电流源。

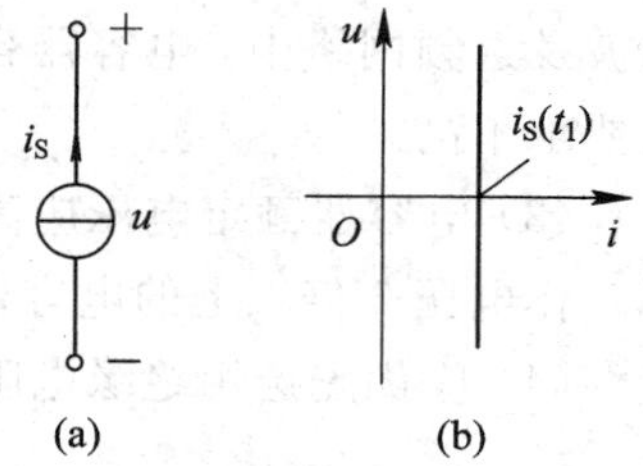

图 1－8　电流源

电流源在 t_1时刻的伏安特性曲线如图 1－8(b)所示，它是一条不通过原点且与电压轴平行的直线。电流源的输出电流由电流源本身决定，与外电路无关，也与它两端的电压无关；但是电流源两端的电压是由外部电路决定的，而不是由它本身来决定的。所以，电流源同样存在两种工作状态：当其电流和电压的实际方向一致时，它向外发出功率，作为电源工作；当其电流和电压的实际方向不一致时，它从外电路吸收功率，作为负载工作。

如果一个电流源的电流 $i_S=0$，则此电流源相当于"开路"，与电流源的特性相矛盾，所以理想电流源是不允许"开路"的。

3. 受控源

双极晶体管的集电极电流受基极电流控制，运算放大器的输出电压受输入电压控制，对这类器件进行电路建模时要用到受控源，受控源是非独立电源。

受控源是四端电路元件，有两条支路：一条为电压或电流控制支路，另一条为受控电压源或受控电流源支路。因此，受控源可分为四种，分别为电压控制电压源（Voltage Controlled Voltage Source，VCVS）、电压控制电流源（Voltage Controlled Current Source，VCCS）、电流控制电压源（Current Controlled Voltage Source，CCVS）和电流控制电流源（Current Controlled Current Source，CCCS）。

受控源用菱形符号表示。四种受控源的图形符号如图 1-9 所示，分别对应于 VCVS、VCCS、CCVS 和 CCCS。图中，u_1 和 i_1 分别表示受控电源的控制电压和控制电流，μ、r、g 和 β 分别是与受控源有关的控制系数，其中 μ 和 β 是量纲为一的量，r 和 g 分别具有电阻和电导的量纲。这些系数为常数时，被控制量和控制量成正比，这种受控源称为线性受控源。本书只考虑线性受控源，故一般将略去"线性"二字。

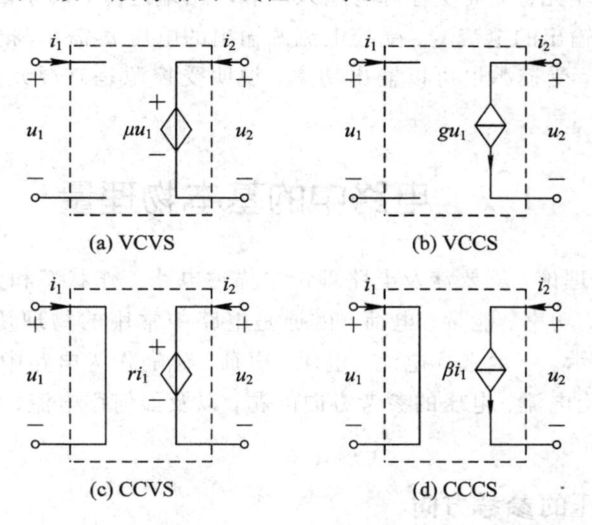

图 1-9 四种受控源

受控源是一种四端电路元件，它可以由如下两个代数方程定义：

$$\begin{cases} f_1(u_1, u_2, i_1, i_2) = 0 \\ f_2(u_1, u_2, i_1, i_2) = 0 \end{cases}$$

其中，f_1 表示控制端口的函数关系，f_2 表示受控端口的函数关系，受控源的控制支路或为开路，或为短路，分别对应于控制量是开路电压 u_1 或短路电流 i_1。以 VCVS 为例，表征该受控源的特性方程是

$$\begin{cases} f_1(u_1, u_2, i_1, i_2) = i_1 = 0 \\ f_2(u_1, u_2, i_1, i_2) = u_2 - \mu u_1 = 0 \text{ 或 } u_2 = \mu u_1 \end{cases} \tag{1-14}$$

类似地，其它三种受控源的特性方程分别是

VCCS：$i_1=0$，$i_2=gu_1$

CCVS：$u_1=0$，$u_2=ri_1$

CCCS：$u_1=0$，$i_2=\beta i_1$

上述各式中，μ 称为转移电压比，g 称为转移电导，r 称为转移电阻，β 称为转移电流比。

当电压与电流方向一致时，受控源吸收的功率为

$$P=u_1i_1+u_2i_2 \tag{1-15}$$

考虑到控制支路不是开路($i_1=0$)便是短路($u_1=0$)，所以，四种受控源的功率为

$$P=u_2i_2 \tag{1-16}$$

即受控源的功率可以由受控支路计算得到，可以是发出功率，也可以是吸收功率。

最后将受控源与独立电源进行如下比较：

(1) 独立源的电压(或电流)由电源本身决定，与电路中其它支路的电压、电流无关，而受控源的电压(或电流)由控制支路决定。

(2) 独立源在电路中起"激励"作用，在电路中产生电压、电流，而受控源只是反映输出端与输入端的受控关系，在电路中不能单独作为"激励"。

(3) 独立源是二端元件，而受控源有输入端和输出端之分，属于四端电路元件。

(4) 受控电压源输出的电流 i_2、受控电流源输出的电压 u_2需由与受控源输出端相连接的外电路决定；同时，受控源也可以输出功率，说明受控源是有源元件，这是与独立电源性能相似的地方。

1.2 电路中的基本物理量

要分析研究电路理论，就要涉及电路理论中描述电路工作状态和元件工作特性的基本变量，而电流、电压、功率、能量、电荷、磁通是电路中常用的物理量，通常用符号 i、u、P、w、q 和 Φ 分别表示。一般选择电流、电压、电荷、磁通作为电路中的基本变量，磁链用 ψ 表示。本节着重讨论电流、电压的参考方向问题，以及如何用电流、电压表示电路的功率和能量问题。

1.2.1 电流和电压的参考方向

在复杂电路中，交变电压、电流的实际方向难以判断，需要事先指定参考方向。

1. 电流及其参考方向

单位时间内通过某横截面的电荷量，称为电流强度，简称电流。在直流稳态电路中电流有效值用大写符号 I 表示，在交流电路中电流瞬时值用小写符号 i 表示。根据定义有

$$i(t)=\frac{\mathrm{d}q(t)}{\mathrm{d}t} \tag{1-17}$$

其中，在国际单位制中，电流 i 的单位为安培(A)，电荷 q 的单位为库仑(C)，时间 t 的单位为秒(s)。

通常规定正电荷移动的方向为电流的正方向，又称为电流的真实方向。

在电路分析中，电流的大小和方向是描述电流变量不可缺少的两个方面。但是对于一个给定的电路，要直接给出某一电路元件中的电流真实方向是十分困难的，如交流电路中

电流的真实方向经常改变，即使在直流电路中，要指出复杂电路中某一电路元件的电流真实方向也不是一件很容易的事，那么如何解决这一问题呢？

为了定量计算及分析电路的需要，引入了电流参考方向的概念，即人为指定电流在电路中的流动方向，称为电流的参考方向。电流的参考方向可以任意选定，但一经选定，就不可以再改变。

电流参考方向的表示方法有两种：一种直接在电路元件上用箭头标出，如图 1－10 所示。另一种用带字符 i 的双下标表示，如对于图 1－10 来说，可用 i_{ab} 表示电流参考方向由 a 指向 b。

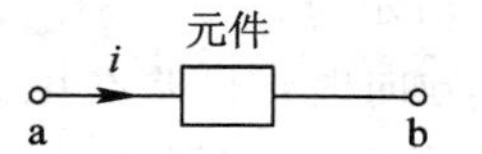

图 1－10　电流参考方向

当电流的真实方向与指定的参考方向一致时，电流规定为正值，反之为负值。同时当有了电流的参考方向后，分析计算电路时，若计算所得的电流为正值，则表示电流的真实方向与假想的参考方向一致；若为负值，则表示二者方向相反。

于是，在进行电路的分析计算时，由于指定了参考方向，因此就把电流这个实际的变量变成了代数量，既有数值，又有与之相应的参考方向。在分析计算电路时，必须首先指定电流的参考方向，同时约定今后电路图中箭头所标电流方向都是电流的参考方向。

2. 电压及其参考极性

电路中 a、b 两点间的电压表明了单位正电荷由 a 点转移到 b 点时所获得或失去的能量。在直流稳态电路中，电压有效值用符号 U 表示；在交流电路中，电压瞬时值用符号 u 表示。根据定义有

$$u(t)=\frac{\mathrm{d}w(t)}{\mathrm{d}q} \tag{1-18}$$

其中，电压 u 的单位为伏特(V)，能量 w 的单位为焦耳(J)，电荷 q 的单位为库仑(C)。

习惯上把电位降落(高电位指向低电位)的方向规定为电压的正方向(或真实方向)，通常电压的高电位端标为“＋”极，低电位端标为“－”极。类似于电流，电压也需要选定参考方向(又称参考极性)，即人为假定电压正极性，在电路图中用“＋”表示电压参考极性的高电位端，用“－”表示电压参考极性的低电位端，如图 1－11 所示。

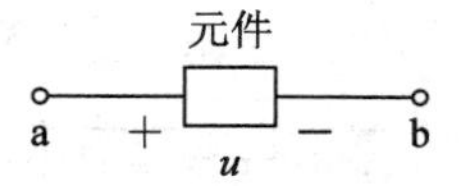

图 1－11　电压参考极性

电压的参考方向同样是任意选定的，但一经选定，就不可以再改变。如经计算 $u>0$，表示电压的真实方向与所设参考方向一致；若经计算 $u<0$，表示电压的真实方向与所设电压参考方向相反。

电压参考方向亦可用字符 u 的双下标表示，如 u_{ab} 表示 a 点为“＋”极，b 点为“－”极。电压参考方向还可用箭头表示(箭头所指方向是电位降落的方向)。

电压参考方向与其正、负号一起表明电压的真实极性。例如，图 1－11 中设 $u=-5$ V，

表示实际上 b 点电位高，a 点电位低。

与电流类似，不标注电压参考方向的情况下，电压的正、负是毫无意义的，因此，在分析计算电路时，必须首先选定电压的参考方向，同时约定今后电路图中“＋”“－”号所标电压方向都是电压的参考方向。

既然电路中电流与电压的参考方向都是任意选定的，两者之间独立无关，那么在电路分析中，如何处理两者之间的关系呢？

通常为了处理问题方便起见，对于同一元件或同一电路，习惯上采用关联参考方向，即电流的参考方向与电压的参考方向取为一致(电流的参考方向由电压参考方向的“＋”极性端指向“－”极性端)，如图 1－12 所示。

当电流、电压采用“关联”参考方向时，只要在电路图中标出其中任一变量的参考方向，另一变量的参考方向就可确定(可省略不标)。

若电压与电流的参考方向相反，则称为非关联参考方向，如图 1－13 所示。在非关联参考方向中，两者的方向都必须标示出来。

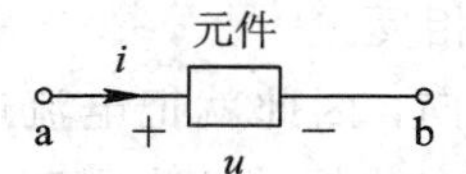

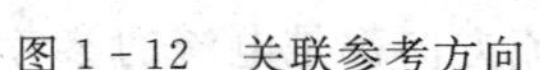
图 1－12 关联参考方向

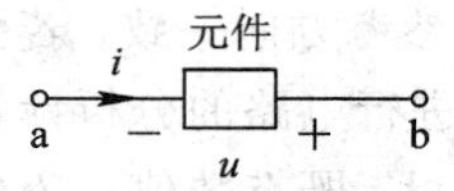

图 1－13 非关联参考方向

1.2.2 电功率

在电路的分析与计算中，功率和能量的分析与计算也是十分重要的。因为电路工作时，总伴随着电能与其它形式能量的相互转换，并且电气设备、电路部件本身在工作过程中都有功率的限制，在使用时若超过其额定值，过载会使设备或部件损坏，甚至不能正常工作。电功率与电路中的电压和电流密切相关联。

某二端电路的电功率(简称功率)是该二端电路吸收或发出电能量的速率，有

$$P(t)=\frac{\mathrm{d}w(t)}{\mathrm{d}t} \tag{1-19}$$

其中，功率 P 的单位为瓦特(W)，能量 w 的单位为焦耳(J)，时间 t 的单位为秒(s)。

对一个元件或一段电路来说，电流与电压的关联参考方向如图 1－14 所示。

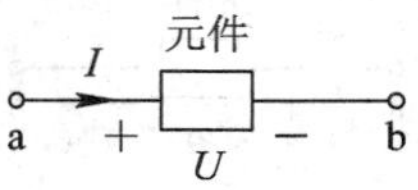

元件 I a + U − b

图 1－14 电流与电压的关联参考方向

根据关联参考方向可计算功率为

$$P=UI \tag{1-20}$$

分析电路时，还要判别电路元件是电源还是负载。

关联参考方向：

若 $P>0$，则表示电路或元件吸收功率，是负载；

若 $P<0$，则表示电路或元件发出功率，是电源。

非关联参考方向：需转换成关联参考方向后进行功率和元件性质的判断。

【例 1-1】 如图 1-15 所示，已知 $I=-4$ A，$U=5$ V，求其功率。

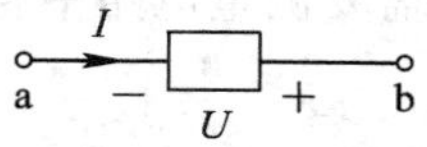

图 1-15　例 1-1 图

解　图 1-15 中电压与电流为非关联参考方向，可以把电压的参考极性转换成相反的方向，则有

$$P=(-U)\cdot I=(-5)\times(-4)=20\ \text{W}>0$$

说明图示元件实际吸收 20 W 功率。

【例 1-2】 如图 1-16 所示，已知各元件两端电压和电流。

(1) 试求各二端元件吸收的功率；

(2) 判断元件是电源还是负载；

(3) 试说明功率的平衡。

解　(1) 对于元件 1、2、4，电流和电压采用关联参考方向，各元件的吸收功率为

$$P_1=1\times1=1\ \text{W}$$

$$P_2=(-6)\times(-3)=18\ \text{W}$$

$$P_4=5\times(-1)=-5\ \text{W}$$

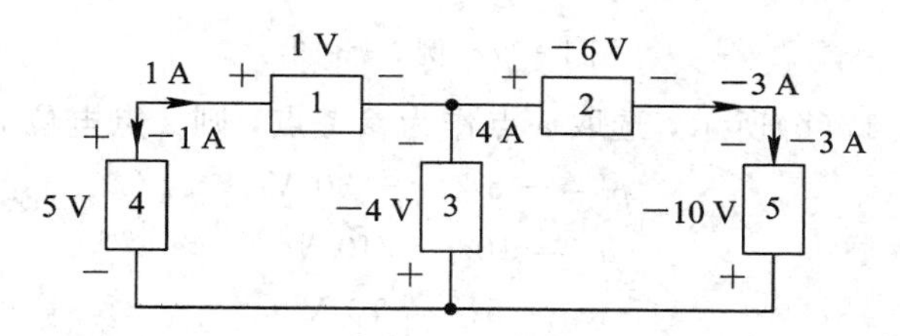

图 1-16　例 1-2 图

对于元件 3、5，电流和电压采用非关联参考方向，各元件的吸收功率为

$$P_3=-(-4)\times4=16\ \text{W}$$

$$P_5=-(-10)\times(-3)=-30\ \text{W}$$

(2) 元件 1、2、3 吸收功率为正，表示这三个元件实际消耗功率，为负载；元件 4、5 吸收功率为负，表示这两个元件实际发出功率，为电源。

(3) 整个电路中，负载吸收的功率为 $P_1+P_2+P_3=1+18+16=35$ W；电源发出的功率为 $P_4+P_5=(-5)+(-30)=-35$ W；电路中吸收的功率 $P=P_1+P_2+P_3+P_4+P_5=0$ W。

在一个电路中，有元件吸收功率，就有元件释放功率，吸收的功率应和释放的功率相等，称为功率平衡原理。

1.2.3　电位的计算

在电路分析中，经常用到电位的概念。电位是相对的，电路中某点电位的大小，与参

考点(即零电位点)的选择有关，因此讲某点电位为多少，是对所选的参考点而言的，否则是没有意义的。同一电路中，只能选取一个参考点，工程上常选大地为参考点。电子线路中常选一条特定的公共线作为参考点，这条公共线是许多元件的汇聚处，并与机壳相连，也称地线。在检修电子线路时，常常需要测量电路中各点对“地”的电位来判断电路的工作是否正常。

下面举例说明电位的计算。

【例 1-3】 图 1-17(a)所示电路中，已知 $u_{S1}=70\ V$，$u_{S2}=40\ V$，$i_1=4\ A$，$i_2=2\ A$，$i_3=6\ A$，分别选择 a 和 d 点作为参考点，计算电路中其余各点电位、u_{ab} 和 u_{cd}。

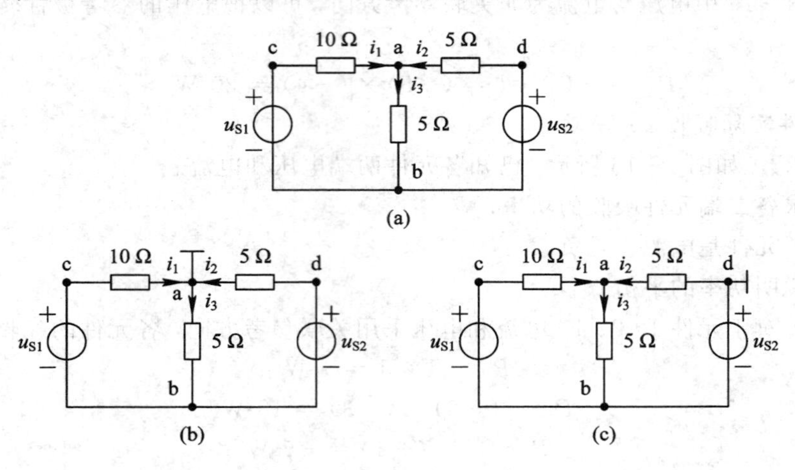

图 1-17 例 1-3 图

解 (1) 如图 1-17(b)所示，选取 a 点作为参考点，则 a 点电位 $u_a=0\ V$，进而得

$$u_b=-5i_3=-30\ V$$

$$u_c=10i_1=40\ V$$

$$u_d=5i_2=10\ V$$

$$u_{ab}=-u_b=30\ V$$

$$u_{cd}=u_{ca}+u_{ad}=u_c-u_d=40-10=30\ V$$

(2) 如图 1-17(c)所示，选取 d 点作为参考点，则 d 点电位 $u_d=0\ V$，进而得

$$u_a=-5i_2=-10\ V$$

$$u_b=-u_{S2}=-40\ V$$

$$u_c=u_{ca}+u_{ad}=u_{ca}-u_a=40-10=30\ V$$

$$u_{ab}=5i_3=30\ V$$

$$u_{cd}=u_c=30\ V$$

从例 1-3 可以看出，选取的参考点不同，电路中各点的电位也不同，但是两点间的电位差是不会改变的，即电路中各点的电位与参考点的选取有关，两点间的电压与参考点的选取无关。通常，电路中把电源、信号输入和输出的公共端接在一起作为参考点，因此电路中有一个习惯画法，即电源不再用符号表示出来，而只标出其电位的极性和数值。电路的简化画法如图 1-18 所示。

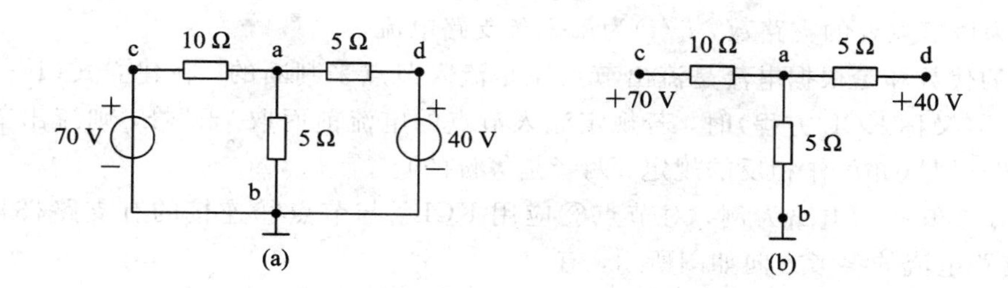

图 1-18　电路的简化画法

电路中电位相等的点，称为等电位点。可以把等电位点视作开路或者短路，或者接上任意电阻，电路的计算结果都不会改变。

1.3　基尔霍夫定律

基尔霍夫定律是集中电路的基本定律，包括电流定律(KCL)和电压定律(KVL)，是1847年由德国物理学家基尔霍夫建立和提出的。

为了说明基尔霍夫定律，下面首先介绍支路、节点、回路等概念。

支路：电路中的一个二端元件或几个二端元件的组合，称为一条支路。通常，把流经元件的电流称为支路电流，把元件端电压称为支路电压。它们是电路分析的主要分析对象。

节点：电路中支路的连接点称为节点。

在图 1-19 中有 6 条支路、4 个节点，各支路和节点的编号如图所示。

回路：由支路相互连接所构成的一条闭合路径(其中节点不重复经过)称为回路。图 1-19 中支路{1，3，4}、{2，3，5}、{4，5，6}、{1，2，6}、{1，3，5，6}、{1，2，5，4}、{2，6，4，3}构成了 7 个回路。

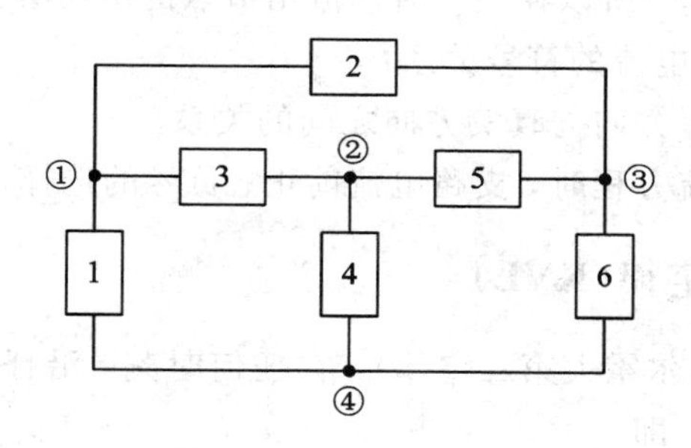

图 1-19　支路与节点

网孔：当回路中不包围其它支路时称为网孔。图 1-19 中，支路{1，3，4}、{2，3，5}、{4，5，6}构成了 3 个网孔。

1.3.1　基尔霍夫电流定律(KCL)

基尔霍夫电流定律：在任何时刻，对任一节点，所有支路电流的代数和恒为零，即

$$\sum_{k=1}^{K} i_k(t) = 0 \qquad (1-21)$$

式中，K 为该节点处的支路数，$i_k(t)$为第 k 条支路电流。

电流的代数和是根据电流是流出节点还是流入节点来判断的。在建立式(1-21)的节点电流方程(又称 KCL 方程)时，若规定流入节点的电流前面取“+”号，则流出节点的电流前面取“-”号(亦可作相反的规定，两者是等价的)。

以图 1-20 所示电路为例，对节点②应用 KCL。与节点②连接的有支路{3}、{4}和{5}，各支路电流的参考方向如图所示，有

$$i_3 - i_4 - i_5 = 0$$

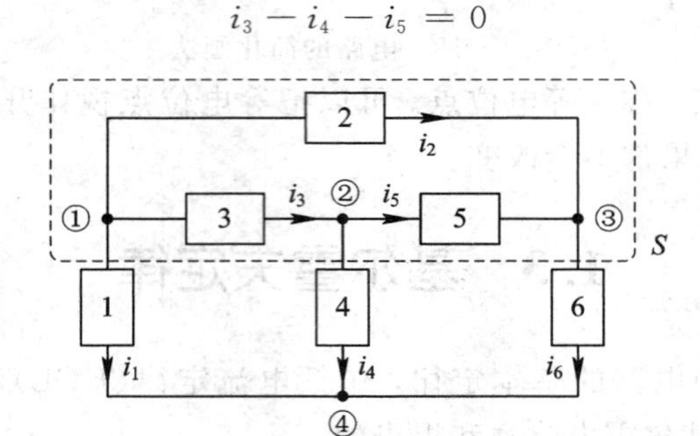

图 1-20　KCL 示例

KCL 通常用于节点，但对包围几个节点的闭合面也是适用的。由几个节点组成的闭合面有时也称为广义节点。因此对图 1-20 所示电路，用虚线表示的闭合面 S 内有 3 个节点，即节点①、②和③，它们构成了一个广义节点，且有

$$i_1 + i_4 + i_6 = 0$$

不难证明，上式依然成立。

KCL 表达了电路中支路电流间的约束关系，它的实质是电流连续性原理、电荷守恒定律在电路中的体现。电荷既不能创造，也不能消灭，节点是理想导体的连接点，不可能积聚电荷，也不可能产生电荷。所以在任一时刻流出节点的电荷必然等于流入节点的电荷。

运用 KCL 时，应注意电流的符号关系：

(1) 各支路电流的参考方向与真实方向之间的关系。

(2) 建立各节点的电流方程时，支路电流前正、负号的选择。

1.3.2　基尔霍夫电压定律(KVL)

基尔霍夫电压定律(基尔霍夫第二定律)：在任何时刻，沿任一回路循环一周，回路中各段电压的代数和恒为零，即

$$\sum_{k=1}^{K} u_k(t) = 0 \qquad (1-22)$$

式中，K 为该回路的支路数，$u_k(t)$为第 k 条支路电压。

在建立式(1-22)的回路电压方程(KVL 方程)时，首先必须任意指定一个回路的绕行方向，凡支路电压的参考方向与回路的绕行方向一致者，该电压前面取“+”号；支路电压的参考方向与回路的绕行方向相反者，前面取“-”号。

以图 1-21 所示电路为例，对支路{1，2，6}构成的回路列写 KVL 方程时，需先指定各支路电压的参考极性和回路的绕行方向。绕行方向用虚线上的箭头表示，有关支路电压

为 u_1、u_2、u_6，它们的参考极性如图 1-21 所示。

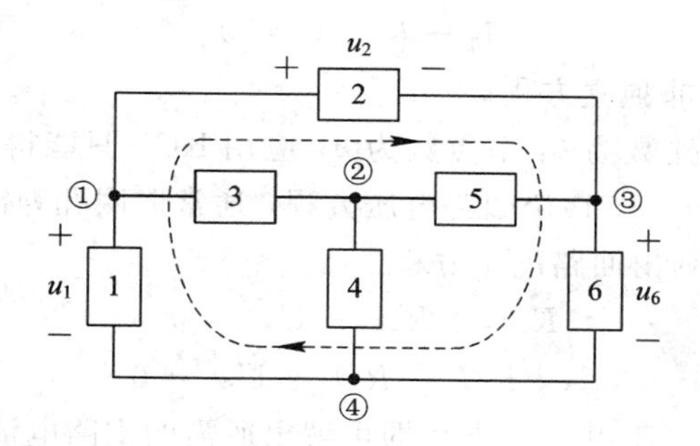

图 1-21　KVL 示例

根据 KVL，对指定的回路有

$$-u_1+u_2+u_6=0$$

KVL 表达了电路中支路电压间的约束关系，它是能量守恒定律在电路中的体现。

运用 KVL 时，也应注意电压的符号关系：

(1) 各电压的参考方向与真实方向之间的关系。

(2) 建立回路电压方程时，支路电压前正、负号的选择。

KVL 不仅适用于实际存在的回路，也适用于任意假想的回路，这种假想的回路称为广义回路。

【例 1-4】 图 1-22 所示的电路中，$i=1$ A，$u_1=5$ V，$u_S=4$ V，$R=3$ Ω，求电流源的端电压 u。

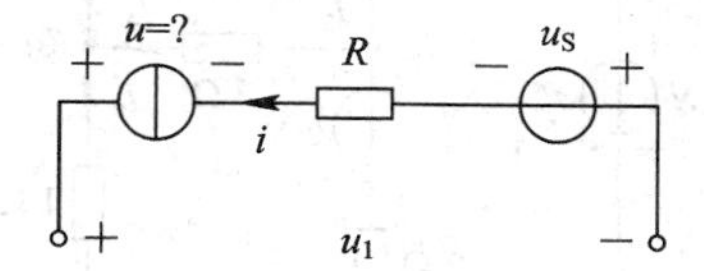

图 1-22　例 1-4 图

解　列写支路上的 KVL 方程(也可假想有一回路)：

$$u-iR-u_S-u_1=0$$

得到

$$u=12\ \text{V}$$

KCL 是对支路电流的线性约束，KVL 是对回路电压的线性约束。这种约束关系只与电路的连接方式有关，而与支路元件的性质无关，所以无论电路由什么元件组成，两个定律总是成立的。基尔霍夫定律是电路分析的理论基础。

1.4　支路电流法

若选支路电流为电路变量，则称为支路电流法。对图 1-23 所示电路的电阻电路，应用 KCL，对节点①列出：

$$I_1+I_2-I_3=0 \tag{1-23}$$

对节点②列出：

$$I_3 - I_1 - I_2 = 0 \tag{1-24}$$

式(1－23)和式(1－24)是非独立方程。

一般来说，电路中支路数为 b，节点数为 n，应用 KCL 只能得到 $n-1$ 个独立方程；应用 KVL 可列出独立的 $b-(n-1)$ 个回路电压方程，通常取网孔列出。

图 1－23 应用 KVL 列出回路电压方程：

$$\begin{cases} R_1 I_1 + R_3 I_3 - U_{S1} = 0 \\ -R_3 I_3 - R_2 I_2 + U_{S2} = 0 \end{cases} \tag{1-25}$$

由式(1－23)和式(1－25)共 3 个方程即可解出所需的支路电流，进而求出所需电压。

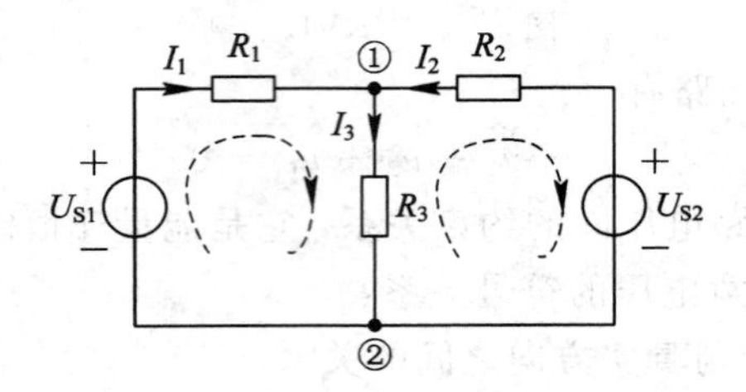

图 1－23　电阻电路

【例 1－5】　试列出图 1－24 所示电路的求解支路电流的方程。

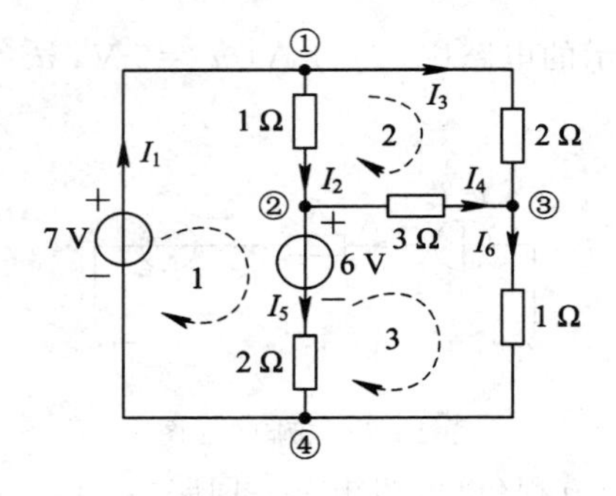

图 1－24　例 1－5 图

解　(1) 标出各支路电流的参考方向，标回路绕行方向。

(2) 应用 KCL，列 $n-1$ 个独立节点电流方程。

节点①：$I_1 - I_2 - I_3 = 0$；

节点②：$I_2 - I_4 - I_5 = 0$；

节点③：$I_3 + I_4 - I_6 = 0$。

(3) 应用 KVL，列 $b-(n-1)$ 个独立回路电压方程。

回路 1：$I_2 + 2I_5 = -6 + 7$；

回路 2：$2I_3 - 3I_4 - I_2 = 0$；

回路 3：$3I_4 + I_6 - 2I_5 = 6$。

(4) 联立方程组，求各支路电电流。

在支路电流法中，如果电路中存在电流源支路，则在 KVL 方程中将出现相应的未知电压(电流源两端的电压)，在求解支路电流时将一并求出。

*【例 1-6】 图 1-25 所示电路中含有受控电流源，求各支路电流。

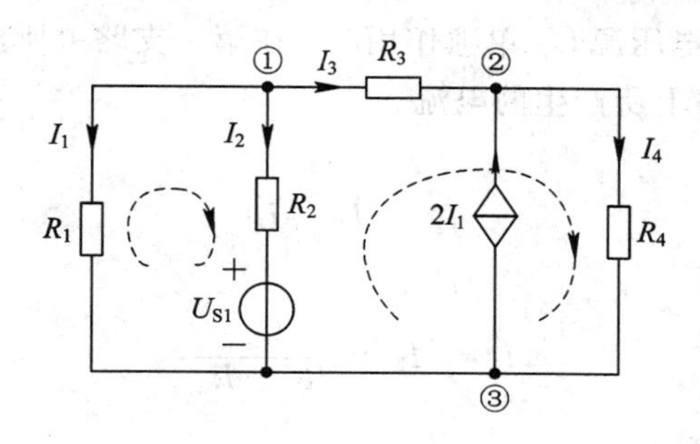

图 1-25 例 1-6 图

解 (1) 标出各支路电流的参考方向，标回路绕行方向。

(2) 对 $n-1$ 个独立节点列 KCL 方程。

节点①：$I_1+I_2+I_3=0$；

节点②：$I_3+2I_1-I_4=0$。

(3) 对 $b-(n-1)$ 个独立回路列 KVL 方程。

回路 1：$-I_1R_1+I_2R_2+U_{S1}=0$；

回路 2：$I_3R_3+I_4R_4-U_{S1}-I_2R_2=0$。

(4) 联立上述 4 个方程，解出支路电流。

由题目中可以看出，受控源在支路电流法中可以作为独立源来处理，由于控制量会带来新的未知量，因此应补充控制量与被控量的关系方程。应用 KVL 列回路方程时，应尽量避开电流源，因为这样会增加新的未知量，增加求解难度。

支路电流法是分析线性电路的一种最基本的方法，在方程数目不多的情况下可以使用。由于支路电流法要同时列写 KCL 和 KVL 方程，所以方程数目较多，手工求解繁琐。

1.5 叠加定理

在任一线性电路中，某处电压或电流都是电路中各个独立电源单独作用时在该处分别产生的电压或电流的代数和，这就是叠加定理。它是线性电路的一个重要定理，是分析线性电路的基础。

图 1-26(a)所示电路中有两个独立源。

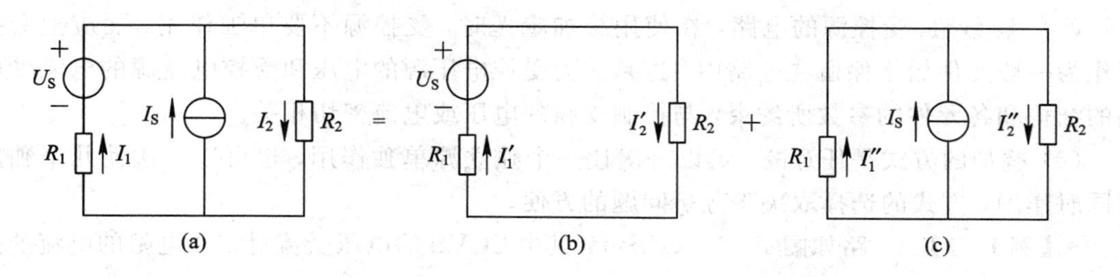

图 1-26 叠加定理示意图

以支路电流 I_1 为例，有

$$I_1 = I_1' + I_1'' \tag{1-26}$$

式中，I_1'是当电路中只有电压源 U_S 单独作用时，在第一支路上所产生的电流；I_1''是电流源 I_S 单独作用时在第一支路上所产生的电流。

同理，有

$$I_2 = I_2' + I_2'' \tag{1-27}$$

在图 1-26(b)中，有

$$I_1' = I_2' = \frac{U_S}{R_1 + R_2}$$

在图 1-26(c)中，有

$$I_1'' = -\frac{R_2}{R_1 + R_2} I_S$$

$$I_2'' = \frac{R_1}{R_1 + R_2} I_S$$

将以上 I_1'、I_2'、I_1''、I_2''分别代入式(1-26)和式(1-27)，就可以求出支路电流 I_1 和 I_2。用叠加定理计算复杂电路，就是把一个多电源的复杂电路化为几个单电源电路来进行计算。当某一独立源单独作用时，其它独立源应为零值，即独立电压源用短路代替，独立电流源用开路代替。

注意：当电路中存在受控源时，叠加定理仍然适用。任一处的电流或电压仍可按照各独立电压作用时在该处产生的电流或电压的叠加计算。所以，对含有受控源的电路应用叠加定理进行各分电路计算时，应把受控源(视为电路元件)保留在各分电路之中。

使用叠加定理时应注意以下几点：

(1) 叠加定理适用于线性电路，不适用于非线性电路。

(2) 应用叠加定理求电压和电流是代数量的叠加，要特别注意各电路变量(代数量)的符号，即注意在各电源单独作用时计算的电压、电流参考方向与原电路是否一致，一致时取正，反之取负。

(3) 当一个独立电源单独作用时，其余独立电源都置零(理想电压源短路，理想电流源开路)。电路的连接方式、电路参数及受控源应保留不动，但受控源的控制电压或电流将随独立电源的不同而作相应的改变。

(4) 原电路的功率不等于按各分电路计算所得功率的叠加，这是由于功率是电压和电流的乘积，与激励不成线性关系。

(5) 含(线性)受控源的电路，在使用叠加定理时，受控源不要单独作用，而应把受控源作为一般元件始终保留在电路中，这是因为受控电压源的电压和受控电流源的电流受电路的结构和各元件的参数所约束，与控制支路的电压或电流密切相关。

(6) 叠加的方式是任意的，可以一次让一个独立源单独作用，也可以一次使几个独立源同时作用，方式的选择取决于分析问题的方便。

*【**例 1-7**】 电路如图 1-27(a)所示，其中 CCVS 的电压受流过 6 Ω 电阻的电流的控制，求电压 u_3。

解 根据叠加定理，作出 10 V 电压源和 4 A 电流源分别作用的分电路，如图 1-27(b)和图 1-27(c)所示。受控源均保留在分电路中。在图 1-27(b)中，有

$$i_1' = i_2' = \frac{10}{6+4}\ \text{A} = 1\ \text{A}$$

$$u_3' = -10i_1' + 4i_2' = (-10+4)\text{V} = -6\ \text{V}$$

在图 1-27(c)中，有

$$i_1'' = -\frac{4}{6+4} \times 4\ \text{A} = -1.6\ \text{A}$$

$$i_2'' = 4 + i_1'' = 2.4\ \text{A}$$

$$u_3'' = -10i_1'' + 4i_2'' = 25.6\ \text{V}$$

所以

$$u_3 = u_3' + u_3'' = 19.6\ \text{V}$$

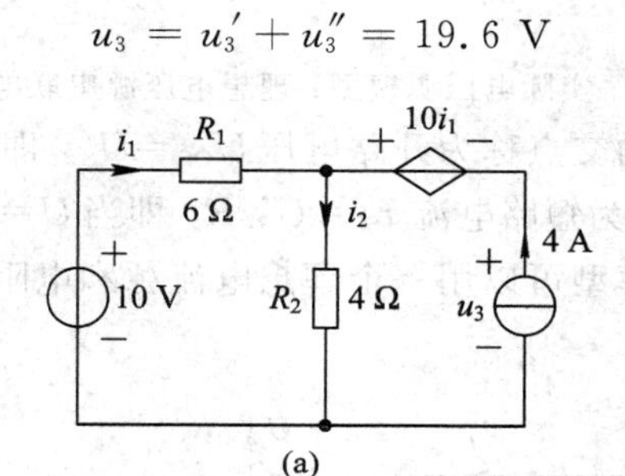

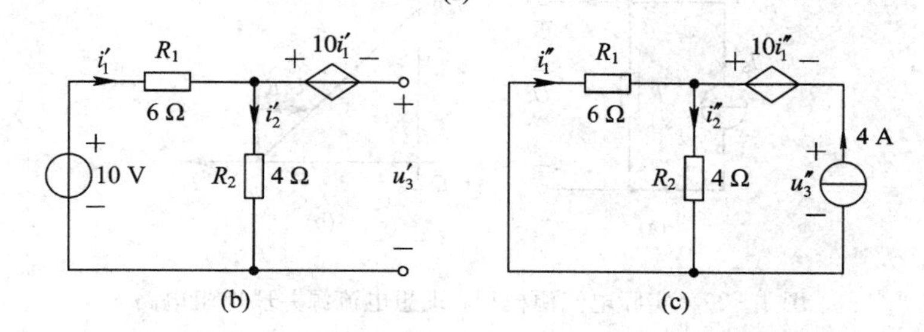

图 1-27　例 1-7 图

1.6　电源的等效变换

1. 实际电源的两种模型

任何一个实际电源都可以提供电压和电流，因此实际电源可以分为两种不同的等效电路来表示。一种是负载在一定范围内变化时，输出电流随之变化，而电源两端的电压几乎不变，如干电池、稳压电源等，这种电源称为实际电压源。另一种是负载在一定范围内变化时，电源两端的电压随之变化，而电源的输出电流几乎不变，如光电池、晶体管恒流源等，这种电源称为实际电流源。

实际中的电源都是非理想的，也就是说实际电源内是含有内阻的。

一个实际电压源的电路模型可以用一个理想电压源和电阻的串联组合来近似等效，如图 1-28(a)所示，电阻 R 表示实际电压源的内阻。可知，理想电压源串联电阻电路的VCR为

$$U = U_S - IR \tag{1-28}$$

式(1-28)表明，U 和 I 的变化满足直线方程，其伏安特性曲线如图 1-28(b)所示。它是实际电压源的外特性曲线。此直线的倾斜程度取决于内阻 R 的值，R 的值越小，伏安特性曲

线越平坦。当 $R=0$ 时，伏安特性曲线就是一条水平线，这时，非理想电压源就变成了理想电压源。

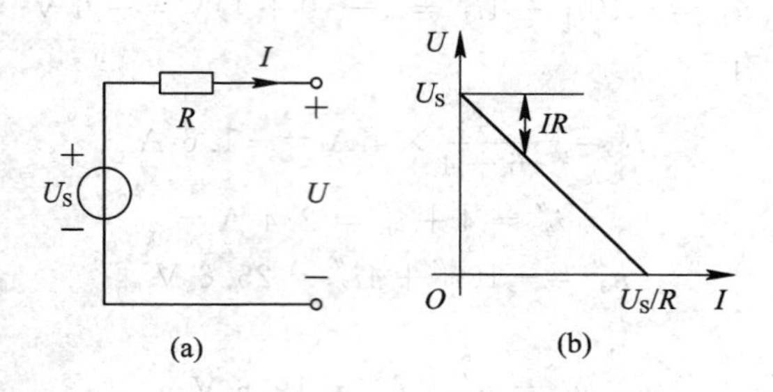

图 1-28 实际电压源模型：理想电压源串联电阻电路

伏安特性曲线在纵轴上的交点称为开路电压 $U_{OC}=U_S$，即 $I=0$ 时电源两端的电压；伏安特性曲线在横轴上的交点称为短路电流 $I_{SC}=U_S/R$，即当 $U=0$ 时电源两端流过的电流。

一个实际电流源的电路模型可以用一个理想电流源和电阻的并联组合来近似等效，如图 1-29(a)所示。

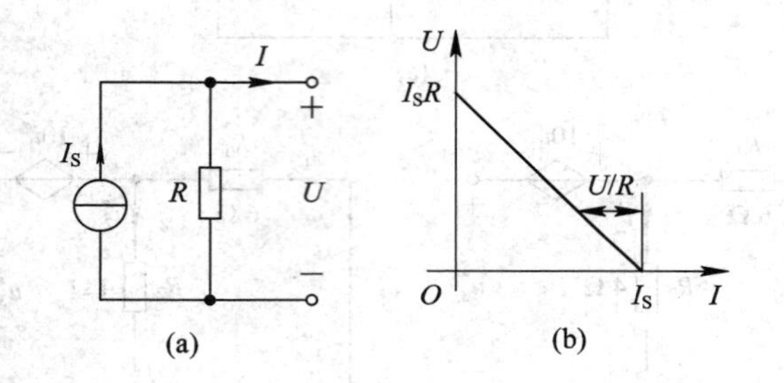

图 1-29 实际电流源模型：理想电流源并联电阻电路

在图 1-29(a)所示电路中，理想电流源并联电阻电路的 VCR 为

$$I = I_S - \frac{U}{R} \tag{1-29}$$

式(1-29)表明，U 和 I 的变化满足直线方程，其伏安特性曲线如图 1-29(b)所示。它是实际电流源的外特性曲线。此直线的倾斜程度取决于内阻 R 的大小，R 的值越大，伏安特性曲线越陡。当 $R=\infty$时，伏安特性曲线就是一条垂直线，这时，非理想电流源就变成了理想电流源。

伏安特性曲线在纵轴上的交点称为开路电压 $U_{OC}=I_SR$，即 $I=0$ 时电源两端的电压；伏安特性曲线在横轴上的交点称为短路电流 $I_{SC}=I_S$，即当 $U=0$ 时电源两端流过的电流。

2. 实际电源两种模型间的等效变换

实际电源的两种模型就其外部特性(即伏安特性)来说，在一定条件下是完全相同的，功率也保持不变。因此，这两种电源模型就其外部电路的作用来看是完全等效的。所以在进行复杂电路的分析和计算时，对这两种电源模型进行等效变换，往往会简化复杂电路的分析和计算。

下面讨论两种电源模型之间等效变换的条件。

图 1-30(a)所示电路的端口电压电流关系如式(1-28)所示，图 1-30(b)所示电路的端口电压电流关系如式(1-29)所示，比较式(1-28)、式(1-29)，显然，如果满足如下两

个条件：

$$U_S = I_S R \quad 或 \quad I_S = \frac{U_S}{R} \tag{1-30}$$

则两个 VCR 完全相同，即实际电压源模型和实际电流源模型是等效的。

在电路分析中，图 1－30(a)所示电路与图 1－30(b)所示电路的等效变换是很有用的，但需要注意互换时理想电压源电压的极性与理想电流源电流的参考方向的关系，即理想电压源电压的参考极性(从负到正的方向)就是理想电流源电流的参考方向。

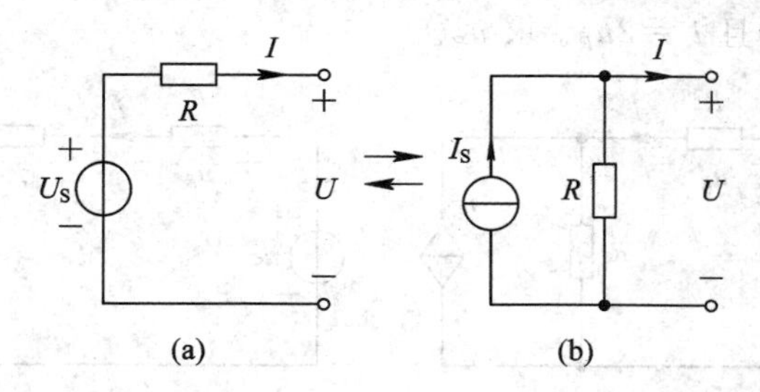

图 1－30　实际电源两种模型的等效变换

电源互换是电路等效变换的一种方法。这种等效是对电源以外部分的电路等效，对电源内部电路是不等效的。

理想电压源与理想电流源不能相互转换，这是因为对理想电压源来说，其内阻为零，而对理想电流源来说，其内阻为无穷大，两者的内阻不可能相等。从另一个方面看，理想电压源的短路电流为无穷大，而理想电流源的开路电压为无穷大，都不能得到有限的数值，故两者之间不存在等效变换的条件。

【例 1－8】　求图 1－31(a)所示电路中的电流 i。

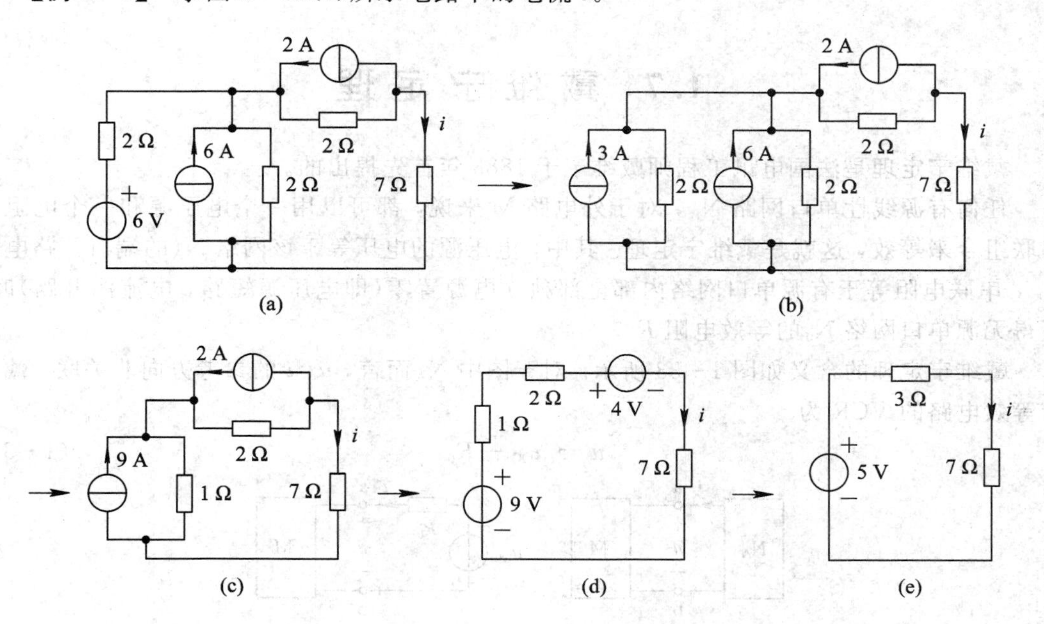

图 1－31　例 1－8 图

解　图 1－31(a)所示电路可简化为图 1－31(d)所示单回路电路。简化过程如图 1－31

(b)、(c)、(d)、(e)所示。由化简后的电路可求得电流为

$$i=\frac{5}{3+7}\ \mathrm{A}=0.5\ \mathrm{A}$$

受控电压源、电阻的串联组合和受控电流源、电阻的并联组合也可以用上述方法进行变换。此时可把受控电源当作独立电源处理，但应注意在变换过程中保留控制量所在支路，而不要把它消掉。

*【例 1-9】 图 1-32(a)所示电路中，已知 $u_S=12$ V，$R=2$ Ω，VCCS 的电流 i_c 受电阻 R 上的电压 u_R 控制，且 $i_c=2u_R$。求 u_R。

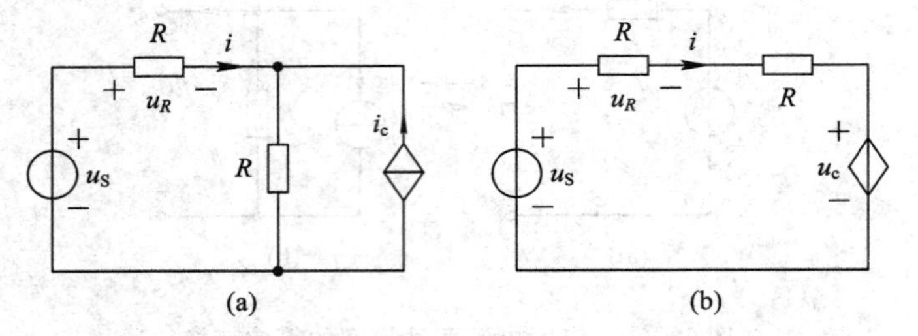

图 1-32 例 1-9 图

解 利用等效变换，把电压控制电流源和电导的并联组合变换为电压控制电压源和电阻的串联组合，如图 1-32(b)所示，其中 $u_c=Ri_c=2\times2\times u_R=4u_R$，而 $u_R=Ri$。根据 KVL，有

$$Ri+Ri+u_c=u_S$$

$$2u_R+4u_R=u_S$$

$$u_R=\frac{u_S}{6}=2\ \mathrm{V}$$

1.7 戴维宁定理

戴维宁定理是法国电讯工程师戴维宁于 1883 年首先提出的。

任何有源线性单口网络 N_A，对于外电路 M 来说，都可以用一个电压源和一个电阻的串联组合来等效，这就是戴维宁定理。其中，电压源的电压等于该网络 N_A 的端口开路电压 u_{OC}，串联电阻等于有源单口网络内部全部独立电源置零(即电压源短路，电流源开路)时，所得无源单口网络 N_0 的等效电阻 R_0。

戴维宁定理的含义如图 1-33 所示。对于图中 N_A 而言，u、i 的参考方向非关联，戴维宁等效电路的 VCR 为

$$u=u_{OC}-R_0i \tag{1-31}$$

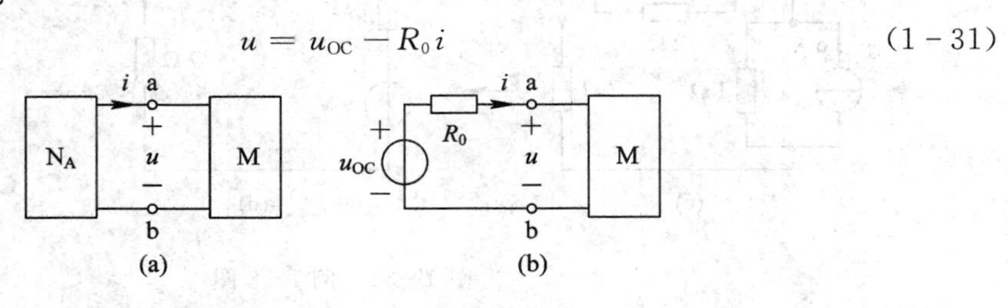

图 1-33 戴维宁定理示意图

【例 1-10】 试用戴维宁定理求图 1-34(a)所示电路中的电流 i。

解 (1) 求开路电压 u_{OC}，将 6 Ω 电阻所在支路断开，电路如图 1-34(b)所示，用叠加定理可求得

$$u_{OC}=\left(\frac{12}{4+12}\times 32+\frac{4\times 12}{4+12}\times 2\right)\ \text{V}=30\ \text{V}$$

(2) 求等效电阻 R_0，将图 1-34(a)所示电路中的所有独立电源置零，即电压源短路，电流源开路，电路如图 1-34(c)所示。等效电阻 R_0 为

$$R_0=R_{ab}=[(4\ /\!/\ 12)+1]\ \Omega=\left(\frac{4\times 12}{4+12}+1\right)\ \Omega=4\ \Omega$$

(3) 求出电流 i，戴维宁等效电路如图 1-34(d)所示，则

$$i=\frac{30}{4+6}\ \text{A}=3\ \text{A}$$

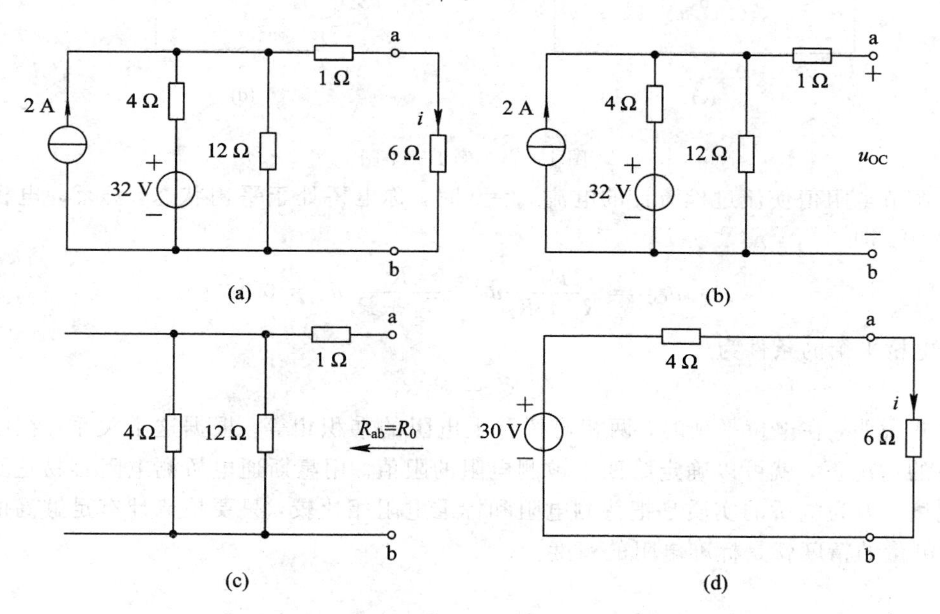

图 1-34 例 1-10 图

【例 1-11】 图 1-35(a)所示的直流单臂电桥(又称惠斯通电桥)电路中，求流过检流计的电流 i_g。

解 (1) 断开检流计所在支路，求开路电压 u_{OC}，利用电阻串联分压公式可得

$$u_{OC}=\frac{R_2}{R_1+R_2}u_S-\frac{R_4}{R_3+R_4}u_S$$

(2) 求等效电阻 R_0。将图 1-35(b)所示电路中的所有独立电源置零(即电压源短路)，得到图 1-35(c)所示的无源单口网络，其等效电阻为

$$R_0=R_{ab}=\frac{R_1R_2}{R_1+R_2}+\frac{R_3R_4}{R_3+R_4}$$

(3) 画出戴维宁等效电路，如图 1-35(d)所示，可得

$$i_g=\frac{u_{OC}}{R_0+R_g}$$

其中，u_{OC}、R_0 由前面计算结果代入即可。

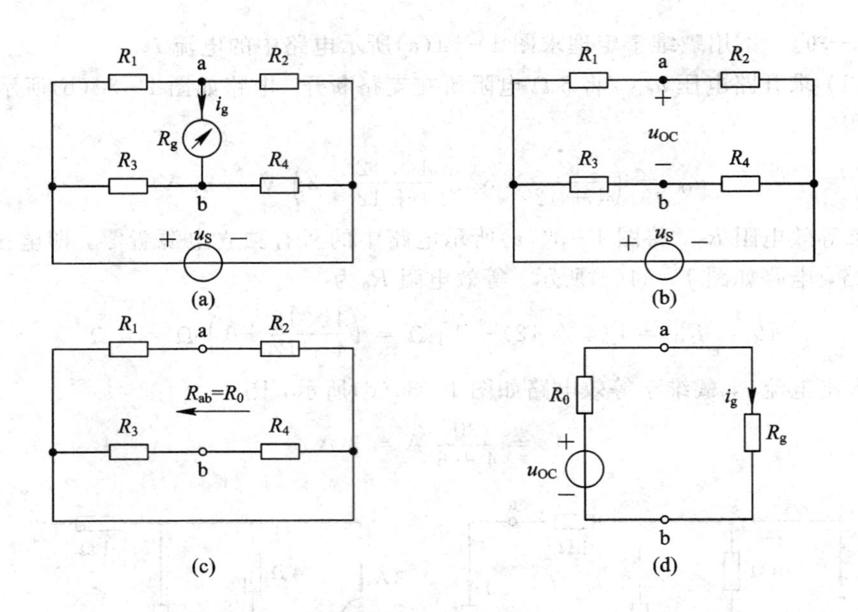

图 1-35　例 1-11 图

当调节电阻值使流过检流计的电流 $i_g=0$ 时，称电桥处于平衡状态。显然，电桥平衡时 $u_{OC}=0$，即

$$u_{OC}=\frac{R_2}{R_1+R_2}u_S-\frac{R_4}{R_3+R_4}u_S=0$$

因此，电桥平衡的条件为

$$R_2R_3=R_1R_4$$

上式说明，在电桥平衡时，两相对桥臂上电阻的乘积相等。根据这个关系，在已知三个电阻的情况下，就可以确定第四个被测电阻的阻值。用惠斯通电桥测电阻容易达到较高的准确度，因为电桥的实质是把待测电阻和标准电阻相比较，只要检流计有足够高的灵敏度，则测量的精度就是标准电阻的精度。

*1.8　电路的暂态分析

1.8.1　储能元件和换路定则

在实际应用中，所有电路在一定条件下都有一定的稳定状态。当条件改变时，就要过渡到新的稳定状态。例如电炉，接通电源后就会发热，温度逐渐上升，最后达到稳定值。当切断电源后，电路的温度逐渐下降，最后回到环境温度。由此可见，当动态电路的工作状态发生突然变化时，电路原有的工作状态需要经过一个过程逐步到达另一个新的稳定工作状态，这个过程称为电路的暂态过程，在工程上也称为过渡过程。暂态分析也称动态电路分析，是指电路从原有工作状态到电路结构或参数突然变化后新的工作状态全过程的研究。

过渡过程时间短暂，只有几秒、几微秒或者几纳秒，但在很多实际电路中会产生重要的影响。例如，利用电容器的充放电过渡过程来实现积分、微分电路等。而在电力系统中，过渡过程引起的过电压或者过电流，可能会造成电气设备损坏或者导致整个系统崩溃。

由于动态元件是储能元件，其VCR是对时间变量t的微分和积分关系，响应与电源接入的方式以及电路的历史状况都有关，所以这类电路中往往有开关元件，并需要注意开关的动作时刻。在电路理论中，把电路的接通、断开、电路结构或状态发生变化、元件和电路参数变化等都称为换路。动态电路的特点是：当电路状态发生改变(换路)时需要经历一个变化过程才能达到新的稳定状态。由于储能元件L、C在换路时能量发生变化，而能量的储存和释放需要一定的时间来完成，即

$$P=\frac{\Delta w}{\Delta t}$$

若$\Delta t\to 0$，则$P\to\infty$。实际电路中功率$P\to\infty$是不可能的，因此换路需要一定的时间Δt。

如果把电路发生换路的时刻记为$t=0$时刻，则换路前一瞬间可以记为0_-，换路后一瞬间记为0_+，则初始条件为$t=0_+$时u、i及其各阶导数的值。

由于电容电压和电感电流是时间的连续函数，从而有

$$u_C(0_+)=u_C(0_-) \tag{1-32}$$

$$i_L(0_+)=i_L(0_-) \tag{1-33}$$

式(1-32)和式(1-33)称为换路定则。换路定则说明：

(1) 换路瞬间，若电容电流保持为有限值，则电容电压(电荷)在换路前后保持不变。这是电荷守恒的体现。

(2) 换路瞬间，若电感电压保持为有限值，则电感电流(磁链)在换路前后保持不变。这是磁链守恒的体现。

需要注意的是：

(1) 电容电流和电感电压为有限值是换路定则成立的条件。

(2) 换路定则反映了能量不能跃变的事实。

根据换路定则，可以由电路的$u_C(0_-)$和$i_L(0_-)$确定$u_C(0_+)$和$i_L(0_+)$的值，电路中其它电流和电压在$t=0_+$时刻的值可以通过0_+时刻的等效电路求得。求初始值的具体步骤是：

(1) 画出换路前$t=0_-$时刻的等效电路，确定$u_C(0_-)$或$i_L(0_-)$的值。

(2) 根据换路定则得到$u_C(0_+)$和$i_L(0_+)$的值。

(3) 画出$t=0_+$时刻的等效电路图，电容用电压源替代，电压源的电压值取0_+时刻$u_C(0_+)$的值，电感用电流源替代，电流源的电流值取0_+时刻$i_L(0_+)$的值，方向均与原电容电压、电感电流的参考方向相同。

(4) 由0_+时刻的电路求出所需的各变量的初始值。

1.8.2 一阶电路的暂态分析

一阶电路的全响应是指换路后电路的初始状态不为零，同时又有外加激励作用的电路中所产生的响应。下面以RC串联电路为例，电路如图1-36所示。

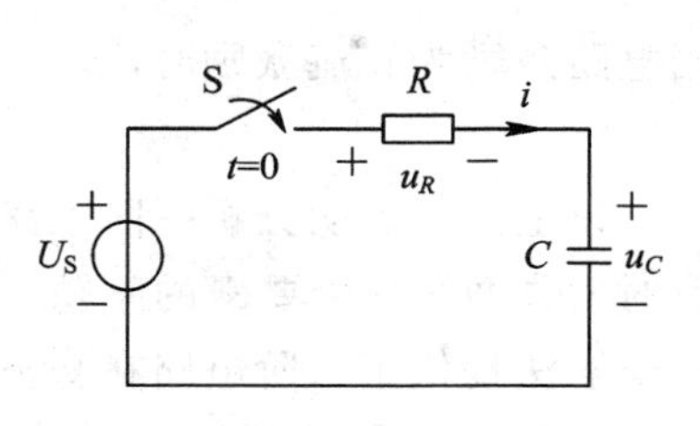

图1-36 RC串联电路

电路微分方程为

$$RC\frac{\mathrm{d}u_C}{\mathrm{d}t}+u_C=U_S$$

方程的解为

$$u_C=u_C'+u_C''$$

令微分方程的导数为零，得到稳态解为

$$u_C''=U_S$$

暂态解为

$$u_C'=Ae^{-\frac{t}{\tau}}$$

因此

$$u_C=U_S+Ae^{-\frac{t}{\tau}}$$

由初始值定常数 A。设电容原本充有的电压为

$$u_C(0_+)=u_C(0_-)=U_0$$

代入上述方程得

$$u_C(0_+)=A+U_S=U_0$$

解得

$$A=U_0-U_S$$

所以电路的全响应为

$$u_C=U_S+Ae^{-\frac{t}{\tau}}=U_S+(U_0-U_S)e^{-\frac{t}{\tau}}\quad t\geqslant 0 \tag{1-34}$$

一阶电路的数学模型是一阶微分方程：

$$a\frac{\mathrm{d}f}{\mathrm{d}t}+bf=c \tag{1-35}$$

其解答为稳态分量加暂态分量，即解的一般形式为

$$f(t)=f(\infty)+Ae^{-\frac{t}{\tau}} \tag{1-36}$$

$t=0_+$ 时，有

$$f(0_+)=f(\infty)\big|_{0_+}+A$$

则积分常数为

$$A=f(0_+)-f(\infty)\big|_{0_+}$$

代入方程得一阶电路全响应为

$$f(t)=f(\infty)+\left[f(0_+)-f(\infty)\big|_{0_+}\right]e^{-\frac{t}{\tau}} \tag{1-37}$$

当电路激励为直流激励时，有

$$f(\infty)=f(\infty)\big|_{0_+}$$

以上式子表明分析一阶电路问题可以转为求解电路的初始值 $f(0_+)$、稳态值 $f(\infty)$以及时间常数 τ 三个要素的问题。对于时间常数 τ，电容电路有 $\tau=RC$，电感电路有 $\tau=L/R$。三要素法提供了一阶电路在直流或正弦交流激励下求解某一支路响应的经典方法。

【例 1-12】 如图 1-37 所示，电路原本处于稳定状态，$t=0$ 时开关 S 闭合，求 $t>0$ 后的电容电流 i_C、电压 u_C和电流源两端的电压 u。已知：$u_C(0_-)=1$ V，$C=1$ F。

解　这是一个一阶 RC 电路全响应问题，其稳态解为

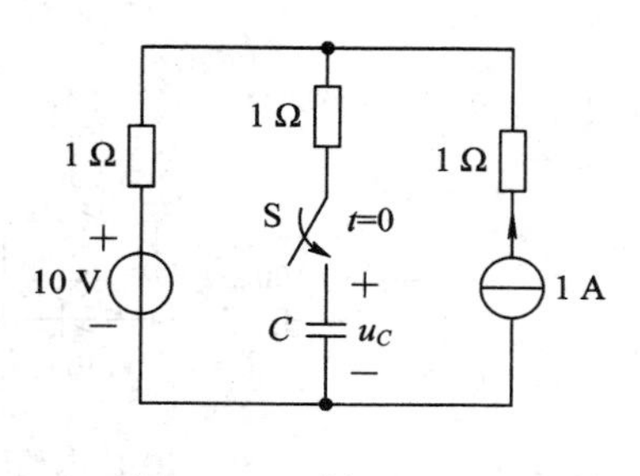

图 1-37　例 1-12 图

$$u_C(\infty) = 10 + 1 = 11\ \text{V}$$

时间常数为

$$\tau = RC = (1+1) \times 1 = 2\ \text{s}$$

则全响应为

$$u_C(t) = 11 + A\text{e}^{-0.5t}\ \text{V}$$

代入初值得

$$A = -10$$

所以

$$u_C(t) = 11 - 10\text{e}^{-0.5t}\ \text{V}$$

$$i_C(t) = C\frac{\text{d}u_C}{\text{d}t} = 5\text{e}^{-0.5t}\ \text{A}$$

电流源电压为

$$u(t) = 1 + 1 \times i_C + u_C = 12 - 5\text{e}^{-0.5t}\ \text{V}$$

1.9　应用实例

1.9.1　插线板电路

插线板是带线多位插座，俗称插排，其外观和接线图如图 1-38 所示。插线板三插的插头上面标注“L”的是火线，一般是棕色线；标注“N”的是零线，一般是蓝色线；在零线和火线之间是接地线，一般是黄绿相间的线。插线板都有额定电流，不能超负荷使用，否则插座会发热，损坏电器，甚至引起火灾。特别注意，不要将空调、微波炉等大功率家用电器插在额定电流值小的插座上使用。

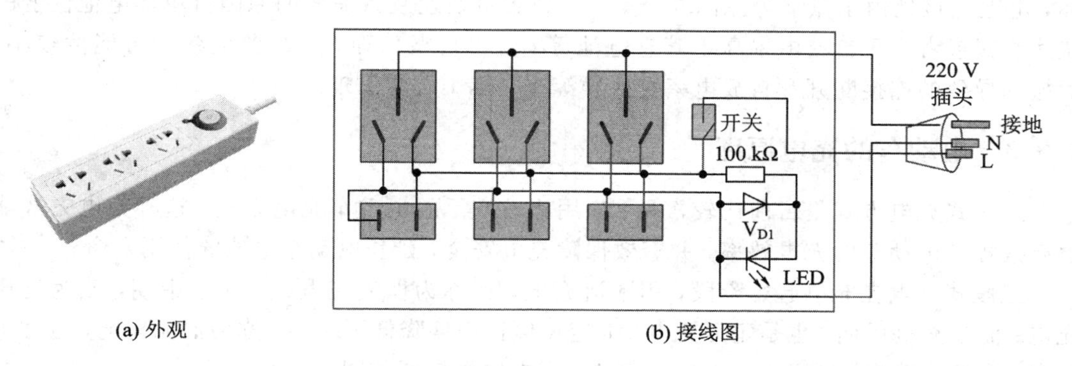

(a) 外观　　(b) 接线图

图 1-38　插线板

图 1-39 所示是发光二极管(LED)连接电路，电路中的电阻为限流电阻；V_{D1} 为普通二极管，在电路中起保护作用；LED 为发光二极管，作为插线板的指示灯，LED 的特性和二极管 V_{D1} 的特性相同，正向偏置时，电流由正极流向负极，电阻较小，反向偏置时，电流由负极流向正极，电阻很大，这种特性称为单向导电性。二极管的元件符号和伏安特性曲线如图 1-40 所示。

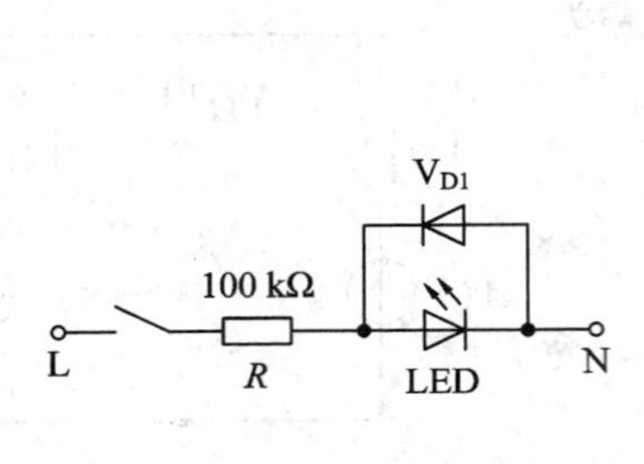

图 1-39　LED 电路

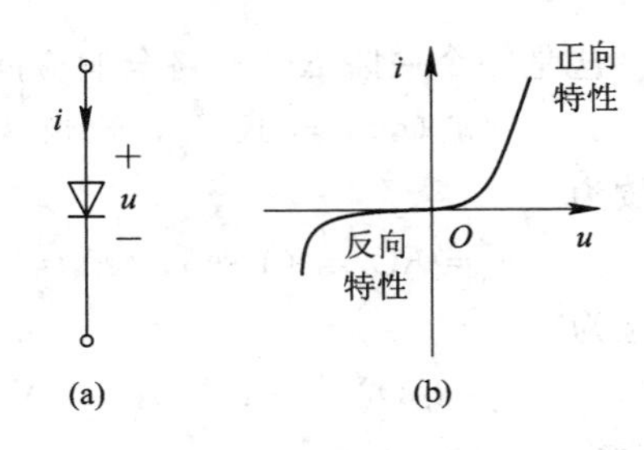

图 1-40　二极管的元件符号和伏安特性曲线

1.9.2　电池的串并联

电池技术作为关键技术一直困扰着电动汽车产业的发展，在电池技术没有质的飞跃的情况下，采取措施提高电池组的性能是十分必要的，电池的连接方式将对电池组的连接可靠性产生巨大的影响。电池组的常用连接方式如图 1-41 所示。

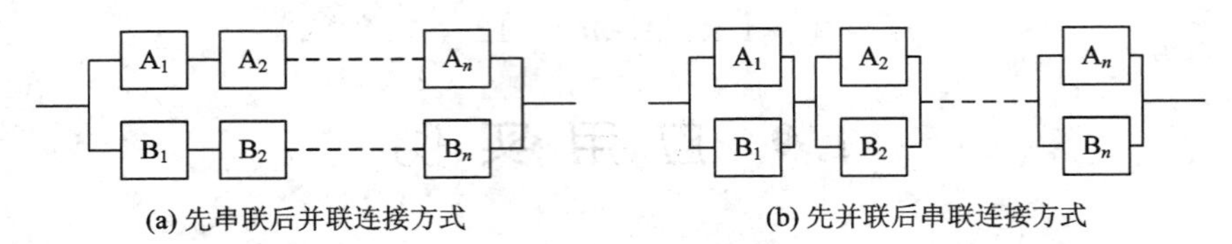

图 1-41　电池组的常用连接方式

从已有研究来看，先并联后串联系统的连接可靠度要大于先串联后并联的情况。对于先并联后串联，系统的可靠度高于单体可靠度，而先串联后并联系统的可靠度低于单体电池的可靠度，因此电池组在组合过程中大多采用先并联后串联的方式。

电池组的失效方式一般有三种：① 短路失效；② 断路失效；③ 容量快速衰减失效。导致短路失效的原因有单体电池的内短路或反极性等；导致断路失效的原因有单体电池的损坏，电池连接处由于振动等原因断开等；导致容量快速衰减失效的原因有单体电池性能的快速衰减或者由于自放电率高于其它电池等。就出现概率而言，短路失效的可能性较小，而振动导致的连接断开和自放电率有差异等在实际中较常出现。

1.9.3　电动车的充电原理

三段式充电方式是目前比较常见、应用比较广泛的电动车充电方式。这种充电方式能够有效提高电动车的充电效率，并有效保障充电安全，延长电动车电池的使用寿命。

三段式充电在充电起始阶段，用限流充电，也称为恒流充电；在充电中期，改为定压充电；而在充电后期，也是定压充电，但定压值比中期降低了一些，称为涓流充电，也称为浮充，在这一阶段，还可以采用脉冲模式。充电结构框图如图 1-42 所示。

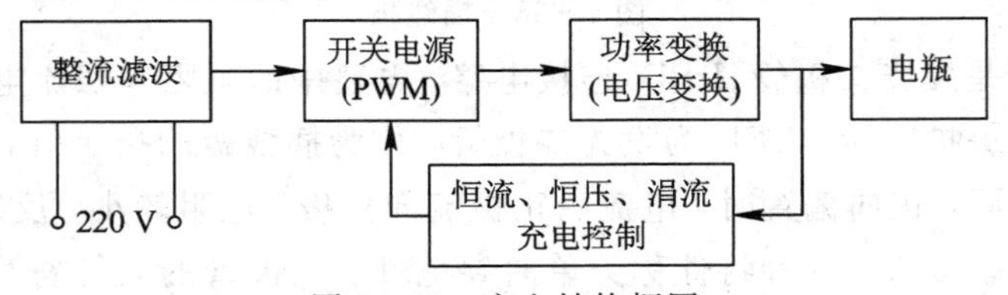

图 1-42　充电结构框图

三段式充电原理图如图1-43所示。图中，1是充电状态轮换电流检测比较器，2是充电电流限流检测反馈放大器，3是电池电压检测反馈放大器(基本基准电压为第三阶段涓流充电恒压值)。电动车充电器工作状态的转化条件如下：

(1) 充电电流＞基准电流1，进入第一阶段；充电电流＝基准电流2＞基准电流1，进入第一阶段。

(2) 基准电流1＜充电电流＜基准电流2，进入第二阶段。

(3) 充电电流＜基准电流1，进入第三阶段。

需要说明的是，各阶段的确定是预先设定、赋值给电压比较器的，充电电流或充电电压经过取样并与电压比较器的赋值进行比较，电压比较器的输出改变电压负反馈量的大小，从而控制输出电压。不同的电压负反馈比例和电流负反馈量结合形成不同的充电阶段。在充电过程中，第一阶段电流反馈起主导作用，实质是限流(恒流)；第二阶段电压负反馈和电流负反馈共同作用，主导作用由电流负反馈转向电压负反馈；第三阶段电压反馈起主导作用。后两个阶段实质上均是恒压阶段，差别是第三段的恒压值低于第二阶段的恒压值。以上是三段式充电器的基本原理。

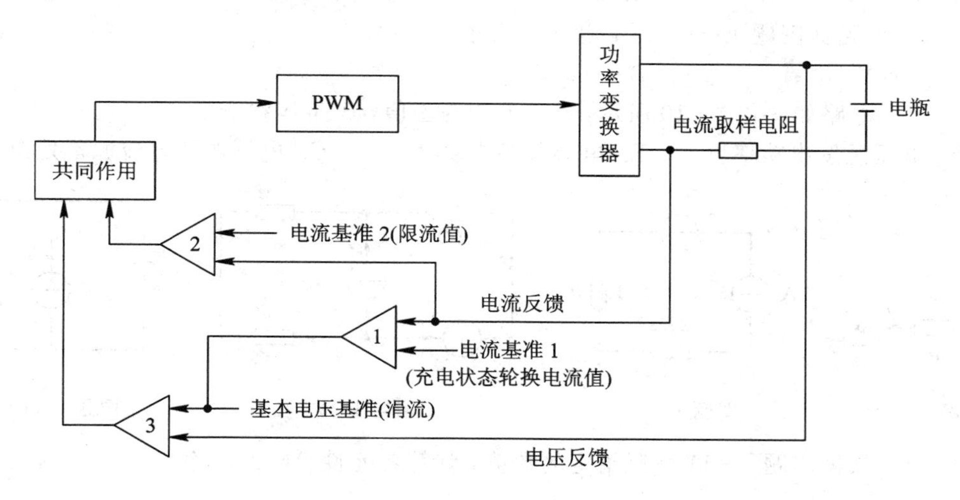

图1-43　三段式充电原理框图

习　　题

1-1　负载增加是指(　　)。

A. 负载电阻增大　　　B. 负载电流增大　　　C. 电源端电压增高

1-2　已知空间有a、b两点，电压$u_{ab}=10$ V，a点电位等于4 V，则b点电位等于(　　)。

A. －6 V　　　B. 6 V　　　C. 3 V

1-3　电路如图题1-3所示，$i=0$ A，则a点电位u_a等于(　　)。

A. －1 V　　　B. 2 V　　　C. 1 V

1-4　电路如图题1-4所示，电源电压$U=10$ V，电阻$R=30$ Ω，则电流I值为(　　)。

A. 3 A　　　B. 2 A　　　C. 1 A

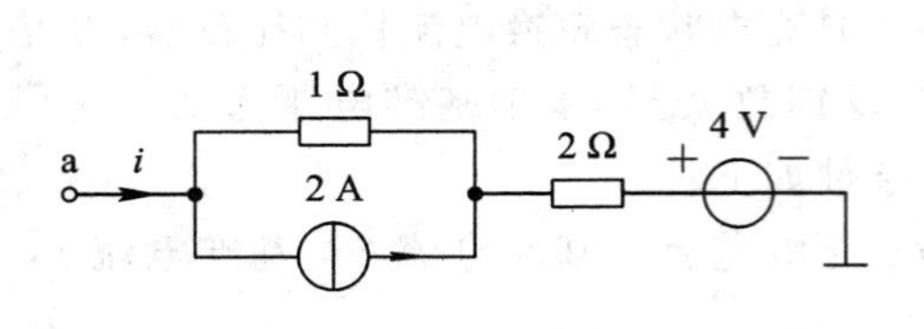

图题 1－3

图题 1－4

1－5　应用叠加定理计算线性电路时，（　　）。

A. 电压不可叠加　　B. 电流不可叠加　　C. 功率不可叠加

1－6　当某电路中 a、b 两点间短路时，其电路特点是（　　）。

A. $U_{ab}=0$，$R=\infty$　　B. $U_{ab}=0$，$R=0$　　C. $I_{ab}=0$，$R=0$

1－7　图题 1－7 所示电路中，已知 $u=-8$ V，电流 $i=-2$ A，则电阻 R 为（　　）。

A. 4 Ω　　B. 2 Ω　　C. －4 Ω

1－8　电路如图题 1－8 所示，电压 u 等于（　　）。

A. 0 V　　B. 20 V　　C. 25 V

1－9　电路如图题 1－9 所示，电压 u 等于（　　）。

A. －4 V　　B. －2 V　　C. 4 V

1－10　电路如图题 1－10 所示，U_S、I_S均为正值，其工作状态是（　　）。

A. 电压源发出功率　　B. 电流源发出功率　　C. 电压源和电流源都发出功率

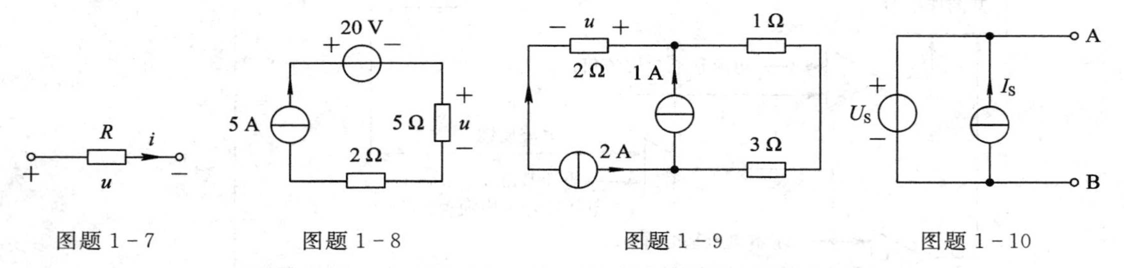

图题 1－7　　图题 1－8　　图题 1－9　　图题 1－10

1－11　根据图题 1－11 中所给定的数值，计算各元件吸收的功率。

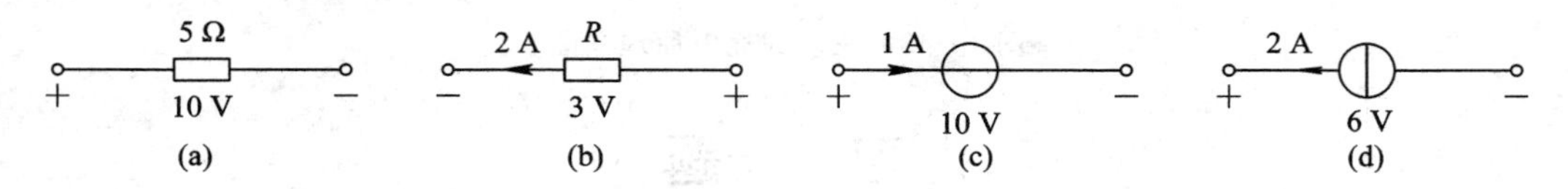

图题 1－11

1－12　电路如图题 1－12 所示，已知电压源电压 $u_{S1}=10$ V，电流源的电流为 $i_{S2}=3$ A，求此时电压源和电流源发出的功率。

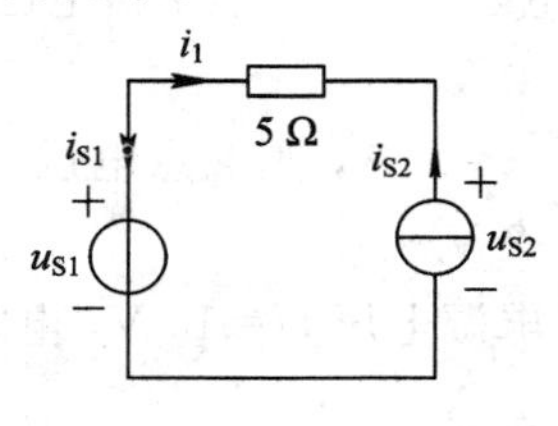

图题 1－12

1－13　将图题 1－13 所示各电路化简为最简形式。

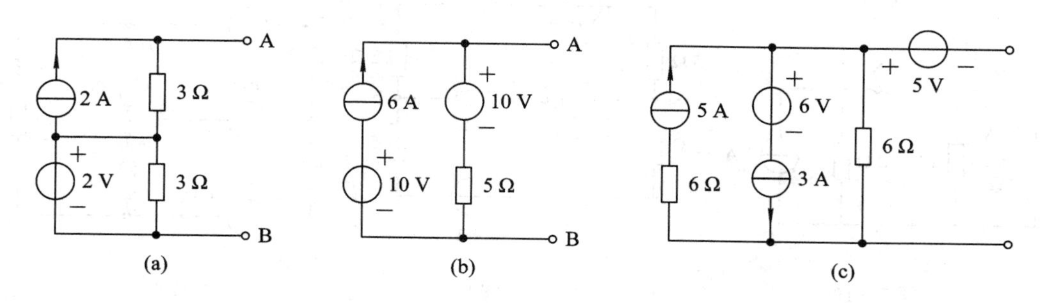

图题 1－13

1－14　电路如图题 1－14 所示，$i_1=3$ A，$i_2=-1$ A，$i_3=2$ A，试问电流 i 等于多少？

1－15　电路如图题 1－15 所示，已知 $i_1=1$ A，$i_2=3$ A，求 i_3、i_4、i_5 和 i_6。

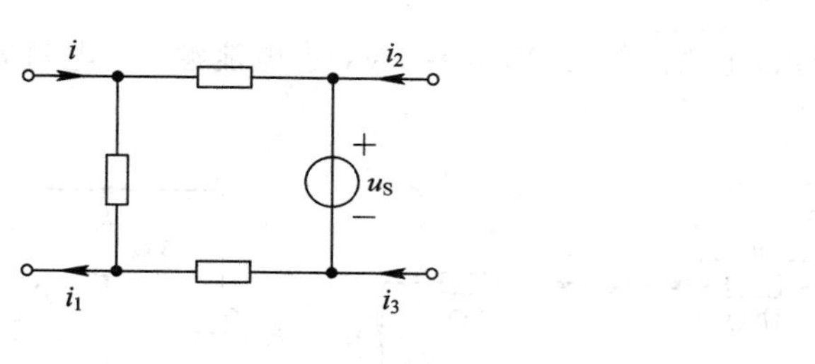

图题 1－14

图题 1－15

1－16　图题 1－16 中，已知 $i_1=4$ A，$i_2=6$ A，$i_3=-2$ A，求 i_4 的值。

1－17　图题 1－17 中，已知 $i_1=2$ A，$i_2=8$ A，$i_4=6$ A，求支路电流 i_3、i_5、i_6。

1－18　电路如图题 1－18 所示，已知 $i_1=2$ A，$i_2=-3$ A，$u_1=10$ V，$u_4=5$ V。试求各二端元件的吸收功率。

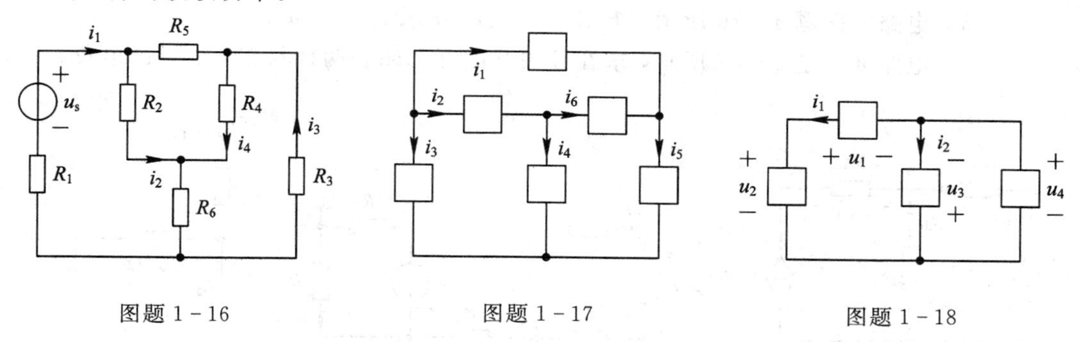

图题 1－16　　图题 1－17　　图题 1－18

1－19　电路如图题 1－19 所示，电压 u_{ab} 等于多少？

1－20　在图题 1－20 所示电路中，已知 $u_{S1}=20$ V，$u_{S2}=10$ V。

(1) 若 $u_{S3}=10$ V，求 u_{ab} 和 u_{cd}；

(2) 欲使 $u_{cd}=0$ V，则 u_{S3} 等于多少？

1－21　如图题 1－21 电路中，已知 $u_{S1}=20$ V，$u_{S2}=10$ V，$u_{S3}=5$ V，$R_1=5$ Ω，$R_2=2$ Ω，$R_3=5$ Ω，求图中标出的各支路电流。

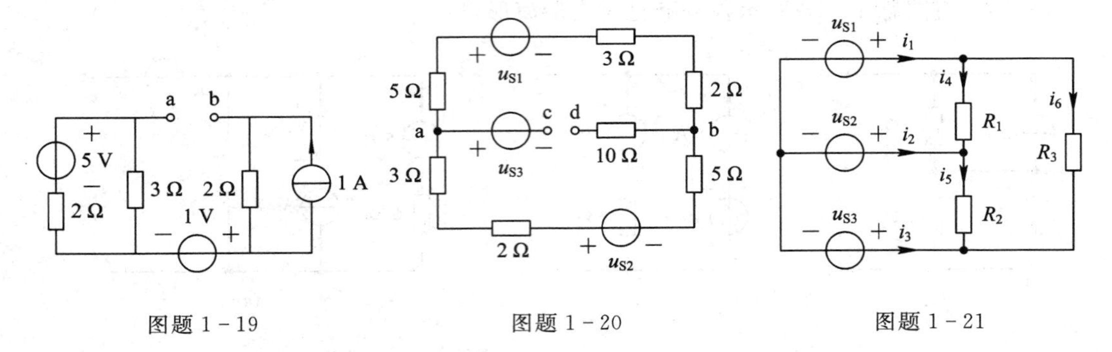

图题 1－19　　图题 1－20　　图题 1－21

1－22　电路如图题 1－22 所示，若 $u_{S1}=10$ V，$i_{S2}=3$ A，试求电压源和电流源发出的功率。

1－23　电路如图题 1－23 所示。已知 $i_4=1$ A，求各元件电压和吸收功率，并校验功率平衡。

1－24　电路如图题 1－24 所示，已知 $i_1=2$ A，$u=5$ V，求电流源 i_S、电阻 R 的数值。

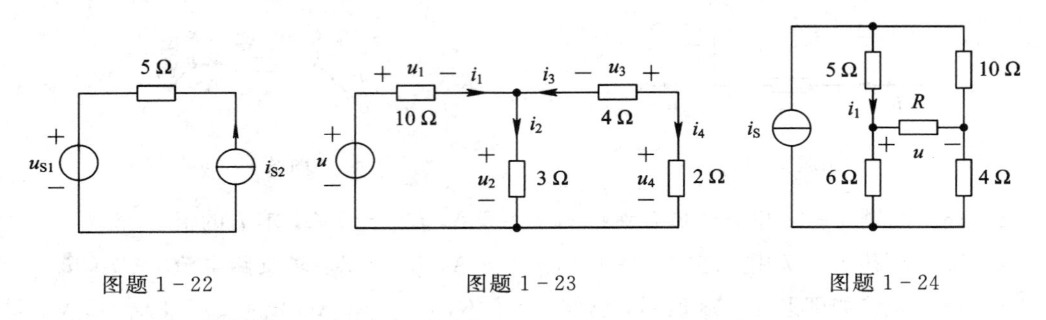

图题 1－22　　图题 1－23　　图题 1－24

1－25　电路如图题 1－25 所示，试求电流 i_1 和电压 u_{ab}。

1－26　电路如图题 1－26 所示，电阻 $R=1$ Ω，试求 i_1、i_2、u_a、u_b。

1－27　电路如图题 1－27 所示，求在开关 S 断开和闭合两种状态下 a 点的电位。

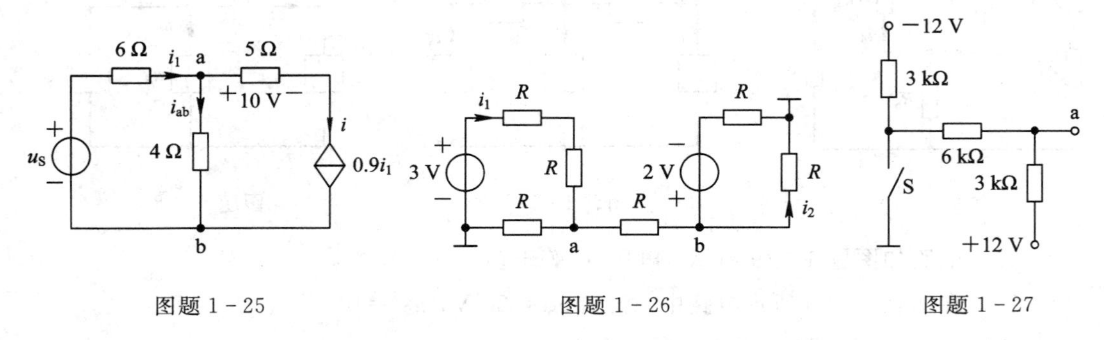

图题 1－25　　图题 1－26　　图题 1－27

1－28　电路如图题 1－28 所示，当开关 S 断开或闭合时，试求电位器滑动端移动时 a 点电位的变化范围。

1－29　试用叠加定理求图题 1－29 所示电路中的电压 U。

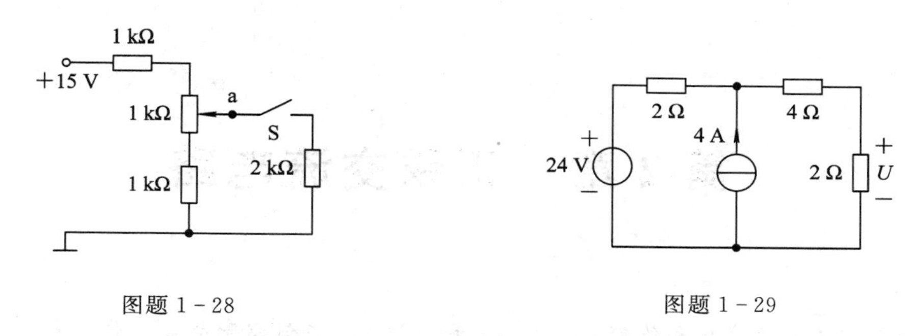

图题 1 - 28　　　　图题 1 - 29

1 - 30　试用叠加定理求图题 1 - 30 所示电路中的电流 I_1。

1 - 31　利用电源的等效变换，求图题 1 - 31 所示电路中的电流 I。

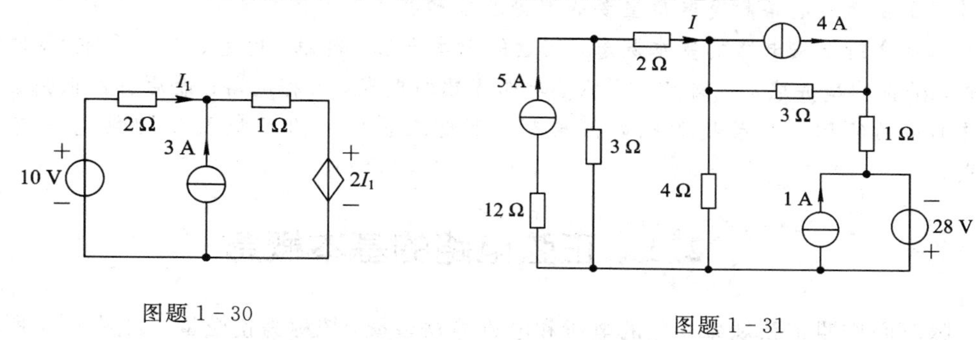

图题 1 - 30　　　　图题 1 - 31

1 - 32　电路如图题 1 - 32 所示，求独立电压源的电流 I_1、独立电流源的电压 U_2 以及受控电流源的电压 U_3。

1 - 33　电路如图题 1 - 33 所示，开关 S 在 $t=0$ 时合上，已知换路前电路已处于稳定。求 i_1、i_2 和 i_3 的初始值。

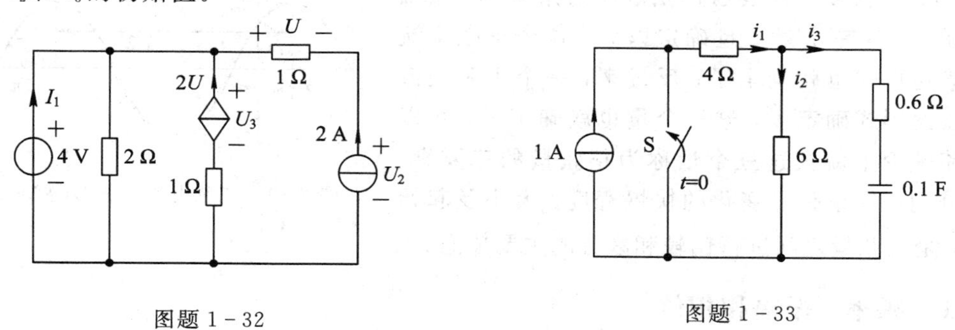

图题 1 - 32　　　　图题 1 - 33

1 - 34　电路如图题 1 - 34 所示，开关 S 在 $t=0$ 时合上，已知换路前电路已处于稳态。求换路后电容电压 u_C 及电流 i。

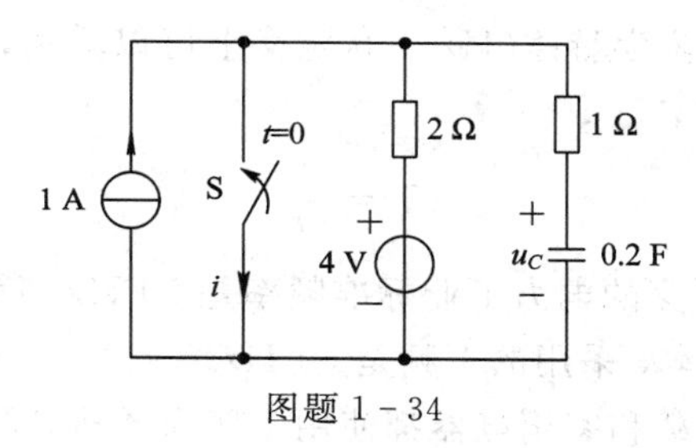

图题 1 - 34

第 2 章　正弦交流电路

正弦交流电易于产生和传输，正弦信号利于计算，任何实际的周期信号都可以分解为一系列不同频率的正弦量之和。因此，正弦交流电路是电工学中极为重要的一部分，分析和研究正弦交流电路具有非常重要的理论价值和实际意义。

本章介绍正弦电路的基本概念，相量的表示方法；电阻、电感、电容元件 VCR 的相量形式，阻抗的串并联；电路中的谐振，功率因数的提高，三相电路；最后引入正弦交流电路相关的应用实例，包括收音机如何选频、阻抗测量仪的原理以及三相供电系统的配电方式。

2.1　正弦电路的基本概念

随时间按照正弦规律变化的电压和电流等物理量，统称为正弦量。如图 2－1 所示为某一正弦交流电流的波形，其瞬时值的数学表达式为

$$i(t) = I_{\mathrm{m}}\sin(\omega t + \psi_i) \tag{2-1}$$

式中，$i(t)$ 表示正弦电流的瞬时值，单位为安培(A)。ω、I_{m} 和 ψ_i 分别表示正弦电流的角频率、振幅和初相位，这三个量一旦确定以后，这个正弦交流电的表达形式也就确定了；反过来，一个正弦交流电的表达形式确定了，这三个量也就确定了。所以在电路理论上就把这三个量称为正弦量的三要素，它们分别表征正弦量变化的快慢程度、大小及起始位置，是正弦量之间进行比较和区分的主要依据。

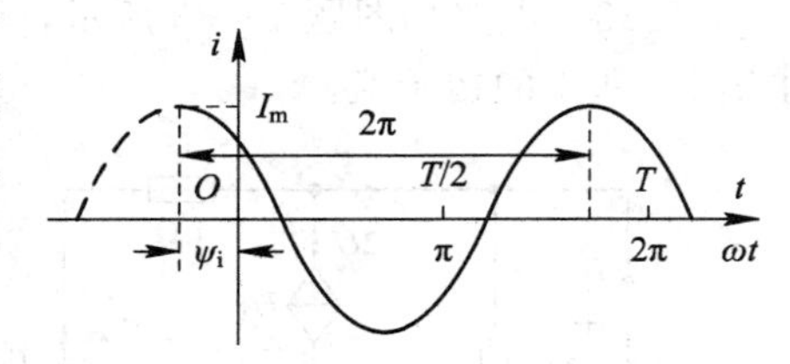

图 2－1　正弦电流的波形($\psi_i > 0$)

2.1.1　频率、振幅和相位

正弦量是周期性变化的信号，其变化的快慢可以用周期、频率或角频率来反映。

周期是正弦量变化一周所需要的时间，用 T 表示，单位为秒(s)。正弦量每秒变化的次数称为频率，用 f 表示，单位为赫兹(Hz)。从定义上可以看出，周期与频率相互成倒数关系，即

$$T = \frac{1}{f} \tag{2-2}$$

我国和世界上大多数国家的电力工业标准频率是 50 Hz，简称工频，其周期为 0.02 s，也有少数国家，如美国、日本，采用的工频是 60 Hz。

一般交流电机、照明负载和家用电器都使用工频交流电，但在其它不同的领域内则依

据各自的需要使用不同的频率。

由于正弦函数每经过一个周期 T，ωt 都要转过 2π 个弧度(360°)。定义 ω 为正弦函数的角频率，单位为弧度每秒(rad/s)。因此角频率为

$$\omega = 2\pi f = \frac{2\pi}{T} \tag{2-3}$$

例如对工频 $f=50$ Hz 来说，$T=\frac{1}{f}=\frac{1}{50}$ s=0.02 s，角频率 $\omega=2\pi f=314$ rad/s。

正弦量的瞬时值是对应某一时刻电压和电流的数值，一般用小写字母表示，如 u、i 分别表示电压和电流的瞬时值。瞬时值中的最大值称为正弦量的幅值，也称为振幅或峰值，一般用大写字母带下标 m 表示，如 U_m、I_m 分别表示电压和电流的幅值。

正弦量的瞬时值 $i(t)$ 何时为零、何时为最大，不是简单地由时间 t 来确定，而是由 $\omega t+\psi_i$ 来确定的，这个 $\omega t+\psi_i$ 反映了正弦量随时间变化进程的电角度，称为正弦量的相位角或相位，单位是弧度(rad)。

对应于 $t=0$ 时刻的相位 ψ_i 称为初相位，单位用弧度或度表示。由于正弦量的相位是以 2π 为周期变化的，因此通常规定初相位在主值范围内取值，即 $-\pi \leqslant \psi_i \leqslant \pi$。

初相位的大小、正负与计时起点有关，如果计时起点发生了变化，则初相位也随之发生变化。对于任一正弦量，初相位是允许任意确定的，但对于同一个电路中的许多相关的正弦量，只能相对于一个共同的计时起点来确定各自的初相位。

如果计时起点取在正弦量的正最大值瞬间，则初相 $\psi_i=0$；如果正弦量的正最大值出现在计时起点之前，则初相 $\psi_i>0$；如果正弦量的正最大值出现在计时起点之后，则初相 $\psi_i<0$。

电路中常用相位差来表示两个同频率正弦量之间的相位关系。相位关系的不同，反映了负载性质的不同。设有两个同频率的正弦电压 $u(t)$ 和电流 $i(t)$，其分别表示为

$$u(t) = U_m \sin(\omega t + \psi_u)$$

$$i(t) = I_m \sin(\omega t + \psi_i)$$

两个同频率正弦量的相位差 φ 为

$$\varphi = (\omega t + \psi_u) - (\omega t + \psi_i) = \psi_u - \psi_i$$

相位差也是在主值范围内取值，即 $-\pi \leqslant \varphi \leqslant \pi$。上述结果表明：同频正弦量的相位差等于它们的初相位之差，为一个与时间及计时起点无关的常数。电路常采用“超前”和“滞后”等概念来说明两个同频正弦量相位比较的结果。

当 $\varphi>0$ 时，称为 u 超前 i；当 $\varphi<0$ 时，称为 u 滞后 i；当 $\varphi=0$ 时，称为 u 和 i 同相；当 $\varphi=\pi/2$ 时，称为 u 与 i 正交；当 $\varphi=\pi$ 时，称为 u 与 i 彼此反相。

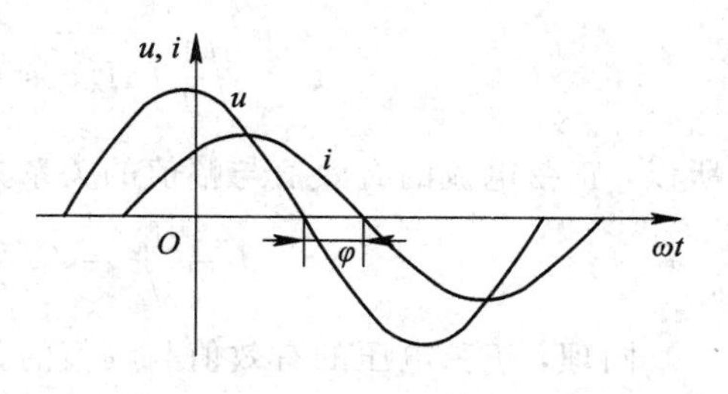

图 2-2　同频正弦量的相位差

相位差可以通过观察波形来确定，如图 2-2 所示。在同一个周期内两个波形与横坐标轴的两个交点(正斜率过零点或负斜率过零点)之间的坐标值即为两者的相位差，先到达零点的为超前波。图中所示为 i 滞后 u。相位差与计时起点的选取无关。

需要注意的是：两个正弦量进行相位比较时应满足同频率、同函数名、同符号，且在

主值范围内比较。不同频率的正弦量的相位差随时间不断变化，所以它们之间进行相位的超前与滞后的比较没有任何实际意义。

2.1.2 瞬时值和有效值

正弦量的瞬时值是随时间周期性变化的，是时间 t 的函数，在实际应用过程中无法用来表示一个确定的交流电；而幅值只表示正弦交流电的最大作用效果，也不能用于表示正弦交流电的作用；对于正弦交流电，其一周期的平均值又为零。因此对于正弦交流电来说，就必须选择一个合适的物理量来表征它的大小和在电路中的功率效应，在工程技术中就经常采用有效值这个物理量。

周期量的有效值是这样来定义的，让一个正弦交流电和一个直流电同时通过阻值相同的电阻，如图 2－3 所示，如果在相同的时间内产生的热效应相同，则把该直流电的数值就定义为交流电的有效值，并规定用与直流量相同的符号、大写字母表示。由定义可得，当周期电流 i 流过电阻 R 时，在一个周期 T 内产生的热量为

$$Q = \int_0^T i^2(t) R \mathrm{d}t$$

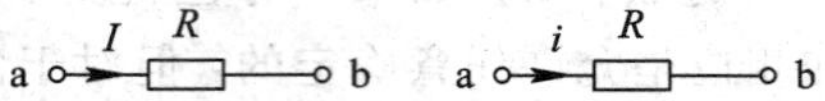

图 2－3 直流电和周期电流通过同一电阻

设有某个直流电流 I 流过同一个电阻 R 时，在一个周期 T 内产生的热量为

$$Q = I^2 RT$$

若两者在一个周期内产生的热量相等，则有

$$I^2 RT = \int_0^T i^2(t) R \mathrm{d}t$$

因此，可获得周期电流和与之相等的直流电流 I 之间的关系：

$$I = \sqrt{\frac{1}{T}\int_0^T i^2(t)\mathrm{d}t} \tag{2-4}$$

即交流电流的有效值 I 等于瞬时值 i 的平方在一个周期内的平均值再开方，所以有效值也称为均方根值。式(2－4)的定义是周期量有效值普遍适用的公式。当电流 i 是正弦量，可以推出正弦量的有效值与正弦量的振幅之间的关系为

$$I = \sqrt{\frac{1}{T}\int_0^T I_m^2 \cos^2(\omega t + \psi_i)\mathrm{d}t} = \frac{I_m}{\sqrt{2}} = 0.707 I_m \tag{2-5}$$

所以，正弦电流的有效值与幅值的关系为

$$I = \frac{I_m}{\sqrt{2}} = 0.707 I_m \quad 或者 \quad I_m = \sqrt{2} I$$

同理，正弦电压的有效值与幅值的关系为

$$U = \frac{U_m}{\sqrt{2}} = 0.707 U_m \quad 或者 \quad U_m = \sqrt{2} U$$

有了有效值后，正弦交流电的表达式也可以写作

$$i(t) = \sqrt{2} I \cos(\omega t + \psi_i)$$

需要注意的是：

（1）工程上所说的正弦交流电压、电流一般均指有效值，如电气设备铭牌上的额定值、电网的电压等级等均为有效值。但电力器件、导线、设备等的绝缘水平、耐压值指的是正弦电压、电流的最大值。因此，在考虑电气设备的耐压水平时应按最大值考虑。

（2）测量中，交流测量仪表指示的电压、电流读数均为有效值。

（3）区分电流、电压的瞬时值 i、u，最大值 I_m、U_m 和有效值 I、U 的符号。

2.2 正弦量的相量表示法

一个正弦量是由它的幅值、角频率和初相三个要素共同决定的。如果直接用正弦电压或电流的瞬时表达式进行计算，则三角函数的计算相当复杂。为了解决这一问题，对正弦交流电路的分析常采用相量(复数)运算的方法，亦称为相量法。相量就是与时间无关的、用于表示正弦量幅值和初相位的复数。用复数(相量)的运算代替正弦量的运算，可以简化正弦交流电路的分析与计算。本节先复习一下有关复数的知识。

复数由实部和虚部组成，对应于复平面上的一个点或一条有向线段。如图 2-4 所示，复数 A 在复平面实轴 +1 上的投影为 a，在虚轴 $+j$ 上的投影为 b；有向线段 OA 的长度为 r，有向线段与实轴 +1 的夹角为 θ。

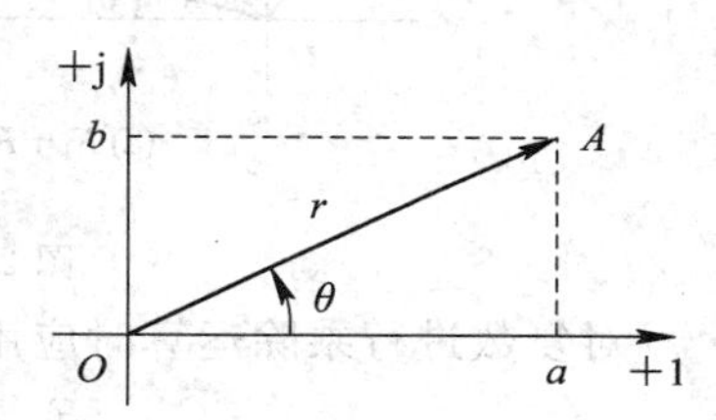

图 2-4　复数 A 的相量表示

复数 A 可以用下述几种形式来表示：

（1）代数形式。

$$A = a + \mathrm{j}b \tag{2-6}$$

式中，a 为复数 A 的实部，b 为复数 A 的虚部，$\mathrm{j}=\sqrt{-1}$ 为虚数的单位，相当于数学中的 i，电路分析中用符号 j 表示，是为了避免与电流 i 相混淆。

（2）三角函数形式。

由图 2-4 可见：

$$A = r\cos\theta + \mathrm{j}r\sin\theta = r(\cos\theta + \mathrm{j}\sin\theta) \tag{2-7}$$

式中，r 称为复数 A 的模，θ 称为复数 A 的幅角。

（3）指数形式。

根据欧拉公式，有

$$\mathrm{e}^{\mathrm{j}\theta} = \cos\theta + \mathrm{j}\sin\theta \tag{2-8}$$

可以把复数 A 写成指数形式：

$$A = r\mathrm{e}^{\mathrm{j}\theta} \tag{2-9}$$

（4）极坐标形式。

$$A = r\angle\theta \tag{2-10}$$

它是复数的三角函数形式和指数形式的工程简写。

若在复数的三角函数形式、指数形式和极坐标形式中规定 $-\pi \leqslant \theta \leqslant \pi$，则复数的这四种形式之间以及与相量、复平面上的一个点和复平面上的一个有向线段间就形成了一一对应关系，复数的几种形式间可以相互转换，转换的形式就是唯一的了。例如：

$$A = a + \mathrm{j}b = r(\cos\theta + \mathrm{j}\sin\theta) = r\mathrm{e}^{\mathrm{j}\theta} = r\angle\theta$$

其中，$r=\sqrt{a^2+b^2}$，$\theta=\arctan\dfrac{b}{a}$，$a=r\cos\theta$ 及 $b=r\sin\theta$。

对复数进行加减运算，用复数的代数形式较为方便。例如有两个复数：

$$F_1 = a_1 + \mathrm{j}b_1,\quad F_2 = a_2 + \mathrm{j}b_2$$

则

$$\begin{aligned}F_1 \pm F_2 &= (a_1 + \mathrm{j}b_1) \pm (a_2 + \mathrm{j}b_2)\\ &= (a_1 \pm a_2) + \mathrm{j}(b_1 \pm b_2)\end{aligned}$$

即复数的加减运算满足实部和实部相加减、虚部和虚部相加减。

复数的相加和相减的运算也可以按平行四边形法在复平面上用相量的相加和相减求得，如图 2-5 所示。

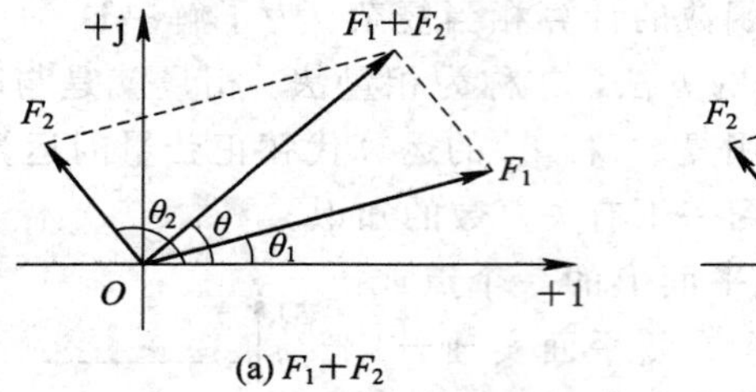

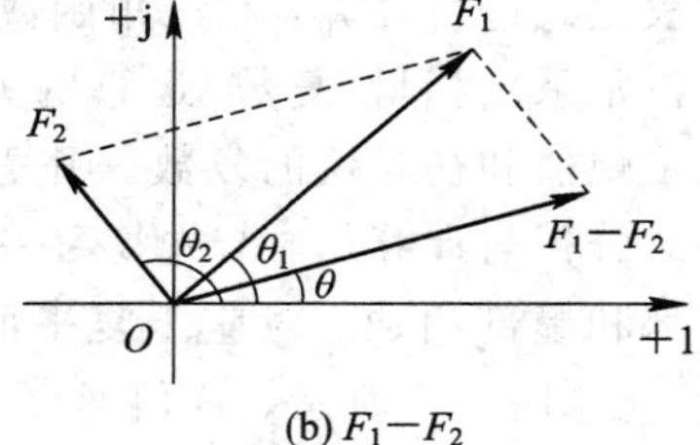

图 2-5　两个复数的代数和与差的图解

对复数进行乘除运算时应用极坐标形式(或指数形式)较为方便。例如有两个复数：

$$F_1 = |F_1|\angle\theta_1,\quad F_2 = |F_2|\angle\theta_2$$

则

$$F_1F_2 = |F_1|\angle\theta_1|F_2|\angle\theta_2 = |F_1||F_2|\angle(\theta_1+\theta_2)$$

$$\frac{F_1}{F_2} = \frac{|F_1|\angle\theta_1}{|F_2|\angle\theta_2} = \frac{|F_1|}{|F_2|}\angle(\theta_1-\theta_2)$$

即复数相乘除时，就是将复数的模与模相乘除、辐角与辐角相加减。

两个复数相乘除也可以在复平面上进行计算，如图 2-6 所示。从图上可以看出，复数乘除表示为模的放大或缩小，辐角表示为逆时针旋转或顺时针旋转。

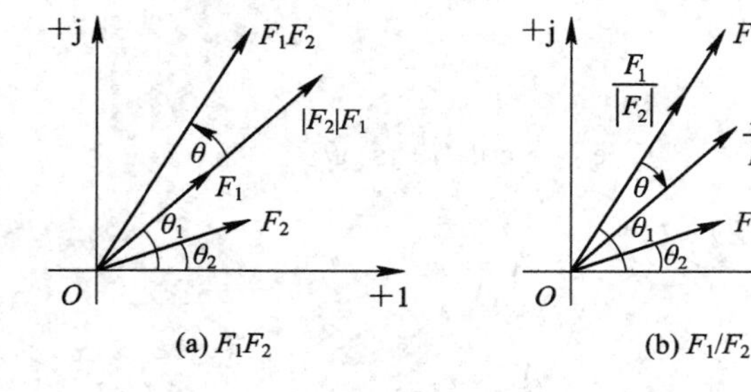

图 2-6　复数乘除法的图解

有两个复数 F_1、F_2，若 $F_1=F_2$，则必有这两个复数的实部与实部相等，虚部与虚部相等；或模与模相等，辐角与辐角相等。反之，若两个复数 F_1、F_2，有实部与实部相等，虚部与虚部相等；或模与模相等，辐角与辐角相等，则可判断这两个复数也相等，即 $F_1=F_2$。

同时应注意，两个复数可比较相等，但是不能比较大小。

在复数的运算中，$e^{j\theta}=1\angle\theta$ 是一个模为1、辐角为 θ 的复数。任意复数 $G=|G|e^{j\theta}$ 乘以 $e^{j\theta}$ 等于把复数 G 逆时针(或顺时针)旋转一个角度 θ，而它的模不变。因此，$e^{j\theta}$ 称为旋转因子，而 $e^{j\frac{\pi}{2}}=j$，$e^{-j\frac{\pi}{2}}=-j$，$e^{j\pi}=-1$ 等都可以看成旋转因子。

当一个复数乘以j，相当于这个复数模不变，逆时针旋转90°。当一个复数乘以−j，相当于这个复数模不变，顺时针旋转90°。

当一个复数乘以−1，相当于这个复数模不变，逆时针(或顺时针)旋转180°。

正弦交流电路分析计算中经常会用到复数的代数形式与极坐标形式，它们之间的相互转换应熟练掌握，也可以利用某些计算器直接进行两种形式的相互转换。

【例2-1】 计算复数 $220\angle 35°+\dfrac{(17+j9)(4+j6)}{20+j5}=?$

解

$$\begin{aligned}原式&=220\cos 35°+j220\sin 35°+\frac{19.24\angle 27.9°\times 7.211\angle 56.3°}{20.62\angle 14.04°}\\&=180.2+j126.2+\frac{19.24\angle 27.9°\times 7.211\angle 56.3°}{20.62\angle 14.04°}\\&=180.2+j126.2+6.728\angle 70.16°=180.2+j126.2+2.238+j6.329\\&=182.5+j132.5=225.5\angle 36°\end{aligned}$$

设正弦电压 $u(t)=U_m\sin(\omega t+\psi_u)$，包含了正弦量的三要素：角频率 ω、幅值 U_m 和初相位 ψ_u，则正弦电压的相量式为

$$\dot{U}_m=U_m e^{j\psi_u}=U_m\angle\psi_u \tag{2-11}$$

上述 $\dot{U}_m$(或 $\dot{I}_m$)是一个包含了正弦量两个要素的复常数，其模 U_m(或 I_m)与幅角 ψ_u(或 ψ_i)分别为正弦电压(或电流)的幅值与初相位。为了把这个代表正弦量的复数与一般的复数相区别，称它为最大值相量，并特别用大写字母上加“·”来表示。

由上述可见，当频率一定时，正弦量与相量有一一对应的关系，若已知正弦量的瞬时值表达式，就可以得到对应的相量；反过来，若已知相量，且知道角频率 ω，就可以写出正弦量的瞬时值表达式。

$$u(t)=U_m\sin(\omega t+\psi_u)\Leftrightarrow\dot{U}_m=U_m\angle\psi_u$$
$$i(t)=I_m\sin(\omega t+\psi_i)\Leftrightarrow\dot{I}_m=I_m\angle\psi_i$$

但必须注意：正弦量是随时间按正弦规律变化的函数，而相量是由正弦量的幅值(或有效值)与初相位构成的一个与时间无关的复数。因此，相量只是表征正弦量但并不等于正弦量。

今后若无特殊说明，正弦量的相量一般都用有效值相量。掌握正弦函数的瞬时表达式和相量表示形式，并理解它们之间的内在转换关系，是正弦稳态电路中相量计算的基础。

图2-7所示为正弦量的相量，相量在复平面上的图形称为相量图(以正弦电流为例)。

另外，在画相量图时也可以省略复平面上的实轴与虚轴，如图2-8所示。从相量图中

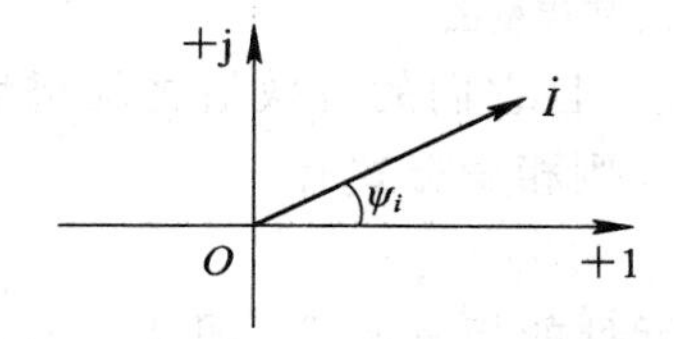

图2-7　正弦量的相量

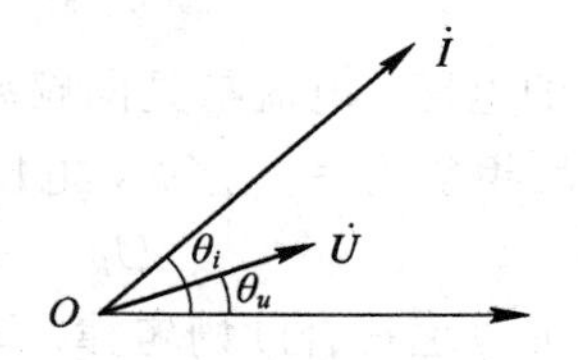

图2-8　简化后的相量图

可以方便地看出各同频率正弦量的大小以及相互间的相位关系(这里以一个电压相量与电流相量为例)。但要注意，只有相同频率的正弦量才能画在同一张相量图上。

【例 2-2】 已知电流 $i_1=10\sin(314t-30°)$ A，$i_2=4\sin(314t+60°)$ A，试写出电流的相量，并画出它们的相量图。

解 i_1、i_2的相量表示为

$$\dot{I}_1=5\sqrt{2}\angle-30°\ \text{A},\quad \dot{I}_2=2\sqrt{2}\angle 60°\ \text{A}$$

其相量图如图 2-9 所示。

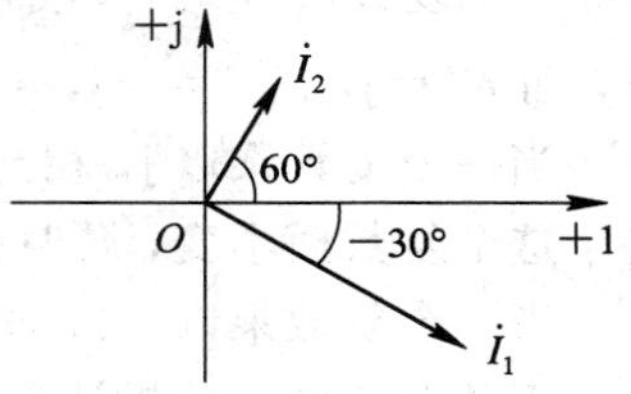

图 2-9 例 2-2 相量图

2.3 交流电路的相量形式

在单一频率的正弦交流电路中，电路基本元件上的电压、电流都是同频率正弦量，借助相量分析，可以将时域中的微分关系、积分关系对应为频域中的复代数方程。本节将导出这三种基本元件伏安关系(VCR)的相量形式，建立正弦稳态电路中的 R、L、C 元件的相量模型。

2.3.1 电阻元件 VCR 的相量形式

对于图 2-10 所示电阻 R，当有正弦电流 $i_R=\sqrt{2}I_R\sin(\omega t+\psi_i)$通过时，根据欧姆定律，电压电流的时域关系为

$$u_R=Ri_R=\sqrt{2}RI_R\sin(\omega t+\psi_i)$$

而电阻上的电压又可以表示为

$$u_R=\sqrt{2}U_R\sin(\omega t+\psi_u)$$

对比上述两式，可以得到

大小关系：$U_R=RI_R$。

相位关系：$\psi_u=\psi_i$。

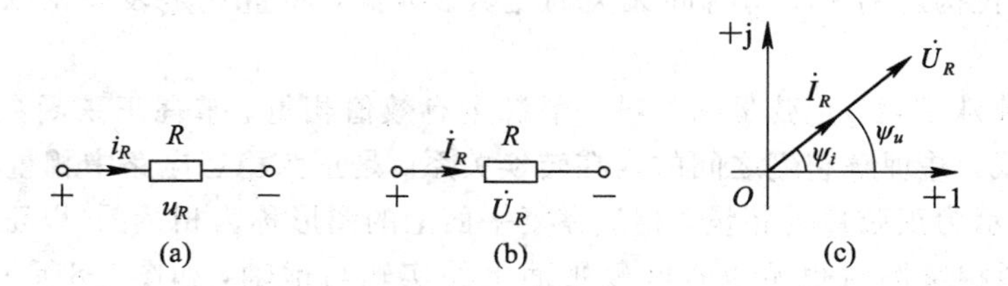

图 2-10 电阻中的电压、电流及其相量图

说明电阻上的电压、电流都是同频率、同相位的正弦量，且它们的有效值之间仍满足欧姆定律。令电流相量 $\dot{I}_R=I_R\angle\psi_i$，电压相量 $\dot{U}_R=U_R\angle\psi_u$，则相量形式有

$$\dot{U}_R=U_R\angle\psi_u=RI_R\angle\psi_i=R\dot{I}_R \tag{2-12}$$

它们的相量形式也符合欧姆定律。图 2-11(b)为电阻元件的相量形式，图 2-11(c)为其电压、电流的相量图，它们在同一个方向的直线上(相位差为零)。

知道了电路中电压与电流的变换规律，便可计算电路在任意瞬间的功率，电压瞬时值 u 与电流瞬时值 i 的乘积，称为瞬时功率 p。

$$p = ui \tag{2-13}$$

为了便于分析计算，选择初相位为 0 的瞬间为计时起点，电阻元件的交流电路中 u 与 i 同相，即设

$$u = \sqrt{2}U\sin\omega t$$

$$i = \sqrt{2}I\sin\omega t$$

将 u、i 的表达式代入式(2-13)，有

$$p = \sqrt{2}U\sin\omega t \times \sqrt{2}I\sin\omega t = UI(1-\cos 2\omega t) \tag{2-14}$$

由式(2-14)可见，电阻元件的瞬时功率 $p \geqslant 0$，表示电阻电路从电源取用的电能转换为热能。

瞬时功率随时间不断变化，不便于测量，因而其在实际的应用中实用价值不大，为了便于测量，通常引入平均功率的概念。一般电器所标的功率都是指平均功率，交流功率表显示的读数也是平均功率。

平均功率也叫有功功率，它是瞬时功率在一个周期内的平均值，用大写字母 P 表示，即

$$P = \frac{1}{T}\int_0^T p\mathrm{d}t \tag{2-15}$$

将式(2-14)代入式(2-15)，得

$$P = \frac{1}{T}\int_0^T p\mathrm{d}t = \frac{1}{T}\int_0^T UI(1-\cos 2\omega t)\mathrm{d}t = UI \tag{2-16}$$

【例 2-3】 把一个 10 Ω 的电阻元件接到频率为 50 Hz、电压有效值为 10 V 的正弦电源上，求通过电阻的电流有效值为多少？若保持电压值不变，将电源频率改变为 5000 Hz，这时的电流有效值又为多少？

解 因为通过电阻的电流与电源频率无关，所以电压有效值保持不变时，电流有效值相等，即

$$I = \frac{U}{R} = \frac{10}{10} = 1\ \mathrm{A}$$

2.3.2 电感元件 VCR 的相量形式

设对于图 2-11(a)所示的电感元件 L，有正弦电流 $i_L = \sqrt{2}I_L\sin(\omega t + \psi_i)$ 通过时，根据电感的电压电流的时域关系，有

$$u_L = L\frac{\mathrm{d}i_L}{\mathrm{d}t} = \sqrt{2}\omega L I_L\cos(\omega t + \psi_i) = \sqrt{2}\omega L I_L\sin(\omega t + \psi_i + 90°)$$

而电感上的电压又可以表示为

$$u_L = \sqrt{2}U_L\sin(\omega t + \psi_u)$$

对比上述两式，可以得到

大小关系：$U_L = \omega L I_L$。

相位关系：$\psi_u = \psi_i + 90°$。

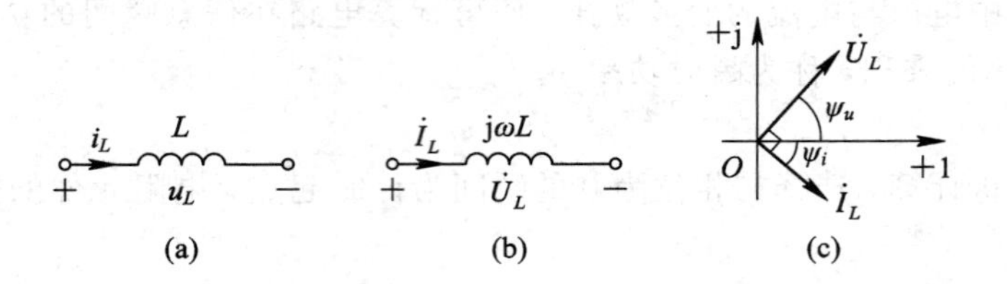

图 2-11　电感中的电压、电流及其相量图

说明电感 L 上的电压、电流都是同一频率的正弦量。令电流相量 $\dot{I}_L=I_L\angle\psi_i$，电压相量 $\dot{U}_L=U_L\angle\psi_u$，则相量形式有

$$\dot{U}_L=U_L\angle\psi_u=\omega LI_L\angle(\psi_i+90°)=\mathrm{j}\omega L\dot{I}_L \tag{2-17}$$

式(2-17)称为电感元件的 VCR 相量关系式，说明电感电压超前电流相位 90°。

电感电压、电流有效值之间的关系类似于欧姆定律，但与角频率 ω 有关，其中与频率成正比的 ωL 具有与电阻相同的量纲 Ω，称为感抗，用字母 X_L 表示，即 $X_L=\omega L$；电感上的电压将跟随频率变化，当 $\omega=0$ 时(直流)，$X_L=0$，$u_L=0$，电感相当于短路；当 $\omega\to\infty$ 时，$X_L\to\infty$，$i_L=0$，电感相当于开路。电感电压在相位上超前电感电流 90°。图 2-11(b)为电感的相量模型，图 2-11(c)为电感中电压、电流的相量图。

可见，在电压有效值一定时，频率愈高，则通过电感元件的电流有效值愈小。

为了便于分析计算，设电感元件的电流瞬时值为

$$i=\sqrt{2}I\sin\omega t$$

则电感元件的电压瞬时值为

$$u=\sqrt{2}U\sin(\omega t+90°)$$

电感元件交电路的瞬时功率为

$$\begin{aligned}p=ui&=\sqrt{2}U\sin(\omega t+90°)\times\sqrt{2}I\sin\omega t\\&=2UI\sin\omega t\cos\omega t\\&=UI\sin2\omega t\end{aligned} \tag{2-18}$$

电感元件平均功率为

$$P=\frac{1}{T}\int_0^T p\mathrm{d}t=\frac{1}{T}\int_0^T UI\sin2\omega t\,\mathrm{d}t=0 \tag{2-19}$$

由此可知，电感元件的交流电路中没有能量消耗，只有电源与电感元件间的能量互换。我们用无功功率 Q 来衡量能量互换的规模，规定无功功率等于瞬时功率的幅值，即

$$Q=UI=I^2X_L=\frac{U^2}{X_L} \tag{2-20}$$

无功功率的单位为乏尔(var)。

【例 2-4】 把一个 10 mH 的电感元件接到频率为 50 Hz、电压有效值为 10 V 的正弦电源上，求通过电感元件的电流有效值为多少？若保持电压值不变，将电源频率改变为 5000 Hz，这时的电流有效值又为多少？

解　当 $f=50$ Hz 时，有

$$X_L=2\pi fL=2\times3.14\times50\times0.01=3.14\ \Omega$$

$$I=\frac{U}{X_L}=\frac{10}{3.14}=3.18\ \mathrm{A}$$

当 $f=5000$ Hz 时，有

$$X_L = 2\pi fL = 2\times3.14\times5000\times0.01 = 314\ \Omega$$

$$I = \frac{U}{X_L} = \frac{10}{314} = 0.0318\ \text{A} = 31.8\ \text{mA}$$

2.3.3 电容元件 VCR 的相量形式

设对于图 2-12 所示电容元件 C，有正弦电压 $u_C=\sqrt{2}U_C\sin(\omega t+\psi_u)$通过时，它的电压与电流的时域关系为

$$i_C = C\frac{\mathrm{d}u_C}{\mathrm{d}t} = \sqrt{2}\omega CU_C\cos(\omega t+\psi_u) = \sqrt{2}\omega CU_C\sin(\omega t+\psi_u+90^\circ)$$

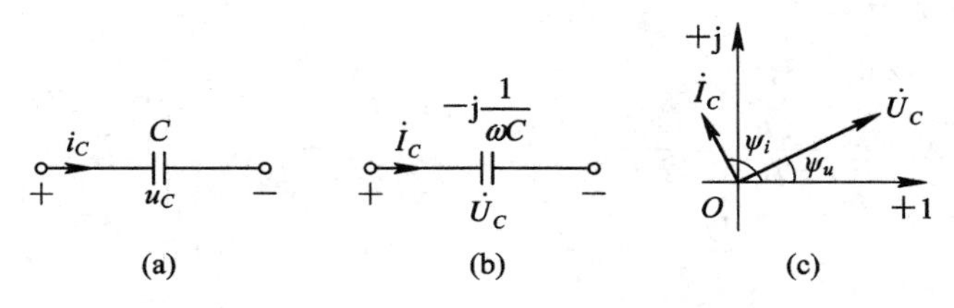

图 2-12　电容中的电压、电流及其相量图

而电容的电流又可以表示为

$$i_C = \sqrt{2}I_C\sin(\omega t+\psi_i)$$

对比上述两式，可以得到

大小关系：$U_C=\frac{1}{\omega C}I_C$。

相位关系：$\psi_u=\psi_i-90^\circ$。

说明电容 C 上的电压、电流也都是同一频率的正弦量，电容电压滞后电流相位 90°。令电流相量为 $\dot{I}_C=I_C\angle\psi_i$，电压相量为 $\dot{U}_C=U_C\angle\psi_u$，它们的相量形式为

$$\dot{U}_C = U_C\angle\psi_u = \frac{1}{\omega C}I_C\angle(\psi_i-90^\circ) = \frac{1}{\mathrm{j}\omega C}\dot{I}_C \tag{2-21}$$

电压、电流有效值之间的关系也有类似于欧姆定律的形式，但与角频率 ω 有关，其中与频率成反比的$\frac{1}{\omega C}$具有与电阻相同的量纲 Ω，称为容抗，用 X_C表示，即 $X_C=\frac{1}{\omega C}$。电容电压将随频率变化而变化，当 $\omega=0$ 时(直流)，$X_C=\infty$，$i_C=0$，电容相当于开路；当 $\omega\to\infty$ 时，$X_C=0$，$u_C=0$，电容相当于短路。在相位上，电流超前电压 90°。图 2-12(b)、(c)分别是电容的相量模型和电压、电流的相量图。

为了同电感元件电路的无功功率做比较，设电容元件的电流瞬时值为

$$i = \sqrt{2}I\sin\omega t$$

则电容元件的电压瞬时值为

$$u = \sqrt{2}U\sin(\omega t-90^\circ)$$

电容元件交流电路的瞬时功率为

$$\begin{aligned} p = ui &= \sqrt{2}U\sin(\omega t-90^\circ)\times\sqrt{2}I\sin\omega t \\ &= -2UI\sin\omega t\cos\omega t = -UI\sin2\omega t \end{aligned} \tag{2-22}$$

电容元件平均功率为

$$P=\frac{1}{T}\int_0^T p\mathrm{d}t=\frac{1}{T}\int_0^T -UI\sin 2\omega t\,\mathrm{d}t=0 \tag{2-23}$$

由此可知，电容元件的交流电路中，没有能量消耗，只有电源与电容元件间的能量互换。电容元件的无功功率为

$$Q=-UI=-I^2X_C=-\frac{U^2}{X_C} \tag{2-24}$$

无功功率的单位为乏尔(var)。

【例 2-5】 把一个 25 μF 的电容元件接到频率为 50 Hz、电压有效值为 10 V 的正弦电源上，求通过电容元件的电流有效值为多少？保持电压值不变，将电源频率改变为 5000 Hz，这时的电流有效值又为多少？

解 当 $f=50$ Hz 时，有

$$X_C=\frac{1}{2\pi fC}=\frac{1}{2\times 3.14\times 50\times 25\times 10^{-6}}=127.4\ \Omega$$

$$I=\frac{U}{X_C}=\frac{10}{127.4}=0.078\ \mathrm{A}=78\ \mathrm{mA}$$

当 $f=5000$ Hz 时，有

$$X_C=\frac{1}{2\pi fC}=\frac{1}{2\times 3.14\times 5000\times 25\times 10^{-6}}=1.274\ \Omega$$

$$I=\frac{U}{X_C}=\frac{10}{1.274}=7.8\ \mathrm{A}$$

综上所述，R、L、C 各元件在正弦电路中对电流均有阻碍作用。电阻元件对电流的阻碍作用与频率无关，其端电压与电流同相位；电感元件对电流的阻碍作用表现为感抗，与频率成正比，其端电压超前电流 90°；电容元件对电流的阻碍作用表现为容抗，与频率成反比，其端电流超前电压 90°。

利用相量分析，将 R、L、C 各元件的 VCR 对应为频域中类似于欧姆定律的复代数方程，从而避免了微积分运算，可以使正弦稳态电路的计算过程大为简化。

2.3.4 元件串联 VCR 的相量形式

在关联参考方向下，R、L、C 各元件电压电流的相量形式方程为

电阻：$\dot{U}_R=R\dot{I}_R$。

电感：$\dot{U}_L=\mathrm{j}\omega L\dot{I}_L$。

电容：$\dot{U}_C=\frac{1}{\mathrm{j}\omega C}\dot{I}_C$。

为了统一起见，把三种基本元件在正弦稳态时的电压相量与电流相量之比定义为该元件的阻抗，记为 Z。

$$Z=\frac{\dot{U}}{\dot{I}}$$

阻抗 Z 的单位为 Ω。

在电阻电路中，欧姆定律有

$$U=RI \tag{2-25}$$

在正弦交流电路中的欧姆定律同样有

$$\dot{U} = Z\dot{I} \tag{2-26}$$

式(2-26)就称为复数形式的欧姆定律或欧姆定律的相量形式。

在元件串联的交流电路中，如图 2-13 所示，电路中各元件通过同一电流。

根据基尔霍夫电压定律可列出

$$u = u_{Z_1} + u_{Z_2}$$

如用相量表示电压与电流的关系，则为

$$\dot{U} = \dot{U}_{Z_1} + \dot{U}_{Z_2} = \dot{I}Z_1 + \dot{I}Z_2 = \dot{I}(Z_1 + Z_2)$$

电路中总的等效阻抗 Z 为

$$Z = \frac{\dot{U}}{\dot{I}} = Z_1 + Z_2$$

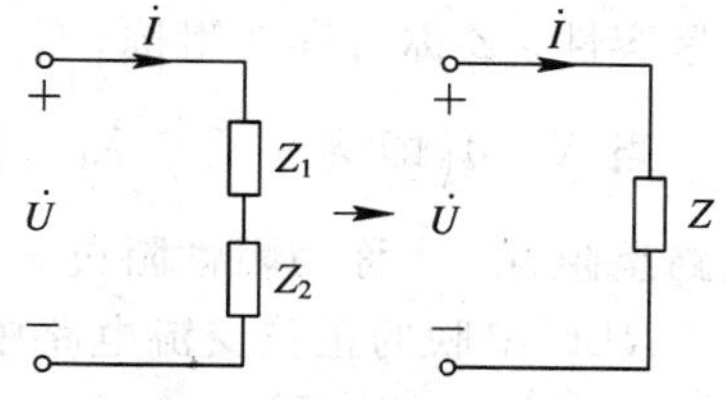

图 2-13　阻抗的串联和等效电路

以此类推，多个元件串联的交流电路中，电路总的等效阻抗 Z 为

$$Z = \frac{\dot{U}}{\dot{I}} = \sum_{k=1}^{n} Z_k$$

由此可见，电路总的等效阻抗等于各个串联阻抗之和。

$$Z = \frac{\dot{U}}{\dot{I}} = \frac{U\angle\varphi_u}{I\angle\varphi_i} = \frac{U}{I}\angle(\varphi_u - \varphi_i) = |Z|\angle\varphi \tag{2-27}$$

其中，阻抗的模为电压有效值与电流的有效值之比，即

$$|Z| = \frac{U}{I} \tag{2-28}$$

阻抗角为电压与电流的相位差，即

$$\varphi = \varphi_u - \varphi_i \tag{2-29}$$

Z 的模值 $|Z|$ 称为阻抗模，它的辐角 φ 称作阻抗角。

阻抗 Z 作为复数，式(2-27)是阻抗的极坐标形式。阻抗 Z 也可以用代数形式表示为

$$Z = R + \mathrm{j}X \tag{2-30}$$

其中，R 是等效阻抗的电阻分量，X 是等效阻抗的电抗分量。于是有

$$Z = R + \mathrm{j}X = |Z|\angle\varphi$$

R、X、$|Z|$、φ 之间的关系为

$$|Z| = \sqrt{R^2 + X^2},\quad \varphi = \arctan\frac{X}{R},\quad R = |Z|\cos\varphi,\quad X = |Z|\sin\varphi$$

这些关系可以用如图 2-14(a)所示的直角三角形来表示，这个三角形称为阻抗三角形。阻抗三角形表示了阻抗模、阻抗角、电阻、电抗之间的关系。

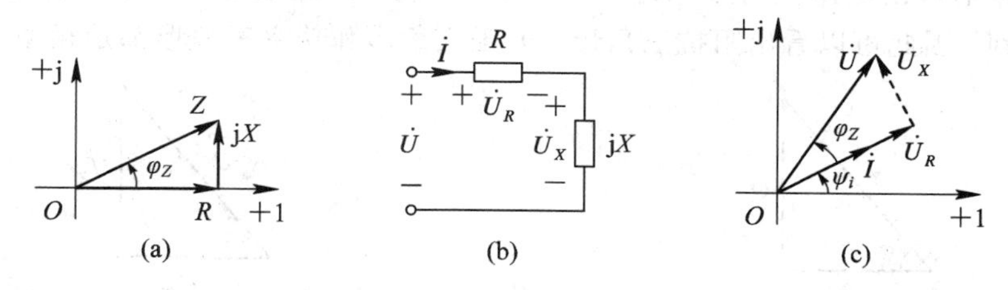

图 2-14　阻抗 $Z(\varphi > 0)$

对于 RLC 串联的正弦交流电路来说，$X = X_L - X_C$。

当 $X>0\left(\text{即 } X=X_L-X_C=\omega L-\dfrac{1}{\omega C}>0\right)$时，$\varphi=\arctan\dfrac{X}{R}>0$，电流滞后电压，整个电路呈感性，$Z$ 称为感性阻抗。

当 $X<0\left(\text{即 } X=X_L-X_C=\omega L-\dfrac{1}{\omega C}<0\right)$时，$\varphi=\arctan\dfrac{X}{R}<0$，电流超前电压，整个电路呈容性，$Z$ 称为容性阻抗。

当 $X=0\left(\text{即 } X=X_L-X_C=\omega L-\dfrac{1}{\omega C}=0\right)$时，$\varphi=\arctan\dfrac{X}{R}=0$，电流与电压同相，整个电路呈阻性，$Z$ 称为阻性阻抗。

RLC 串联的正弦交流电路中，设电流

$$i=\sqrt{2}I\sin\omega t$$

为参考正弦量，则电压瞬时值为

$$u=\sqrt{2}U\sin(\omega t+\varphi)$$

交流电路的瞬时功率为

$$p=ui=\sqrt{2}U\sin(\omega t+\varphi)\times\sqrt{2}I\sin\omega t=UI\cos\varphi-UI\cos(2\omega t+\varphi)$$

电路的平均功率，即电阻元件消耗的电能为

$$P=\frac{1}{T}\int_0^T p\mathrm{d}t=\frac{1}{T}\int_0^T[UI\cos\varphi-UI\cos(2\omega t+\varphi)]\mathrm{d}t=UI\cos\varphi \tag{2-31}$$

式中 $\cos\varphi$ 称为功率因数。

电路中的电感元件和电容元件要与电源之间进行能量互换，相应的无功功率为

$$\begin{aligned}Q&=U_LI-U_CI=(U_L-U_C)I=I^2(X_L-X_C)\\&=I^2X=I^2|Z|\sin\varphi=UI\sin\varphi\end{aligned} \tag{2-32}$$

在工程技术上，引入视在功率的概念，电气设备的容量即为它们的视在功率。定义电压与电流的有效值的乘积为视在功率，用大写字母 S 表示，即

$$S=UI=I^2|Z| \tag{2-33}$$

单位为伏安(V·A)。

因此 P、Q、S 三者之间的关系为

$$\begin{aligned}&P=S\cos\varphi,\ Q=S\sin\varphi\\&S^2=P^2+Q^2\\&\varphi=\arctan\frac{Q}{P}\end{aligned} \tag{2-34}$$

即 P、Q、S 三者也构成了直角三角形关系，如图 2-15 所示，称为功率三角形。

功率三角形可由电压三角形(如图 2-16 所示)得到，即把电压三角形的每条边同时乘以电流 I 得到。因此可以看出阻抗三角形、电压三角形和功率三角形都是相似三角形。

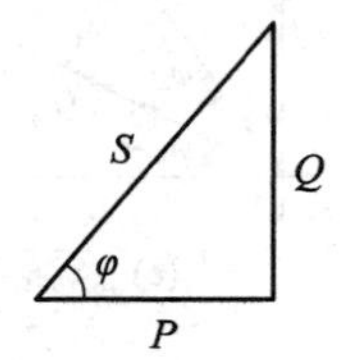

图 2-15　功率三角形

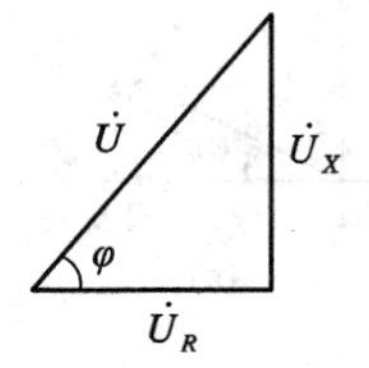

图 2-16　电压三角形

【例 2-6】 如图 2-17 所示电路，Z_1是纯电阻，阻值$R=30\ \Omega$；Z_2是纯电感，感值$L=382\ \text{mH}$；Z_3是纯电容，容值$C=40\ \mu\text{F}$；电源电压$u=220\sqrt{2}\sin 314t\ \text{V}$。求：(1) 电流$i$的瞬时值表达式；(2) 电路的功率因数$\cos\varphi$、视在功率$S$、有功功率$P$及无功功率$Q$。

解 (1) $Z_1=R=30\ \Omega$

$$Z_2=\text{j}\omega L=\text{j}314\times 382\times 10^{-3}=\text{j}120\ \Omega$$

$$Z_3=-\text{j}\frac{1}{\omega C}=-\text{j}\frac{1}{314\times 40\times 10^{-6}}=-\text{j}80\ \Omega$$

$$\begin{aligned}Z&=Z_1+Z_2+Z_3=30+\text{j}120-\text{j}80\\&=30+\text{j}40\Omega=50\angle 53^\circ\ \Omega\end{aligned}$$

$$\dot{U}=220\angle 0^\circ\ \text{V}$$

$$\dot{I}=\frac{\dot{U}}{Z}=\frac{220\angle 0^\circ}{50\angle 53^\circ}=4.4\angle -53^\circ\ \text{A}$$

$$i=4.4\sqrt{2}\sin(314t-53^\circ)\ \text{A}$$

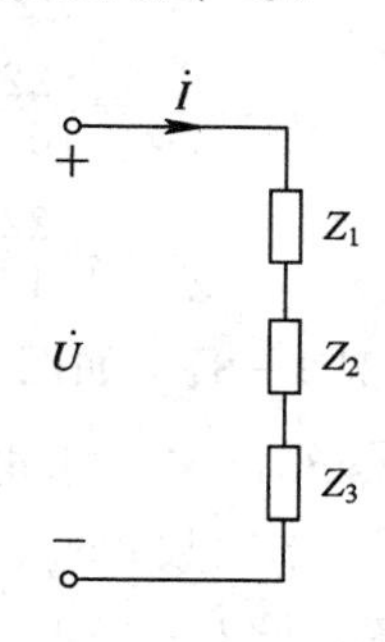

图 2-17 例 2-6 电压三角形

(2) 功率因数：$\cos\varphi=\cos 53^\circ=0.6$

视在功率：$S=UI=220\times 4.4=968\ \text{V}\cdot\text{A}$

有功功率：$P=S\cos\varphi=968\times 0.6=580.8\ \text{W}$

无功功率：$Q=S\sin\varphi=968\times\sin 53^\circ=774.4\ \text{var}$

2.3.5 元件并联 VCR 的相量形式

在元件并联的交流电路中，如图 2-18 所示，电路中各元件电压同为$\dot{U}$。根据基尔霍夫电流定律可写出相量表示式：

$$\dot{I}=\dot{I}_1+\dot{I}_2=\frac{\dot{U}}{Z_1}+\frac{\dot{U}}{Z_2}=\dot{U}\left(\frac{1}{Z_1}+\frac{1}{Z_2}\right)$$

电路中总的等效阻抗Z为

$$\frac{1}{Z}=\frac{\dot{I}}{\dot{U}}=\frac{1}{Z_1}+\frac{1}{Z_2}$$

则

$$Z=\frac{\dot{U}}{\dot{I}}=\frac{Z_1Z_2}{Z_1+Z_2}$$

以此类推，多个元件并联的交流电路中，电路总的等效阻抗Z为

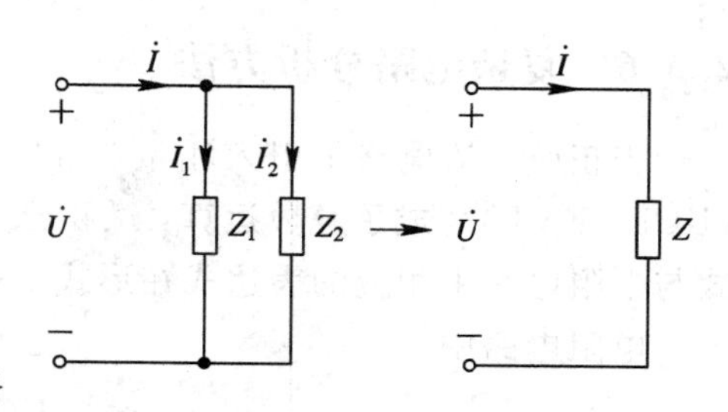

图 2-18 阻抗的并联和等效电路

$$Z=\frac{\dot{U}}{\dot{I}}=\frac{1}{\sum_{k=1}^{n}\frac{1}{Z_k}}\tag{2-35}$$

【例 2-7】 在图 2-19 中有两个阻抗$Z_1=(3+\text{j}4)\Omega$和$Z_2=(8-\text{j}6)\Omega$，它们并联后接在$\dot{U}=220\angle 0^\circ\ \text{V}$的电源上，试计算电路中的电流$\dot{I}_1$、$\dot{I}_2$和$\dot{I}$。

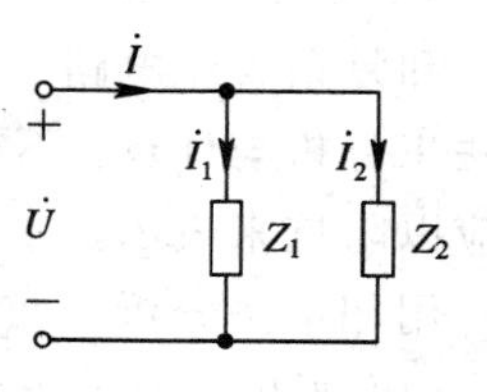

图 2-19 例 2-7 图

解 $Z_1=(3+\text{j}4)\Omega=5\angle 53^\circ\ \Omega$

$$Z_2=(8-\text{j}6)\Omega=10\angle -37^\circ\ \Omega$$

$$Z=\frac{Z_1 Z_2}{Z_1+Z_2}=\frac{5\angle 53^\circ\times 10\angle -37^\circ}{(3+\mathrm{j}4)+(8-\mathrm{j}6)}=\frac{50\angle 16^\circ}{11-\mathrm{j}2}=\frac{50\angle 16^\circ}{11.8\angle -10.5^\circ}=4.47\angle 26.5^\circ\ \Omega$$

$$\dot{I}_1=\frac{\dot{U}}{Z_1}=\frac{220\angle 0^\circ}{5\angle 53^\circ}=44\angle -53^\circ\ \mathrm{A}$$

$$\dot{I}_2=\frac{\dot{U}}{Z_2}=\frac{220\angle 0^\circ}{10\angle -37^\circ}=22\angle 37^\circ\ \mathrm{A}$$

$$\dot{I}=\frac{\dot{U}}{Z}=\frac{220\angle 0^\circ}{4.47\angle 26.5^\circ}=49.2\angle -26.5^\circ\ \mathrm{A}$$

【例 2-8】 如图 2-20 所示正弦稳态电路中，已知 $u=220\sqrt{2}\sin 314t$ V，求电路的有功功率 P、无功功率 Q、视在功率 S、功率因数 $\cos\varphi$。

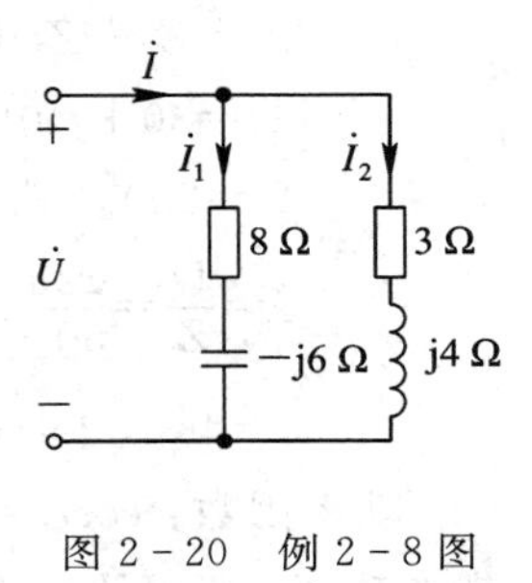

图 2-20 例 2-8 图

解 设 $\dot{U}=220\angle 0^\circ$ V。支路电流为

$$\dot{I}_1=\frac{220\angle 0^\circ}{8-\mathrm{j}6}=22\angle 37^\circ\ \mathrm{A}$$

$$\dot{I}_2=\frac{220\angle 0^\circ}{3+\mathrm{j}4}=44\angle -53^\circ\ \mathrm{A}$$

总电流为

$$\begin{aligned}\dot{I}&=\dot{I}_1+\dot{I}_2=22\angle 37^\circ+44\angle -53^\circ\\&=(17.6+\mathrm{j}13.2)+(26.4-\mathrm{j}35.2)\\&=44-\mathrm{j}22=49.2\angle -26.6^\circ\ \mathrm{A}\end{aligned}$$

$$P=UI\cos\varphi=220\times 49.2\cos 26.6^\circ=9.68\ \mathrm{kW}$$

$$Q=UI\sin\varphi=220\times 49.2\sin 26.6^\circ=4.85\ \mathrm{kvar}$$

$$S=UI=220\times 49.2=10.8\ \mathrm{kV\cdot A}$$

$$\cos\varphi=\cos 26.6^\circ=0.89$$

2.3.6 复杂电路分析方法

当正弦交流电路中引入相量、阻抗这些概念之后，正弦交流电路中的三角函数运算(KCL、KVL)变成了复数运算，微积分方程(VCR)变成了复代数方程，两类约束的相量形式与电阻电路中相应的表达式在形式上是完全相同的，即

电阻电路中	正弦交流电路(相量分析)中
KCL：$\sum i=0$	KCL：$\sum \dot{I}=0$
KVL：$\sum u=0$	KVL：$\sum \dot{U}=0$
VCR：$u=Ri$	VCR：$\dot{U}=Z\dot{I}$

和复杂直流电路一样，复杂交流电路也可以用支路电流法、叠加定理、戴维宁定理等方法来分析与计算。不同的是，电压和电流应以相量表示，电阻、电感、电容及其组成的电路应以阻抗来表示。

用相量法分析正弦交流电路时的一般步骤如下：

(1) 画出与时域电路相对应的电路相量模型(有时可省略电路相量模型图)，其中正弦电压、电流用相量表示；

$$u(t)=\sqrt{2}U\sin(\omega t+\psi_u)\rightarrow\dot{U}=U\angle\psi_u$$

$$i(t)=\sqrt{2}I\sin(\omega t+\psi_i)\rightarrow\dot{I}=I\angle\psi_i$$

元件用阻抗(或导纳)表示：

$$R\rightarrow R$$

$$L\rightarrow \mathrm{j}\omega L$$

$$C\rightarrow\frac{1}{\mathrm{j}\omega C}$$

(2) 仿照直流电阻电路的分析方法，根据相量形式的两类约束，建立电路方程，用复数的运算法则求解方程，求解出待求各电流、电压的相量表达式。

(3) 根据计算所得的电压、电流相量，变换为时域中的实函数形式(根据需要)：

$$\dot{U}=U\angle\psi_u\rightarrow u(t)=\sqrt{2}U\sin(\omega t+\psi_u)$$

$$\dot{I}=I\angle\psi_i\rightarrow i(t)=\sqrt{2}I\sin(\omega t+\psi_i)$$

以上讨论了由 R、L、C 元件组成的串并联交流电路的分析与计算，在此基础上研究复杂正弦交流电路的计算。

【例 2-9】 已知图 2-21 所示正弦交流电路中交流电流表的读数分别为：A_1 为 5 A，A_2 为 20 A，A_3 为 25 A，求：

(1) 图中电流表 A 的读数。

(2) 维持 A_1 的读数不变，而把电源的频率提高一倍，再求电流表 A 的读数。

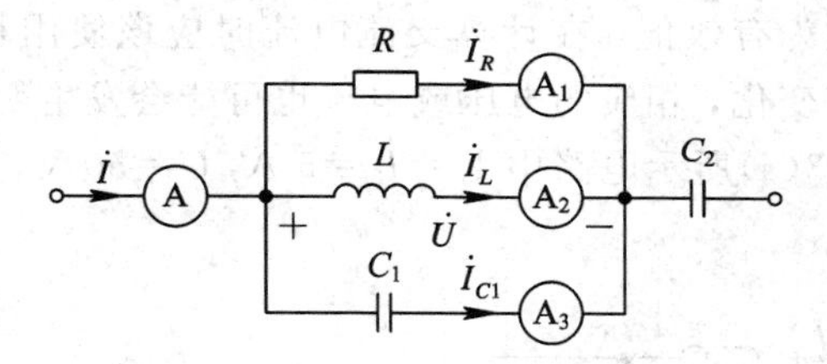

图 2-21 例 2-9 图

解法一 (1) 由于 RLC 元件为并联，故各元件上的电压相等，设元件上的电压 $\dot{U}=U\angle 0^\circ$ V。

根据元件电压、电流的相量关系，可得

$$\dot{I}_R=\frac{\dot{U}}{R}=5\angle 0^\circ\ \mathrm{A}$$

$$\dot{I}_L=\frac{\dot{U}}{\mathrm{j}\omega L}=20\angle-90^\circ\ \mathrm{A}$$

$$\dot{I}_{C1}=\frac{\dot{U}}{\frac{1}{\mathrm{j}\omega C_1}}=25\angle 90^\circ\ \mathrm{A}$$

上面三个表达式说明，电阻元件的电压、电流同相位，电感元件的电流滞后电压 90°，电容元件的电流超前电压 90°。根据 KVL 得

$$\dot{I}=\dot{I}_R+\dot{I}_L+\dot{I}_{C1}=(5-\mathrm{j}20+\mathrm{j}25)\mathrm{A}=(5+\mathrm{j}5)\mathrm{A}=5\sqrt{2}\angle 45^\circ\ \mathrm{A}$$

因此总电流表 A 的读数为 7.07 A。

(2) 仍取元件上的电压 $\dot{U}$ 为参考相量，设 $\dot{U}=U\angle 0°$ V。

当电流的频率提高一倍时，由于 $\dot{I}_R=\dfrac{\dot{U}}{R}=5\angle 0°$ A 不变，因此各元件上的电压 $\dot{U}$ 保持不变。但由于频率发生了变化，因此感抗与容抗相应地发生了变化。此时有

$$\dot{I}_L=\frac{\dot{U}}{\mathrm{j}2\omega L}=10\angle -90°\ \mathrm{A}$$

$$\dot{I}_{C1}=\frac{\dot{U}}{\dfrac{1}{\mathrm{j}2\omega C_1}}=50\angle 90°\ \mathrm{A}$$

$$\dot{I}=\dot{I}_R+\dot{I}_L+\dot{I}_{C1}=(5-\mathrm{j}10+\mathrm{j}50)\ \mathrm{A}=40.3\angle 82.9°\ \mathrm{A}$$

解法二 利用相量图求解。

设 $\dot{U}=U\angle 0°=\dot{U}_R=\dot{U}_L=\dot{U}_{C1}$ 为参考相量，根据元件电压、电流的相位关系知，$\dot{I}_R$ 和 $\dot{U}$ 同相位，$\dot{I}_{C1}$ 超前于 $\dot{U}$90°，$\dot{I}_L$ 滞后于 $\dot{U}$90°，因此可以画出其相量图，如图 2-22 所示。总电流相量与三个元件的电流相量组成了一个直角三角形。因此电流表 A 的读数为

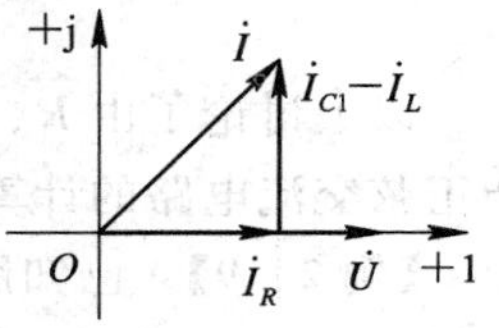

$$I=\sqrt{I_R^2+(I_{C1}-I_L)^2}$$

(1) 频率为 ω 时，$I=\sqrt{5^2+(25-20)^2}$ A$=7.07$ A；

(2) 频率为 2ω 时，$I=\sqrt{5^2+(50-10)^2}$ A$=40.31$ A。

图 2-22 例 2-9 相量图

由上述分析可知，总电流表 A 的读数不能通过将三个电流表 A_1、A_2、A_3 的读数直接相加得到。电流表的读数为有效值，在计算交流电流时应该使用相量相加。同时，感抗和容抗是频率的函数，频率变化，相应的电压或电流也可能会发生变化。

【例 2-10】 图 2-23(a)所示电路中 $I_1=I_2=5$ A，$U=50$ V，总电压与总电流同相位，求 I、R、X_C、X_L。

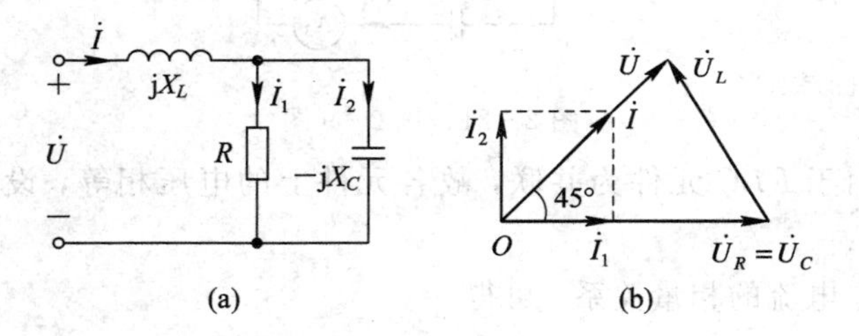

图 2-23 例 2-10 图

解 设 $\dot{U}_C=U_C\angle 0°$ V。根据元件电压和电流之间的相量关系得

$$\dot{I}_1=5\angle 0°\ \mathrm{A},\quad \dot{I}_2=\mathrm{j}5\ \mathrm{A}$$

所以

$$\dot{I}=\dot{I}_1+\dot{I}_2=5+\mathrm{j}5=5\sqrt{2}\angle 45°\ \mathrm{A}$$

因为

$$\dot{U}=50\angle 45°=(5+\mathrm{j}5)\times \mathrm{j}X_L+5R=\frac{50}{\sqrt{2}}(1+\mathrm{j})\ \mathrm{V}$$

令上面等式两边实部等于实部，虚部等于虚部得

$$5X_L=\frac{50}{\sqrt{2}}\Rightarrow X_L=5\sqrt{2}\ \Omega$$

$$5R=\frac{50}{\sqrt{2}}+5\times5\sqrt{2}=50\sqrt{2}\Rightarrow R=X_C=10\sqrt{2}\ \Omega$$

也可以通过画图 2-23(b)所示的相量图计算。

【例 2-11】 求图 2-24 所示电路中的电流 i_L。图中电压源 $u_S=10.39\sqrt{2}\sin(2t-30°)$ V，电流源 $i_S=3\sqrt{2}\sin(2t-30°)$ A。

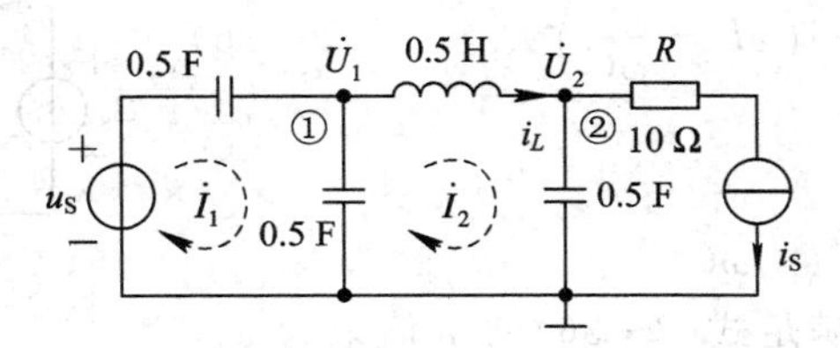

图 2-24 例 2-11 图

解 电路中的电源为同一频率，则有

$$\dot{U}_S=10.39\angle-30°\ \text{V},\quad \dot{I}_S=3\angle-30°\ \text{A}$$

$$\frac{1}{\omega C}=1\ \Omega,\quad \omega L=1\ \Omega$$

本例仿照直流电路方法求解。

(1) 用叠加定理求解。

$$\dot{I}_L'=\mathrm{j}\dot{U}_S\quad(\dot{U}_S\text{ 单独作用})$$

$$\dot{I}_L''=\dot{I}_S\frac{-\mathrm{j}}{-\mathrm{j}0.5}=2\dot{I}_S\quad(\dot{I}_S\text{ 单独作用})$$

$$\dot{I}_L=\dot{I}_L'+\dot{I}_L''$$

(2) 用戴维宁等效电路求解。

端口①②的开路电压 $\dot{U}_{OC}$ 为

$$\dot{U}_{OC}=\frac{1}{2}\dot{U}_S-\mathrm{j}\dot{I}_S$$

端口①②的等效阻抗 Z_0 为

$$Z_0=\left(\frac{1}{\mathrm{j}2}-\mathrm{j}\right)\Omega=-\mathrm{j}1.5\ \Omega$$

解得

$$\dot{I}_L=\dot{I}_2=\frac{\dot{U}_{OC}}{\mathrm{j}-\mathrm{j}1.5}=\mathrm{j}\dot{U}_S+2\dot{I}_S=10\angle30°\ \text{A}$$

$$i_L=10\sqrt{2}\sin(2t+30°)\text{A}$$

2.4 电路中的谐振

含有两种不同储能性质元件的电路，如果调节电路的参数或电源频率，使得电路两端的电压与其中的电流同相，则可以产生一种重要的现象——谐振。能发生谐振的电路，称为谐振电路。谐振是电路中发生的特殊现象，在无线电、通信工程中有着广泛的应用，但在电力电子系统中，谐振通常会对系统造成危害，应设法加以避免。

2.4.1 串联谐振电路

RLC 串联电路是一种最基本的谐振电路，如图 2-25 所示。设电路中的电源是角频率为 ω 的正弦电压源，其相量为 $\dot{U}_S$，初相角为零。

由图 2-25 所示的 RLC 串联电路的输入阻抗

$$Z = R + \mathrm{j}\left(\omega L - \frac{1}{\omega C}\right) \tag{2-36}$$

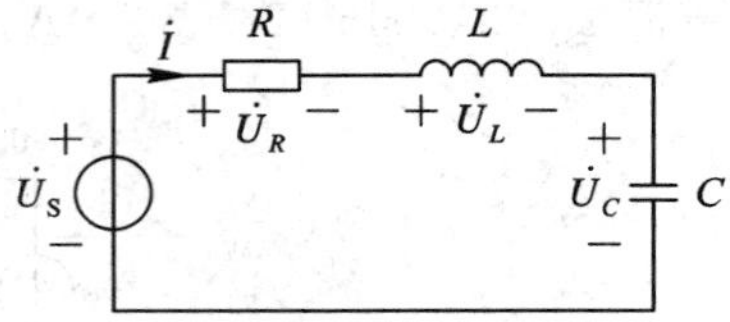

图 2-25　RLC 串联谐振电路

可知，若

$$\omega L = \frac{1}{\omega C}$$

则输入阻抗的虚部为零。满足式(2-36)的 ω 值记为 ω_0，即 RLC 串联电路产生谐振的条件为

$$\omega_0 = \frac{1}{\sqrt{LC}} \quad 或 \quad f_0 = \frac{1}{2\pi\sqrt{LC}} \tag{2-37}$$

式中，ω_0 和 f_0 为电路的谐振角频率或谐振频率。

由式(2-37)可见，谐振频率由电路的结构和参数决定，与外加激励无关。当外加激励的频率等于谐振频率时，电路发生谐振。

工程上常用品质因数 Q 来表征谐振电路的性能，记为

$$Q = \frac{U_L}{U_R} = \frac{\omega_0 L}{R} = \frac{1}{\omega_0 RC} \tag{2-38}$$

品质因数 Q 由电路参数 R、L、C 共同决定，是量纲为 1 的物理量，由于实际电路中 R 值很小，因此 Q 值一般很大，可以在几十到几百之间。

当 RLC 串联电路发生谐振时，表现出如下特征：

(1) 阻抗模为最小值，电感、电容串联环节的阻抗为零，相当于短路。

由式(2-36)可知：

$$|Z| = \sqrt{R^2 + \left(\omega L - \frac{1}{\omega C}\right)^2} \tag{2-39}$$

由此可绘出输入阻抗的幅频特性，如图 2-26 所示，$\omega L - \frac{1}{\omega C}$ 随 ω 变化的情况则用虚线绘在同一图中。由图中可见，当 $\omega = \omega_0$ 时，$|Z| = R$ 达到最小值，而在 ω 大于或小于 ω_0 时，$|Z|$ 均呈增大趋势，但 $\omega < \omega_0$ 时，容抗占优势，电路将呈现电容性；$\omega > \omega_0$ 时，感抗占优势，电路将呈现电感性。

(2) 电感与电容串联电路两端电压为零，电阻两端电压等于电源电压。

当 $|Z|$ 达到最小值 $|Z| = R$ 时，在端口电压有效值 U_S 不变的情况下，电路中的电流在谐振时达到最大值，且与端口电压 $\dot{U}_S$ 同相位，即

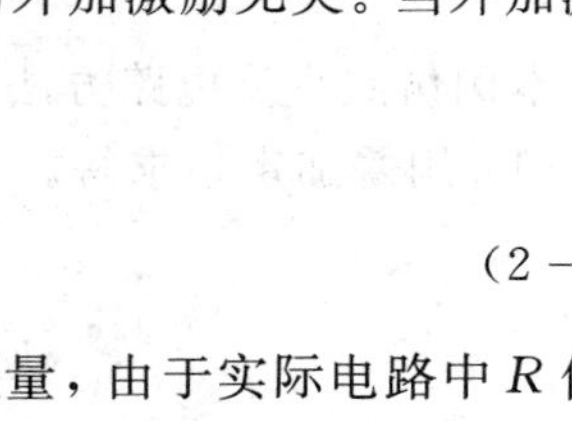

图 2-26　RLC 串联电路输入阻抗幅频特性曲线

$$\dot{I}_0 = \frac{\dot{U}_S}{R}$$

可见，RLC 串联电路发生谐振时，电阻上的电压等于端口电源的电压，达到最大值，电感

和电容上的电压等于端口电压的 Q 倍，相位相反，对外而言，这两个电压互相抵消，LC 串联电路相当于短路。由于 Q 值一般较大，从而使电感和电容上产生高电压，因此串联谐振也称为电压谐振。在无线电通信工程中，经常用串联谐振时电感或电容上的电压为输入电压几十到几百倍的特点，来提高微弱信号的幅值。

(3) 电路的无功功率为零，有功功率与视在功率相等。

RLC 串联电路发生谐振时，无功功率、有功功率和视在功率分别如下：

$$Q = U_S I_0 \sin\varphi = Q_L + Q_C = \omega_0 L I_0^2 - \frac{1}{\omega_0 C} I_0^2 = 0$$

$$P = U_S I_0 \cos\varphi = U_S I_0 = R I_0^2 = \frac{U_S^2}{R}$$

$$S = U_S I_0 = P$$

这表示，谐振时电路与电源之间没有能量交换，电源提供的能量全部消耗在电阻上。电感与电容之间周期性地进行磁场能量与电场能量的交换，且这一能量的总和为一常量。

2.4.2 并联谐振电路

线圈 R、L 与电容器 C 并联电路如图 2-27 所示。当发生并联谐振时，电压与电流同相。

并联电路中总的等效阻抗为

$$Z = \frac{\frac{1}{\mathrm{j}\omega C}(R + \mathrm{j}\omega L)}{\frac{1}{\mathrm{j}\omega C} + (R + \mathrm{j}\omega L)} = \frac{R + \mathrm{j}\omega L}{1 + \mathrm{j}\omega RC - \omega^2 LC} \tag{2-40}$$

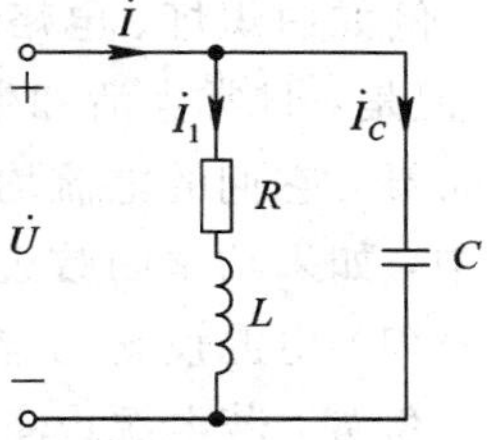

图 2-27 并联谐振电路

通常线圈的电阻 R 很小，一般在谐振时，$\omega_0 L \gg R$，将式(2-40)进行简化后，可得

$$Z \approx \frac{\mathrm{j}\omega L}{1 + \mathrm{j}\omega RC - \omega^2 LC} = \frac{1}{RC/L + \mathrm{j}\left(\omega C - \frac{1}{\omega L}\right)}$$

可得出发生谐振的条件为

$$\omega_0 C - \frac{1}{\omega_0 L} \approx 0$$

即

$$\omega_0 \approx \frac{1}{\sqrt{LC}} \quad 或 \quad f_0 \approx \frac{1}{2\pi\sqrt{LC}} \tag{2-41}$$

式中，ω_0 和 f_0 为并联电路的谐振角频率或谐振频率。

因此，谐振频率由电路的结构和参数决定，与外加激励无关。当外加激励的频率等于谐振频率时，电路发生谐振。

并联电路的品质因数定义为

$$Q = \frac{I_C}{I_0} = \frac{U\omega_0 C}{U/|Z_0|} = \omega_0 C \cdot \frac{L}{RC} = \frac{\omega_0 L}{R} \tag{2-42}$$

并联电路谐振时，电路表现的特征如下：

(1) 阻抗模最大，满足 $\omega_0 L \gg R$ 时，电路呈电阻性，即

$$|Z_0| = \frac{L}{RC} \tag{2-43}$$

(2) 恒压源供电时，总电流 I_0 最小，接近于0。并联电路发生谐振时，电阻上的电流等于电源的电流，电感和电容上的电流均为电源电流的 Q 倍。Q 值很大时，将在电感和电容上产生过电流，因此并联谐振也称为电流谐振。在无线电工程和电子技术中，常用并联谐振时阻抗最大的特点来选择信号或消除干扰。

(3) 电路的无功功率为零，有功功率与视在功率相等。

并联电路发生谐振时，无功功率、有功功率和视在功率分别如下：

$$Q = U_0 I_S \sin\varphi = Q_L + Q_C = \frac{1}{\omega_0 L}U_0^2 - \omega_0 C U_0^2 = 0$$

$$P = U_0 I_S \cos\varphi = U_0 I_S = G U_0^2 = R I_S^2$$

$$S = U_0 I_S = P$$

这说明，谐振时电路与电源之间没有能量交换，电源所提供的能量全部由电阻消耗掉。电感与电容之间周期性地进行磁场能量与电场能量的交换，且这一能量的总和为常量。

2.5 功率因数的提高

功率因数的概念广泛应用于电力传输和用电设备中，系统的功率因数取决于负载的性质。例如白炽灯、电烙铁、电阻炉等用电设备，可以看作是纯电阻负载，它们的功率因数为1。但是，日常生活和生产中广泛应用的异步电动机、感应炉和日光灯等用电设备都属于感性负载，它们的电流均滞后电源电压。因此，在一般情况下功率因数总是小于1。在实际应用中，如果功率因数过低会引起以下两个主要的问题：

(1) 电源设备的容量不能得到充分的利用。

例如，若电源设备的容量为 $S_N = U_N I_N = 1000$ kV·A，此时若用户的 $\cos\varphi = 1$，则电源发出的有功功率为

$$P = U_N I_N \cos\varphi = 1000\ \text{kW}$$

电路无需提供无功功率，可带100台10 kW的电炉工作。

若用户的 $\cos\varphi$ 降为0.6，则电源发出的有功功率为

$$P = U_N I_N \cos\varphi = 600\ \text{kW}$$

而电路需提供的无功功率为

$$Q = U_N I_N \sin\varphi = 800\ \text{kvar}$$

此时，只能带60台10 kW的电炉工作。可见，功率因数 $\cos\varphi$ 越低，发电设备的利用率就越低，所以提高电路的 $\cos\varphi$ 可使发电设备的容量得到充分的利用。

(2) 增加了线路和发电机绕组的功率损耗。

假设输电线和发电机绕组的电阻为 r。$P = U_N I_N \cos\varphi$（P、U_N 定值）时，线路电流为

$$I_N = \frac{P}{U_N \cos\varphi}$$

可以看出，功率因数越低，输电线路中的电流就越大，这将增加输电线上的电压降 $U_r = I_N r$，导致用户端电压下降，影响供电质量；同时 $\Delta P = I_N^2 r$，线路中损耗的功率也大大增加，浪费电能，降低了电网的输电效率；线路电流增大，也导致电路导线的横截面积必须增大，对有色金属资源也是一种浪费，更为严重的是电流增大导致发电机绕组的损耗增大，亦会

造成发电机过热引发绝缘等级下降等安全问题。

功率因数过低，就需要想办法去补偿，以提高电路的功率因数。补偿采取的原则是：必须保证原负载的工作状态不变，即加至负载上的电压和负载的有功功率应保持不变。

常用的最简单的措施就是在负载两端并联一个适当的电容，以使整体的功率因数得以提高，同时也不影响负载的正常工作。提高功率因数从物理意义上讲，就是用电容的无功功率去补偿感性负载的无功功率，以使电源输出的无功功率减少，功率因数角 φ 也变小。一般情况下，不必将功率因数提高到 1，因为这样将使电容量增大很多，致使设备的投资过大。通常功率因数达到 0.9 左右即可。

用相量图也可以分析说明负载并联电容后功率因数提高的情况。在图 2-28(a)所示的电路中，感性负载 Z_L 由电阻 R 和电感 L 组成，通过导线与电压为 $\dot{U}$ 的电源相连。并联电容之前，电路中的电流就是负载电流 $\dot{I}_L$，这时电路的阻抗角为 φ_L。并联电容 C 后，由于负载 Z 的性质和电源电压 $\dot{U}$ 均保持不变，故负载电流 $\dot{I}_L$ 也不变，这时电容 C 中的电流 $\dot{I}_C$ 超前电压 $\dot{U}$90°，它与负载电流 $\dot{I}_L$ 相加后成为电路的总电流，即 $\dot{I}=\dot{I}_L+\dot{I}_C$。在图 2-28(b)所示的相量图中，若将负载电流 $\dot{I}_L$ 分解成与电压 $\dot{U}$ 同相的有功分量 $\dot{I}_{LR}$ 和与电压 $\dot{U}$ 相垂直的无功分量 $\dot{I}_{LX}$，可以看出电容的无功电流 $\dot{I}_C$ 抵消了部分 $\dot{I}_{LX}$，使整个电路的无功分量减小为 $\dot{I}_X$，而电路的有功电流分量就是负载电流的有功分量，它在并联电容前后并没有改变。由于无功分量的减少，因此总电流 $\dot{I}$ 较并联电容前的 $\dot{I}_L$ 减少了，整个电路的阻抗角从并联电容前的 φ_L 减少为 φ，即减少了总电压 $\dot{U}$ 与总电流 $\dot{I}$ 的相位差，从而使电路的功率因数得到了提高。

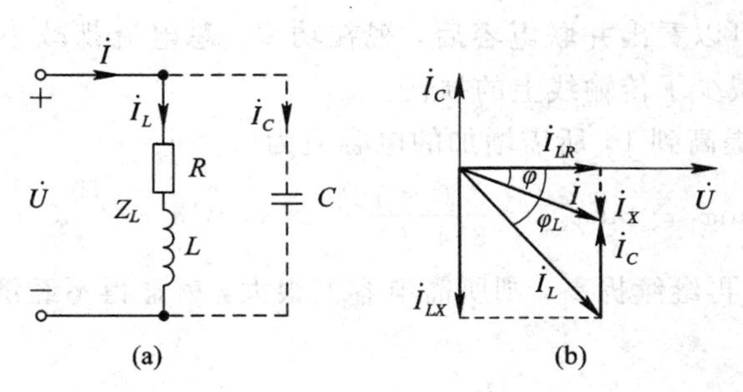

图 2-28 功率因数的提高

并联电容 C 的数值计算如下：

并入电容后，由图 2-28(a)，根据 KCL 有

$$\dot{I}=\dot{I}_L+\dot{I}_C$$

令 $\dot{U}=U\angle 0^\circ$(参考相量)，则

$$\dot{I}=I\angle\varphi,\quad \dot{I}_L=I_L\angle\varphi_L,\quad \dot{I}_C=I_C\angle 90^\circ=\omega CU\angle 90^\circ$$

由图 2-28(b)，电流三角形得

$$I_C=I_L\sin\varphi_L-I\sin\varphi \tag{2-44}$$

同时并联 C 前后，有功功率 P 保持不变，所以有

$$I_L=\frac{P}{U\cos\varphi_L},\quad I=\frac{P}{U\cos\varphi}$$

代入式(2-44)得

$$\omega CU = \frac{P}{U\cos\varphi_L}\sin\varphi_L - \frac{P}{U\cos\varphi}\sin\varphi$$

$$C = \frac{P}{\omega U^2}(\tan\varphi_L - \tan\varphi) \tag{2-45}$$

应当指出，在电力系统中，提高功率因数具有重大的经济价值，$\cos\varphi$ 通常为 0.9 左右。但是在电子系统、通信系统中，往往不考虑功率因数，而是考虑负载吸收的最大功率，因为通信系统的信号源都是弱信号。

【例 2-12】 电路如图 2-28(a)所示，已知 $f=50$ Hz、$U=220$ V、$P=10$ kW，线圈的功率因数 $\cos\varphi=0.6$，采用并联电容方法提高功率因数，问要使功率因数提高到 0.9，应并联多大的电容 C，并联前后电路的总电流各为多大？如将 $\cos\varphi$ 从 0.9 提高到 1，问还需并联多大的电容？

解 由于 $\cos\varphi_1=0.6\Rightarrow\varphi_1=53.1°$，$\cos\varphi_2=0.9\Rightarrow\varphi_2=18°$，因此并联电容 C 为

$$C = \frac{P}{\omega U^2}(\tan\varphi_1 - \tan\varphi_2) = \frac{10\times10^3}{314\times220^2}\times(\tan53.1° - \tan18°) = 656\ \mu\text{F}$$

未并电容时，电路中的电流为

$$I = I_L = \frac{P}{U\cos\varphi_1} = \frac{10\times10^3}{220\times0.6} = 75.8\ \text{A}$$

并联电容后，电路中的电流为

$$I = \frac{P}{U\cos\varphi_2} = \frac{10\times10^3}{220\times0.9} = 50.5\ \text{A}$$

通过上述计算，可以看出并联电容后，视在功率、总电流都减小了，这样既提高了电源设备的利用率，也减少了传输线上的损耗。

功率因数从 0.9 提高到 1，所需增加的电容值为

$$C = \frac{P}{\omega U^2}(\tan\varphi_1 - \tan\varphi_2) = \frac{10\times10^3}{314\times220^2}\times(\tan18° - \tan0°) = 213.6\ \mu\text{F}$$

可见，$\cos\varphi\approx1$ 时再继续提高，则所需电容值很大，就显得不经济了，所以一般功率因数没有必要提高到 1。

2.6 三 相 电 路

广泛应用的交流电，几乎都是由三相发电机产生和用三相输电线输送的。所谓三相电路，就是由三个频率相同而相位不同的正弦电压源与三组负载按一定的方式连接组成的电路。日常生活中常用的单相交流电，也是从三相制供电系统中得到的。

2.6.1 三相电源及其连接

三相电压是由三相发电机产生的。三相发电机的主要组成部分是电枢和磁极。如图 2-29 所示为一对磁极的三相发电机原理图。

电枢是固定的，称为定子。定子铁芯由硅钢片叠成，它的内圆周表面每隔 60°刻有一个槽口，在槽中镶嵌有三个独立的绕组，每个绕组有相同的匝数，在空间彼此相差 120°，即三个绕组的首端 A、B、C 彼此相差 120°，三个绕组的末端 X、Y、Z 也彼此相差 120°。图

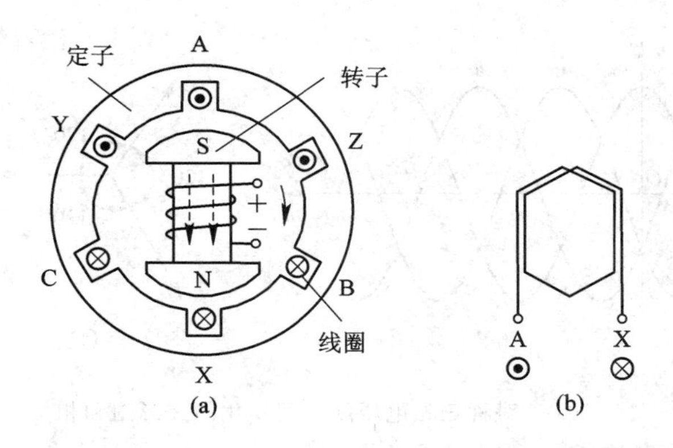

图 2-29 三相交流发电机示意图及一相电枢绕组

2-29(a)中 AX、BY、CZ 为三相发电机的三相绕组。图 2-29(b)为其中一相绕组的示意图。

中间的转子铁芯上绕有励磁绕组，通以直流电励磁，使铁芯磁化，产生磁场，适当选择极面形状和励磁绕组的分布，可以使磁极与电枢的空隙中的磁感应强度按正弦规律分布。当转子按逆时针方向等速旋转时，每相绕组的线圈依次切割磁感应线而产生感应电压，这三相感应电压的最大值和频率是一样的，只是相位不同，由于三相绕组在空间差120°相位，所以产生的感应电压也相差 120°相位。由此，从三相发电机可获得如下三个电压，其瞬时值表达式为

$$
\begin{aligned}
u_{\mathrm{A}} &= \sqrt{2}U\cos(\omega t) \\
u_{\mathrm{B}} &= \sqrt{2}U\cos(\omega t - 120^\circ) \\
u_{\mathrm{C}} &= \sqrt{2}U\cos(\omega t + 120^\circ)
\end{aligned}
\tag{2-46}
$$

上述三个电压就称为对称三相电压。它们所对应的相量分别为

$$
\begin{aligned}
\dot{U}_{\mathrm{A}} &= U\angle 0^\circ \\
\dot{U}_{\mathrm{B}} &= U\angle -120^\circ \\
\dot{U}_{\mathrm{C}} &= U\angle 120^\circ
\end{aligned}
\tag{2-47}
$$

式中以 A 相电压 u_{A}作为参考正弦量。此处 A 相电压超前 B 相电压 120°，B 相电压超前 C 相电压 120°；反之，如果三相发电机顺时针等速转动，则产生的三相电压将是 A 相电压滞后 B 相电压 120°，B 相电压滞后 C 相电压 120°，也是一组对称的三相电压。因此，为了统一起见，在三相电路中把三相交流电到达正最大值的顺序，称为相序。如果三相电压的相序为 A、B、C，就称为正序或顺序；反之，如果三相电压的相序为 C、B、A，就称为负序或逆序。相位差为零的相序称为零序。一般如不特别指明，今后本书统一采用正序。

相序的实际意义：对三相异步电动机而言，如果相序反了，电动机的转动方向就会反了。这种方法常用于控制三相异步电动机的正转和反转。

对称三相电压随时间变化的波形图和相量图分别如图 2-30(a)、(b)所示。由图可知对称三相电压满足

$$u_{\mathrm{A}} + u_{\mathrm{B}} + u_{\mathrm{C}} = 0 \quad 或 \quad \dot{U}_{\mathrm{A}} + \dot{U}_{\mathrm{B}} + \dot{U}_{\mathrm{C}} = 0$$

即它们的瞬时值之和与相量之和都等于零。

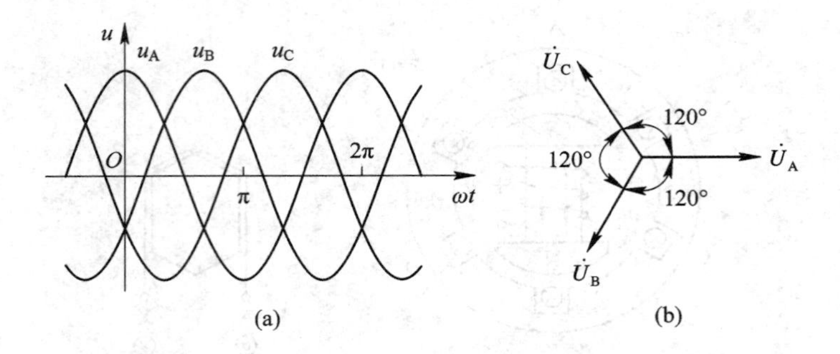

图 2-30　对称三相电压随时间变化的波形图和相量

1. 三相电源的星形连接

三相电源本身是没有自己的模型的，它的模型是由三个单相电源按照一定的方式相互连接以后形成的模型。

如果将上述三相电源的三个定子绕组的尾端连接在一起，这个点叫中性点；从中性点引出的一根引线，叫中性线，简称中线(或俗称为零线)；从三个绕组的首端 A、B、C 分别引出三根引线，称为相线(俗称火线)。这种连接方式就称为三相电源的星形(或 Y 形)连接方式，如图 2-31 所示。

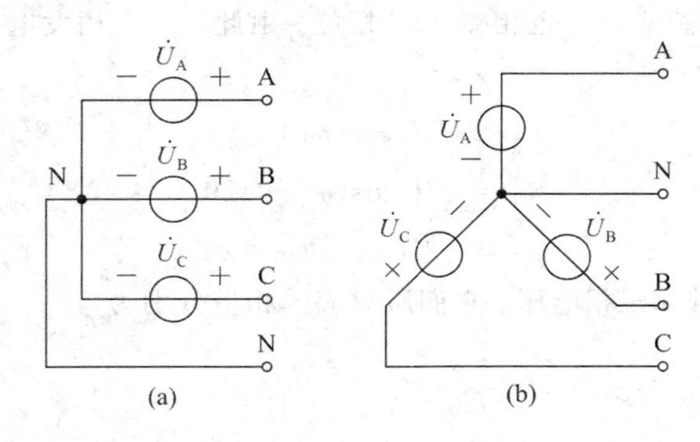

图 2-31　三相电源的星形连接

每相电源或者相线与中线间的电压，称为相电压，分别用 $\dot{U}_{AN}=\dot{U}_A$、$\dot{U}_{BN}=\dot{U}_B$、$\dot{U}_{CN}=\dot{U}_C$ 表示，相线与相线间的电压称为线电压，用 $\dot{U}_{AB}$、$\dot{U}_{BC}$、$\dot{U}_{CA}$ 表示。若三相电源为对称三相电源，则根据 KVL 可得

$$\begin{cases}\dot{U}_{AB}=\dot{U}_A-\dot{U}_B=(1-a^2)\dot{U}_A=\sqrt{3}\dot{U}_A\angle 30^\circ \\ \dot{U}_{BC}=\dot{U}_B-\dot{U}_C=(1-a^2)\dot{U}_B=\sqrt{3}\dot{U}_B\angle 30^\circ \\ \dot{U}_{CA}=\dot{U}_C-\dot{U}_A=(1-a^2)\dot{U}_C=\sqrt{3}\dot{U}_C\angle 30^\circ\end{cases} \tag{2-48}$$

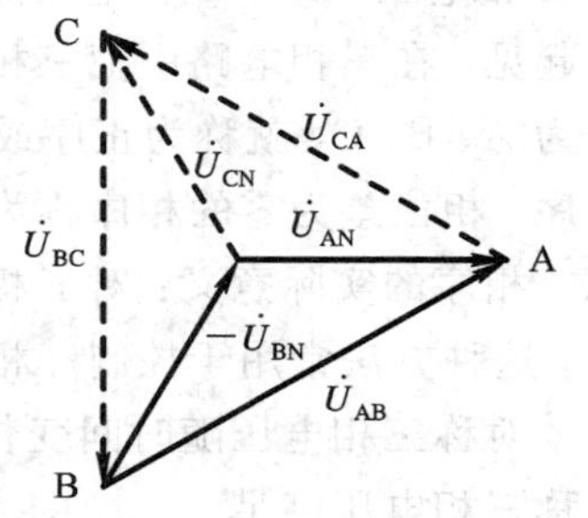

图 2-32　星形连接时线电压和相电压之间的关系

同样有 $\dot{U}_{AB}+\dot{U}_{BC}+\dot{U}_{CA}=0$。所以式(2-51)中，只有两个方程是独立的。对称的星形三相电源端的线电压与相电压之间的关系，还可用一种特殊的电压相量图来表示，如图 2-32 所示。它是由式(2-48)三个公式的相量图拼接而成的，图中实线所示部分表示 $\dot{U}_{AB}$的图解方法，它是以 B 为原

点画出 $\dot{U}_{AB}=(-\dot{U}_{BN})+\dot{U}_{AN}$，其它线电压的图解求法类同。从图中可以看出，线电压与对称相电压之间的关系可以用图示电压正三角形说明，相电压对称时，线电压也一定依序对称，它是相电压的$\sqrt{3}$倍，依次超前 $\dot{U}_A$、$\dot{U}_B$、$\dot{U}_C$ 相位 30°，实际计算时，只要算出 $\dot{U}_{AB}$，就可以依序写出 $\dot{U}_{BC}$、$\dot{U}_{CA}$。

在上图中，中性线引出一根引线，这种供电方式称为三相四线制。中性线没有引出引线，只有三根相线，这种供电方式称为三相三线制。三相四线制可以给予负载两种电压，即相电压 220 V 和线电压 380 V，并且三相四线制保证星形连接三相不对称负载的相电压对称。如果负载三相不对称，必须采用三相四线制供电方式，且中性线上不允许接熔断器或刀开关。

2. 三相电源的三角形连接

如果把三相电源的三个定子绕组依次首尾相接形成一个封闭的三角形，再从三角形的三个顶点 A、B、C 引出三根引线，就构成了三相电源的三角形连接，简称三角形或△形电源，如图 2-33 所示。

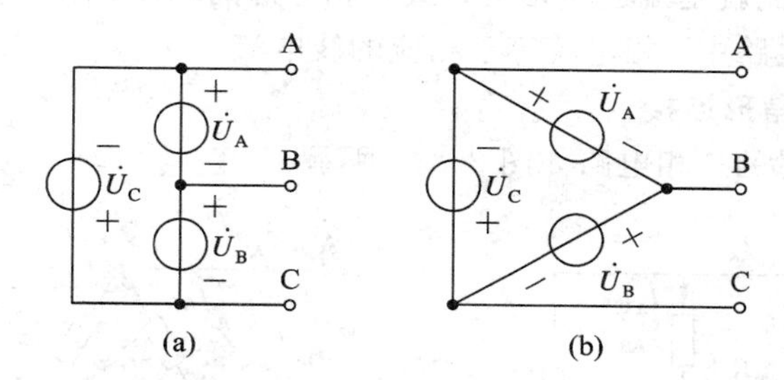

图 2-33　三相电源的三角形连接

三相电源的三角形连接时只有相线，没有中性点，所以就没有中性线，由图可知，在三相电源三角形连接时，有

$$\dot{U}_{AB}=\dot{U}_A,\quad \dot{U}_{BC}=\dot{U}_B,\quad \dot{U}_{CA}=\dot{U}_C$$

所以线电压等于相电压，相电压对称时，线电压也一定对称。

同时在三角形连接时，绝不允许有任何一相电源接反，否则将会引起电源烧毁。其电压相量图如图 2-34 所示。

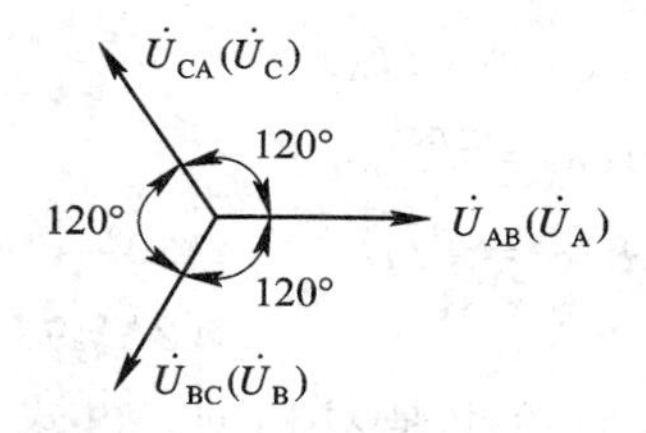

图 2-34　三角形连接时线电压和相电压之间的关系

2.6.2　三相负载及其连接

三相负载可以分为对称三相负载和不对称三相负载，不对称的相当于三个单相负载，用本章前述的正弦交流电路分析方法进行分析。这里只讨论对称三相负载。在三相供电系统中，对称三相负载也和三相电源一样有两种连接方式，即星形连接和三角形连接。

1. 三相负载的星形连接

当三个阻抗连接成星形时就构成三相星形负载，如图 2-35 所示。

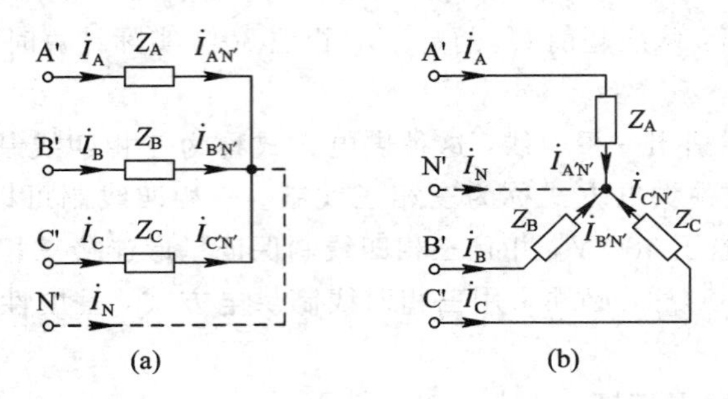

图 2-35　三相负载的星形连接

三相电路中的电压有两种：线电压与相电压，这在上一节已经介绍过了。同样，在三相电路中也有两种电流，分别是线电流和相电流，线电流就是在相线中流过的电流，用 $\dot{I}_A$、$\dot{I}_B$、$\dot{I}_C$ 表示，相电流就是流过一相负载或一相电源的电流，用 $\dot{I}_{A'N'}$、$\dot{I}_{B'N'}$、$\dot{I}_{C'N'}$ 表示，显然在星形连接的三相电路中，相电流等于相应的线电流。

2. 三相负载的三角形连接

负载三角形连接时的三相电路如图 2-36 所示。

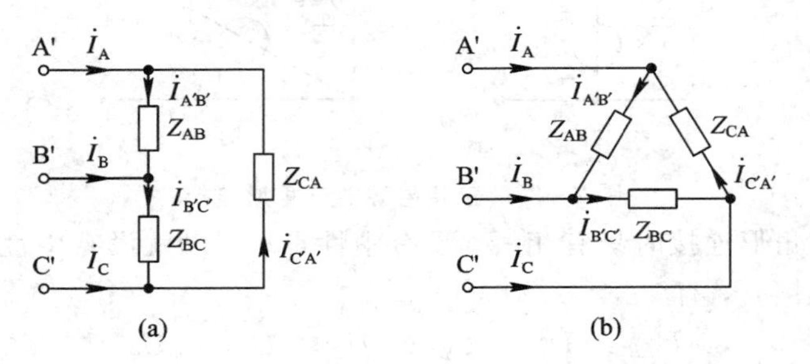

图 2-36　负载的三角形连接

在负载为三角形连接时，显然线电流与相电流不相等，对各节点应用 KCL，可求得各线电流为

$$\begin{cases}\dot{I}_A = \dot{I}_{A'B'} - \dot{I}_{C'A'} = (1-a)\dot{I}_{A'B'} = \sqrt{3}\dot{I}_{A'B'}\angle -30^\circ \\ \dot{I}_B = \dot{I}_{B'C'} - \dot{I}_{A'B'} = (1-a)\dot{I}_{B'C'} = \sqrt{3}\dot{I}_{B'C'}\angle -30^\circ \\ \dot{I}_C = \dot{I}_{C'A'} - \dot{I}_{B'C'} = (1-a)\dot{I}_{C'A'} = \sqrt{3}\dot{I}_{C'A'}\angle -30^\circ \end{cases} \tag{2-49}$$

即当负载对称时，相电流与线电流也是对称的。由式(2-52)可得，线电流滞后对应的相电流 30°，大小是相电流的$\sqrt{3}$倍。三角形连接时线电流与相电流的相量图如图 2-37 所示。

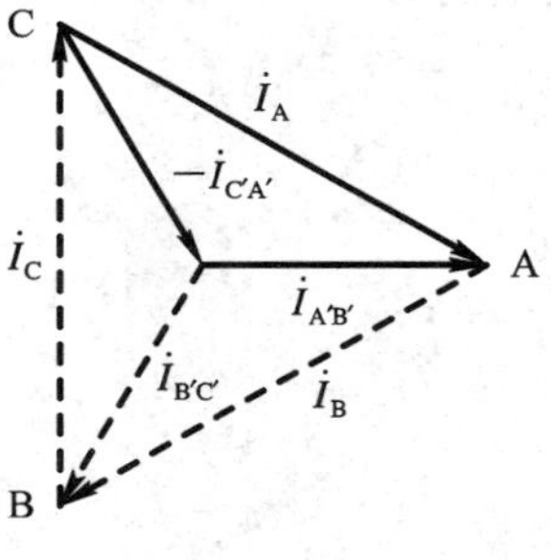

图 2-37　三角形连接时线电流与相电流的相量图

在负载为星形与三角形连接时，若 $Z_A = Z_B = Z_C = Z$ 或 $Z_{AB} = Z_{BC} = Z_{CA} = Z$，则称这样的三相负载为对称三相负载。

2.6.3 三相电路功率的计算

在三相电路中，三相电路的总有功功率等于每一相的有功功率之和，即

$$P = P_A + P_B + P_C \tag{2-50}$$

三相电路的总无功功率等于每一相的无功功率之和，即

$$Q = Q_A + Q_B + Q_C \tag{2-51}$$

但是，三相电路的总视在功率不等于每一相视在功率之和，即

$$S \neq S_A + S_B + S_C$$

三相电路的总视在功率为

$$S = \sqrt{P^2 + Q^2} \tag{2-52}$$

若三相电路为对称三相电路，则有

$$P_A = P_B = P_C$$

$$P = 3P_A = 3U_p I_p \cos\varphi \tag{2-53}$$

式(2-53)为用相电压、相电流表示的三相电路的总有功功率，其中U_p为负载上相电压的有效值，I_p为负载上相电流的有效值，φ为相电压与相电流的相位差。

若对称三相电路为Y形连接，线电压$U_l=\sqrt{3}U_p$，线电流$I_l=I_p$，则有

$$P = 3P_A = 3U_p I_p \cos\varphi = 3\frac{U_l}{\sqrt{3}} I_l \cos\varphi = \sqrt{3}U_l I_l \cos\varphi$$

若对称三相电路为△形连接，$U_l=U_p$，$I_l=\sqrt{3}I_p$，则有

$$P = 3P_A = 3U_p I_p \cos\varphi = 3U_l \frac{I_l}{\sqrt{3}} \cos\varphi = \sqrt{3}U_l I_l \cos\varphi$$

所以三相电路的总有功功率用线电压、线电流来表示时有

$$P = \sqrt{3}U_l I_l \cos\varphi \tag{2-54}$$

同样注意，式(2-54)中的φ依然为相电压与相电流的相位差，而不是线电压与线电流的相位差。由此可见，三相电路消耗的总有功功率与负载的连接方式无关。

同样对称三相电路的无功功率有

$$Q_A = Q_B = Q_C$$

$$Q = 3Q_A = 3U_p I_p \sin\varphi \tag{2-55}$$

同理，用线电压、线电流来表示时有

$$Q = \sqrt{3}U_l I_l \sin\varphi \tag{2-56}$$

对称三相电路的视在功率为

$$S = \sqrt{P^2 + Q^2} = 3U_p I_p = \sqrt{3}U_l I_l \tag{2-57}$$

【例2-13】 线电压为380 V的三相电源上，接有两组对称三相负载：一组是三角形连接电感性负载，每相阻抗$Z_\triangle=36.3\angle 36.9°\ \Omega$，另一组是星形连接的电阻性负载，每相的阻抗为$Z_Y=10\ \Omega$，如图2-38所示。试求：(1) 各组负载的相电流；(2) 电路的线电流；(3) 三相电路的总有功功率。

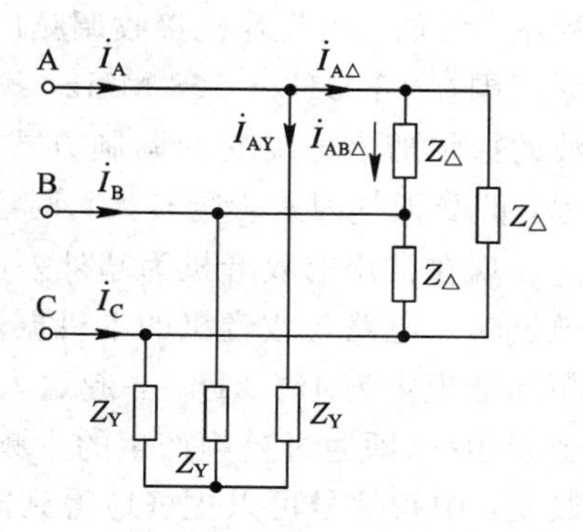

图2-38 例2-13图

解 设线电压 $\dot{U}_{AB}=380\angle 0^\circ$ V，则相电压 $\dot{U}_A=220\angle -30^\circ$ V。

(1) 由于三相负载对称，所以计算一相即可，其它两相可由对称性得到。

对于Y形连接的负载，其线电流等于相电流，所以

$$\dot{I}_{AY}=\frac{\dot{U}_A}{Z_Y}=\frac{220\angle -30^\circ}{10}=22\angle -30^\circ \text{ A}$$

对于三角形连接的负载，其相电流为

$$\dot{I}_{AB\triangle}=\frac{\dot{U}_{AB}}{Z_\triangle}=\frac{380\angle 0^\circ}{36.3\angle 36.9^\circ}=10.47\angle -36.9^\circ \text{ A}$$

(2) 三角形连接的电感性负载的线电流可由对称三相负载在三角形连接时线电流与相电流的关系得到。

$$\dot{I}_{A\triangle}=\sqrt{3}\dot{I}_{AB\triangle}\angle -30^\circ=\sqrt{3}\times 10.47\angle -36.9^\circ\angle -30^\circ=18.13\angle -66.9^\circ \text{ A}$$

在这里，由于 $\dot{I}_{AY}$ 与 $\dot{I}_{A\triangle}$ 相位不同，所以不能直接相加得到线路电流，应用相量相加得到

$$\dot{I}_A=\dot{I}_{AY}+\dot{I}_{A\triangle}=22\angle -30^\circ+18.13\angle -36.9^\circ=38\angle -46.7^\circ \text{ A}$$

电路线电流也是对称的，因此

$$\dot{I}_B=38\angle -166.7^\circ \text{ A}$$

$$\dot{I}_C=38\angle 73.3^\circ \text{ A}$$

(3) 三相电路的有功功率为

$$\begin{aligned}P&=P_Y+P_\triangle=\sqrt{3}U_lI_{lY}+\sqrt{3}U_lI_{l\triangle}\cos\varphi_\triangle\\&=\sqrt{3}\times 380\times 22+\sqrt{3}\times 380\times 18.13\times\cos 36.9^\circ\\&=14\,480+9546=24\,026 \text{ W}\\&\approx 24 \text{ kW}\end{aligned}$$

2.7 应用实例

2.7.1 收音机的选频原理

收音机根据接收无线电波调制方式的不同分为调频(FM)与调幅(AM)。调频是以载波的瞬时频率变化来表示信息的调制方式，振幅不变，载波经调频后成为调频波。用调频波传送信号可避免幅度干扰的影响而提高通信质量，广泛应用在通信、调频立体声广播和电视中。例如，用收音机接收调频广播，音质较好，基本上听不到杂音。收音机的调频，其频率范围在 76 MHz～108 MHz，我国的调频广播频率为 87.5 MHz～108 MHz。调幅是使载波的振幅随信号改变的调制方式，是用声音的高低转变为幅度变化的电波，传输距离较远，但受天气因素影响较大，调幅也就是通常说的中波，范围在 530 kHz～1600 kHz。

现在常用的收音机为超外差收音机，其原理如图 2-39 所示。天线接收到的高频信号通过输入电路与收音机的本机振荡频率(其频率较外来高频信号高一个固定中频，我国中频标准规定为 465 kHz)一起送入变频管内混合变频，在变频级的负载回路(选频)产生一个新频率(即通过差频产生的中频)。中频只改变了载波的频率，原来的音频包络线并没有改变，中频信号可以更好地得到放大，中频信号经检波并滤除高频信号，再经低放，功率放大后，推动扬声器发出声音。

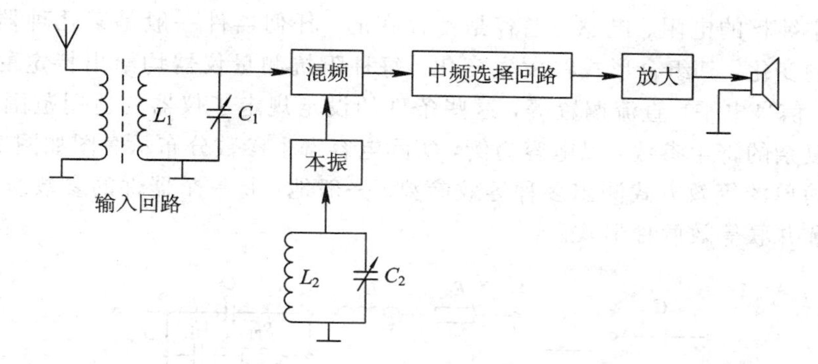

图 2－39　超外差收音机原理

如图 2－40 所示，输入回路为 L 和 C 组成的谐振电路。电容 C 可以调节大小，一般为变面积式电容传感器(如图 2－41 所示)，通过改变面积的大小来改变电容大小，进而对所需不同的信号频率产生串联谐振，选频计算公式如下：

$$f=\frac{1}{2\pi\sqrt{LC}} \tag{2-58}$$

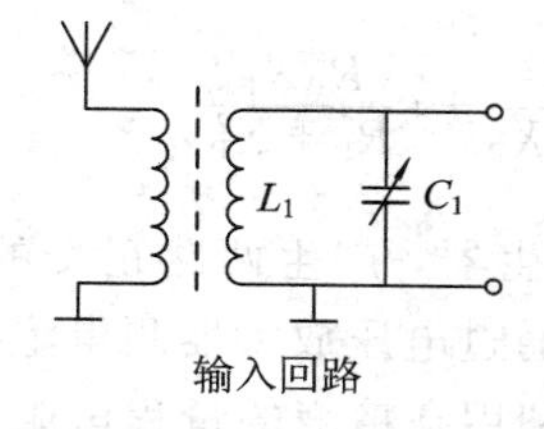

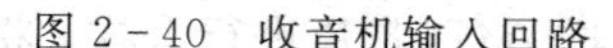
图 2－40　收音机输入回路

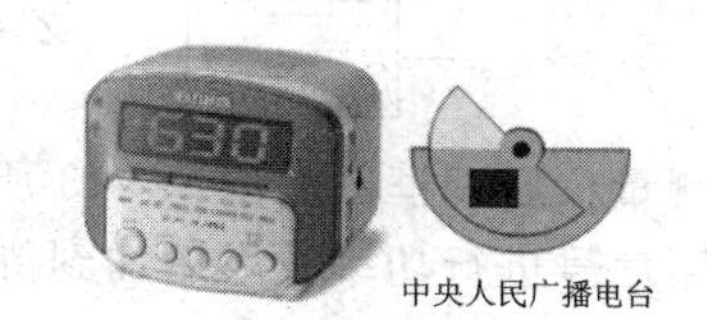

图 2－41　变面积式电容传感器

2.7.2　阻抗测量仪的测量原理

阻抗是表征电路和电路元件的重要参数之一，阻抗测量在电路的分析和设计中有着十分重要的作用。然而阻抗是有实部、虚部和相位的矢量，因此它的测量方法有时具有特殊性。在阻抗测量过程中，表明能量损失的元件是电阻 R，显示能量存储变化的是电感 L 和电容 C，如果精确研究这些元件内的电磁现象是非常复杂和困难的，于是常常把它们当作不变的常量来进行测量。测量阻抗的方法有很多，常用的方法包括谐振法、电桥法、电压电流法、网络分析法等。

阻抗一般用复数表示：

$$Z=R+\mathrm{j}X=|Z|\angle\varphi$$

其中，$|Z|$是阻抗的模；φ 是阻抗相位角，也是阻抗的电压与电流的相位差；R 是等阻抗的电阻分量，表示电能或磁能做功的因素；X 是等效阻抗的电抗分量，表示电能和磁能相互转化的因素。X 为正，电路呈感性，电压相位超前电流；X 为负，电路呈容性，电压相位滞后电流。R、X、$|Z|$、φ 之间的关系为

$$|Z|=\sqrt{R^2+X^2},\quad \varphi=\arctan\frac{X}{R}$$

$$R=|Z|\cos\varphi,\quad X=|Z|\sin\varphi$$

自然界中纯粹的电阻、电感、电容是不存在的，任何器件一般是某几种器件的组合，且随着频率的变化，其组合形式将发生变化。每种阻抗测量仪器均给出特定的测量条件，如测量频率、信号电平、直流偏置等，这些条件的设定规定了仪器的适用范围。阻抗测量并不能获得复杂的寄生参数，以电容为例，实际电容寄生参数分布示意图如图 2-42 所示，但可以通过简单的等效方式测出多种等效参数。一般地，将一个器件的参数组成形式描述为串联等效和并联等效两种形式。

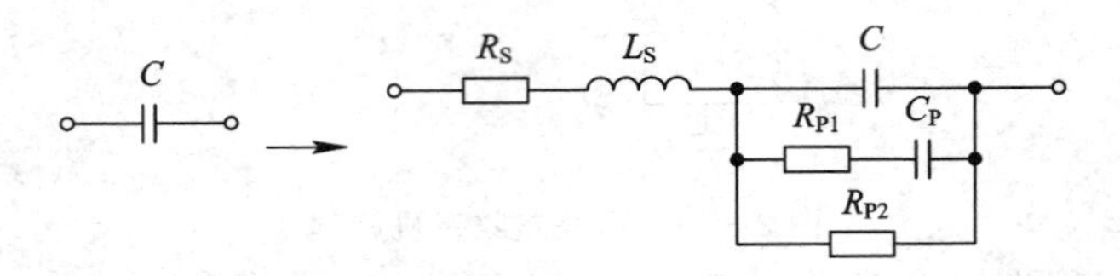

图 2-42　实际电容寄生参数分布示意图

串联等效：

R_S　jX_S

$$Z=R_S+jX_S$$

并联等效：

R_P　jX_P

$$Z=\frac{jR_P X_P}{R_P+jX_P}=\frac{R_P X_P^2}{R_P^2+X_P^2}+j\frac{R_P^2 X_P}{R_P^2+X_P^2}$$

阻抗测量仪原理框图如图 2-43 所示，利用信号发生器，产生两路正交的正弦信号，将其中一路信号进行功率放大后加到待测阻抗 Z 两端，通过电压放大器测得阻抗 Z 两端放大的电压信号，进入鉴相器测得阻抗 Z 的电压和相位；利用高精度的量程电阻组成的集成运算放大电路和鉴相器，测得阻抗的电流和相位，再经过 A/D 芯片进行采样，将采样得到的电压和电流信号送入单片机进行处理，求出阻抗的阻抗值和阻抗角。

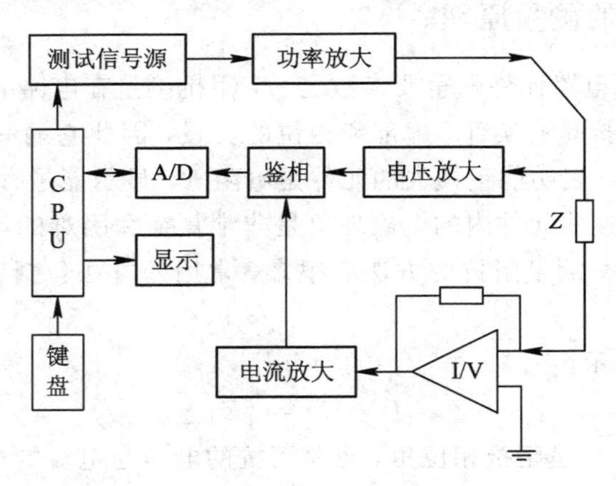

图 2-43　阻抗测量仪原理框图

2.7.3　三相供电系统的配电方式

在三相供电系统中，高压输电网采用三相三线制，低压输电方式则采用三相四线制，用三根相线（俗称火线）和一根中性线（俗称零线）供电，零线由变压器中性点引出并接地，电压为 380 V/220 V，取任意一根火线与零线构成 220 V 供电线路供一般家庭用，三根火线间两两之间的电压为 380 V，一般供工厂企业中的三相设备使用，如工厂中用的最多的三相异步电动机等。零线一般还起保护作用，即它把电器设备的金属外壳和电网的零线可靠连接，可以保护人身安全，是一种用电安全措施，此时的零线又称为保护零线(保护接零)。

在三相四线制供电中由于三相负载不平衡或低压电网的零线过长且阻抗过大时，零线对地也会产生一定的对地电压；另外，由于环境恶化、导线老化、受潮等因素，导线的漏电电流通过零线形成闭合回路，致使零线也带一定的电压，这对安全运行十分不利。在零线断开的特殊情况下，断开零线以后的单相用电设备和所有保护接零的设备会产生漏电压，这是不允许的。如何解决这个问题呢？在工程实际中采用三相五线制电路。

三相五线制电路比三相四线制电路多出一根地线，其中多出的一根地线作为保护接地线，它与三相四线制电路相比较，将工作零线 N 与保护地线 PE 分开。零线和地线的根本差别在于零线构成工作回路，地线的保护作用叫做保护接地，前者回电网，后者回大地。工作零线上的电位不能传递到用电设备的外壳上，这样就有效隔离了三相四线制供电方式所造成的危险电压，使用电设备外壳上电位始终处在“地”电位，从而消除了设备产生危险电压的隐患。具体接线如图 2-44 所示。

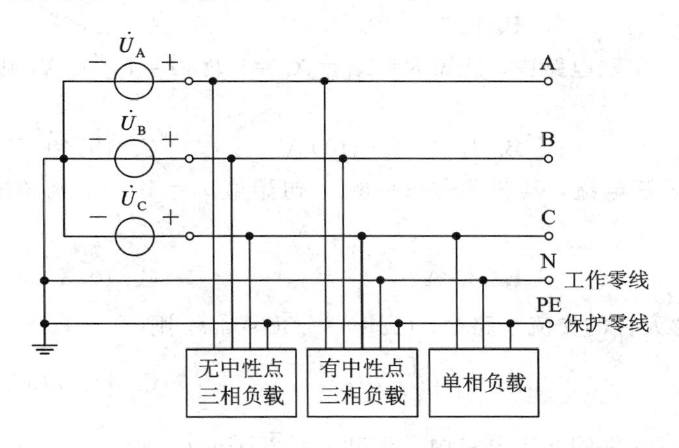

图 2-44　三相五线制接线图

凡是采用保护接地的低压供电系统，均是三相五线制供电的应用范围。国家有关部门规定：凡是新建、扩建、企事业、商业、居民住宅、智能建筑、基建施工现场及临时线路，一律实行三相五线制供电方式，做到保护零线和工作零线单独接线。对现有企业应逐步将三相四线制改为三相五线制供电。

在三相五线制系统中，对单相负载而言，相当于单相三线制，即一根火线、一根工作零线和一根保护接地线。规范单相三线制的插座如图 2-45 所示，形象地记作“左零右火地中间”。

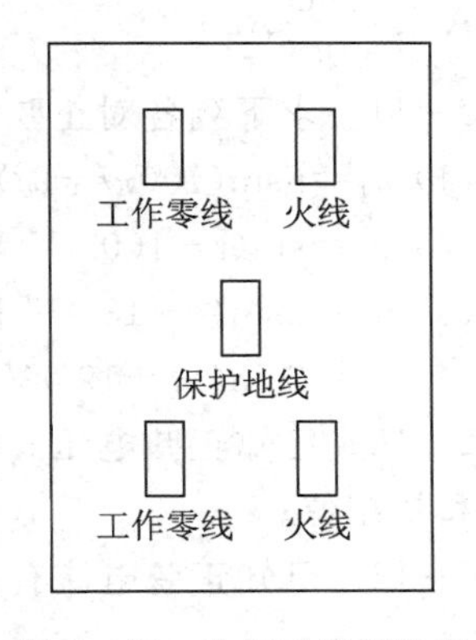

图 2-45　单相三线制插座

习　题

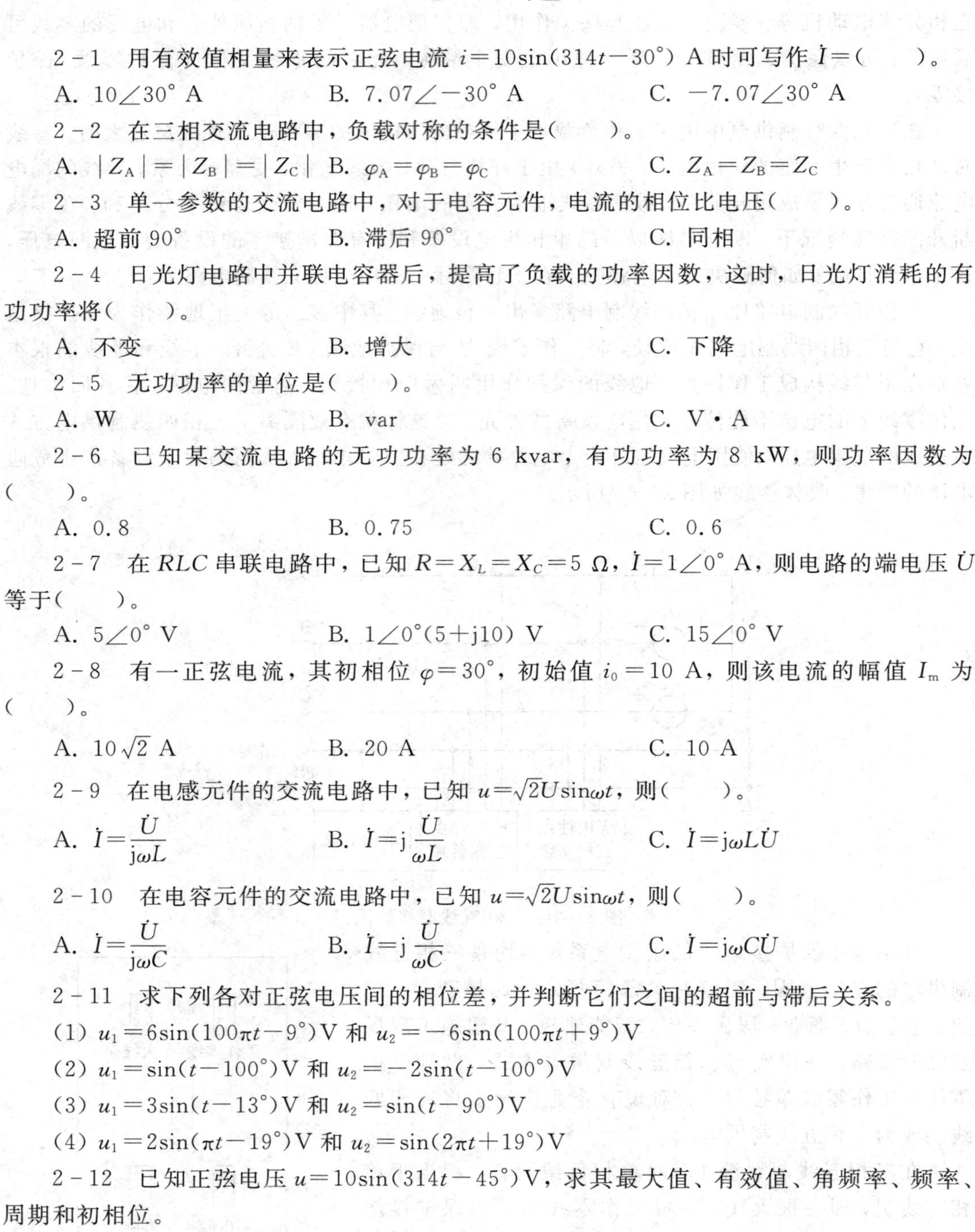

2-1　用有效值相量来表示正弦电流 $i=10\sin(314t-30°)$ A 时可写作 $\dot{I}=$(　　)。

A. $10\angle 30°$ A　　　B. $7.07\angle -30°$ A　　　C. $-7.07\angle 30°$ A

2-2　在三相交流电路中，负载对称的条件是(　　)。

A. $|Z_A|=|Z_B|=|Z_C|$　B. $\varphi_A=\varphi_B=\varphi_C$　　　C. $Z_A=Z_B=Z_C$

2-3　单一参数的交流电路中，对于电容元件，电流的相位比电压(　　)。

A. 超前 90°　　　B. 滞后 90°　　　C. 同相

2-4　日光灯电路中并联电容器后，提高了负载的功率因数，这时，日光灯消耗的有功功率将(　　)。

A. 不变　　　B. 增大　　　C. 下降

2-5　无功功率的单位是(　　)。

A. W　　　B. var　　　C. V·A

2-6　已知某交流电路的无功功率为 6 kvar，有功功率为 8 kW，则功率因数为(　　)。

A. 0.8　　　B. 0.75　　　C. 0.6

2-7　在 RLC 串联电路中，已知 $R=X_L=X_C=5\ \Omega$，$\dot{I}=1\angle 0°$ A，则电路的端电压 $\dot{U}$ 等于(　　)。

A. $5\angle 0°$ V　　　B. $1\angle 0°(5+\mathrm{j}10)$ V　　　C. $15\angle 0°$ V

2-8　有一正弦电流，其初相位 $\varphi=30°$，初始值 $i_0=10$ A，则该电流的幅值 I_m 为(　　)。

A. $10\sqrt{2}$ A　　　B. 20 A　　　C. 10 A

2-9　在电感元件的交流电路中，已知 $u=\sqrt{2}U\sin\omega t$，则(　　)。

A. $\dot{I}=\dfrac{\dot{U}}{\mathrm{j}\omega L}$　　　B. $\dot{I}=\mathrm{j}\dfrac{\dot{U}}{\omega L}$　　　C. $\dot{I}=\mathrm{j}\omega L\dot{U}$

2-10　在电容元件的交流电路中，已知 $u=\sqrt{2}U\sin\omega t$，则(　　)。

A. $\dot{I}=\dfrac{\dot{U}}{\mathrm{j}\omega C}$　　　B. $\dot{I}=\mathrm{j}\dfrac{\dot{U}}{\omega C}$　　　C. $\dot{I}=\mathrm{j}\omega C\dot{U}$

2-11　求下列各对正弦电压间的相位差，并判断它们之间的超前与滞后关系。

(1) $u_1=6\sin(100\pi t-9°)$V 和 $u_2=-6\sin(100\pi t+9°)$V

(2) $u_1=\sin(t-100°)$V 和 $u_2=-2\sin(t-100°)$V

(3) $u_1=3\sin(t-13°)$V 和 $u_2=\sin(t-90°)$V

(4) $u_1=2\sin(\pi t-19°)$V 和 $u_2=\sin(2\pi t+19°)$V

2-12　已知正弦电压 $u=10\sin(314t-45°)$V，求其最大值、有效值、角频率、频率、周期和初相位。

2-13　已知正弦电流有效值为 10 A，初相位为 30°，频率为 50 Hz，试写出其瞬时值表达式。

2-14　将下列正弦量用有效值相量表示，并画在同一张相量图上。

(1) $u_1(t)=4\sin(100\pi t-60°)$ A

(2) $u_2(t)=-6\cos(100\pi t+30°)$ A

(3) $u_3(t)=\sin(100\pi t-60°)$ A

2-15　写出下列相量对应的正弦量(设角频率为 ω)：

(1) $\dot{U}=e^{j60°}$ V　　(2) $\dot{I}_m=5\angle-45°$ A　　(3) $\dot{U}=(3+j4)$ V　　(4) $\dot{I}=-j5\angle30°$ A

2-16　已知电流相量 $\dot{I}=(8+j6)$ A，频率 $f=50$ Hz，求 $t=0.01$ s 时电流的瞬时值。

2-17　频率为 50 Hz 的正弦电压，初相位为 0，最大幅值为 100 V，在 $t=0$ 时刻，加到电感的两端，电感上的稳态电流的最大幅值为 10 A。(1) 求电感电流的频率、初相位；(2) 求电感的感抗和阻抗；(3) 求电感值。

2-18　频率为 50 Hz 的正弦电压，初相位为 0，最大幅值为 10 mV，在 $t=0$ 时刻，将此电压加到电容的两端，电容上的稳态电流的最大幅值为 628.32 μA。(1) 求电容电流的频率、初相位；(2) 求电容的容抗和阻抗；(3) 求电容值。

2-19　在图 2-11 所示的电感元件的正弦交流电路中，$L=10$ mH，$f=50$ Hz。(1) 已知 $i_L(t)=5\sqrt{2}\sin(\omega t+30°)$ A，求电压 u_L；(2) 已知 $\dot{U}_L=100\angle-30°$ V，求 $\dot{I}_L$，并画出相量图。

2-20　在图 2-12 所示的电容元件的正弦交流电路中，$C=5$ μF，$f=50$ Hz。(1) 已知 $u_C(t)=220\sqrt{2}\sin(\omega t+45°)$ V，求电流 i_C；(2) 已知 $\dot{I}_C=1\angle-60°$ A，求 $\dot{U}_C$，并画出相量图。

2-21　计算图题 2-21 所示两电路的等效阻抗 Z_{ab}。

2-22　在图题 2-22 所示的电路中，$X_C=X_L=R$，并已知电流表 A_1 的读数为 5 A，试问 A_2 和 A_3 的读数为多少？

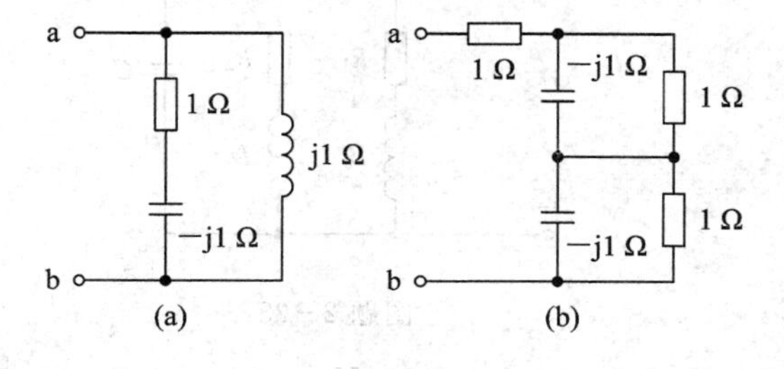

图题 2-21

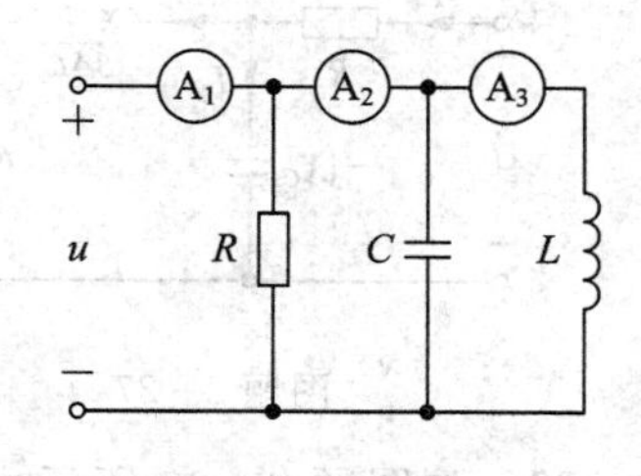

图题 2-22

2-23　如图题 2-23 所示电路中，$\dot{I}=10\sqrt{2}\angle0°$ A，$\dot{I}_2=10\angle-45°$ A，求 $\dot{I}_1$。

2-24　如图题 2-24 所示电路中，已知 $u_S=5\sqrt{2}\sin(\omega t+60°)$ V，$R=15$ Ω，$X_L=$ j45 Ω，$X_C=-$j25 Ω，求 $\dot{I}$、$\dot{U}_R$、$\dot{U}_L$、$\dot{U}_C$ 以及 i、u_R、u_L、u_C。

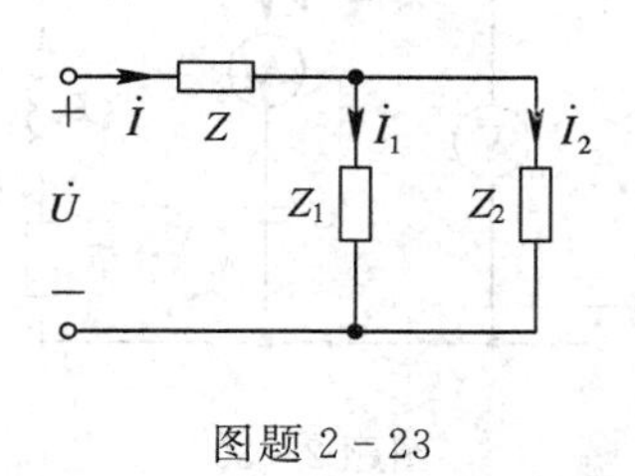

图题 2-23

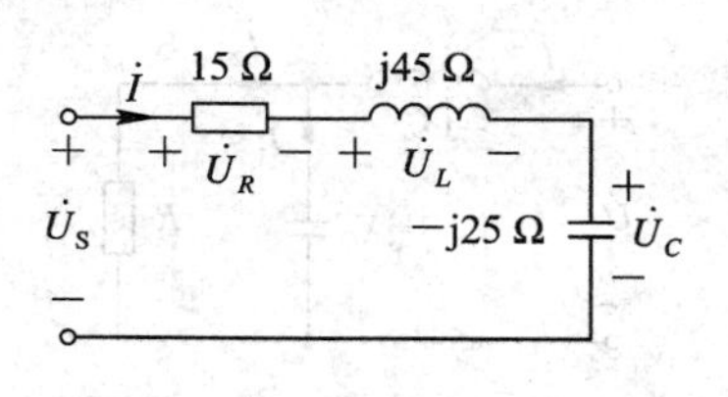

图题 2-24

2－25　如图题 2－25 所示 R、X_L、X_C串联的电路中，各电压表的读数为多少？

2－26　如图题 2－26 所示，R、X_L、X_C并联的电路中，已知 U＝10 V，求各电流表的读数为多少？

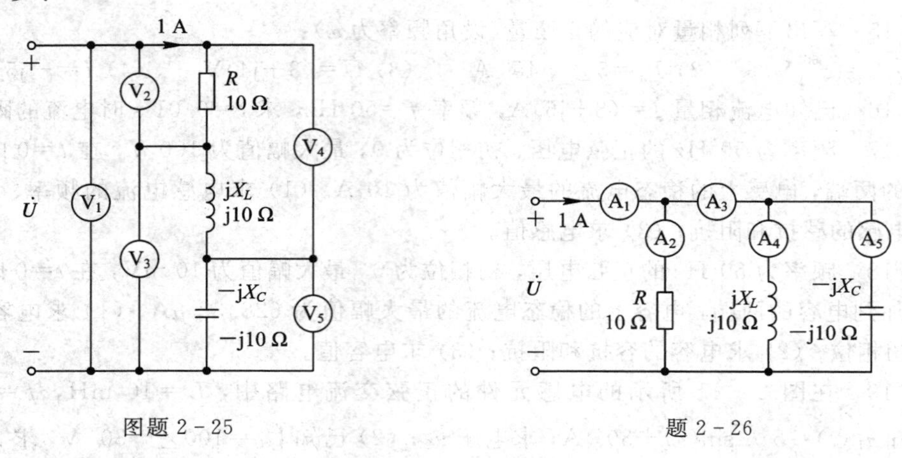

图题 2－25　　　题 2－26

2－27　如图题 2－27 所示电路中，I_1＝10 A，$I_2=10\sqrt{2}$ A，U＝200 V，R＝5 Ω，R_2＝X_L，试求 I、X_C、X_L及 R_2。

2－28　如图题 2－28 所示电路中，$u=220\sqrt{2}\sin 314t$ V，$i_1=2\sqrt{2}\sin(314t-30°)$A，$i_2=1.82\sqrt{2}\sin(314t-60°)$A，$C$＝385 μF。求 i、总有功功率 P、总复阻抗 Z，并画相量图（含电压，各电流）。

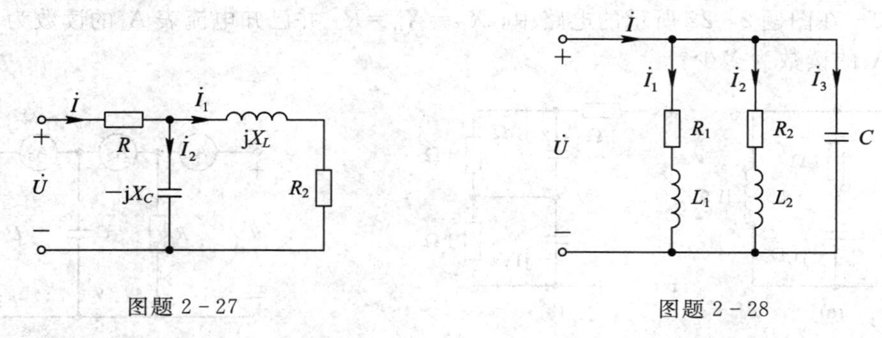

图题 2－27　　　图题 2－28

2－29　如图题 2－29 所示电路中，$I_1=I_2$＝10 A，U＝100 V，u 与 i 同相，试求 I、X_C、X_L及 R。

2－30　如图题 2－30 所示，$u=220\sqrt{2}\sin 314t$ V，$i_1=22\sin(314t-45°)$A，$i_2=11\sqrt{2}\sin(314t+90°)$A，试求各仪表的读数及电路的参数 R、L 和 C。

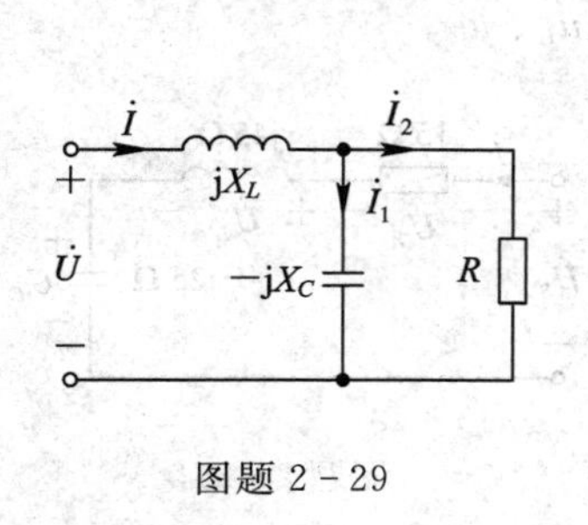

图题 2－29

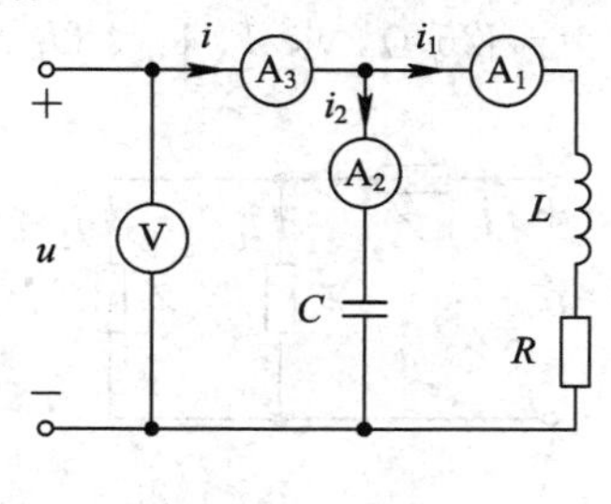

图题 2－30

2－31　如图题 2－31 所示电路中，$\dot{U}_C=1\angle 0°$ V，求 $\dot{U}$。

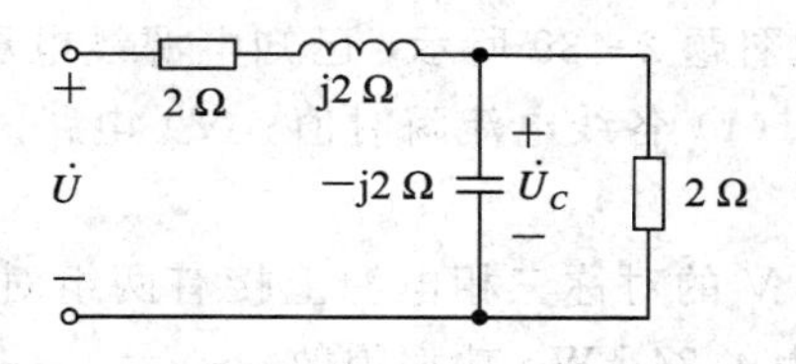

图题 2－31

2－32　如图题 2－32 所示电路，求各支路的电流。已知：$R_1=1000\ \Omega$，$R_2=10\ \Omega$，$L=500$ mH，$C=10\ \mu$F，$U=100$ V，$\omega=314$ rad/s。

2－33　如图题 2－33 所示电路中，求电流 $\dot{I}$。已知：$\dot{I}_S=4\angle 90°$ A，$Z_1=Z_2=-\text{j}30\ \Omega$，$Z_3=30\ \Omega$，$Z_4=45\ \Omega$。

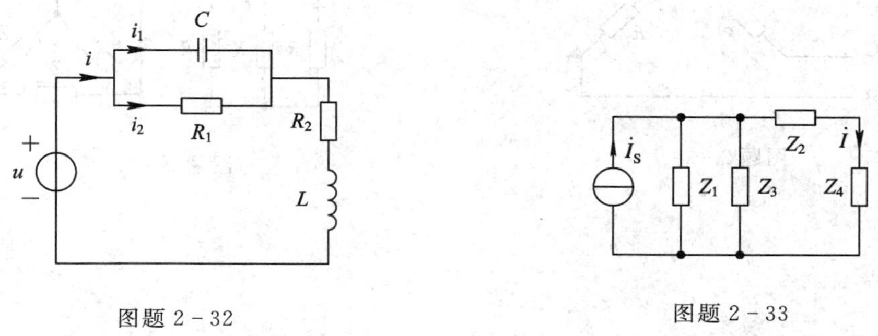

图题 2－32　　　　图题 2－33

2－34　如图题 2－34 所示电路，画出其戴维宁等效电路。

2－35　用叠加定理计算图题 2－35 所示电路的电流 $\dot{I}_2$，已知：$\dot{I}_S=4\angle 0°$ A，$Z_1=Z_3=50\angle 30°\ \Omega$，$Z_2=50\angle -30°\ \Omega$。

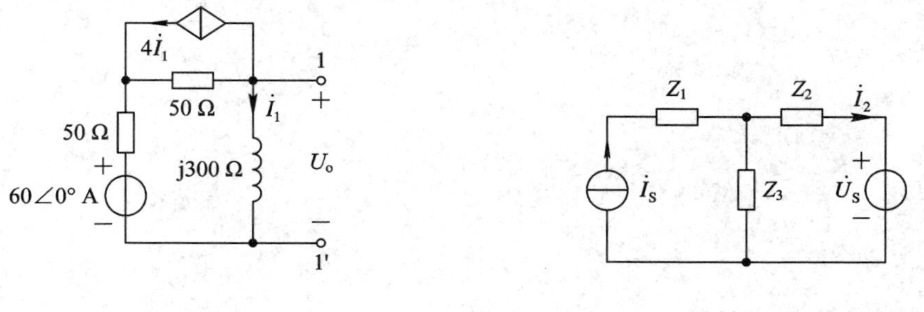

图题 2－34　　　　图题 2－35

2－36　日光灯电路可看成灯管电阻 R 与镇流器电感 L 的串联。现测得灯管电流 $I=0.4$ A，功率表读数 $P=40$ W，电源电压 200 V。试求灯管电阻 R、电路总的阻抗 $|Z|$ 和电路功率因数 $\cos\varphi$。

2－37　某厂变电站以 380 V 的电压向某车间输送 600 kW 的功率，设输电线的电阻为 10 Ω/km，变电站到车间的距离是 500 m，当负载的功率因数为 0.7 时，输电线上的功率损耗是多少？若将功率因数提高到 0.9，则输电线上的功率损耗是多少？

2－38　某照明电源的额定容量为 10 kVA，额定电压为 220 V，频率为 50 Hz，今接有 220 V/40 W、功率因数为 0.5 的日光灯 120 支。(1) 试通过计算说明日光灯的总电流是否超过电源的额定电流；(2) 若并联若干电容后将电路的功率因数提高到 0.9，试问这时还可再接入多少支 220 V/40 W 的白炽灯？

2-39　三相对称电路如图题 2-39 所示，已知电源线电压 $u_{AB}=380\sqrt{2}\sin\omega t$ V，每相负载 $R=3\ \Omega$，$X_C=4\ \Omega$。求：(1) 各线电流瞬时值；(2) 电路的有功功率、无功功率和视在功率。

2-40　线电压 $U_l=220$ V 的对称三相电源上接有两组对称三相负载，一组是接成三角形的感性负载，每相功率为 4.84 kW，功率因数 $\cos\varphi=0.8$；另一组是接成星形的电阻负载，每相阻值为 10 Ω，如图题 2-40 所示。求各组负载的相电流及总的线电流。

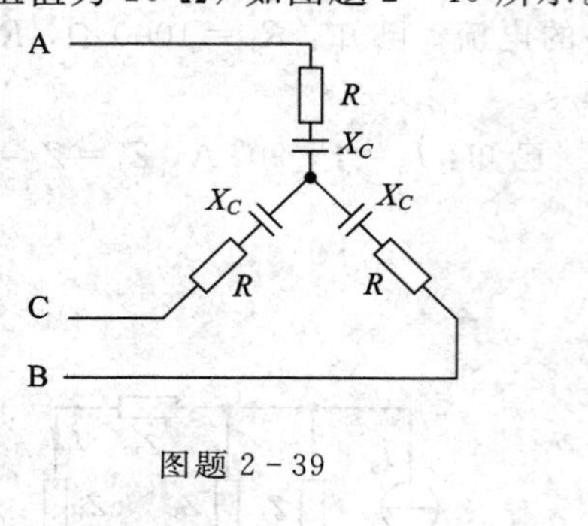

图题 2-39

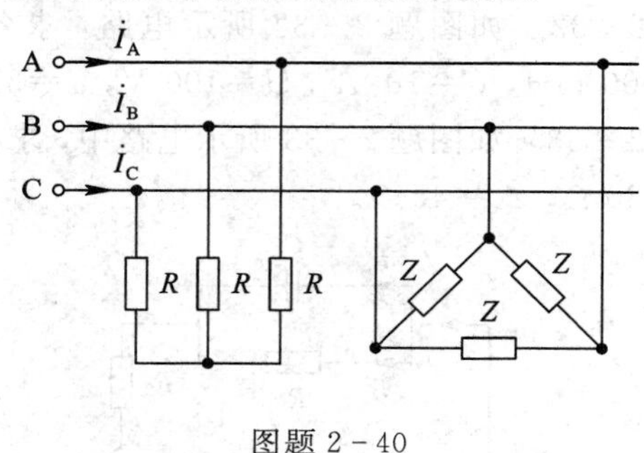

图题 2-40

第3章　变压器与电动机

本章首先讲述磁路的几个基本物理量，结合磁路和交流铁芯线圈电路，讨论变压器和电磁铁的应用实例。

电动机将电能转换为机械能。交流电动机，特别是三相异步电动机被广泛用于生产机械。本章主要讨论三相异步电动机的构造、工作原理和机械特性，对单相异步电动机、直流电动机、步进电机做简单介绍。最后的应用实例部分介绍电动自行车调速原理和三相异步电动机的变频调速。

3.1　磁　　路

在电机、变压器及各种铁磁元件中常用磁性材料做成一定形状的铁芯。铁芯的磁导率比周围空气或其它物质的磁导率高得多，磁通的绝大部分经过铁芯形成闭合通路，磁通的闭合路径称为磁路。图3－1和图3－2分别表示四极直流电机和交流接触器的磁路。磁通经过铁芯（磁路的主要部分）和空气隙（有的磁路没有空气隙）而闭合。

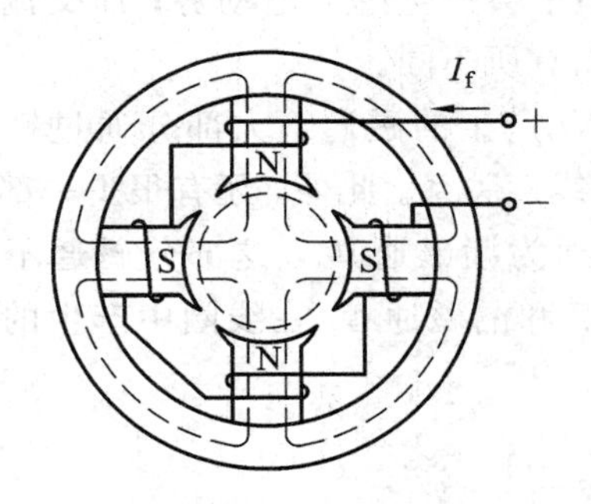

图3－1　四极直流电机的磁路

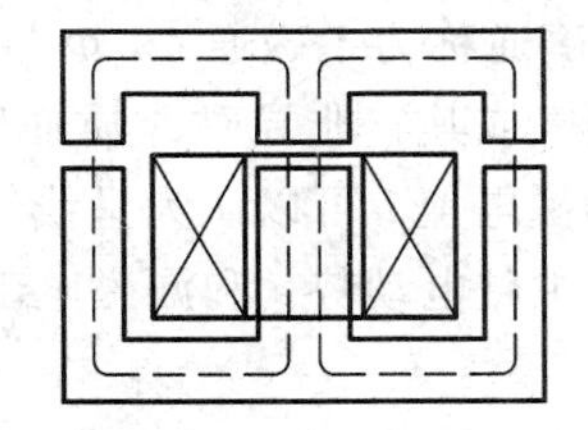

图3－2　交流接触器的磁路

3.1.1　磁路的基本概念

磁场的特性可用下列几个基本概念来表示。

1. 磁感应强度

磁感应强度 $\boldsymbol{B}$ 表示磁场内某点磁场强弱和方向的物理量，它是一个矢量，与电流的方向之间符合右手螺旋定则，单位为特斯拉（T）。

各点磁感应强度大小相等、方向相同的磁场，也称匀强磁场。

2. 磁通

磁通 Φ 是穿过垂直于磁感应强度 B 方向的面积 S 中的磁力线总数，即

$$\Phi = BS \tag{3-1}$$

说明：如果不是均匀磁场，则取 B 的平均值。

磁感应强度 B 在数值上可以看成与磁场方向垂直的单位面积所通过的磁通，故又称磁通密度。磁通 Φ 的单位是伏秒（V·s），通常称为韦伯（Wb），1 Wb=1 V·s。

3. 磁场强度

磁场强度 $\boldsymbol{H}$ 是计算磁场时所引用的一个物理量，也是矢量，通过它来确定磁场与电流之间的关系。磁场强度 $\boldsymbol{H}$ 的单位为安培/米（A/m）。

4. 磁导率

磁导率 μ 是表示磁场媒质磁性的物理量，用于衡量物质的导磁能力。它与磁场强度的乘积就等于磁感应强度，即

$$B = \mu H \tag{3-2}$$

磁导率 μ 的单位是亨利/米（H/m）。由实验测出，真空的磁导率为

$$\mu_0 = 4\pi \times 10^{-7}\ \mathrm{H/m}$$

它是一个常数，将其它物质的磁导率和它比较是很方便的。

任一种物质的磁导率 μ 和真空的磁导率 μ_0 的比值，称为该物质的相对磁导率 μ_r，即

$$\mu_r = \frac{\mu}{\mu_0} \tag{3-3}$$

3.1.2 交流铁芯线圈电路

铁芯线圈分为两种：直流铁芯线圈和交流铁芯线圈。直流铁芯线圈通直流电来励磁，励磁电流是直流，产生的磁通恒定，在线圈和铁芯中不会产生感应电动势；而交流铁芯线圈在电磁关系、电压电流关系等方面与直流铁芯线圈有所不同。

如图 3-3 所示铁芯线圈的交流电路，磁通势 Ni 产生的磁通绝大部分通过铁芯而闭合，这部分磁通称为主磁通 Φ，Φ 与励磁电流 i 不是线性关系。此外，还有很少一部分磁通主要通过空气或其它非导磁介质而闭合，这部分磁通为漏磁通 Φ_σ，这部分磁通不经过铁芯，Φ_σ 与励磁电流 i 可以认为呈线性关系。主磁通 Φ 和漏磁通 Φ_σ 在线圈中产生的感应电动势分别为主磁电动势 e 和漏磁电动势 e_σ。

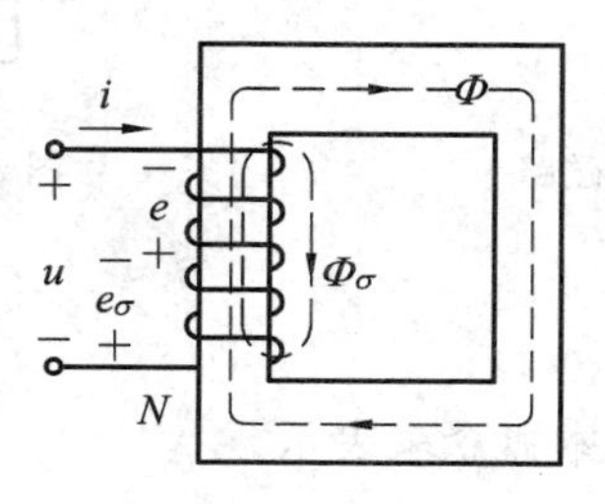

图 3-3 铁芯线圈的交流电路

根据 KVL 得出

$$u + e + e_\sigma = Ri \tag{3-4}$$

则

$$u = Ri + (-e) + (-e_\sigma) = Ri + (-e) + L_\sigma \frac{\mathrm{d}i}{\mathrm{d}t}$$

式中，R 是线圈电阻，L_σ 是漏磁电感。

当 u 是正弦电压时，其它各电压、电流、电动势可视为正弦量，用相量表示：

$$\dot{U} = R\dot{I} + (-\dot{E}) + (-\dot{E}_\sigma) = R\dot{I} + (-\dot{E}) + \mathrm{j}X_\sigma\dot{I}$$

式中，漏磁感应电动势 $\dot{E}_\sigma = -\mathrm{j}X_\sigma\dot{I}$，其中 $X_\sigma = \omega L_\sigma$。

由于线圈电阻 R 和漏磁通 Φ_σ 较小，所以电阻压降和漏磁电动势也较小，与主磁电动势相比可忽略，得到

$$\dot{U} \approx -\dot{E}$$

设主磁通 $\Phi = \Phi_\mathrm{m}\sin\omega t$，则

$$\begin{aligned} e &= -N\frac{\mathrm{d}\Phi}{\mathrm{d}t} = -N\frac{\mathrm{d}}{\mathrm{d}t}(\Phi_\mathrm{m}\sin\omega t) = -N\omega\Phi_\mathrm{m}\cos\omega t \\ &= 2\pi fN\Phi_\mathrm{m}\sin(\omega t - 90°) \\ &= E_\mathrm{m}\sin(\omega t - 90°) \end{aligned}$$

式中，$E_\mathrm{m} = 2\pi fN\Phi_\mathrm{m}$，其有效值为

$$E = \frac{E_\mathrm{m}}{\sqrt{2}} = \frac{2\pi fN\Phi_\mathrm{m}}{\sqrt{2}} = 4.44fN\Phi_\mathrm{m}$$

电源电压为

$$U \approx E = 4.44fN\Phi_\mathrm{m} = 4.44fNB_\mathrm{m}S \tag{3-5}$$

式中，B_m 是铁芯中磁感应强度的最大值，单位为特斯拉(T)；S 是铁芯截面积，单位为 m^2。

3.1.3 电磁铁的应用

电磁铁是利用通电的铁芯线圈吸引衔铁或保持某种机械零件、工件于固定位置的一种电器。当电源断开时，电磁铁的磁性消失，衔铁或其它零件即被释放。电磁铁衔铁的动作可使其它机械装置发生联动。

电磁铁可分为铁芯、线圈和衔铁三部分，结构形式如图 3-4 所示。根据使用电源类型不同，电磁铁分为直流电磁铁和交流电磁铁两种。

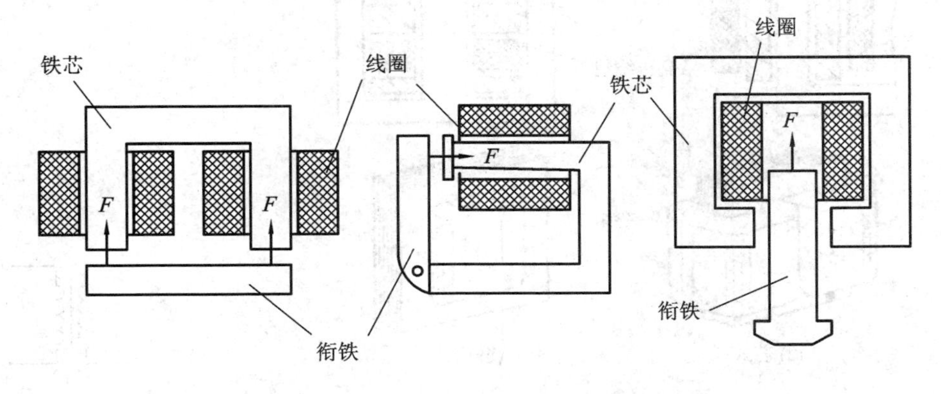

图 3-4 电磁铁的几种形式

电磁铁在生产中的应用极为广泛。其主要应用原理是：用电磁铁衔铁的动作带动其它机械装置运动，产生机械连动，实现控制要求。图 3-5 所示是利用电磁铁实现制动机床或起重机电动机的应用实例，其中电动机和制动轮同轴。

当接通电源时，电磁铁动作拉起弹簧，把抱闸提起，放开了装载电动机轴上的制动轮，这时电动机便可自由转动。当电源断开时，电磁铁的衔铁落下，弹簧便把抱闸压在制动轮上，电动机被制动。在起重机中采用这种制动方法，可以避免由于工作过程中断电而使重物滑下造成事故。

启动过程：通电→电磁铁动作→拉开弹簧→提起抱闸→松开制动轮→电机转动。

制动过程：断电→电磁铁释放→ 弹簧收缩→抱闸抱紧→抱紧制动轮→电机制动。

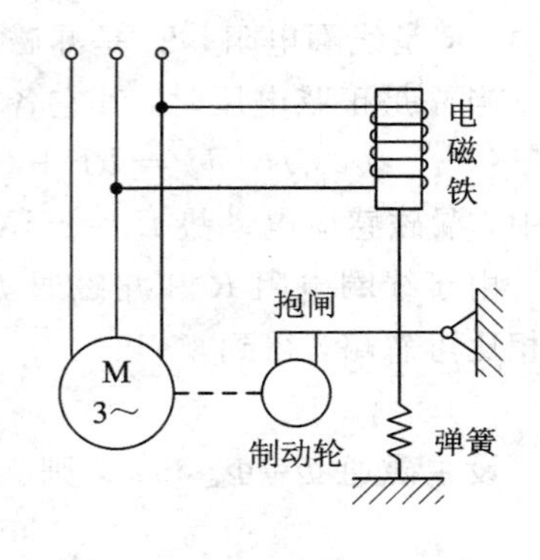

图 3-5　电磁铁的应用实例

此外，在各种电磁继电器和接触器(详见第 4 章)中，应用电磁铁控制开闭电路。

3.2　变　压　器

3.2.1　变压器的构造及工作原理

变压器是一种常见的电气设备，在电力系统和电子线路中应用广泛。

变压器一般由闭合铁芯和高压绕组、低压绕组等几部分组成。变压器按照铁芯结构分为芯式变压器和壳式变压器，如图 3-6 所示；按照相数分为三相变压器和单相变压器；按照用途分为电力变压器、仪用变压器(包括电压互感器和电流互感器)、整流变压器等。变压器的符号如图 3-7 所示。

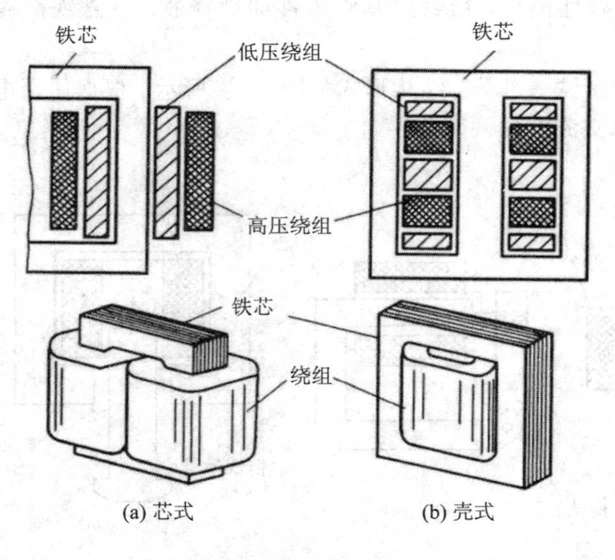

图 3-6　变压器的构造

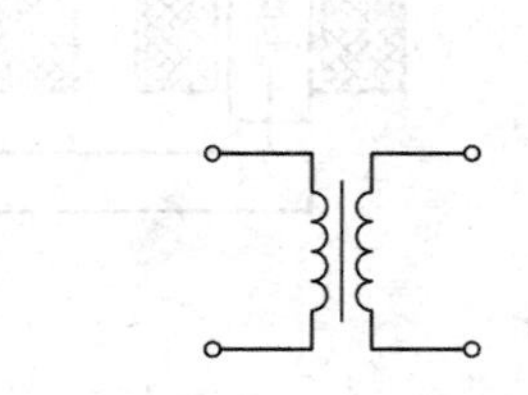

图 3-7　变压器符号

图 3-8 所示是变压器的原理图。为了便于分析，将高压绕组和低压绕组分别画在两边，与电源相连的为一次绕组，与负载相连的为二次绕组，一次、二次绕组的匝数分别为 N_1 和 N_2。一次、二次绕组互不相连，能量的传递靠磁耦合。

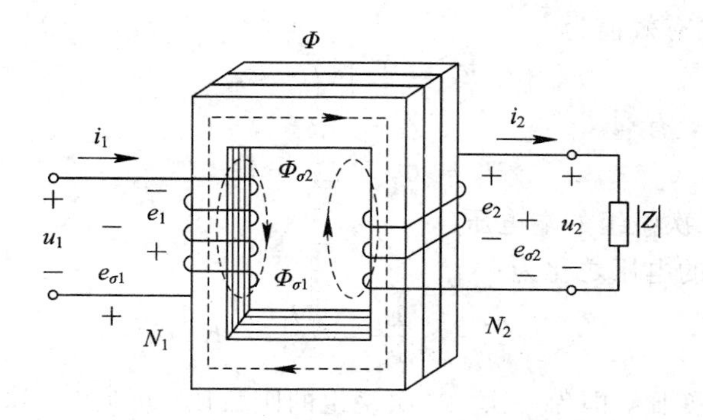

图 3-8　变压器原理图

当一次绕组接上交流电压 u_1，一次绕组产生电流 i_1 时，一次绕组的磁通势 N_1i_1 产生的磁通绝大部分通过铁芯而闭合，从而在二次绕组中感应储电动势。如果二次绕组接有负载，那么二次绕组就有电流 i_2 通过。二次绕组的磁通势 N_2i_2 也产生磁通，其绝大部分也通过铁芯闭合。因此，铁芯中的磁通是由一次、二次绕组的磁通势共同产生的合成磁通，称为主磁通，用 Φ 表示。主磁通穿过一次绕组和二次绕组而在其中感应出的电动势分别为 e_1 和 e_2。此外，一次、二次绕组的磁通势还分别产生漏磁通 $\Phi_{\sigma1}$ 和 $\Phi_{\sigma2}$，从而在各自绕组中分别产生漏磁电动势 $e_{\sigma1}$ 和 $e_{\sigma2}$。电磁关系如图 3-9 所示。

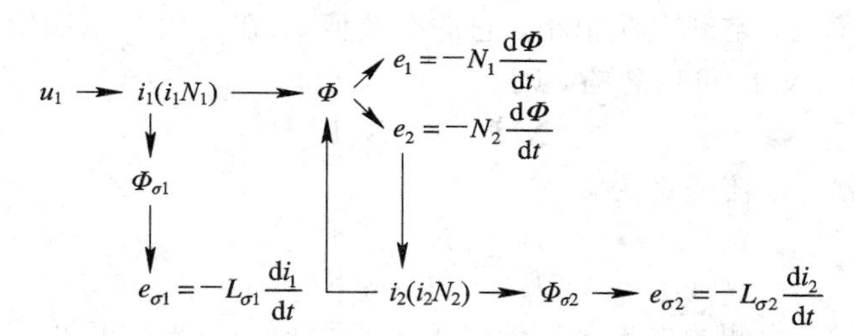

图 3-9　变压器电磁关系

3.2.2　变压器的作用

下面分别讨论变压器的电压变换、电流变换及阻抗变换。

1. 电压变换

如图 3-8 所示，根据基尔霍夫电压定律，一次绕组电路可列出电压方程

$$u_1 + e_1 + e_{\sigma1} = R_1 i_1$$

由于电阻压降和漏磁电动势较小，因此

$$u_1 \approx - e_1$$

当 u_1 是正弦电压时，用相量表示为

$$\dot{U}_1 \approx - \dot{E}_1$$

根据式(3-5)，e_1 的有效值为

$$E_1 = 4.44 f N_1 \Phi_m \approx U_1 \tag{3-6}$$

同理，对二次绕组可列出

$$u_2 + R_2 i_2 = e_2 + e_{\sigma2}$$

感应电动势 e_2 的有效值为

$$E_2 = 4.44 f N_2 \Phi_m$$

当变压器空载时，有

$$I_2 = 0, \quad E_2 = U_{20}$$

式中，U_{20}是空载时二次绕组的端电压。

一次、二次绕组的电压之比为

$$\frac{U_1}{U_{20}} \approx \frac{E_1}{E_2} = \frac{N_1}{N_2} = K \tag{3-7}$$

式中，K 为变压器的变比，即为一次、二次绕组的匝数比。可见，一次侧、二次侧的电压比只与一次侧、二次侧的匝数比有关，与端电流及外电路无关。

2. 电流变换

由式(3-6)可知，当电源电压 U_1 和频率 f 不变时，铁芯中的主磁通的最大值在变压器空载或者有载运行时近似恒定。因此，有负载时产生主磁通的一次、二次绕组的合成磁通势与空载时产生主磁通的一次绕组的磁通势近似相等，即

$$N_1 i_1 + N_2 i_2 \approx N_1 i_0$$

用相量表示为

$$N_1 \dot{I}_1 + N_2 \dot{I}_2 \approx N_1 \dot{I}_0 \tag{3-8}$$

由于铁芯磁导率高，空载电流很小，它的有效值 I_0 在一次绕组额定电流的10%以内，因此，与 $N_1 I_1$ 相比，$N_1 I_0$ 可以忽略，则

$$N_1 \dot{I}_1 \approx -N_2 \dot{I}_2 \tag{3-9}$$

一次侧、二次侧的电流关系为

$$\frac{I_1}{I_2} \approx \frac{N_2}{N_1} = \frac{1}{K} \tag{3-10}$$

变压器一次侧、二次侧的电流之比近似等于匝数比的倒数。可见，变压器中的电流虽然由负载大小确定，但一次侧、二次侧的电流比值接近不变。

3. 阻抗变换

在图 3-10(a)中，负载阻抗模$|Z|$接在变压器二次侧，可以用一个阻抗模$|Z'|$等效代替。所谓等效，就是输入电路的电压、电流和功率不变。所以，图 3-10(b)中阻抗模$|Z'|$和接在变压器二次侧的负载阻抗模$|Z|$是等效的。

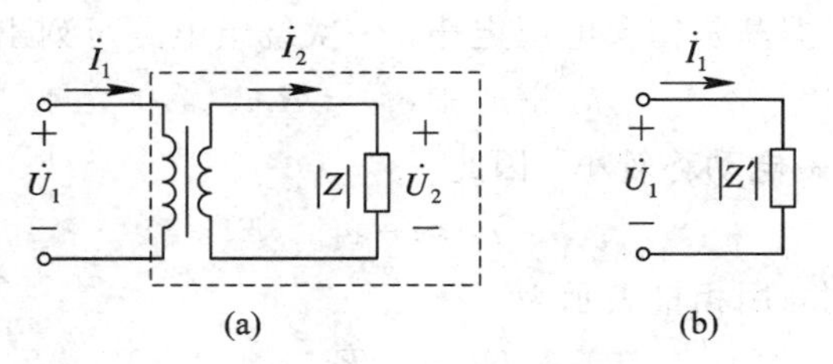

图 3-10　负载阻抗的等效变换

根据式(3-7)和式(3-10)可以得出：

$$|Z'| = \frac{U_1}{I_1} = \frac{KU_2}{\frac{1}{K}I_2} = K^2 |Z| \tag{3-11}$$

匝数比不同，负载阻抗模 $|Z|$ 折算到一次侧的等效阻抗模 $|Z'|$ 也不同。可以采用不同的匝数比，把负载阻抗模变换为所需要的数值，称为阻抗匹配。

【例 3-1】 电路如图 3-11 所示，交流信号源的电动势 $E=100$ V，内阻 $R_0=800$ Ω，负载为扬声器，其等效电阻为 $R_L=8$ Ω。

(1) 当 R_L 折算到一次侧的等效电阻 $R_L'=R_0$ 时，求变压器的匝数比和信号源输出的功率；

(2) 当将负载直接与信号源连接时，信号源输出多大功率？

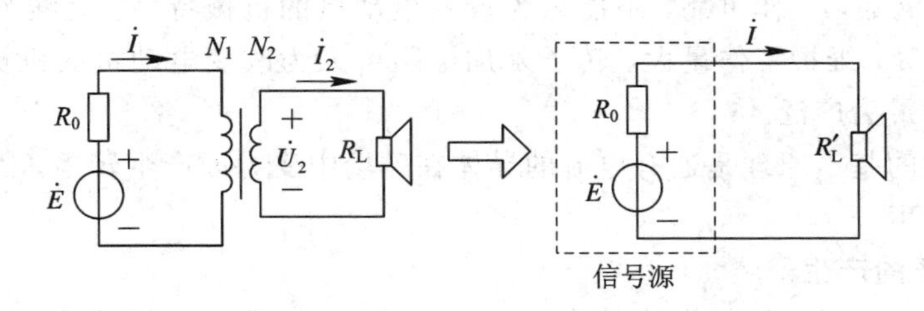

图 3-11　例 3-1 图

解　(1) 变压器的匝数比为

$$K=\frac{N_1}{N_2}=\sqrt{\frac{R_L'}{R_L}}=\sqrt{\frac{800}{8}}=10$$

信号源的输出功率为

$$P=I^2R_L'=\left(\frac{E}{R_0+R_L'}\right)^2R_L'=\left(\frac{100}{800+800}\right)^2\times 800=3.125\ \text{W}$$

(2) 当将负载直接接在信号源上时，信号源的输出功率为

$$P=I^2R_L=\left(\frac{E}{R_0+R_L}\right)^2R_L=\left(\frac{100}{800+8}\right)^2\times 8=0.123\ \text{W}$$

3.3 电　动　机

3.3.1　三相异步电动机的构造及工作原理

三相异步电动机的构造如图 3-12 所示，它可以分成定子和转子两个基本部分。

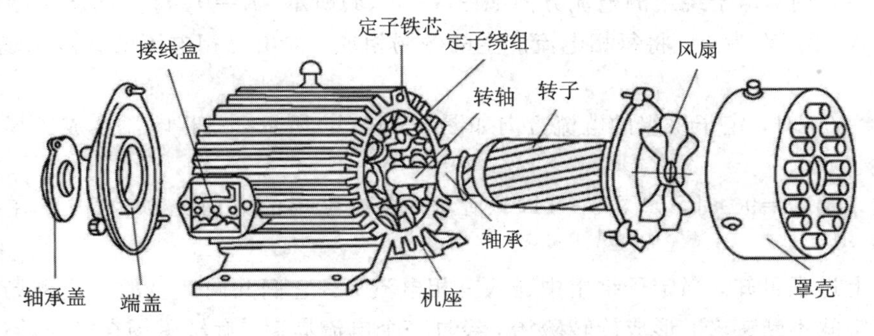

图 3-12　三相异步电动机的构造

三相异步电动机的定子由机座、装在机座内的圆筒形铁芯和三相定子绕组组成。机座用铸钢或铸铁制成，铁芯由内周有槽的硅钢片叠成，槽内用于放置对称三相绕组。

转子根据构造不同分为笼型和绕线型两种形式。转子铁芯用硅钢片叠成圆柱状，表面冲槽。笼型转子铁芯槽内放铜条，端部用短路环形成一体，或铸铝形成转子绕组。绕线型转子同定子绕组一样，也分为三相，并且接成星形，每相的始端连接在三个铜制的滑环上，滑环固定在转轴上。通常根据具有三个滑环构造来辨认绕线型异步电动机。

笼型和绕线型电动机的工作原理相同，只在转子的构造上有所不同。笼型异步电动机结构简单，价格低廉，工作可靠，不能人为改变电动机的机械特性。绕线型异步电动机结构复杂，价格较贵，维护工作量大，转子外加电阻可人为改变电动机的机械特性。笼型异步电动机的应用最为广泛。

电动机转动的基本原理是通有电流的导体在磁场中受力而产生转矩。因此下面首先讨论旋转磁场的产生。

1. 旋转磁场的产生

三相异步电动机的定子铁芯中放有三相对称绕组 U_1U_2、V_1V_2 和 W_1W_2，如图 3-13 所示，定子三相绕组连接成星形，通入三相对称交流电：

$$\begin{cases} i_1 = I_m \sin\omega t \\ i_2 = I_m \sin(\omega t - 120^\circ) \\ i_3 = I_m \sin(\omega t + 120^\circ) \end{cases}$$

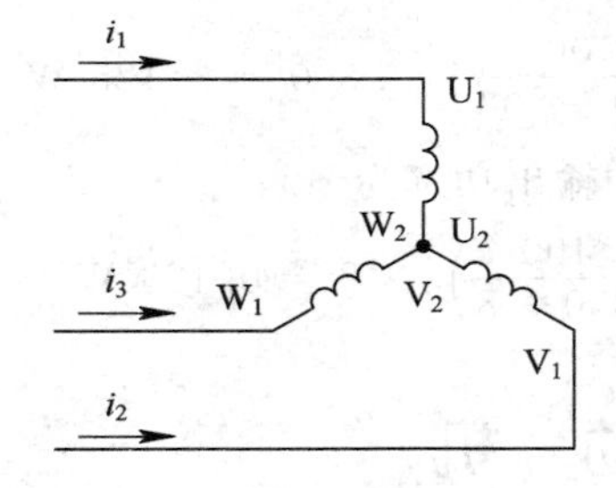

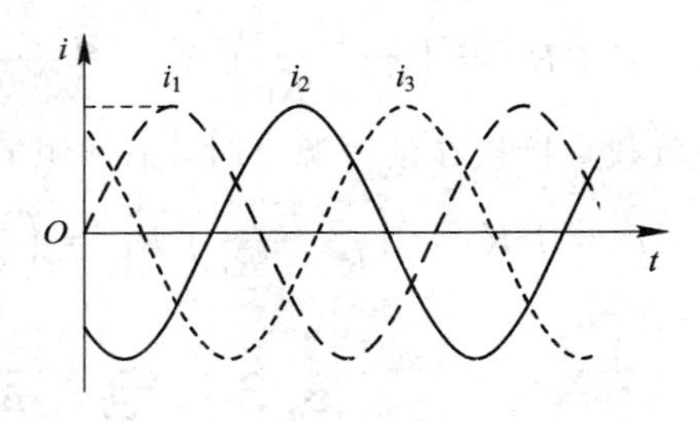

图 3-13　三相对称电流

取绕组从始端流入、尾端流出为电流的参考方向。在电流正半周，其值为正，实际方向与参考方向一致；在电流负半周，实际方向与参考方向相反。

当 $\omega t=0^\circ$时，定子绕组的电流方向如图 3-14(a)所示。$i_1=0$，i_2 方向从 V_2到 V_1为负，i_3 方向从 W_1到 W_2为正。将每相电流产生的磁场相加，得出三相电流的合成磁场，方向自上而下。

当 $\omega t=60^\circ$时，定子绕组的电流方向如图 3-14(b)所示，三相电流合成磁场的方向在空间转过了 60°。

同理，当 $\omega t=90^\circ$时，如图 3-14(c)所示，合成磁场的方向比 $\omega t=60^\circ$时在空间又转了 30°。

由以上过程可知，当定子绕组中通入三相电流后，它们共同产生的合成磁场随电流的交变而在空间不断旋转，形成旋转磁场。经过一个电流周期，旋转磁场在空间转过 360°。

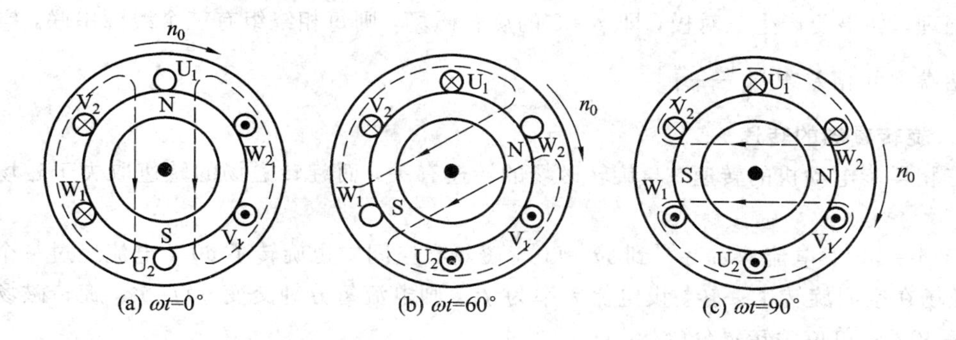

图 3-14　三相电流产生的旋转磁场($p=1$)

2. 旋转磁场的转向

旋转磁场的旋转方向与通入定子绕组三相电流的相序有关。任意调换两根电源进线，则旋转磁场反转，如图 3-15 所示。

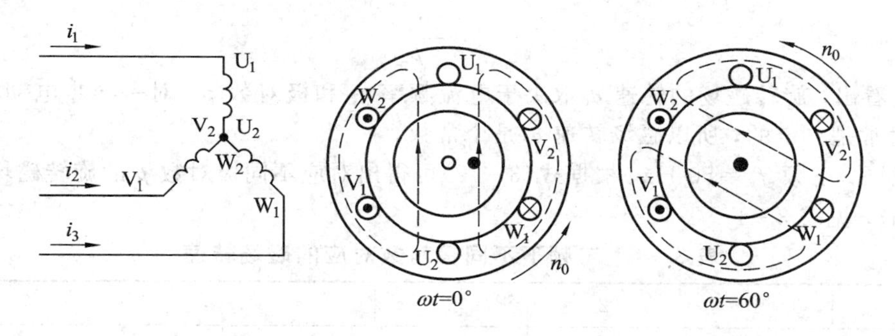

图 3-15　旋转磁场反转($p=1$)

3. 旋转磁场的极数

三相异步电动机的极数就是旋转磁场的极数，与三相绕组的安排有关。在图 3-14 中，每相绕组只有一个线圈，在空间中，绕组始端之间相差 120°，产生的旋转磁场具有一对极，即 $p=1$(p 是极对数)。将定子绕组安排如图 3-16 所示，每相绕组有两个线圈串联，空间中绕组始端之间相差 60°，产生的旋转磁场具有两对极，即 $p=2$。

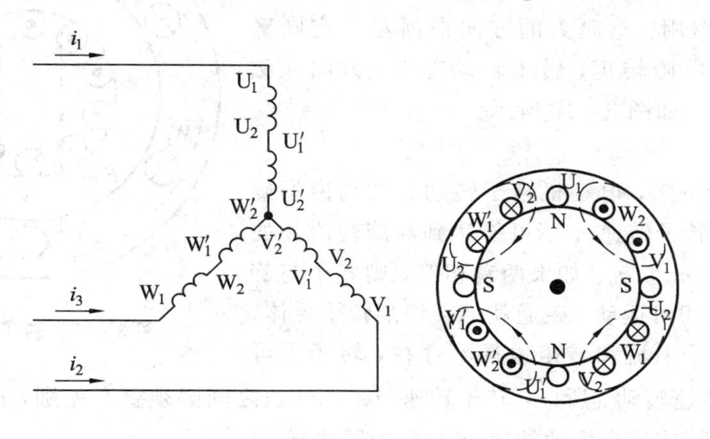

图 3-16　旋转磁场($p=2$)

同理，如果要产生三对极，即 $p=3$ 的旋转磁场，则每相绕组有三个线圈串联，空间中绕组始端之间相差 $40°\left(\frac{120°}{p}\right)$。

4. 旋转磁场的转速

三相异步电动机的转速，与旋转磁场的转速有关，而旋转磁场的转速取决于磁场的极对数。

当 $p=1$ 时，电流从 $\omega t=0°$ 到 $\omega t=60°$，磁场在空间中也旋转了 60°，电流经过一个周期后，磁场在空间旋转了一转。设电流频率为 f_1，则电流每分钟交变 $60f_1$ 次，旋转磁场的转速 $n_0=60f_1$，单位为转每分(r/min)。

当 $p=2$ 时，电流经过一个周期，磁场在空间旋转了半转，其转速是 $p=1$ 时的一半，即 $n_0=\frac{60f_1}{2}$。

以此类推，当旋转磁场具有 p 对极时，磁场的转速为

$$n_0=\frac{60f_1}{p} \tag{3-12}$$

由此看出，旋转磁场的转速 n_0 取决于电流频率 f_1 和极对数 p。对一异步电动机而言，f_1 和 p 通常是一定的，所以磁场转速 n_0 是个常数。

在我国，工频 $f_1=50$ Hz，根据式(3-12)可得出对应不同极对数 p 的旋转磁场的转速 n_0(r/min)，见表 3-1。

表 3-1　工频下不同极对数对应的磁场转速

p	1	2	3	4	5	6
n_0/(r/min)	3000	1500	1000	750	600	500

5. 电动机的转动原理

当电动机的定子三相绕组通入三相交流电，旋转磁场按顺时针方向旋转时，其磁通切割转子导体，导体中就产生了感应电动势。电动势的方向满足右手定则。在电动势的作用下，闭合导体中就有电流，电流与旋转磁场相互作用，使转子导体受到电磁力 F 的作用。电磁力的方向根据左手定则确定。电磁力产生电磁转矩，转子转动起来，方向和磁场旋转方向相同，如图 3-17 所示。

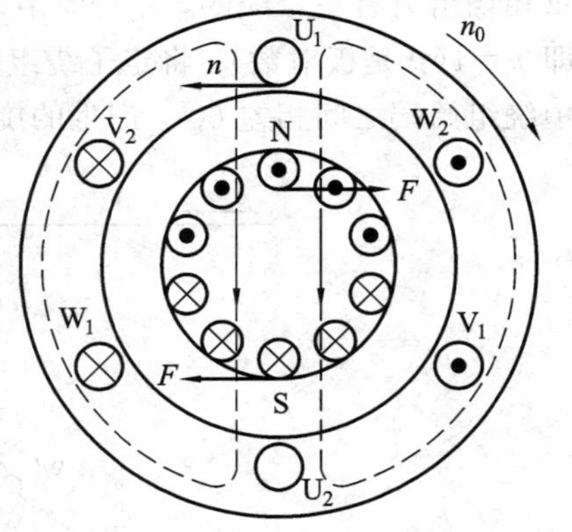

图 3-17　转子转动原理

6. 转差率

由以上分析可知，电动机转子转动方向与磁场旋转方向一致，但转子转速 n 不可能达到与旋转磁场的转速 n_0 相等，即 $n<n_0$。如果两者相等，则转子与旋转磁场之间没有相对运动，磁通就不会切割转子导体，转子电动势、转子电流和转矩也都不存在，转子不可能继续以 n_0 的转速转动。所以，转子转速与磁场转速之间必须要有差别，这就是异步电动机名称的由来。而旋转磁场的转速 n_0 常称为同步转速。

通常用转差率 s 来表示转子转速 n 与磁场转速 n_0 相差的程度，即

$$s=\frac{n_0-n}{n_0} \tag{3-13}$$

或

$$n=(1-s)n_0 \tag{3-14}$$

转差率是异步电动机的一个重要物理量，转子转速越接近磁场转速，转差率越小。通常异步电动机在额定负载下的转差率约为1%～9%。

当 $n=0$ 时(启动初始瞬间)，$s=1$，这时转差率最大。

【例3-2】 一台三相异步电动机，其额定转速 $n=1450$ r/min，电源频率 $f_1=50$ Hz。试求电动机的极对数和额定负载下的转差率。

解 根据异步电动机转子转速与旋转磁场同步转速的关系可知：$n_0=1500$ r/min，与此对应的极对数 $p=2$。额定负载下的转差率为

$$s=\frac{n_0-n}{n_0}\times 100\%=\frac{1500-1450}{1500}\times 100\%=3.3\%$$

3.3.2 三相异步电动机的机械特性

三相异步电动机的电磁关系与变压器类似，如图3-18所示。定子和转子电路每相绕组的匝数分别为 N_1 和 N_2。

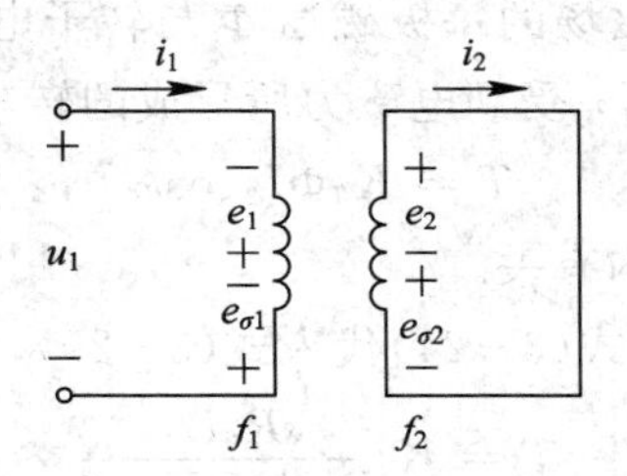

图3-18 三相异步电动机每相电路

由式(3-6)可知：

$$E_1=4.44f_1N_1\Phi\approx U_1 \tag{3-15}$$

式中，f_1 为定子绕组主磁电动势 e_1 的频率。

由式(3-12)可知：

$$f_1=\frac{pn_0}{60} \tag{3-16}$$

旋转磁场和转子间的相对转速为 n_0-n，则转子频率为

$$f_2=\frac{p(n_0-n)}{60}=\frac{(n_0-n)}{n_0}\cdot\frac{pn_0}{60}==sf_1 \tag{3-17}$$

由式(3-17)可知，转子频率 f_2 与转差率 s 有关，与转速 n 也有关。

转子电动势 e_2 的有效值为

$$E_2=4.44f_2N_2\Phi=4.44sf_1N_2\Phi \tag{3-18}$$

当 $n=0$ 时，电动机启动初始瞬间，$s=1$，转子电动势为

$$E_{20}=4.44f_1N_2\Phi \tag{3-19}$$

由式(3-18)和式(3-19)可得

$$E_2=sE_{20} \tag{3-20}$$

转子的感抗 X_2 为

$$X_2 = 2\pi f_2 L_2 = 2\pi s f_1 L_2 \tag{3-21}$$

在 $n=0$ 时，$s=1$，转子的感抗为

$$X_{20} = 2\pi f_1 L_2$$

此时，$f_2=f_1$，转子感抗最大，即

$$X_2 = sX_{20} \tag{3-22}$$

转子每相电流的有效值为

$$I_2 = \frac{E_2}{\sqrt{R_2^2 + X_2^2}} = \frac{sE_{20}}{\sqrt{R_2^2 + (sX_2)^2}} \tag{3-23}$$

式中，R_2 为转子的每相电阻。式(3-23)反映了 I_2 随 s 的变化关系。

转子电路的功率因数为

$$\cos\varphi_2 = \frac{R_2}{\sqrt{R_2^2 + X_2^2}} = \frac{R_2}{\sqrt{R_2^2 + (sX_{20})^2}} \tag{3-24}$$

电磁转矩 T(以下简称转矩)是三相异步电动机最重要的物理量之一。机械特性是转矩的主要特性，研究机械特性曲线是为了分析电动机的运行性能。

异步电动机的转矩由旋转磁场的每极磁通 Φ 与转子电流 I_2 相互作用而产生。转子中各载流导体在旋转磁场的作用下，受到电磁力所形成的转矩之总和为

$$T = K_T \Phi I_2 \cos\varphi_2 \tag{3-25}$$

式中，K_T 是常数，与电动机结构有关。

将式(3-15)、式(3-23)和式(3-24)代入式(3-25)，得到转矩的另一个公式：

$$T = K\frac{sR_2U_1^2}{R_2^2 + (sX_{20})^2} \tag{3-26}$$

由式(3-26)可知，转矩 T 与定子每相绕组电压 U_1 成正比；当电压 U_1 一定时，T 是 s 的函数；R_2 的大小对 T 也有影响，绕线型异步电动机可外接电阻来改变转子电阻 R_2，从而改变转矩。

在一定电源电压 U_1 和转子电阻 R_2 的情况下，转矩 T 与转差率 s 的关系曲线如图3-19所示，转速 n 与转矩 T 的关系曲线如图3-20所示。

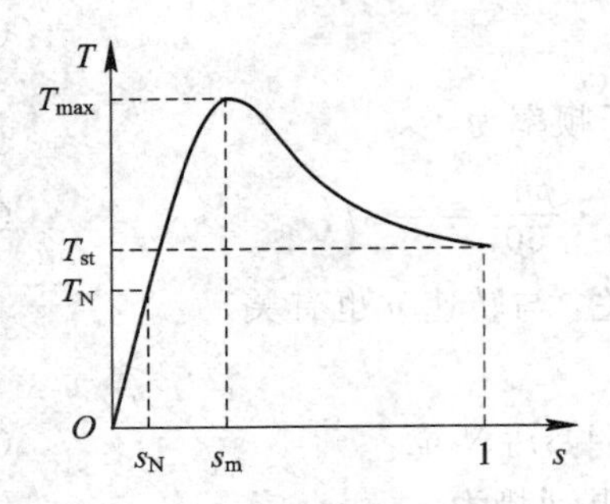

图3-19 三相异步电动机 $T=f(s)$ 曲线

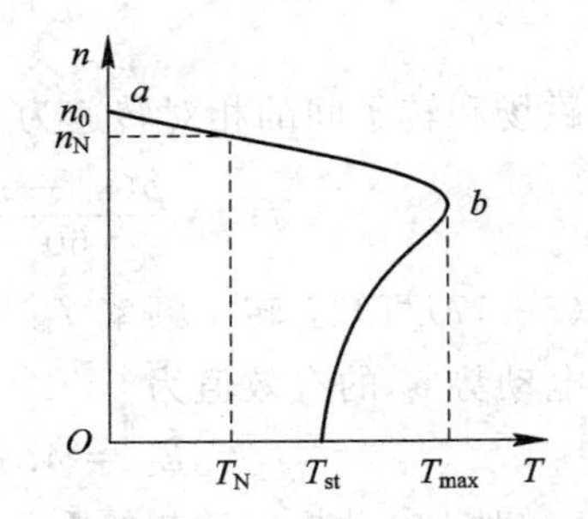

图3-20 三相异步电动机 $n=f(T)$ 曲线

1. 额定转矩 T_N

等速转动时，电动机的转矩为

$$T \approx T_2 = \frac{P_2}{2\pi n/60}$$

式中，T_2 是机械负载转矩，单位是牛·米(N·m)；P_2 是电动机轴上的机械功率，单位是瓦特(W)；转速的单位是转/每分(r/min)。如果功率单位用千瓦，则

$$T = 9550 \frac{P_2}{n} \tag{3-27}$$

电动机在额定负载时的转矩称为额定转矩，它可由电动机铭牌上的额定功率和式(3-27)求出。

例如，某普通机床的主轴电机(Y132M-4型)的额定功率为7.5 kW，额定转速为1440 r/min，则额定转矩为

$$T_N = 9550 \frac{P_2}{n_N} = 9550 \times \frac{7.5}{1440} = 49.7\ \text{N} \cdot \text{m}$$

通常三相异步电动机工作在图3-20所示的特性曲线 ab 段，负载在空载与额定值之间变化时，电动机的转速变化不大。

2. 最大转矩 T_{max}

从机械特性曲线上看，转矩有个最大值，称为最大转矩或临界转矩，表示电机带动最大负载的能力。

令 $\frac{dT}{ds}=0$，求得最大转矩的转差率 s_m 为

$$s_m = \frac{R_2}{X_{20}} \tag{3-28}$$

将式(3-28)代入式(3-26)，得到

$$T_{max} = K \frac{U_1^2}{2X_{20}} \tag{3-29}$$

式中，T_{max} 与 U_1^2 成正比，与转子电阻 R_2 无关。转子轴上机械负载转矩 T_2 不能大于 T_{max}，否则将造成堵转(停车)。

T_{max} 比电动机的额定转矩 T_N 要大，两者之比称为过载系数 λ，即

$$\lambda = \frac{T_{max}}{T_N} \tag{3-30}$$

一般三相异步电动机的过载系数为1.8～2.2。

选用电动机时，必须考虑可能出现的最大负载转矩，根据过载系数可以算出最大转矩，它必须大于最大负载转矩。

3. 启动转矩 T_{st}

电动机刚启动时的转矩为启动转矩，体现了电动机带载启动的能力。此时，$n=0$，$s=1$，代入式(3-26)，得到

$$T_{st} = K \frac{R_2 U_1^2}{R_2^2 + X_{20}^2} \tag{3-31}$$

由此可见，T_{st} 与 U_1^2 和转子电阻 R_2 有关，当电源电压降低时，启动转矩会减小；当转子电阻 R_2 适当增大时，T_{st} 会增大，但继续增大 R_2 时，T_{st} 就要随之减小。如果启动转矩过小，就不能满载下启动，但是过大，会使传动结构受到冲击而损坏，因此应采用适当的启动方法，此处不再详述。

3.3.3 单相异步电动机

单相异步电动机主要应用于电动工具、洗衣机、电冰箱、空调、电风扇等小功率电器中。单相异步电动机的定子中放置单相绕组，转子一般用笼型转子。

当定子绕组产生的合成磁场增加时，根据右手螺旋定则和左手定则可知，转子导体左、右受力大小相等，方向相反，没有启动转矩，如图 3-21 所示。

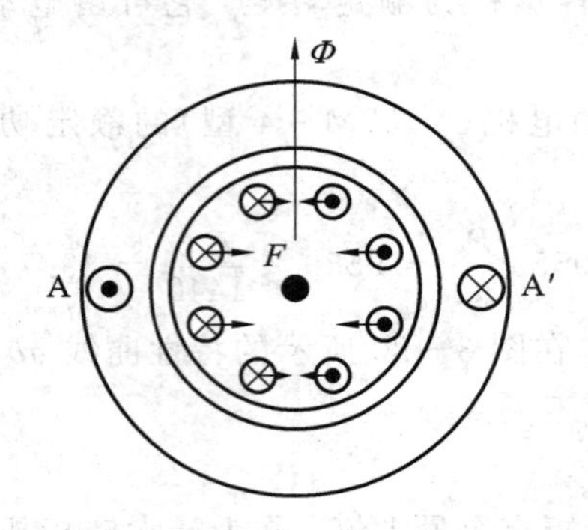

图 3-21 单相电动机转子导体受力

为了获得所需的启动转矩，单相异步电动机的定子进行了特殊设计。常用的单相异步电动机有电容分相式异步电动机和罩极式异步电动机。它们都采用笼型转子，但定子结构不同。

1. 电容分相式异步电动机

电容分相式异步电动机的定子中有两个绕组，一个是工作绕组 A-A′，另一个是启动绕组 B-B′，两个绕组在空间相隔 90°。启动时，B-B′绕组经电容接电源，两个绕组的电流相位相差近 90°，可获得所需的旋转磁场，如图 3-22 所示。

设两相电流为

$$i_A = I_{Am}\sin\omega t$$
$$i_B = I_{Bm}\sin(\omega t + 90°)$$

波形曲线如图 3-23 所示。

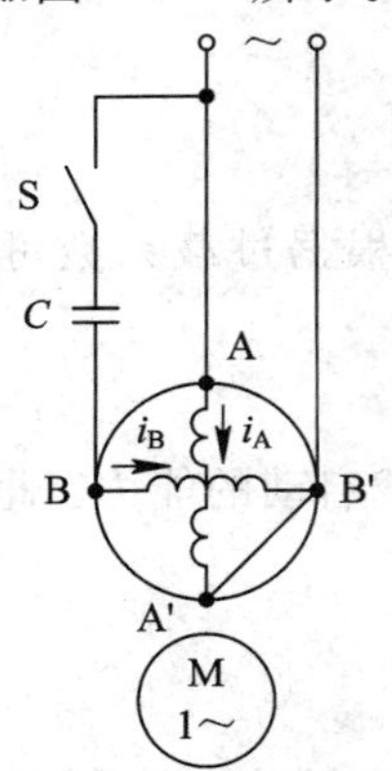

图 3-22 电容分相式异步电动机

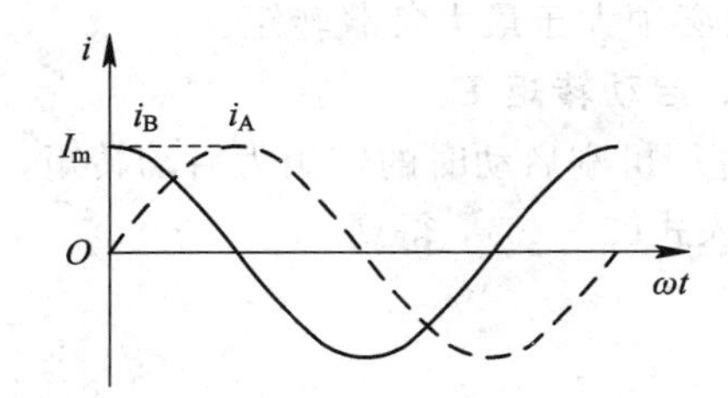

图 3-23 两相电流

两相电流所产生的合成磁场在空间旋转，如图 3-24 所示，在旋转磁场的作用下，电动机的转子转动起来，在接近额定转速时，有的借助离心力的作用把开关 S 断开，以切断启动绕组，也有的在电动机运行时不断开启动绕组以提高功率因数和增大转矩。

改变电容 C 的串联位置，可使单相异步电动机反转，如图 3-25 所示。将开关 S 合在位置 1，电容 C 与 B 绕组串联，电流 i_B 超前 i_A 近 90°；当将 S 切换到位置 2 时，电容 C 与 A 绕组串联，电流 i_A 较 i_B 超前近 90°，这样就改变了旋转磁场的转向，从而实现了电动机的反转。

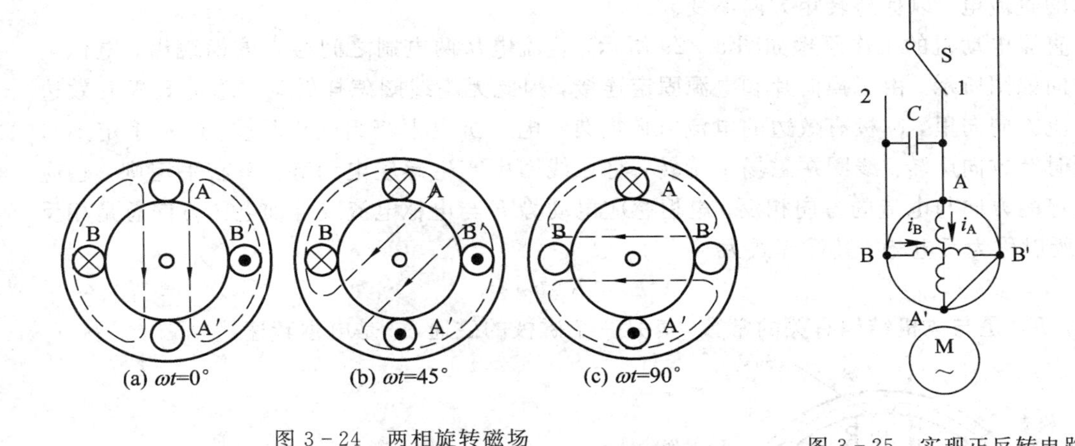

图 3-24　两相旋转磁场

图 3-25　实现正反转电路

2. 罩极式异步电动机

罩极式异步电动机的结构如图 3-26 所示，单相绕组绕在磁极上，在磁极的约 1/3 部分套一短路环。

当电流 i 流过定子绕组时，产生了一部分磁通 Φ_1，同时产生的另一部分磁通与短路环作用生成了磁通 Φ_2。短路环中感应电流的阻碍作用，使得 Φ_2 在相位上滞后 Φ_1，从而在电动机定子极掌上形成一个向短路环方向移动的磁场，如图 3-27 所示，使转子获得所需的启动转矩。

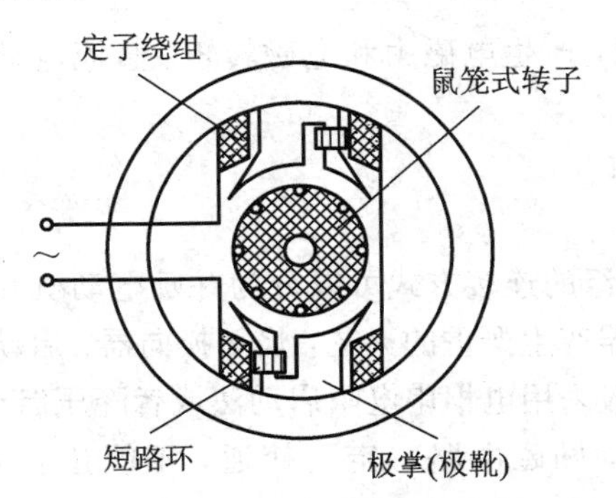

图 3-26　罩极式异步电动机的结构

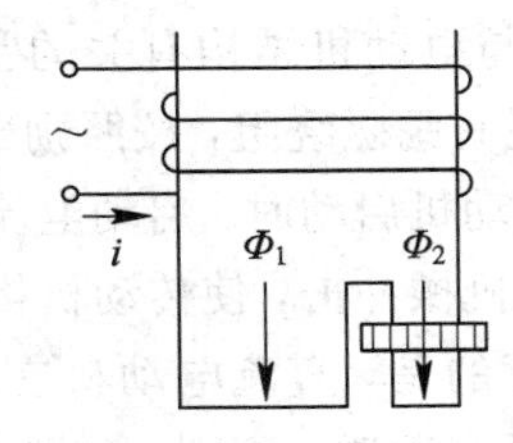

图 3-27　罩极式异步电动机的移动磁场

罩极式异步电动机启动转矩较小，转向不能改变，常用于电风扇、吹风机中；电容分相式异步电动机的启动转矩大，转向可改变，故常用于洗衣机等电器中。

3.3.4　直流电动机

直流电动机虽然比三相交流异步电动机结构复杂，维修也不便，但由于它的调速性能较好，启动转矩较大，因此，对调速要求较高的生产机械或者需要较大启动转矩的生产机械，往往采用直流电动机驱动。

直流电动机由定子(磁极)、转子(电枢)和机座等部分构成。直流电动机的构造和磁路如图 3-28 所示。磁极用来在电机中产生磁场；电枢由铁芯(极心、极掌)、励磁绕组(线圈)、换向器等组成。换向器是直流电机的一种特殊装置，它的作用是将外部直流电转换成内部的直流电，以保持转矩方向不变。

直流电动机的工作原理如图 3-29 所示，直流电从两电刷之间通入电枢绕组，电枢电流方向如图所示。由于换向片和电源固定连接，因此无论线圈怎样转动，总是 S 极有效边的电流方向向里，N 极有效边的电流方向向外。电动机电枢绕组通电后受力(左手定则)，按顺时针方向旋转。线圈在磁场中旋转，将在线圈中产生感应电动势。由右手定则，感应电动势的方向与电流的方向相反。电枢感应电动势 E 与电枢电流或外加电压方向总是相反的，所以称为反电势。其计算式为

$$E = K_E \Phi n$$

式中，K_E 是与电机结构有关的常数，Φ 是一个磁极的磁通，n 是电枢转速。

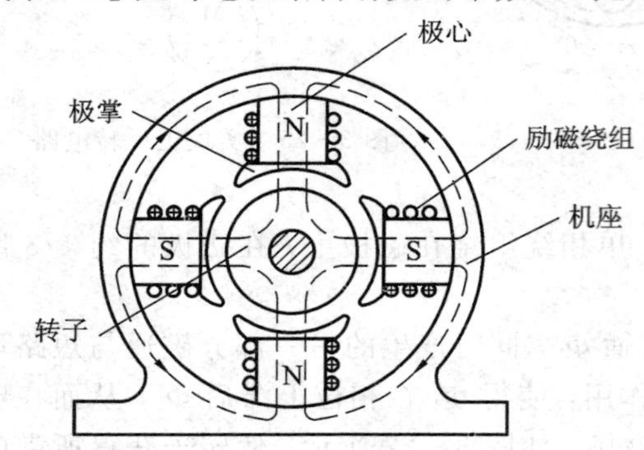

图 3-28　直流电动机的构造和磁路

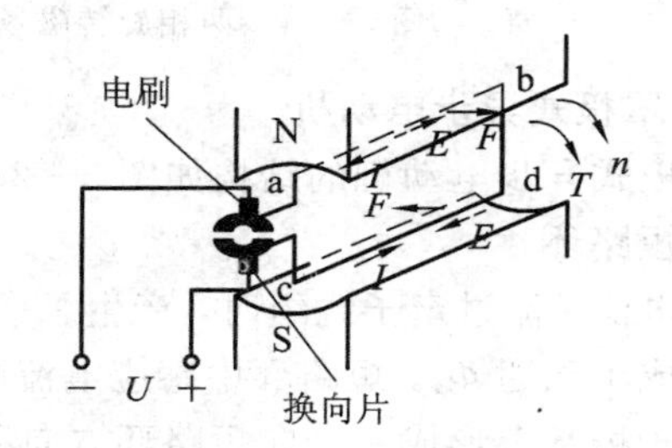

图 3-29　直流电动机的工作原理

直流电动机的电枢电流 I_a 与磁通 Φ 相互作用，产生电磁力和电磁转矩。直流电动机的电磁转矩公式为

$$T = K_T \Phi I_a$$

式中，K_T 是与电动机结构有关的常数。

磁极上绕有励磁绕组，按照励磁绕组和电枢绕组的连接方式可以分为并励电动机和他励电动机。在电动机启动时，启动电流大，会使换向器产生严重的火花，烧坏换向器；启动转矩大，容易造成机械冲击，使传动机构遭受损坏。一般采用电枢串电阻启动法或者降压启动法。

需要注意的是，直流电动机在启动和工作时，励磁电路一定要接通，不能让它断开，而且启动时要满励磁；否则，磁路中只有很少的剩磁，可能产生事故。

3.3.5　步进电机

步进电机是利用电磁铁的作用原理，将脉冲信号转换为线位移或角位移的电机。每来一个电脉冲，步进电机转动一定角度，带动机械移动一小段距离。步进电机可以分为励磁式和反应式两种，区别在于励磁式步进电机的转子上有励磁线圈，反应式步进电机的转子上没有励磁线圈。

下面以反应式步进电机为例说明步进电机的结构和工作原理。

反应式步进电机的结构示意图如图 3－30 所示。定子内圆周均匀分布着六个磁极，磁极上有励磁绕组，每两个相对的绕组组成一相，转子有四个齿。

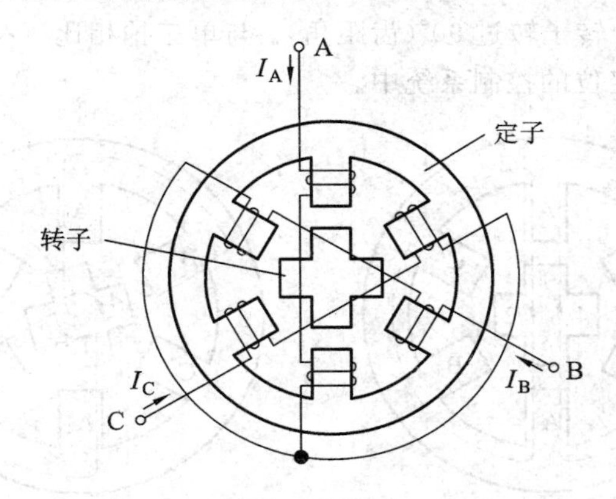

图 3－30　反应式步进电机的结构示意图

下面介绍三相单三拍、三相六拍及双三拍三种工作方式的基本原理。

1. 三相单三拍

A 相绕组通电，B、C 相不通电。此时，由于在磁场作用下，转子总是力图旋转到磁阻最小的位置，故在这种情况下，转子必然转到图 3－31(a)所示位置，1、3 齿与 A、A′极对齐。

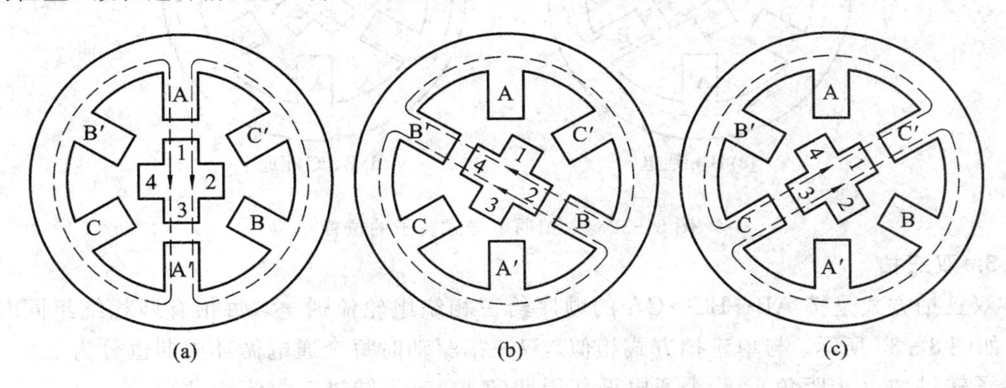

图 3－31　单三拍通电方式转子的位置

同理，B 相通电时，转子会转过 30°角，2、4 齿和 B、B′磁极轴线对齐；当 C 相通电时，转子再转过 30°角，1、3 齿和 C′、C 磁极轴线对齐。这种工作方式下，三个绕组依次通电一次为一个循环周期，一个循环周期包括三个工作脉冲，所以称为三相单三拍工作方式。按 A→B→C→A→…的顺序给三相绕组轮流通电，转子便一步一步转动起来。每一拍转过 30°(步距角)，每个通电循环周期(3 拍)转过 90°(一个齿距角)。

2. 三相六拍

三相六拍方式是按 A→AB→B→BC→C→CA 的顺序给三相绕组轮流通电，这种方式可以获得更精确的控制特性。

A 相通电，转子 1、3 齿与 A、A′对齐；A、B 相同时通电，A、A′磁极拉住 1、3 齿，B、B′磁极拉住 2、4 齿，转子转过 15°，到达图 3－32(b)所示位置；B 相通电，转子 2、4 齿与

B、B′对齐，又转过 15°；B、C 相同时通电，C′、C 磁极拉住 1、3 齿，B、B′磁极拉住 2、4 齿，转子再转过 15°。

三相反应式步进电动机的一个通电循环周期分为六拍。每拍转子转过 15°(步距角)，一个通电循环周期(6 拍)转子转过 90°(齿距角)。与单三拍相比，六拍驱动方式的步进角更小，更适用于需要精确定位的控制系统中。

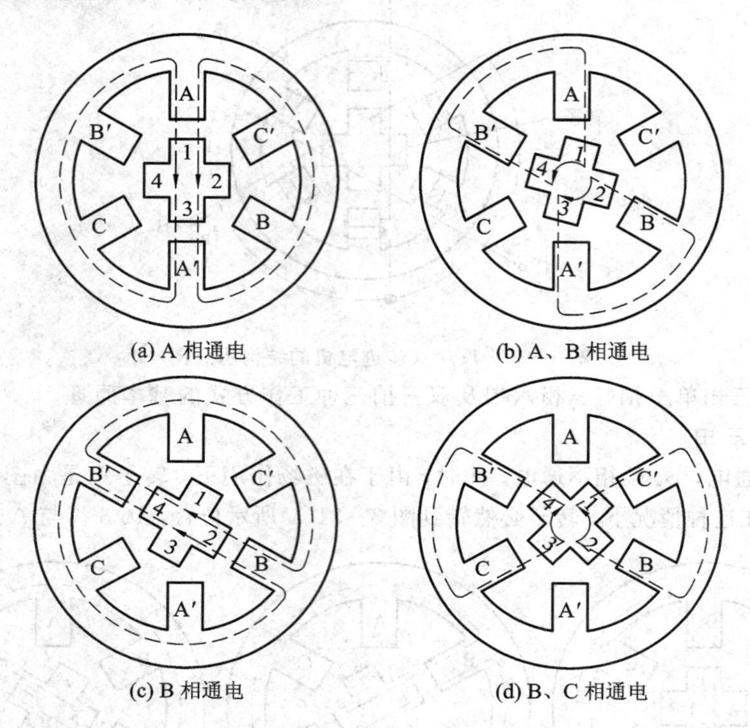

(a) A 相通电　(b) A、B 相通电　(c) B 相通电　(d) B、C 相通电

图 3－32　六拍通电方式转子的位置

3. 双三拍

双三拍方式是按 AB→BC→CA 的顺序给三相绕组轮流通电，每拍有两相绕组同时通电，如图 3－33 所示。与单三拍方式相似，双三拍驱动时每个通电循环周期也分为三拍。每拍转子转过 30°(步距角)，一个通电循环周期(3 拍)转子转过 90°(齿距角)。

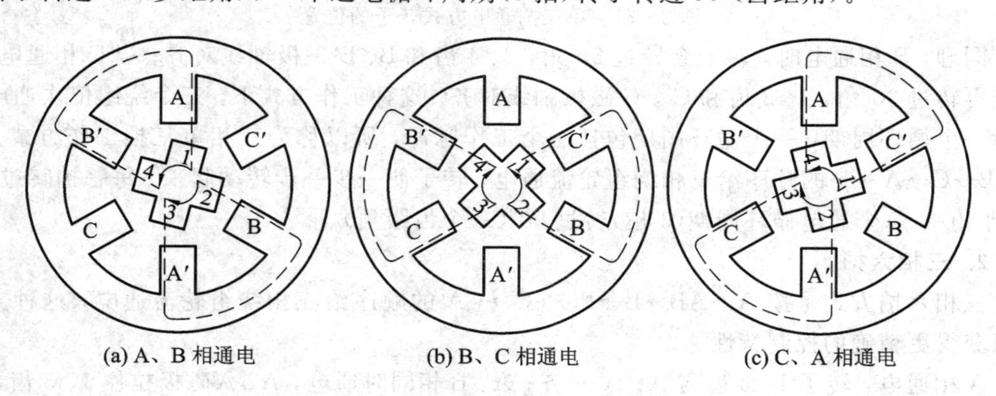

(a) A、B 相通电　(b) B、C 相通电　(c) C、A 相通电

图 3－33　双三拍通电方式转子的位置

从以上对步进电机三种驱动方式的分析可得步距角的计算公式：

$$\theta = \frac{360°}{Z_r m}$$

式中，θ 是步距角；Z_r 是转子齿数；m 是每个通电循环周期的拍数。

实际上，一般步进电机的步距角是 30°或 15°，实用步进电机的步距角多为 3°和 1.5°。为了获得小步距角，电机的定子、转子都做成多齿的。

3.4 应用实例

3.4.1 电动自行车的调速原理

电动自行车是具有电力驱动的绿色环保交通工具，其原理和结构都不复杂，可以认为是在自行车的基础上加一套电机驱动机构组成的。电动自行车调速系统本质上是典型的电机调速系统，现在市面上大多数电动自行车采用的是直流无刷电机，这种电机出厂的时候内部自带霍尔传感器，可以将电机的转速信号进行反馈，如图 3-34 所示。

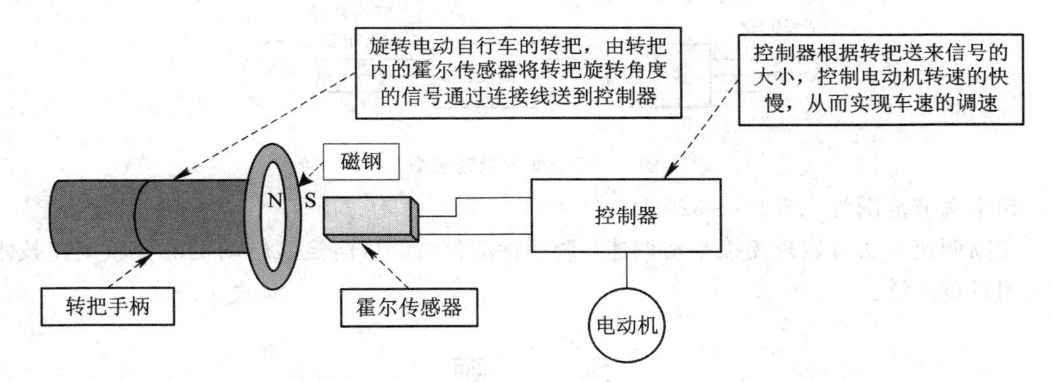

图 3-34 电动自行车调速原理

电动自行车调速转把里有一个感应磁力线大小的线性霍尔传感器，转把里还有一块磁铁，转把转动，磁铁也跟着转动，霍尔传感器感应到磁力信号就给控制器发出信号，转动调速手柄可以让控制器检测到不同的电压值，控制器根据电压值的大小进行 PWM 脉宽调制，从而控制功率管导通、关闭的比例，以控制电机转速的大小。

3.4.2 三相异步电动机的变频调速

调速就是在同一负载下得到不同的转速，以满足生成过程的要求。例如，各种切削机床的主轴运动随着工件与刀具的材料、工件直径、加工工艺及走刀量等不同，要求有不同的转速。如果采用电气调速，就可以大大简化机械变速结构。

异步电动机的转速为

$$n = (1-s)n_0 = (1-s)\frac{60f_1}{p}$$

由上式可知，改变电动机的转速可以通过改变电源频率 f_1、极对数 p 和转差率 s 三种方法来实现。本节讨论三相异步电动机的变频调速。

目前采用的变频调速装置如图 3-35 所示，它由整流器和逆变器两大部分组成。整流器先将频率为 50 Hz 的三相交流电变换为直流电，再由逆变器变换为频率 f_1 可调、电压有效值 U_1 也可调的三相交流电，供给三相笼型电动机。由此可得到电动机的无级调速，并具有硬的机械特性。通常有下列两种变频调速方式：

（1）当 $f_1 < f_{1N}$，即低于额定转速调速时，应保持$\frac{U_1}{f_1}$近于不变，也就是 U_1 和 f_1 两者要成比例同时调节。由 $U_1 \approx 4.44 f_1 N_1 \Phi$ 和 $T = K_T \Phi I_2 \cos\varphi_2$ 两式可知，这时磁通 Φ 和转矩 T 也都近似不变，这是恒转矩调速；

当把转速调低时，$U_1 = U_{1N}$保持不变，此时减小 f_1，磁通 Φ 将增加，会使磁路饱和，导致电动机过热，这是不允许的。

（2）当 $f_1 > f_{1N}$，即高于额定转速调速时，应保持 $U_1 \approx U_{1N}$。这时磁通 Φ 和转矩 T 都将减小，转速增大，转矩减小，使功率近于不变，这是恒功率调速。

如果调高转速时$\frac{U_1}{f_1}$不变，在增加 f_1 的同时 U_1 也要增加，U_1 超过额定电压也是不允许的。

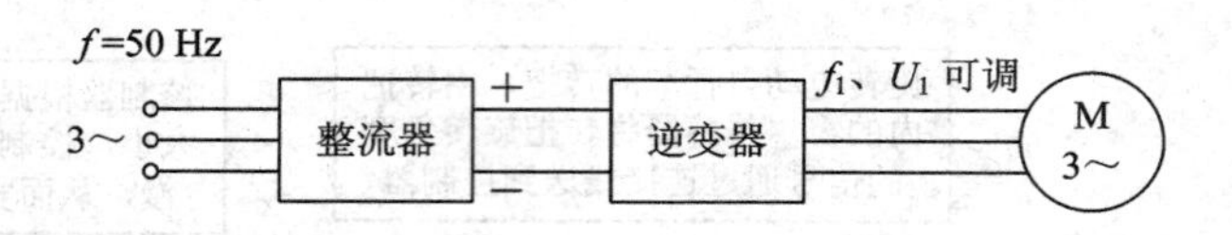

图 3-35　变频调速装置

频率调节范围为 0.5 Hz～320 Hz。

变频调速方法可实现无级平滑调速，调速性能优异。目前笼型电动机的变频调速技术的应用日益广泛。

习　　题

3-1　当直流铁芯线圈匝数 N 增加一倍时，磁通 Φ 将(　　)，磁感应强度 B 将(　　)。

A. 增大　　　　B. 减小　　　　C. 不变

3-2　一个负载 R_L 经理想变压器接到信号源上，已知信号源的内阻 $R_0 = 800\ \Omega$，变压器的变比 $K = 10$。若该负载折算到一次侧的阻值 R'_L正好与 R_0 达到阻抗匹配，则可知负载 R_L(　　)。

A. 增大　　　　B. 减小　　　　C. 不变

3-3　某一 50 Hz 的三相异步电动机的转速为 975 r/min，其转差率为(　　)。

A. 3.3%　　　　B. 2.5%　　　　C. 4.8%

3-4　三相异步电动机转子的转速总是(　　)。

A. 与旋转磁场的转速相等

B. 与旋转磁场的转速无关

C. 低于旋转磁场的转速

3-5　三相异步电动机在额定负载转矩下运行时，如果电源降低，则转速(　　)。

A. 增高　　　　　　　　B. 降低　　　　　　　　C. 不变

3－6　有一交流铁芯线圈接在 $f=50$ Hz 的正弦交流电源上，在铁芯中得到磁通的最大值为 $\Phi_m=2.25\times10^{-3}$ Wb。在此铁芯上再绕一个线圈，其匝数为 200。当此线圈开路时，求其两端电压。

3－7　有一单相照明变压器，容量为 10 kV·A，电压为 3300/220 V。今欲在二次绕组接上 60 W/220 V 的白炽灯，如果要变压器在额定情况下运行，这种电灯可接多少个？求一次、二次绕组的额定电流。

3－8　在图 3－11 中，将 $R_L=8$ Ω 的扬声器接在输出变压器的二次绕组，已知 $N_1=300$，$N_2=100$，信号源电动势 $E=100$ V，内阻 $R_0=100$ Ω，试求信号源输出的功率。

3－9　一个信号源的电压 $U_S=40$ V，内阻 $R_0=200$ Ω，通过理想变压器接 $R_L=8$ Ω 的负载。为使负载电阻换算到一次侧的阻值，以达到阻抗匹配，求变压器的变比 K。

3－10　有一电源变压器，一次绕组匝数为 550，通 220 V 电压。二次绕组有两个，一个接电压 36 V，负载 36 W；一个接电压 12 V，负载 24 W。两个都是纯电阻负载，试求一次侧电流 I_1 和两个二次绕组的匝数。

3－11　如何使三相异步电动机反转？

3－12　三相异步电动机在正常运行时，如果转子突然被卡住而不能转动，试问这时电动机的电流有何改变？对电动机有何影响？

3－13　什么是步进电机的步距角？什么是单三拍、六拍和双三拍？

3－14　在工频 $f_1=60$ Hz，求极对数 $p=1$ 和 $p=2$ 时三相异步电动机的磁场转速 n_0 分别是多少。

3－15　某 50 Hz 的三相异步电动机的额定转速为 2890 r/min，求其转差率 s。

3－16　Y180L－6 型电动机的额定功率为 15 kW，额定转速为 970 r/min，频率为 50 Hz，最大转矩为 295.36 N·m。试求电动机的过载系数 λ。

3－17　某三相异步电动机的电源频率为 50 Hz，线电压为 380 V，当电动机输出转矩为 40 N·m 时，测得其输入功率为 5 kW，线电流为 11 A，转速为 950 r/min。试求电动机的极对数、此时的功率因数、效率和转子电流频率。

第4章 继电器控制系统

对电动机或其它电气设备的启动、停止、正反转、调速、制动、顺序运行，较多采用继电器、接触器及按钮等控制电器实现自动控制，这种控制系统一般称为继电器控制系统。

4.1 常用控制电器

4.1.1 组合开关

组合开关也称转换开关，常用于机床控制电路的电源开关，也用于小容量电动机的起停控制或照明线路的开关控制。

组合开关种类有很多，常用的有单极、双极、三极和四极等，额定电流有 10 A、25 A、60 A 和 100 A 等多种。常用的三极开关有三对静触片，每一极有一对静触片与盒外接线柱相接，动触片受手柄控制可以转动，以达到线路的通断控制。如图 4-1 所示，用组合开关启动和停止异步电动机的接线图。

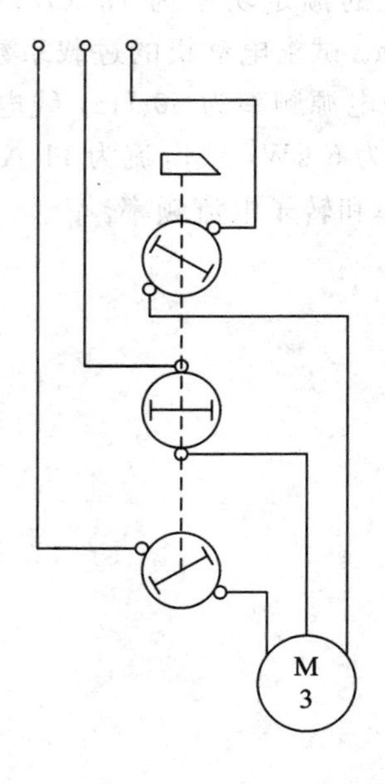

图 4-1 用组合开关启停电动机的接线图

4.1.2 按钮

按钮通常用于接通或断开控制电路，从而控制电动机或其它电气设备的运行。

原来就接通的触点为动断触点或常闭触点，如表 4－1 的触点 1、2；原来就断开的触点称为动合触点或常开触点，如表 4－1 的触点 3、4。

表 4－1　按钮结构和符号

结构	符号	名称
1 2	SB	常闭按钮 （停止按钮）
3 4	SB	常开按钮 （启动按钮）
1 2 3 4	SB	复合按钮

4.1.3 交流接触器

交流接触器是用于频繁地接通和断开大电流电路的开关电器。交流接触器主要由电磁铁和触点两部分组成，它利用电磁铁的吸引力而动作，原理结构图如图 4－2 所示。

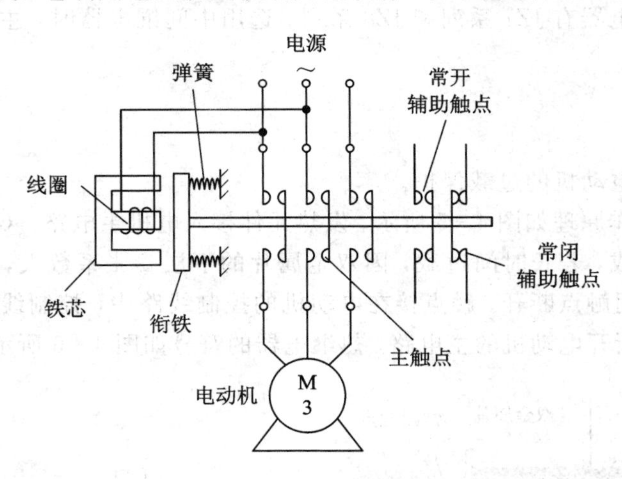

图 4－2　交流接触器的原理结构图

根据用途不同，接触器的触点分主触点和辅助触点两种。主触点接在电动机主电路中，能通过较大的电流，主触点断开时，会产生电弧，必须采取灭弧装置。辅助触点用于控制电路流过的小电流，无需加灭弧装置，常用于控制电路中。交流接触器常用符号如图 4－3 所示。

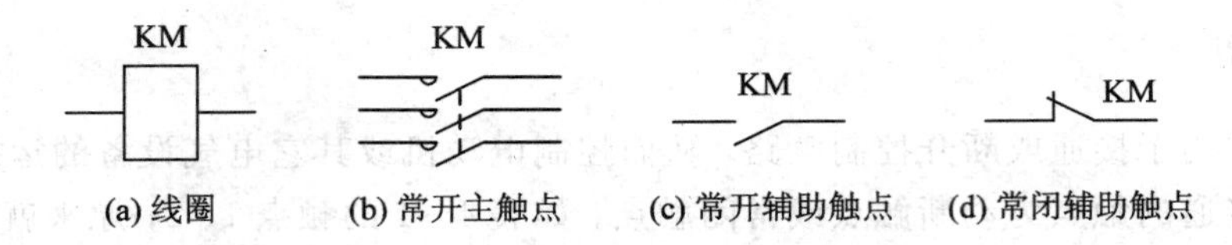

图 4－3　交流接触器常用符号

常用的交流接触器有 CJ10、CJ12、CJ20 和 3TB 等系列，接触器技术指标包括额定工作电压、电流、触点数目等。如 CJ10 系列主触点的额定电流有 5 A、10 A、20 A、40 A、75 A、120 A 等数种，额定工作电压通常是 220 V 或 380 V。

4.1.4　中间继电器

中间继电器通常用于传递信号和同时控制多个电路，也可直接用它来控制小容量电动机或其它电气执行元件。中间继电器触头容量小，触点数目多，用于控制线路。其外形和符号如图 4－4 所示。

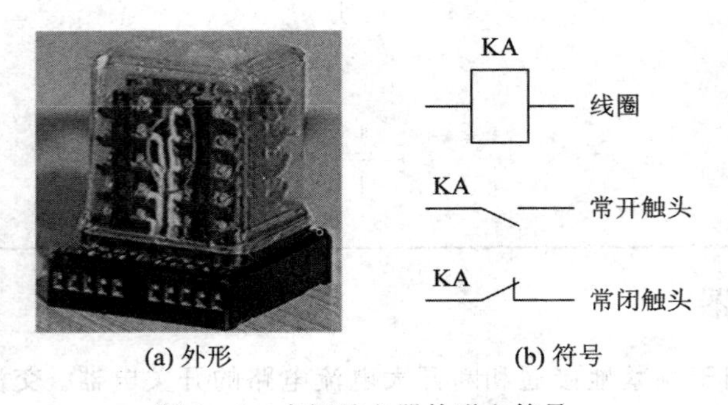

图 4－4　中间继电器外形和符号

常用的中间继电器有 JZ7 系列和 JZ8 系列。选用中间继电器时，主要考虑电压等级和触点数量。

4.1.5　热继电器

热继电器用于电动机的过载保护。

热继电器的工作原理如图 4－5 所示。发热元件接入电机主电路，双金属片由不同膨胀系数的金属碾压而成，若长时间过载，因双金属片的下层膨胀系数大，使其向上弯曲，杠杆被弹簧拉回，常闭触点断开。触点接在电动机的控制线路中，控制线路断开而使接触器的线圈断电，从而断开电动机的主电路。热继电器的符号如图 4－6 所示。

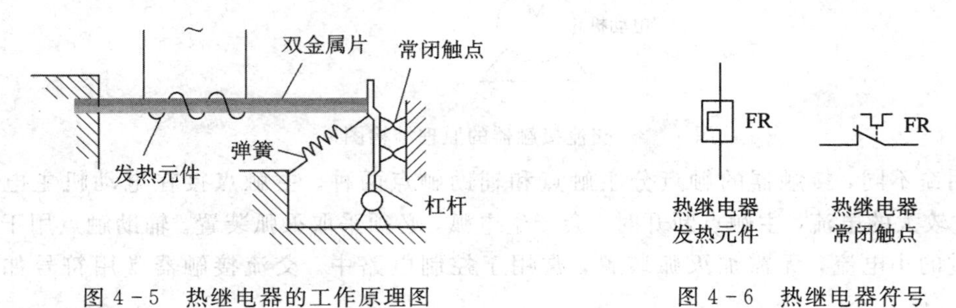

图 4－5　热继电器的工作原理图

图 4－6　热继电器符号

通常用的热继电器有JR20、JR15和引进的JRS等系列。热继电器的主要技术书数据是整定电流，就是热元件中通过的电流超过此值20%时，热继电器应当在20 min内动作。

4.1.6 熔断器

熔断器是最简便且有效的短路保护电器。常用的熔断器有插入式熔断器、螺旋式熔断器、管式熔断器和有填料式熔断器。一旦发生短路或严重过载时，熔断器中的熔丝或熔片应立即熔断。熔断器的符号如图4-7所示。

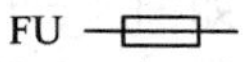

FU

图4-7 熔断器符号

熔断器额定电流 I_F 的选择方法：

（1）电灯、电炉等电阻性负载：

$$额定电流 > 支线上所有电阻性负载的工作电流$$

（2）单台电动机：

$$额定电流 \geqslant \frac{电动机的启动电流}{2.5}$$

（3）频繁启动的电动机：

$$额定电流 \geqslant \frac{电动机的启动电流}{1.6 \sim 2}$$

4.1.7 空气断路器

空气断路器也称为自动空气开关，是常用的一种低压保护电器，可实现短路、过载和失压保护。图4-8为空气断路器的原理图，主触点通常是由手动的操作机构来闭合，当主触点闭合后就被锁钩锁住。如果电路中发生故障，脱扣机构就在脱扣器的作用下将锁钩脱开，主触点在释放弹簧的作用下迅速分断。脱扣器有过流脱扣器和欠压脱扣器等，它们都是电磁铁。正常情况下，过流脱扣器是释放着的，一旦发生严重过载或短路故障时，与主电路串联的线圈就将产生较强的电磁吸力把衔铁往下吸而顶开锁钩，使主触点断开。欠压脱扣器工作恰恰相反，在电压正常时，吸住衔铁，主触点得以闭合；一旦电压严重下降或断电时，衔铁释放使主触点断开。当电源电压恢复正常时，必须重新合闸后才能工作，实现了失压保护。

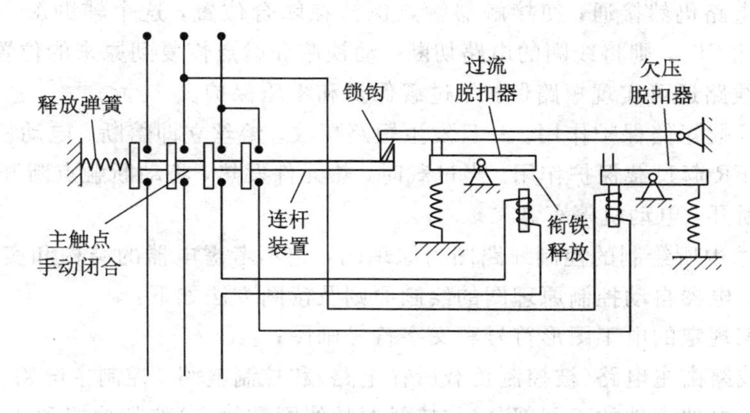

图4-8 空气断路器原理图

4.2 继电器基本控制方法

4.2.1 直接启动控制

如图 4-9 所示是中、小容量笼型电动机直接启动的控制线路，包含组合开关 Q、交流接触器 KM、按钮 SB、热继电器 FR 及熔断器 FU 等电器。

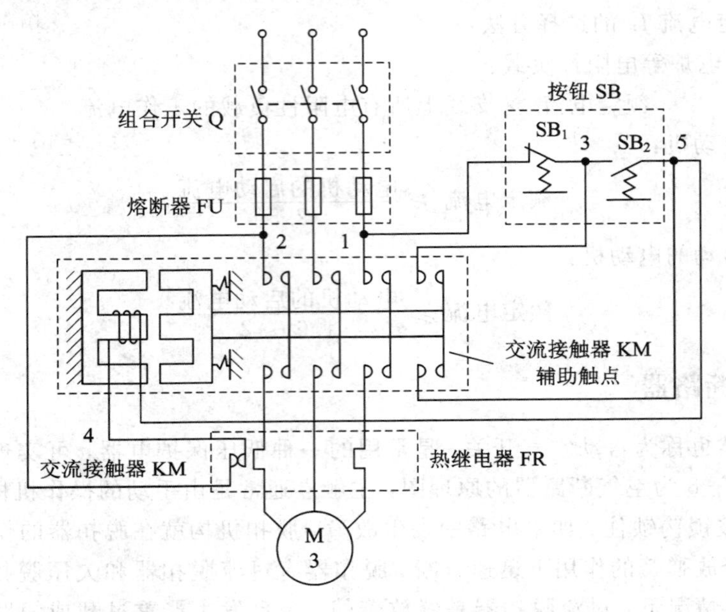

图 4-9 电动机直接启动控制线路

先将组合开关 Q 闭合，为电动机启动做准备。当按下启动按钮 SB_2 时，交流接触器 KM 的线圈通电，动铁芯被吸合将三个主触点闭合，电动机 M 启动。当松开 SB_2 时，它在弹簧的作用下恢复到断开位置。由于与启动按钮并联的辅助触点和主触点同时闭合，因此接触器线圈的电路仍然接通，使接触器触点保持在闭合位置，这个辅助触点为自锁触点。如按下停止按钮 SB_1，则将线圈的电路切断，动铁芯和触点恢复到原来的位置。

上述控制线路还可实现短路保护、过载保护和零压保护。

熔断器 FU 起短路保护作用。一旦发生短路事故，熔丝立即熔断，电动机立即停车。

热继电器 FR 起过载保护作用。当过载时，热元件发热，将动断触点断开，接触器线圈断电，主触点断开，电动机停车。

在电工技术中所绘制的控制线路图为原理图，它不考虑电器的结构和实际位置，突出的是电气原理。电器自动控制原理图的绘制原则及读图方法如下：

(1) 按国家规定的电工图形符号和文字符号画图；

(2) 控制线路由主电路(被控制负载所在电路)和控制电路 (控制主电路状态)组成；

(3) 属同一电器元件的不同部分(如接触器的线圈和触点)按其功能和所接电路的不同分别画在不同的电路中，但必须标注相同的文字符号；

(4) 所有电器的图形符号均按无电压、无外力作用下的正常状态画出，即按通电前的状态绘制；

(5) 与电路无关的部件(如铁芯、支架、弹簧等) 在控制电路中不画出。

把图 4－9 画成原理图，如图 4－10 所示。图中虚线左边部分为主电路，右边为控制电路，可以通过小功率的控制电路控制功率较大的电动机。

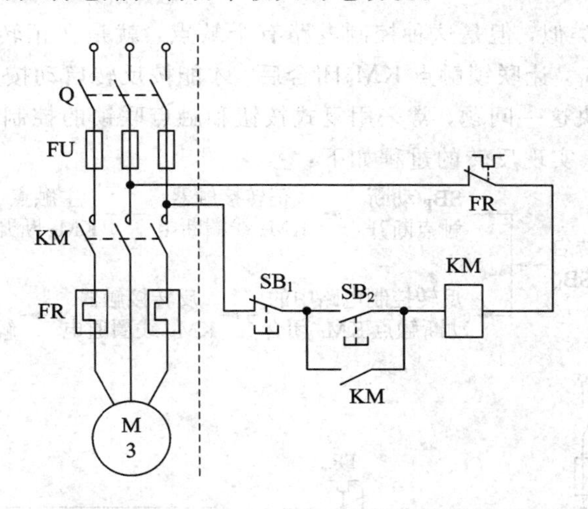

图 4－10　电动机直接启动电气控制原理图

启动过程：

合上开关 Q → 按下启动按钮 SB_2 → KM 线圈通电 → KM 主触点闭合 → 电动机运转 → KM 辅助触点闭合自锁 → 松开启动按钮 SB_2

停车过程：

按下停止按钮 SB_1 → KM 线圈断电 → KM 主触点断开 → 电动机停转 → KM 辅助触点断开 → 取消自锁

如果将图 4－10 中的自锁触点 KM 去除，可对电动机实现电动控制 SB_2，即一按下启动按钮，电动机就转动，一松手就停止。

4.2.2　正反转控制

在生产中往往需要电动机的正反转，比如起重机的提升和下降。上一章我们学到，将电动机接到电源的任意两根线对调一下，即可实现电动机的反转。为此，需要用两个接触器来实现这一要求，如图 4－11 所示。当正转接触器 KM_F 工作时，电动机正转；当反转接触器 KM_R 工作时，电源的两根连线对调，电动机反转。

如果两个接触器同时工作，从图 4－11 可以看出，有两根电源线通过主触点将电源短路。所以，正、反转控制线路要保证两个接触器不能同时工作。这种在同一时间里两个接触器只允许一个工作的控制作用称为互锁或联锁。

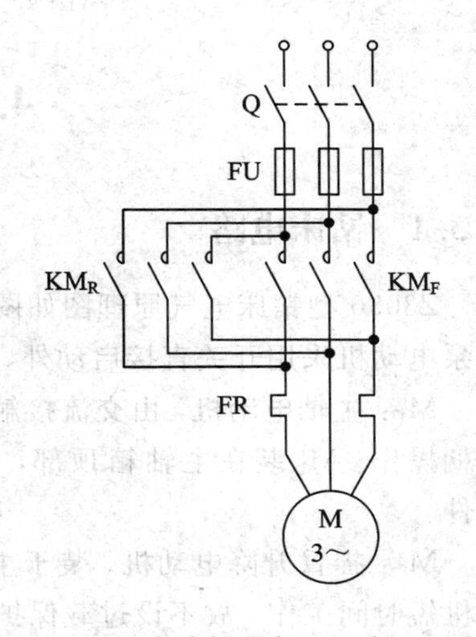

图 4－11　两个接触器实现电动机正反转

如图 4－12(a)控制线路，正转启动过程如下：

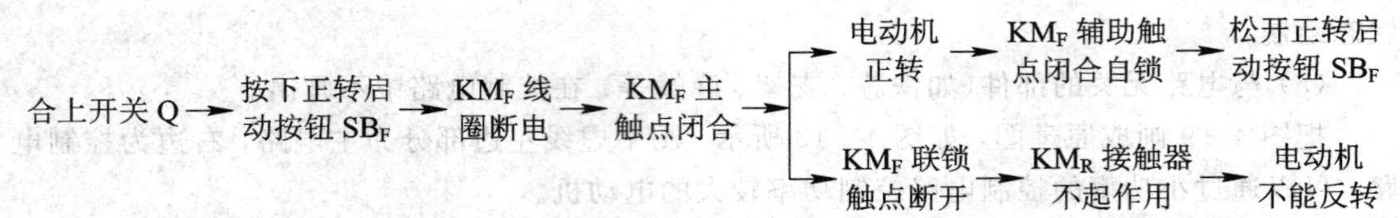

反转的启动过程类似，但是这种控制电路有个缺点，就是在正转过程中要求反转，必须先按下停止按钮SB_1，让联锁触点KM_F闭合后，才能按反转启动按钮SB_R使电动机反转，操作上不方便。为解决这一问题，常采用复式按钮和触点联锁的控制电路，如图4-12(b)所示，电动机正转时，实现反转的过程如下：

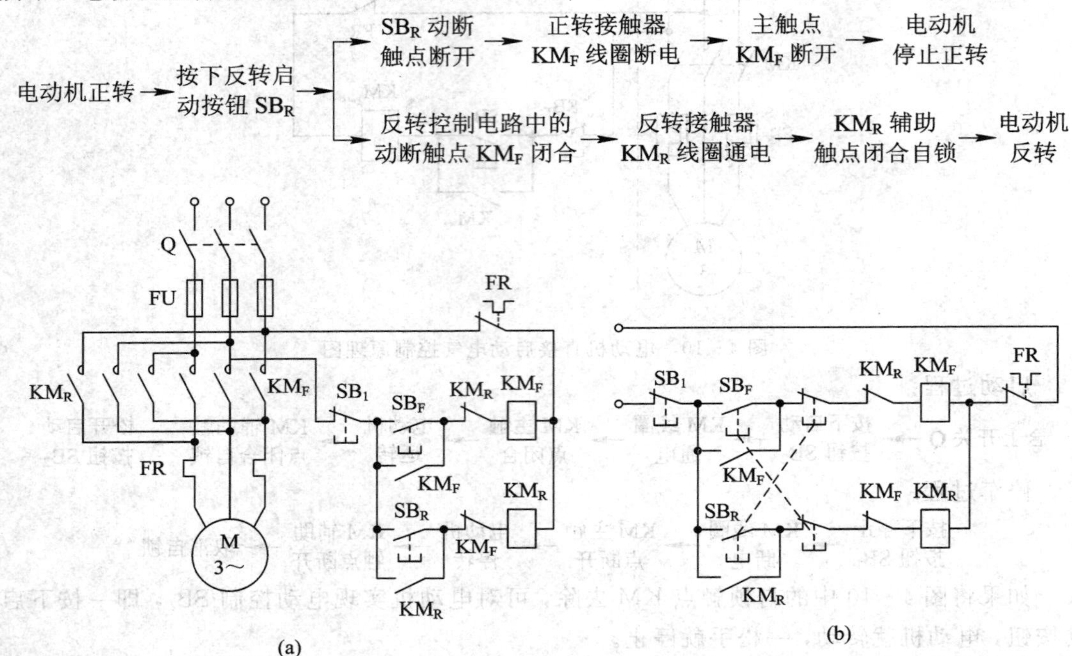

图4-12　笼型电动机正反转控制线路

4.3 应用实例

4.3.1 钻床电路

Z3050型钻床电气原理图如图4-13所示。Z3050型摇臂钻床共有4台电动机，除冷却泵电动机采用开关直接启动外，其余3台异步电动机均采用接触器直接启动。

M_1：主轴电动机，由交流接触器KM_1控制，只要求单方向旋转，主轴的正反转由机械手柄操作。M_1装在主轴箱顶部，带动主轴及进给传动系统，热继电器FR_1是过载保护元件。

M_2：摇臂升降电动机，装于主轴顶部，用接触器KM_2和KM_3控制正反转。因为该电动机短时间工作，故不设过载保护电器。

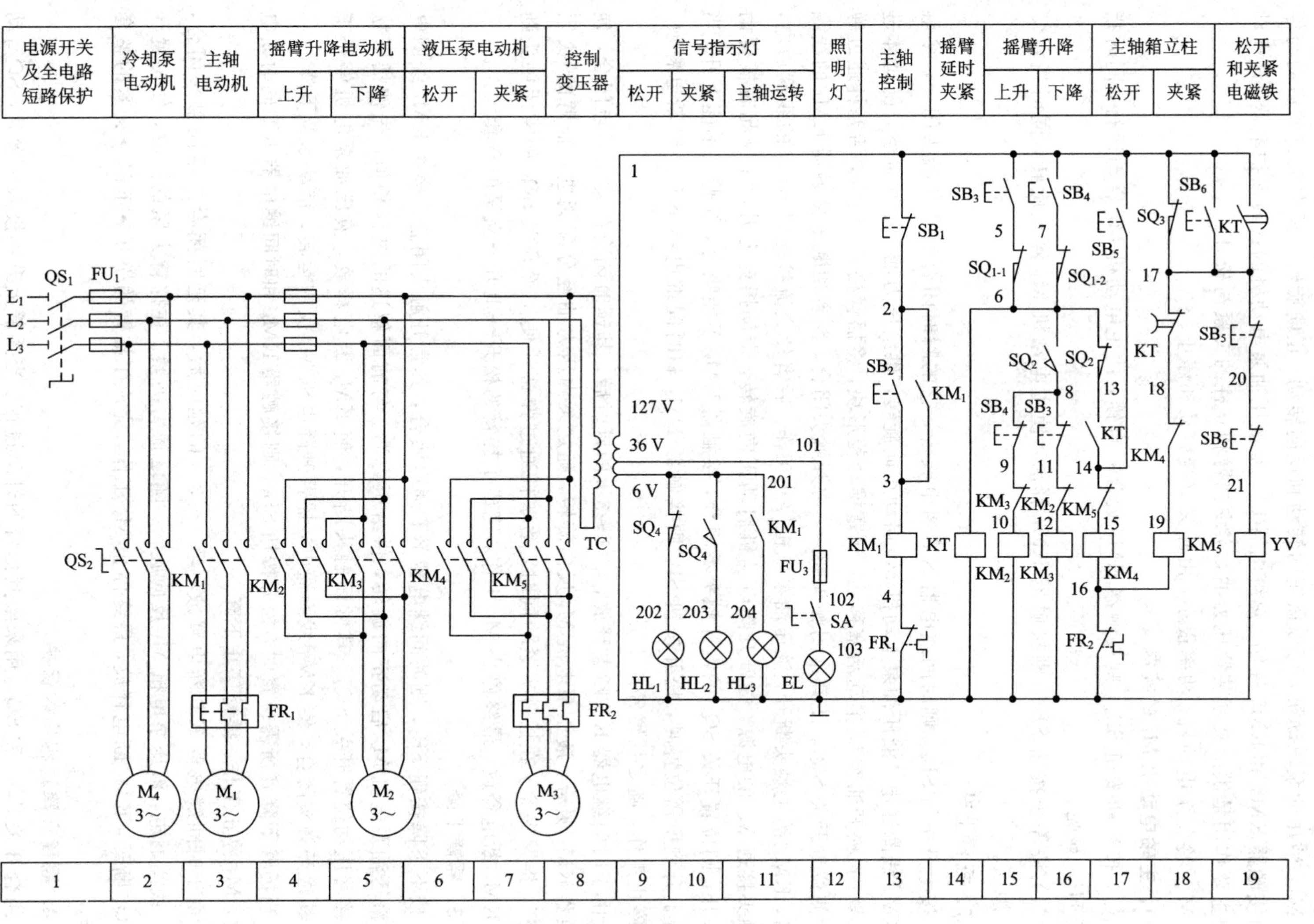

图 4-13 Z3050 型钻床电气原理图

M_3：液压油泵电动机，可以做正向转动和反向转动。正向旋转和反向旋转的启动与停止由接触器 KM4 和 KM5 控制。热继电器 FR_2 是液压油泵电动机的过载保护电器。该电动机的主要作用是供给夹紧装置压力油，实现摇臂和立柱的夹紧与松开。

M_4：冷却泵电动机，功率很小，由开关直接启动和停止。

1. 主轴电动机 M_1 的控制

(1) 按启动按钮 SB_3，则接触器 KM_1 吸合并自锁，使主电动机 M_1 启动运行，同时指示灯 HL_2 显亮。

(2) 按停止按钮 SB_2，则接触器 KM_1 释放，使主电动机 M_1 停止旋转，同时指示灯 HL_2 熄灭。

2. 摇臂上升

按上升按钮 SB_4，则时间继电器 KT 通电吸合，它的瞬时闭合的常开触头闭合，接触器 KM_4 线圈通电，液压油泵电动机 M_3 启动正向旋转，供给压力油。压力油经分配阀体进入摇臂的"松开油腔"，推动活塞移动，活塞推动菱形块，将摇臂松开。同时，活塞杆通过弹簧片使位置开关 SQ_2，使其常闭触头断开，常开触头闭合。前者切断了接触器 KM_4 的线圈电路，KM_4 的主触头断开，液压油泵电机停止工作。后者使交流接触器 KM_2 的线圈通电，主触头接通 M_2 的电源，摇臂升降电动机启动正向旋转，带动摇臂上升，如果此时摇臂尚未松开，则位置开关 SQ_2 的常开触头不闭合，接触器 KM_2 不能吸合，摇臂就不能上升。当摇臂上升到所需位置时，松开按钮 SB_4 则接触器 KM_2 和时间继电器 KT 同时断电释放，M_2 停止工作，随之摇臂停止上升。

由于时间继电器 KT 断电释放，经 1～3 s 的延时后，其延时闭合的常闭触点闭合，使接触器 KM_5 吸合，液压泵电机 M_3 反向旋转，随之泵内压力油经分配阀进入摇臂的"夹紧油腔"，摇臂夹紧。在摇臂夹紧的同时，活塞杆通过弹簧片使位置开关 SQ_3 的常闭触头断开，KM_5 断电释放，最终停止 M_3 工作，完成了摇臂的松开→上升→夹紧的整套动作。

3. 摇臂下降

按下下降按钮 SB_5，则时间继电器 KT 通电吸合，其常开触头闭合，接通 KM_4 线圈电源，液压油泵电机 M_3 启动正向旋转，供给压力油。与前面叙述的过程相似，先使摇臂松开，接着压动位置开关 SQ_2。其常闭触头断开，使 KM_4 断电释放，液压油泵电机停止工作；其常开触头闭合，使 KM_3 线圈通电，摇臂升降电机 M_2 反向运转，带动摇臂下降。

当摇臂下降到所需位置时，松开按钮 SB_5，则接触器 KM_3 和时间继电器 KT 同时断电释放，M_2 停止工作，摇臂停止下降。

由于时间继电器 KT 断电释放，经 1～3 s 的延时后，其延时闭合的常闭触头闭合，KM_5 线圈通电，液压泵电机 M_3 反向旋转，随之摇臂夹紧。在摇臂夹紧的同时，使位置开关 SQ_3 断开，KM_5 断电释放，最终停止 M_3 工作，完成了摇臂的松开→下降→夹紧的整套动作。

4. 摇臂升降过程中的保护

组合开关 SQ_{1-1} 和 SQ_{1-2} 用来限制摇臂的升降过程。当摇臂上升到极限位置时，SQ_{1-1} 动作，接触器 KM_2 断电释放，M_2 停止运行，摇臂停止上升；当摇臂下降到极限位置时，SQ_{1-2} 动作，接触器 KM_3 断电释放，M_2 停止运行，摇臂停止下降。

5. 冷却泵的启动和停止

合上或断开开关 QF_2，就可接通或切断电源，实现冷却泵电动机 M_4 的启动和停止。

4.3.2 普通车床电路

普通车床控制线路如图 4－14 所示，控制原理和动作顺序如下：

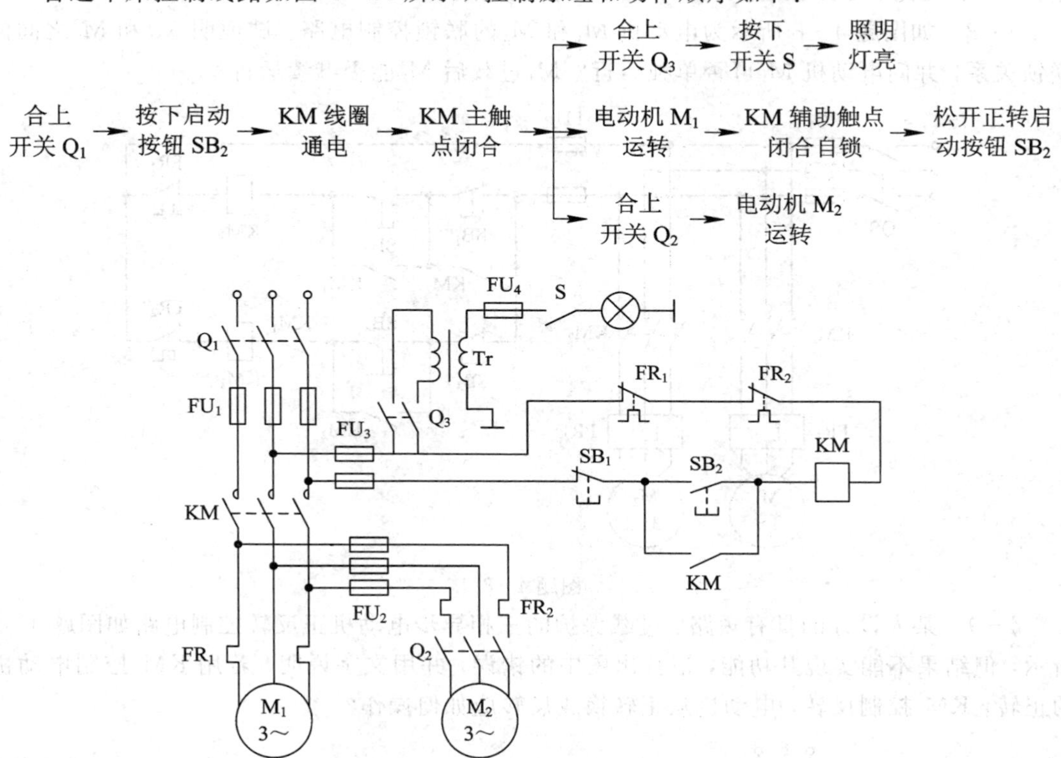

图 4－14　普通车床控制线路

习　题

4－1　在电动机的继电器接触器控制电路中，熔断器的功能是实现(　　)。

A. 零压保护　　B. 短路保护　　C. 过载保护

4－2　在电动机的继电器接触器控制电路中，热继电器的功能是实现(　　)。

A. 短路保护　　B. 零压保护　　C. 过载保护

4－3　选择一台三相异步电动机的熔断器时，熔断器的额定电流(　　)。

A. 等于电动机的额定电流

B. 等于电动机的启动电流

C. 大致等于(电动机的启动电流)/2.5

4－4　什么是零压保护？用闸刀开关启动和停止电动机时有无零压保护？

4－5　为什么热继电器不能用作短路保护？为什么在三相主电路中只用两个热元件就可以保护电动机？

4－6　试画出三台电动机顺序启动的控制电路(不画主电路)。其控制要求是：(1) M_1 启动后 M_2 才能启动；M_2 启动后 M_3 才能启动；(2) 能分别停转和同时停转。

4－7　某机床主轴由一台笼型电动机带动，润滑油泵由另一台笼型电动机带动。要求：(1) 主轴必须在油泵开动后，才能开动；(2) 主轴要求能用电器实现正反转，并能单独停车；(3) 有短路、零压及过载保护。试绘出控制线路。

4－8　如图题 4－8 所示为电动机 M_1 和 M_2 的联锁控制电路。试说明 M_1 和 M_2 之间的联锁关系，并问电动机 M_1 可否单独运行？M_1 过载后 M_2 能否继续运行？

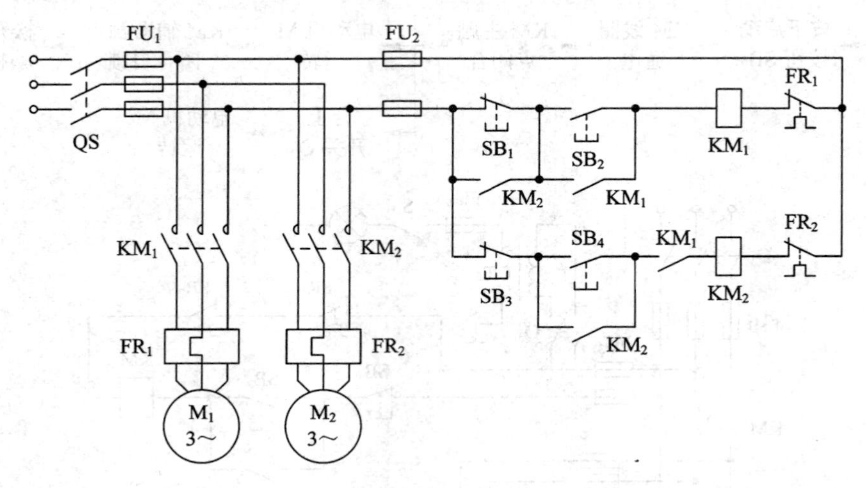

图题 4－8

4－9　某人设计的具有短路、过载保护的三相异步电动机正反转控制电路如图题 4－9 所示，但结果不能实现其功能，请找出图中的错误，并用文字说明。若用 KM_1 控制电动机的正转，KM_2 控制反转，电动机从正转换成反转应如何操作？

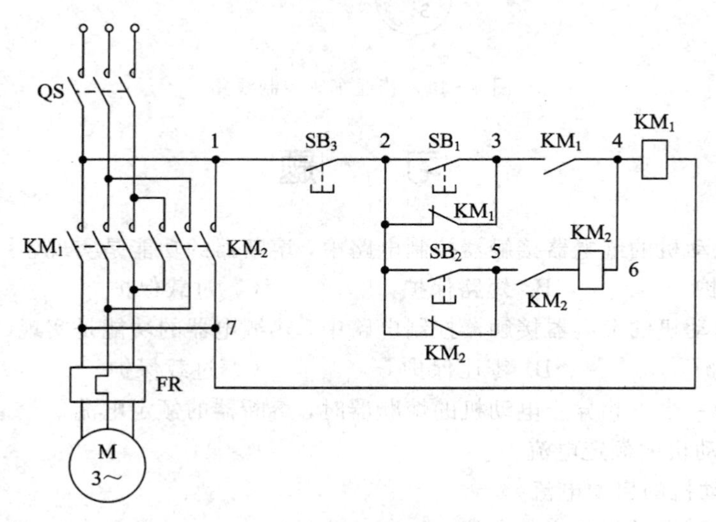

图题 4－9

4－10　如图题 4－10 所示电路中 KM_1、KM_2 和 KM_3 分别控制电动机 M_1、M_2 和 M_3，试说明其控制功能，并画出主电路。

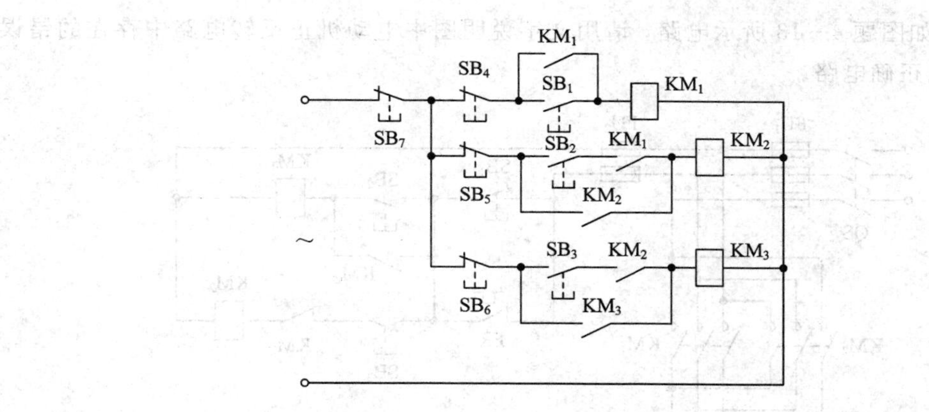

图题 4-10

4-11　如图题 4-11 所示电路为一个不完整的三相异步电动机 M_1、M_2顺序起停的控制电路，其控制要求是：M_1可以单独运行，M_1运行后才能启动 M_2；停车时，要先停 M_2才能停 M_1。请将电路填补完整，并注明图中文字符号所代表的元器件名称。

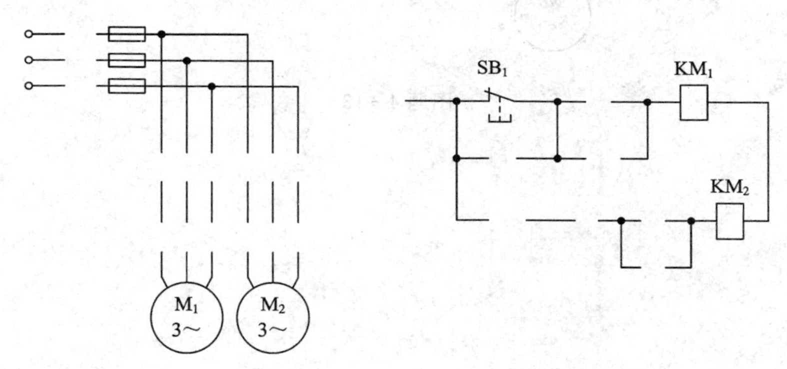

图题 4-11

4-12　如图题 4-12 所示电路，是具有过载、短路、失压保护，可在三处启停的三相异步电动机控制电路，图中有错误。请说明图中的错误之处，并画出正确的控制电路。

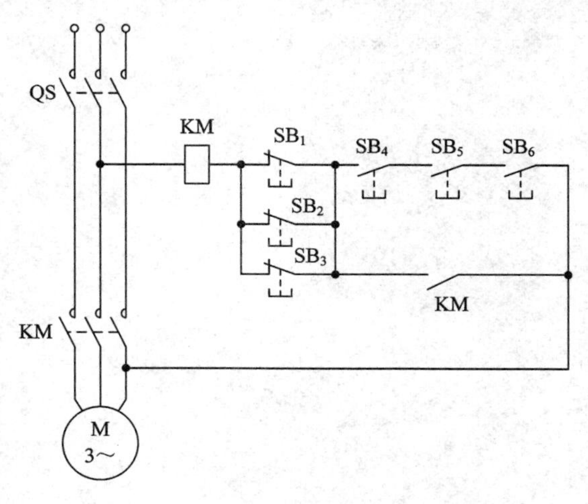

图题 4-12

4－13　如图题 4－13 所示电路，请用文字说明图中电动机正反转电路中存在的错误之处，并画出正确电路。

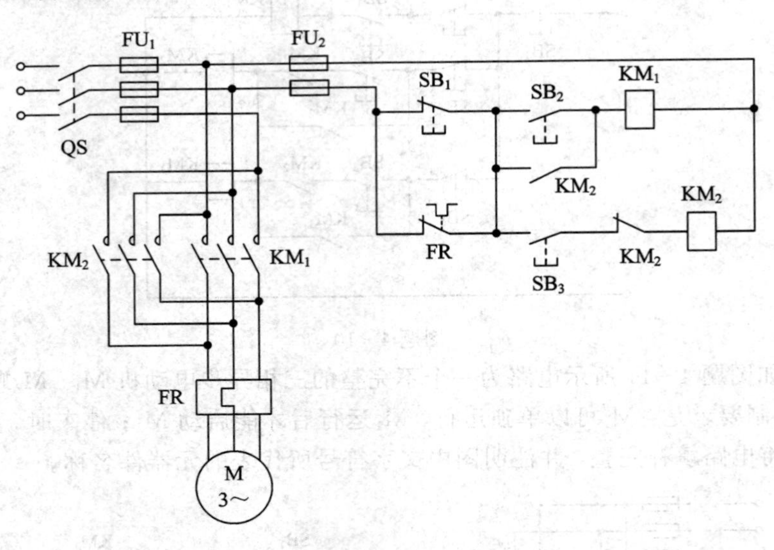

图题 4－13

第 5 章　常用电子元器件

要学习和掌握电子技术，首先必须了解组成电路的各种元器件。常用电子元器件主要有半导体二极管、半导体三极管、场效应管以及一些集成器件，本章将对二极管、三极管及场效应管的外部特性、参数指标以及使用方法进行重点介绍。

5.1　普通半导体二极管

5.1.1　结构类型及符号

有一种物质，其导电性能介于导体和绝缘体之间，如硅、锗、砷化镓等，当这些物质原有特征未改变时被称为本征半导体。它们的导电能力都很弱，并与环境温度、光强有很大关系。当掺入少量其它元素(如硼、磷等)后，就形成了杂质半导体，其导电能力会有很大提高。根据掺入元素的不同，杂质半导体可分 P 型和 N 型两种。P 型半导体和 N 型半导体结合后，在它们之间会形成一块导电能力极弱的区域，称为 PN 结。这个 PN 结有一个非常重要的性质，即单向导电性。大体来讲，当 PN 结正向偏置(给半导体器件加电压通常称为偏置)，即 P 型半导体接电源的正极或高电位，N 型半导体接电源的负极或低电位时，PN 结变薄，流过的电流较大，呈导通状态；当 PN 结反向偏置，即 P 型半导体接电源的负极或低电位，N 型半导体接电源的正极或高电位时，PN 结变厚，流过的电流很小，呈截止状态。

基于 PN 结，生产出了半导体二极管，以后简称二极管，其结构符号如图 5－1 所示。可见，二极管有两个极，即 P 极(又称阳极)和 N 极(又称阴极)。由于极间具有电容效应，为便于不同的应用，二极管有点接触型和面接触型两类。点接触型的电容效应弱，工作电流小，如 2AP1 的最高工作频率为 150 MHz，最大整流电流为 16 mA；面接触型的电容效应强，工作电流大，如 2CP1 的最高工作频率为 3 kHz，最大整流电流为 400 mA。

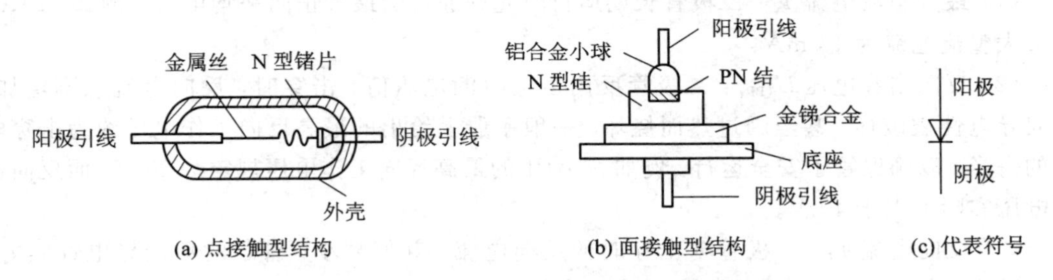

图 5－1　半导体二极管的结构符号

5.1.2　伏安特性

二极管的伏安特性如图 5－2 所示，其物理方程可表示为

$$i = I_S(e^{\frac{u}{U_T}} - 1) \tag{5-1}$$

其中：u 和 i 分别为二极管的端电压和流过的电流；I_S为二极管的反向饱和电流；U_T为绝对温度 T 下的电压当量，常温下，即 $T=300$ K 时，$U_T \approx 26$ mV。下面分正向和反向两部分加以说明。

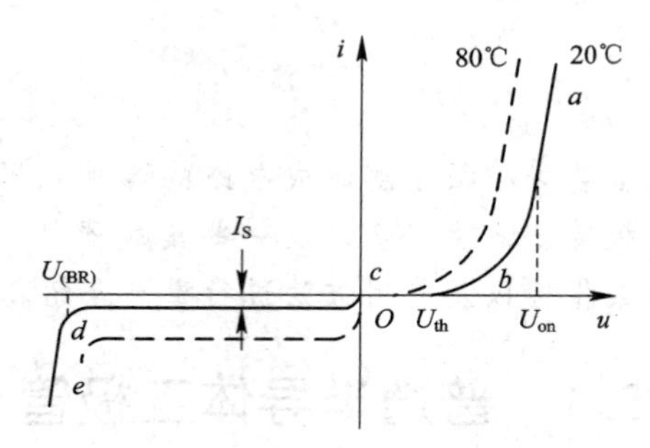

图 5-2　二极管的伏安特性

1. 正向特性

正向特性对应于图 5-2 中的 ab 段和 bc 段。

当二极管工作在 ab 段时，正向电压只有零点几伏，但电流相对来说很大，且随电压的改变有较大的变化，或者说管子的正向静态和动态电阻都很小，呈正向导通状态。此时的电压称导通电压，用 U_{on}表示，硅管的导通电压为 0.6 V 左右，锗管的导通电压为 0.2 V 左右。

当二极管工作在 bc 段时，电流几乎为零，管子相当于一个大电阻，呈正向截止状态，就像是一个门槛。硅管的门槛电压 U_{th}(又称开启电压或死区电压)约为 0.5 V，锗管的约为 0.1 V。

2. 反向特性

反向特性对应于图 5-2 中的 cd 段和 de 段。

当二极管工作在 cd 段时，反向电压增加，管子很快进入饱和状态，但反向饱和电流很小，管子相当于一个大电阻，呈反向截止状态。一般硅管的反向饱和电流 I_R要比锗管的小得多。当温度升高时，反向饱和电流会急剧增加。

当二极管工作在 de 段时，反向电流急剧增加，呈反向击穿状态。

5.1.3 主要参数

(1) 最大整流电流 I_F：二极管长期运行时允许通过的最大正向平均电流。例如，2AP1 的最大整流电流为 16 mA。

(2) 反向击穿电压 $U_{(BR)}$：二极管反向击穿时的电压值。击穿时，反向电流急剧增加，单向导电性被破坏，甚至因过热而烧坏。一般手册上给出的最高反向工作电压约为击穿电压的一半，以确保管子安全运行。例如，2AP1 的最高反向工作电压规定为 20 V，而反向击穿电压实际上大于 40 V。

(3) 反向电流 I_R：二极管未击穿时的反向电流。其值越小，管子的单向导电性越好。由于温度增加，反向电流急剧增加，因此在使用二极管时要注意温度的影响。

(4) 极间电容 C：二极管阳极与阴极之间的电容。其值越小，管子的频率特性越好。在高频运行时，必须考虑极间电容对电路的影响。

表 5-1 和表 5-2 列出了一些国产二极管的特性参数，以供参考。

表 5-1　2AP 检波二极管(点接触型锗管，常用于检波和小电流整流电路中)的特性参数

型号	最大整流电流/mA	最高反向工作电压(峰值)/V	反向击穿电压(反向电流为400 μA)/V	正向电流(正向电压为1 V)/mA	反向电流(反向电压分别为10 V、100 V)/μA	最高工作频率/MHz	极间电容/pF
2AP1	16	20	⩾40	⩾2.5	⩽250	150	⩽1
2AP7	12	100	⩾150	⩾5.0	⩽250	150	⩽1

表 5-2　1N 系列整流二极管(常用于整流电路中)的特性参数

型号	最大整流电流/mA	最高反向工作电压(峰值)/V	最高反向工作电压下的反向电流(125℃)/μA	最高工作频率/kHz	外型封装
1N4001	1000	50	5<	3	DO-41
1N4007	1000	1000	5<	3	DO-41
1N5404	3000	400	10<	3	DO-27
1N5408	3000	1000	10<	3	DO-27

5.2　特殊半导体二极管

5.2.1　稳压二极管

稳压二极管简称稳压管，是一种用硅材料和特殊工艺制造出来的面接触型二极管。它在反向击穿时，有一块工作区域端电压几乎不变，具有稳压特性。稳压管广泛用于稳压和限幅电路中。

1. 稳压管的伏安特性

稳压管的伏安特性及符号如图 5-3 所示。与普通二极管相比，稳压管在反向击穿时特性曲线更陡(几乎平行于纵轴)，且反向击穿是可逆的，即反向电流在一定的范围内管子就不会损坏。

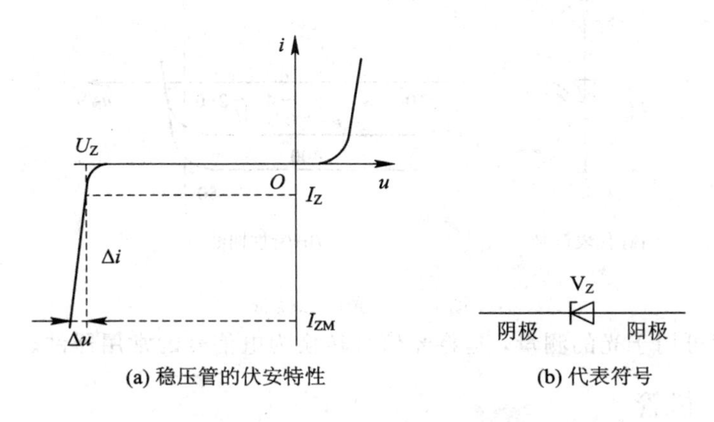

(a) 稳压管的伏安特性　　(b) 代表符号

图 5-3　稳压管的伏安特性及其符号

2. 稳压管的主要参数

（1）稳压电压 U_Z：在规定电流下稳压管的反向击穿电压。由于半导体器件参数的分散性，同一型号的稳压管的稳压电压 U_Z 存在一定差别。例如，型号为 2CW11 的稳压管的稳压电压为 3.2 V～4.5 V，但就某一只管子而言，U_Z应为确定值。

（2）稳定电流 I_Z：稳压管工作在稳定状态时的参考电流。电流低于此值时稳压效果变坏，甚至根本不稳压，故也常将 I_Z记作 I_{Zmin}。只要不超过稳压管的额定功率，电流愈大，稳压效果愈好。

（3）额定功耗 P_{ZM}：等于稳压管的稳压电压 U_Z与最大稳定电流 I_{ZM}（或记作 I_{Zmax}）的乘积。稳压管的功耗超过此值时，会因 PN 结温升过高而损坏。对于一只具体的稳压管，可以通过其 P_{ZM}值求出 I_{ZM}值。

（4）动态电阻 r_Z：稳压管工作在稳压区时，端电压变化量与其电流的变化量之比，即 $r_Z=\Delta U_Z/\Delta I$。r_Z愈小，电流变化时 U_Z的变化愈小，即稳压管的稳压特性愈好。对于不同型号的管子，r_Z不同，为几欧到几十欧；对于同一只管子，工作电流愈大，r_Z愈小。

（5）温度系数 α：温度每变化 1℃稳压值的变化量，即 $\alpha=\Delta U_Z/\Delta T$。稳压电压小于 4 V 的管子具有负温度系数，即温度升高时稳定电压值下降；稳压电压大于 7 V 的管子具有正温度系数，即温度升高时稳定电压值上升；而稳定电压在 4 V～7 V 之间的管子，温度系数非常小，近似为零。

由于稳压管的反向电流小于 I_{Zmin}时不稳压，大于 I_{Zmax}时会因超过额定功耗而损坏，所以在稳压管电路中必须串联一个电阻来限制电流，从而保证稳压管正常工作，故称这个电阻为限流电阻。只有在限流电阻取值合适时，稳压管才能安全地工作在稳压状态。

5.2.2 光电二极管

光电二极管的结构与 PN 结二极管的类似，但在它的 PN 结处，通过管壳上的一个玻璃窗口能接收外部的光照。这种器件的 PN 结在反向偏置状态下运行，它的反向电流随光照强度的增加而上升。图 5-4(a)是光电二极管的代表符号，图(b)是它的特性曲线。其主要特点是：它的反向电流与照度成正比，灵敏度的典型值为 0.1 μA/lx（微安/勒克斯）数量级。

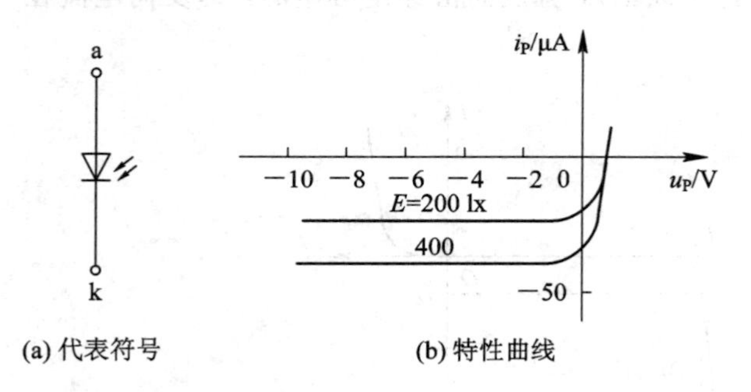

图 5-4 光电二极管

光电二极管可用于光的测量，是将光信号转换为电信号的常用器件。

5.2.3 发光二极管

发光二极管通常用元素周期表中Ⅲ、Ⅴ族元素的化合物，如砷化镓、磷化镓等制成。

当这种管子通以电流时将发出光来。光谱范围是比较窄的，其波长由所使用的基本材料而定。图 5－5 为发光二极管的代表符号。发光二极管常用来作为显示器件，除单个使用外，也常做成七段式或矩阵式器件，工作电流一般为几毫安至十几毫安，照明用发光二极管的工作电流可达数安。

图 5－5　发光二极管的代表符号

5.3　半导体三极管

半导体三极管(BJT)简称三极管，是通过一定的工艺，将两个 PN 结结合在一起的器件。由于 PN 结之间的相互影响，半导体三极管表现出不同于单个 PN 结的特性而具有电流控制作用，从而使 PN 结的应用发生了质的飞跃。三极管在电路中通常作为信号放大器或开关作用。

5.3.1　结构类型符号

三极管的种类很多，按频率可分为高频管、低频管，按功率可分为大、中、小功率管，按材料可分为硅管、锗管。常见的半导体三极管外形如图 5－6(a)所示，它有三个电极，分别叫作发射极 e、基极 b 和集电极 c。在发射极和基极之间形成的 PN 结叫发射结，在集电极和基极之间形成的 PN 结叫集电结。根据结构不同，三极管有 NPN 型和 PNP 型两种，符号分别如图 5－6(b)、(c)所示。

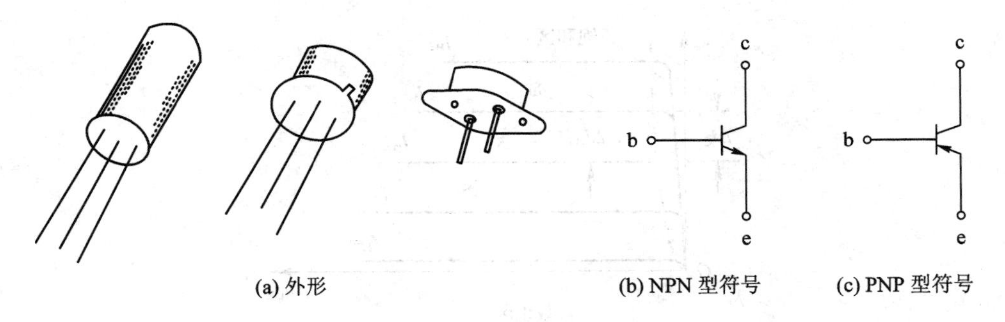

(a) 外形　(b) NPN 型符号　(c) PNP 型符号

图 5－6　三极管的外形及符号

5.3.2　特性曲线

三极管的特性曲线是指各电极电压与电流之间的关系曲线。由于三极管与二极管一样也是一个非线性元件，因此通常用它的特性曲线进行描述。但三极管有三个电极，它的特性曲线就不像二极管那样简单了。工程上常用的是在共发射极电路中的输入特性和输出特性曲线。

1. 输入特性

输入特性是指当集电极与发射极之间的电压 u_{CE} 为某一常数时，输入回路中加在三极管基极与发射极之间的电压 u_{BE} 与基极电流 i_B 之间的关系曲线，用函数关系表示为

$$i_B = f(u_{BE})\mid_{u_{CE}=\text{常数}} \tag{5-2}$$

图 5-7 是 NPN 型硅三极管的输入特性。图中仅给出了 $u_{CE}=1$ V、0.5 V 和 0 V 的三条输入特性。实际上，任一 u_{CE} 都有一条输入特性与之对应。当 u_{BE} 较小时，i_B 几乎为 0，这段常被称为死区，所对应的电压被称为死区电压(又称门槛电压)，用 U_{th} 表示，硅管的死区电压约为 0.5 V。在 $u_{BE}>0.5$ V 以后，i_B 增加越来越快。另外，随着 u_{CE} 的增加，曲线右移，u_{CE} 愈大，右移幅度愈小，$u_{CE}>1$ V 以后曲线基本重合。由于实际使用时，u_{CE} 总是大于 1 V，因此常将 $u_{CE}=1$ V 的输入特性曲线作为三极管电路的分析依据。

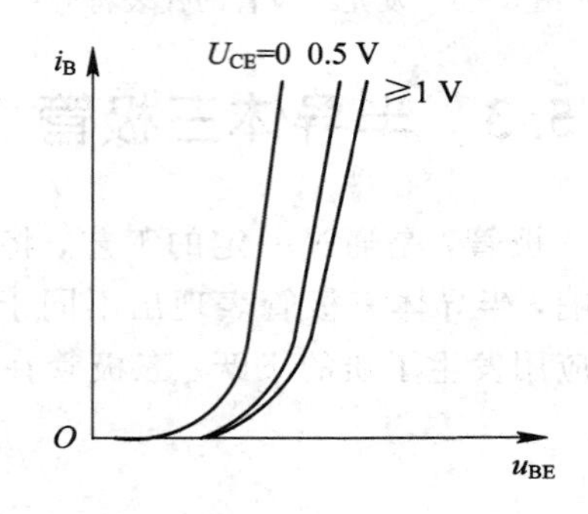

图 5-7　NPN 型硅三极管的输入特性

2. 输出特性

输出特性是指基极电流 i_B 为某一常数时，输出回路中三极管集电极与发射极之间的电压 u_{CE} 与集电极电流 i_C 之间的关系曲线，用函数关系表示为

$$i_C = f(u_{CE})\mid_{i_B=\text{常数}} \tag{5-3}$$

图 5-8 是 NPN 型硅三极管的输出特性。

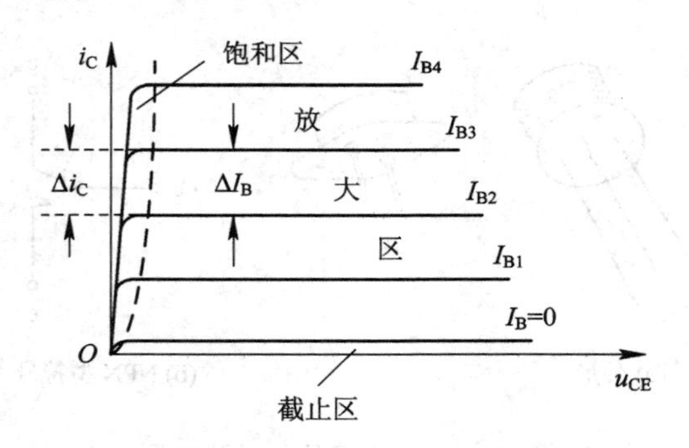

图 5-8　NPN 型硅三极管的输出特性

由图 5-8 可见，各条特性曲线的形状基本上是相同的，具体体现在以下几方面：

(1) 输出特性的起始部分很陡，u_{CE} 略有增加时，i_C 增加很快。

(2) 当 u_{CE} 超过一定数值(约 1 V)后，特性曲线变得比较平坦。曲线的平坦部分，各条曲线的分布比较均匀且相互平行，并随着 u_{CE} 的增加略向上倾斜。

在电路中有三种工作状态，分别对应于图 5-8 中标注的三个工作区域：

(1) 放大区：其特征是 i_C 几乎仅仅取决于 i_B，或者说 i_B 对 i_C 具有控制作用。条件是：三极管的发射结正向偏置且结电压大于开启电压 U_{th}；集电结反向偏置。

(2) 截止区：其特征是 i_B 和 i_C 几乎为零。条件是：三极管的发射结反向偏置或者正向偏置，但结电压小于开启电压 U_{th}；集电结反向偏置。

(3) 饱和区：其特征是三极管三个极间的电压均很小，i_C 不仅与 i_B 有关，还与 u_{CE} 有关。条件是：三极管的发射结正向偏置且结电压大于开启电压 U_{th}；集电结正向偏置。

三极管工作在放大状态时，具有电流控制作用，利用它可以组成放大电路；三极管工作在截止和饱和状态时，具有开关作用，利用它可以组成开关电路。

5.3.3 主要参数

三极管的参数是用来表征管子性能优劣和适应范围的，它是选用三极管的依据。了解这些参数的意义，对于合理使用和充分利用三极管达到设计电路的经济性和可靠性是十分必要的。

1. 电流放大系数

三极管在共射极接法时，集电极的直流电流 I_C 与基极的直流电流 I_B 的比值，就是三极管的直流电流放大系数 $\bar{\beta}$，即

$$\bar{\beta}=\frac{I_C}{I_B} \tag{5-4}$$

但是，三极管常常工作在有信号输入的情况下，这时基极电流产生一个变化量 Δi_B，相应的集电极电流变化量为 Δi_C，则 Δi_C 与 Δi_B 之比称为三极管的交流电流放大系数 β，即

$$\beta=\frac{\Delta i_C}{\Delta i_B} \tag{5-5}$$

显然，$\bar{\beta}$ 和 β 的含义是不同的，$\bar{\beta}$ 反映静态(直流工作状态)时集电极电流与基极电流之比，而 β 则反映动态(交流工作状态)时的电流放大特性。由于三极管特性曲线的非线性，各点的 $\bar{\beta}$ 和 β 是不同的。只有在恒流特性比较好，曲线间距均匀，并且工作于这一区域时，才可以认为 $\bar{\beta}$ 和 β 是基本不变的，此时 $\bar{\beta}$ 和 β 几乎相等，通常可以混用。

由于制造工艺的分散性，即使同型号的管子，其 β 值也有差异。常用三极管的 β 值在 50～200 之间。β 值太小，则放大作用差，但 β 太大易使管子性能不稳定。

总之，三极管的电流放大系数有直流和交流两种，在通常情况下，两者接近，故可混用。在今后的应用中，只用符号 β 表示。

由基尔霍夫电流定律可得

$$\Delta i_E=\Delta i_B+\Delta i_C \tag{5-6}$$

2. 极间反向电流

1) 集电极-基极反向饱和电流 I_{CBO}

集电极-基极反向饱和电流 I_{CBO} 表示发射极开路，c、b 间加上一定反向电压时的反向电流。在一定温度下，这个反向电流基本上是常数，所以称为反向饱和电流。一般 I_{CBO} 的值很小，小功率硅管的 I_{CBO} 小于 1 μA，而小功率锗管的 I_{CBO} 约为 10 μA。由于 I_{CBO} 是随温度增加而增加的，因此在温度变化范围大的工作环境应选用硅管。测量 I_{CBO} 的电路如图 5-9 所示。

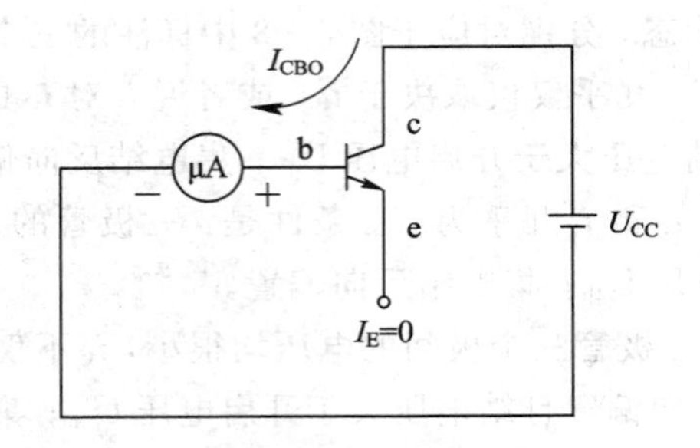

图 5-9 I_{CBO}测量电路

2）集电极-发射极反向饱和电流 I_{CEO}

集电极-发射极反向饱和电流 I_{CEO}又叫穿透电流，表示基极开路，c、e间加上一定反向电压时的集电极电流。测量 I_{CEO}的电路如图 5-10 所示。

I_{CBO}和 I_{CEO}都是衡量三极管质量的重要参数，它们的关系为

$$I_{CEO} = (1+\beta)I_{CBO} \quad (5-7)$$

由于 I_{CEO}比 I_{CBO}大得多，测量起来比较容易，因此常常把测量 I_{CEO}作为判断管子质量的重要手段。小功率硅管的 I_{CEO}在几微安以下，而小功率锗管的则大得多，约为几十微安以上。还须注意，I_{CEO}和 I_{CBO}一样，也随温度的增加而增大。

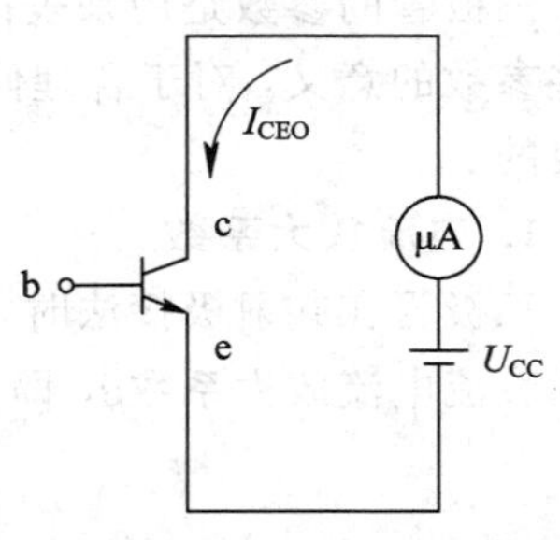

图 5-10 I_{CEO}测量电路

3. 极限参数

1）集电极最大允许电流 I_{CM}

I_{CM}是指三极管的参数变化不超过允许值时集电极允许的最大电流。当电流超过 I_{CM}时，管子性能将显著下降，甚至有可能烧坏管子。

2）集电极最大允许功率损耗 P_{CM}

P_{CM}表示集电结上允许损耗功率的最大值。超过此值就会使管子性能变坏或烧毁。因为集电极损耗的功率为

$$P_{CM} = i_C u_{CE} \quad (5-8)$$

由此可在输出特性上画出管子的允许功率损耗线，如图 5-11 所示。P_{CM}值与环境温度有关，温度愈高，则 P_{CM}值愈小。因此三极管在使用时受到环境温度的限制，硅管的上限温度

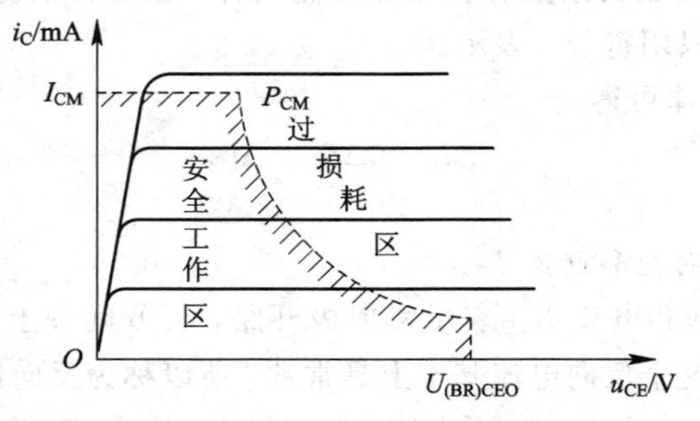

图 5-11 三极管的允许功率损耗线

达 150℃。

对于大功率管，为了提高 P_{CM}，常采用加散热装置的办法，手册中给出的值是在常温下测得的，对于大功率管则是在常温下加规定尺寸的散热片的情况下测得的。

3）反向击穿电压

三极管的两个 PN 结，如反向电压超过规定值，也会发生击穿，其击穿原理和二极管类似，但三极管的击穿电压不仅与管子本身特性有关，还取决于外部电路的接法，常用的有下列几种：

(1) $U_{(BR)EBO}$：集电极开路时发射极-基极间的反向击穿电压。在放大状态时，发射结是正偏的。在某些场合，例如工作在大信号或者开关状态时，发射结就有可能受到较大的反向电压，所以要考虑发射结击穿电压的大小。$U_{BR)EBO}$就是发射结本身的击穿电压。

(2) $U_{(BR)CBO}$：发射极开路时集电极-基极间的反向击穿电压。其数值一般较高。

(3) $U_{(BR)CEO}$：基极开路时集电极-发射极间的反向击穿电压。这个电压的大小与三极管的穿透电流 I_{CEO}直接相联系，当管子的 U_{CE}增加时，I_{CEO}明显增大，导致集电结击穿。

总之，在极限参数 I_{CM}、P_{CM}和 $U_{(BR)CEO}$的限制下，三极管的安全工作区如图 5－11 所示。

5.4 场效应管

场效应管(FET)是一种利用电场效应来控制其电流大小的半导体器件，于 20 世纪 60 年代面世。它不仅体积小，质量轻，耗电省，寿命长，还具有输入阻抗高、噪声低、热稳定性好、抗辐射能力强和制造工艺简单等特点，在大规模和超大规模集成电路中已得到了广泛的应用。

5.4.1 结构类型与符号

场效应管有结型和绝缘栅型两种结构，与晶体三极管 e、b 和 c 相对应，也有三个电极，它们分别是源极 s、栅极 g 和漏极 d。

结型场效应管(JFET)按源极和漏极之间的导电沟道又分为 N 型和 P 型两种，符号如图 5－12 所示。

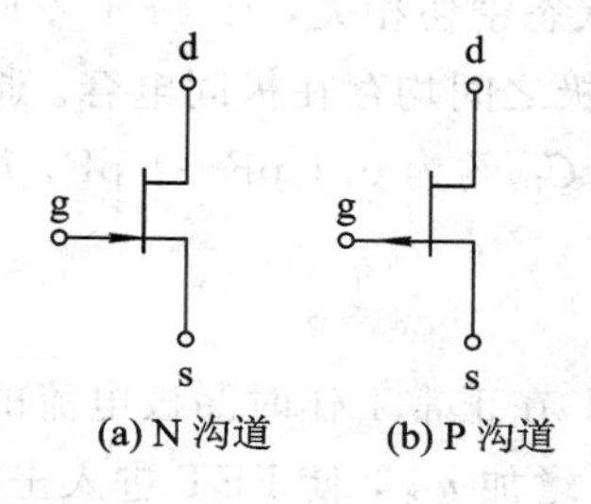

图 5－12 结型场效应管的符号

绝缘栅场效应管(IGFET)的源极、漏极与栅极之间常用 SiO_2绝缘层隔离，栅极常用金属铝，故又称 MOS 管。与 JFET 相同，MOS 管也有 N 型和 P 型两种导电沟道，且每种导电沟道又分为增强型和耗尽型两种，因此 MOS 管有四种类型：N 沟道增强型、N 沟道耗尽型、P沟道增强型和P沟道耗尽型，符号如图5-13所示，图中B为衬底。

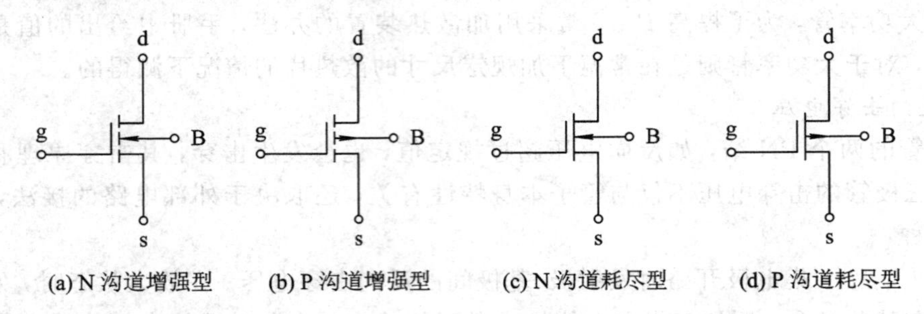

图5-13　绝缘栅场效应管的符号

5.4.2　主要参数

1. 静态参数

(1) 开启电压$U_{GS(th)}$：u_{DS}为常数(如10 V)时使i_D等于零的最小$|u_{GS}|$值。手册中给出的是在I_D为规定的微小电流(如5 μA)时的u_{GS}。$U_{GS(th)}$是增强型MOS管的参数。

(2) 夹断电压$U_{GS(off)}$：与开启电压相类似，$U_{GS(off)}$是u_{DS}为常数(如10 V)时使i_D等于零的最小u_{GS}值。手册中给出的是在I_D为规定的微小电流(如5 μA)时的u_{GS}。$U_{GS(th)}$是JFET和耗尽型MOS管的参数。

(3) 饱和漏极电流I_{DSS}：在$u_{GS}=0$情况下，当$u_{DS}>|U_{GS(off)}|$时的漏极电流。

(4) 直流输入电阻$R_{GS(DC)}$：栅-源电压与栅极电流之比。JFET的$R_{GS(DC)}$大于$10^7\ \Omega$，而MOS管的$R_{GS(DC)}$大于$10^9\ \Omega$。手册中一般只给出栅极电流的大小。

2. 动态参数

(1) 低频跨导g_m：在u_{DS}一定的情况下，i_D的微小变化Δi_D与引起这个变化的u_{GS}的微小变化Δu_{GS}的比值，其计算式为

$$g_m = \frac{\Delta i_D}{\Delta u_{GS}}\Big|_{U_{DS}=常数} \tag{5-9}$$

g_m反映了u_{GS}对i_D控制作用的强弱，是用来表征FET放大能力的一个重要参数，单位与导纳单位一样。g_m一般在0.1 mS～10 mS范围内，特殊的可达100 mS，甚至更高。值得注意的是，g_m与FET的工作状态密切相关，在FET不同的工作点上有不同的g_m值。

(2) 极间电容：FET的三个极之间均存在极间电容。通常，栅-源电容C_{GS}和栅-漏电容C_{GD}约为1 pF～3 pF，漏-源电容C_{DS}约为0.1 pF～1 pF，虽然都很小，但在高频情况下对电路的影响可能很大。

3. 极限参数

(1) 最大漏极电流I_{DM}：FET在正常工作时漏极电流的上限值。

(2) 漏-源击穿电压$U_{(BR)DS}$：增加u_{DS}，使FET进入击穿状态(i_D骤然增大)时的u_{DS}。

(3) 栅-源击穿电压$U_{(BR)GS}$：使得JFET栅极与导电沟道间PN结反向击穿，以及使得MOS管绝缘层击穿或者栅极与导电沟道间PN结反向击穿的电压。

(4) 最大耗散功率P_{DM}：FET正常工作时，导电沟道允许的最大功耗，取决于FET允许的温升。

5.4.3 特性曲线

1. 输出特性曲线

输出特性曲线是用来描述场效应管栅-源电压 u_{GS}一定时漏极电流 i_D与漏-源电压 u_{DS}之间关系的曲线，即

$$i_D = f(u_{DS})\big|_{u_{GS}=常数} \tag{5-10}$$

图 5-14 所示为 N 沟道 JFET 的输出特性曲线。对应于一个 u_{GS}，就有一条曲线，因此输出特性为一束曲线。通常，可将场效应管的工作划分为四个区域，以下分别予以介绍。

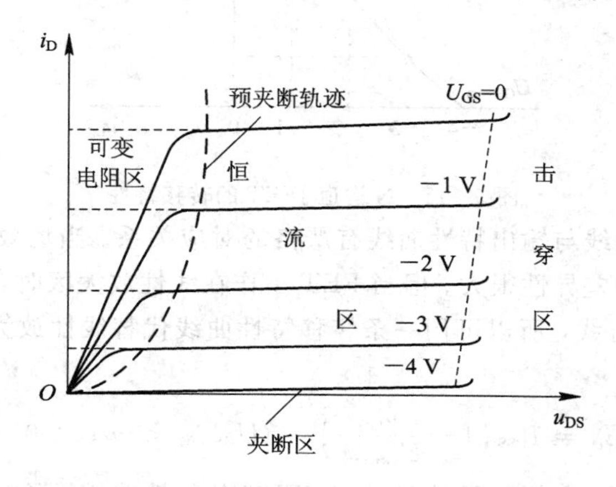

图 5-14　N 沟道 JFET 的输出特性

(1) 可变电阻区：图 5-14 中的虚线为临界夹断(又称预夹断)轨迹，它是各条曲线上使

$$u_{DS} = u_{GS} - U_{GS(off)} \tag{5-11}$$

的点连接而成的。预夹断轨迹的左边区域中，曲线近似为不同斜率的直线。当 u_{GS}确定后，直线的斜率也被确定，斜率的倒数就是漏-源间的等效电阻。因此，在此区域中，可以通过改变 u_{GS}(压控方式)来改变漏-源电阻，故称此区域为可变电阻区。

(2) 线性放大区(又称恒流区或饱和区)：预夹断轨迹的右边有一块区域，i_D几乎不再随着 u_{DS}的增加而增加，故称此区域为恒流区或饱和区。由于此区域可以通过改变 u_{GS}(压控方式)来改变 i_D，进一步可组成放大电路以实现电压和功率的放大，因此又称此区域为线性放大区。

(3) 击穿区：u_{DS}增加到一定数值后，i_D会骤然增加，管子被击穿，因此在线性放大区的右边就是击穿区。

(4) 夹断区：当 $u_{GS}<U_{GS(off)}$时，导电沟道被夹断，i_D几乎为零，即图中靠近横轴的部分，称为夹断区。

2. 转移特性曲线

转移特性曲线是用来描述场效应管漏-源电压 u_{DS}一定时，漏极电流 i_D与栅-源电压 u_{GS}之间关系的曲线，即

$$i_D = f(u_{GS})\big|_{u_{DS}=常数} \tag{5-12}$$

在输出特性曲线上作横轴的垂线，读出垂线与各条曲线交点的坐标值，建立 u_{GS}、i_D坐标

系，连接各点所得曲线就是转移特性曲线，如图 5－15 所示。

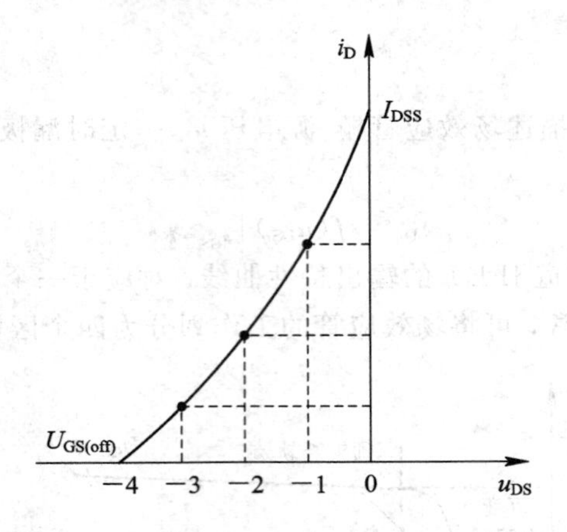

图 5－15　N 沟道 JFET 的转移特性

可见，转移特性曲线与输出特性曲线有严格的对应关系。当场效应管工作在可变电阻区时，转移特性曲线的差异性很大。但当 FET 工作在线性放大区时，由于输出特性曲线可近似为横轴的一组平行线，所以可用一条转移特性曲线代替线性放大区的所有曲线，且这条曲线可近似表示为

$$i_D = I_{DSS}\left(1-\frac{u_{GS}}{U_{GS(off)}}\right)^2 \quad (U_{GS(off)} < u_{GS} < 0) \tag{5-13}$$

需要指出的是，以上介绍的只是 N 沟道 JFET 的特性曲线，场效应管其它类型的特性曲线与其相似，为便于比较，特将其符号和特性曲线列于表 5－3 中。

表 5－3　各种场效应管特性的比较

分类		符号	转移特性曲线	输出特性曲线
结型场效应管	N沟道	d g s	i_D I_{DSS} $U_{GS(off)}$ O u_{GS}	i_D $U_{GS}=0$ O $U_{GS(off)}$ u_{DS}
	P沟道	d g s	i_D $U_{GS(off)}$ u_{GS} O I_{DSS}	$U_{GS(off)}$ i_D O u_{DS} $U_{GS}=0$

续表

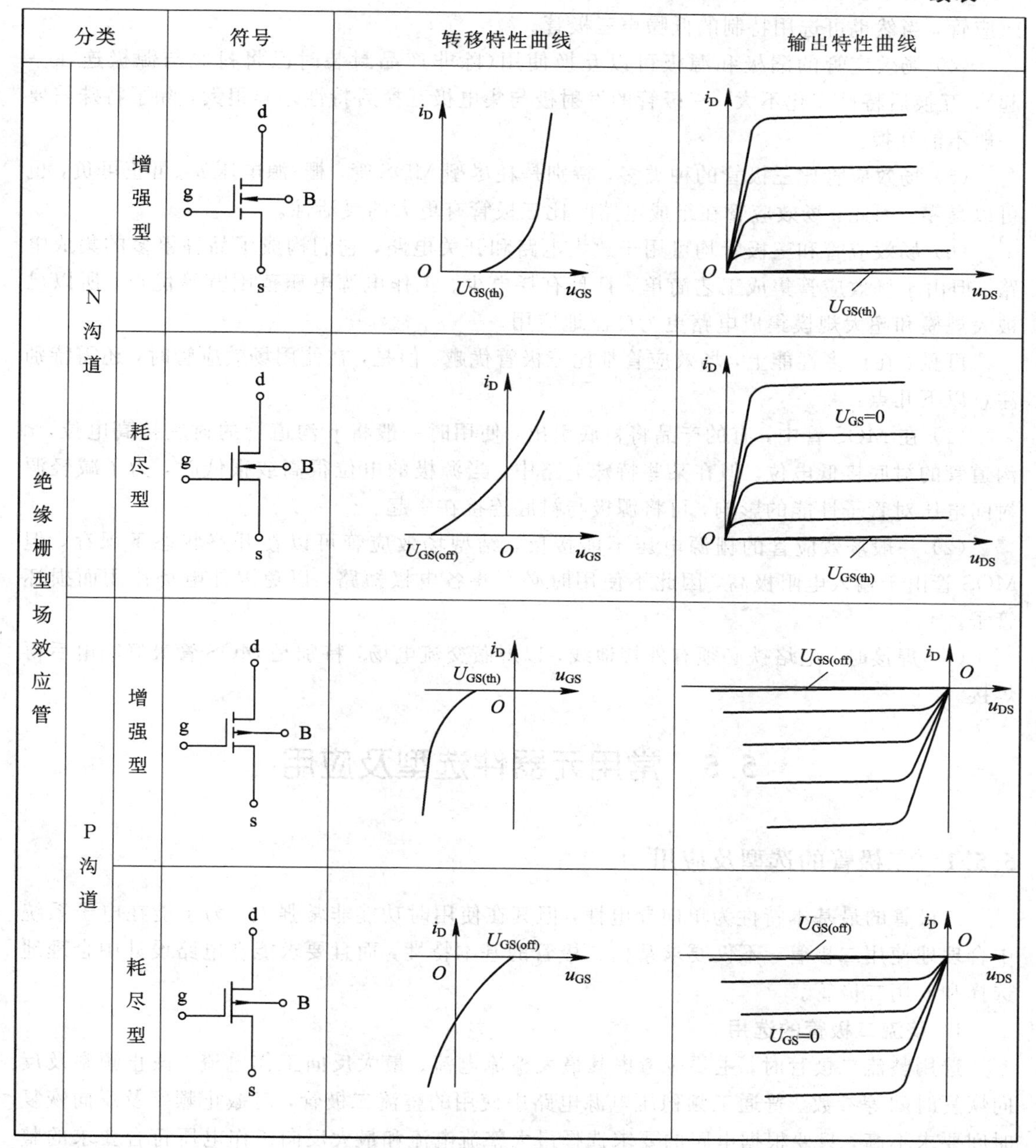

5.4.4 场效应管与三极管的比较

(1) 场效应管用栅-源电压 u_{GS} 控制漏极电流 i_D，栅极电流几乎为零；三极管用基极电流控制集电极电流，基极电流不为零。因此，要求输入电阻高的电路应选用场效应管；若信号源可以提供一定电流，则可选用三极管。

(2) 场效应管比三极管的温度稳定性好，抗辐射能力强。在环境条件变化很大的情况下应选用场效应管。

(3) 场效应管的噪声系数很小，低噪声放大器的输入级及信噪比较高的电路可选用场效应管，当然也可选用特制的低噪声三极管。

(4) 场效应管的漏极和源极可以互换使用(除非产品封装时已将衬底与源极连在一起)，互换后特性变化不大；三极管的发射极与集电极互换后特性差异很大，除了特殊需要一般不能互换。

(5) 场效应管比三极管的种类多，特别是耗尽型MOS管，栅-源电压u_{GS}可正可负，也可以是零。因此，场效应管在组成电路时比三极管有更大的灵活性。

(6) 场效应管和三极管均可用于放大电路和开关电路，它们构成了品种繁多的集成电路。但由于场效应管集成工艺简单，且具有耗电少、工作电源电压范围宽等优点，所以已被大规模和超大规模集成电路更为广泛地应用。

可见，在许多性能上，场效应管都比三极管优越。但是，在使用场效应管时，还需特别注意以下几点：

(1) 在MOS管中，有的产品将衬底引出，使用时一般将p沟道管的衬底接高电位，n沟道管的衬底接低电位。但在某些特殊电路中，当源极的电位很高或很低时，为了减轻源衬间电压对管子性能的影响，可将源极与衬底连接在一起。

(2) 一般场效应管的栅源电压不能接反，结型场效应管可以在开路状态下保存，但MOS管由于输入电阻极高，因此不使用时必须将各电极短路，以免因外电场作用而损坏管子。

(3) 焊接时，电烙铁必须有外接地线，以屏蔽交流电场，特别是MOS管最好断电后再焊接。

5.5 常用元器件选型及应用

5.5.1 二极管的选型及应用

二极管的最基本特性为单向导电性，但其在使用时功能非常强大。为了能在电子系统中合理地使用二极管，不仅要求掌握二极管的基本特性，而且要求能在电路设计中合理地选择和使用二极管。

1. 整流二极管的选用

选用整流二极管时，主要应考虑其最大整流电流、最大反向工作电流、截止频率及反向恢复时间等参数。普通工频稳压电源电路中使用的整流二极管，对截止频率及反向恢复时间要求不高，只要根据电路的要求选择最大整流电流和最大反向工作电压符合要求的整流二极管，如1N系列、2CZ系列、RLR系列等。

开关稳压电源的整流电路及脉冲整流电路中使用的整流二极管，由于工作频率较高，所以应选用工作频率较高、反向恢复时间较短的整流二极管或快恢复二极管，如RU系列、EU系列、V系列、1SR系列等。

2. 开关二极管的选用

半导体二极管在正向偏压下导通电阻很小，而在施加反向偏压截止时，截止电阻很大，在开关电路中利用半导体二极管的这种单向导电特性就可以对电流起接通和关断的作用，通常把用于这一目的的半导体二极管称为开关二极管。开关二极管主要应用于电视机、影碟机、电脑等家用电器及电子设备的开关电路、检波电路、高频脉冲整流电路等。中速开关电路和检波电路可以选用 2AK 系列普通开关二极管。高速开关电路可以选用 RLS 系列、1SS 系列、1N 系列、2CK 系列的高速开关二极管。应根据应用电路的主要参数(正向电流、最高反向电压、反向恢复时间等)来选择开关二极管的具体型号。

3. 稳压二极管的选用

稳压二极管一般用在稳压电源中作为基准电压源或用在过电压保护电路中作为保护二极管。选用的稳压二极管应满足应用电路中主要参数的要求。稳压二极管的最大稳定电流应高于应用电路的最大负载电流 50%左右。

4. 特殊二极管的选用

1）快恢复二极管

所谓“快恢复”，是指以极快的速度回到原来的起点。显然，“快恢复”强调的是一种时间效应，确切地说是二极管的时间效应。开关二极管，实际上与时间效应也有联系，那就是要求开关二极管的导通与截止速度要比普通整流二极管和其它普通二极管反应快，以满足开关电路的使用要求。而现在所讨论的快恢复二极管与开关二极管并不相同，在此应深刻地理解“起点”这两个字的含义。比如说，二极管在脉冲信号未到来之前是截止的，等脉冲信号通过之后，二极管经过一次导通又回到了截止状态，也就是说又回到了“起点”，或者说重新恢复到原始状态。从这一点出发，对快恢复二极管来说，从导通到截止的时间效应至关重要，故要求快恢复二极管的截止瞬变速度极快。性能优越的快恢复二极管，其截止瞬变速度通常为几十纳秒，从导通状态转变为截止所用时间之短促，要优于一般开关二极管几个量级。

快恢复二极管主要用于高频开关电路。一般来说，在 50 Hz 工频电路工作下的二极管，其恢复时间无须考虑，因电路本身的工作频率就很低，二极管恢复时间的长与短，均不会对电路产生不良影响；但在高速开关电路和高频开关电路或超高频脉冲电路中，为了确保开关电路动作的准确性和可靠性，对起主要开关作用的二极管必须采用快恢复二极管或超快恢复二极管，如开关电源电路、采用 IGBT 的高频开关升压电路等。

2）肖特基二极管

肖特基二极管是近年来问世的低功耗、大电流、超高速半导体分立器件。肖特基二极管也叫肖特基势垒二极管(SBD，Schottky Barrier Diode)。肖特基二极管的反向恢复时间极短，可以小到几十个纳秒或更小；其导通时的正向压降比其它硅整流二极管小，仅0.4 V 左右；然而其整流电流可大到几百安培，甚至几千安培。这些优良特性是快恢复二极管和其它任何二极管所无法比拟的。

由于肖特基二极管的独特原理在于贵金属与 N 型硅基片之间仅用一种载流子(即电子)输送电荷，没有像 PN 结中那样还有空穴参与输送电荷，这样在势垒外侧便没有过剩少数载流子的积累，因此，不存在电荷储存问题，从而开关特性获得了显著改善，其反向恢复时间可缩短到 10 ns 以内。但肖特基二极管的反向耐压值较低，一般不超过 100 V。因此，只适宜在低压、大电流情况下工作。通常利用其导通时压降小这一特点，能提高低压、大电流整流(或续流)电路的效率。

5.5.2 三极管的选型及应用

三极管按功能、材料、频率及功率分有多种类型，所以如何合理地选择三极管是电路设计的重要内容。

1. 放大电路三极管的选用

小功率三极管在电子电路中的应用最为广泛，主要用作小信号放大、控制及振荡器。选用三极管时，首先要考虑电路中信号的工作频率。工程设计中一般要求三极管的特征频率 f_T要大于实际工作频率的三倍，所以在电路设计中，可按照此要求来选择三极管的特征频率 f_T。其次是三极管击穿电压 $U_{(BR)CEO}$的选择。击穿电压可根据电路中电源电压来加以确定，一般只要击穿电压大于电源电压的最大值即可。但当三极管的负载为感性负载时，如变压器、线圈及继电器等，由于感性负载两端电压可达电源电压的 2～8 倍，所以要给三极管击穿电压留有充足的裕量。当然，一般感性负载都要加二极管保护装置。第三是三极管集电极最大电流 I_{CM}的选择。在电路设计中，通常要求三极管中实际流过的最大电流要小于三极管允许的最大集电极电流 I_{CM}。

在模拟电路中，由于信号频率不是很高，所以在大功率三极管的选用中，一般可不考虑特征频率 f_T，其它如击穿电压 $U_{(BR)CEO}$、最大电流 I_{CM}均和小功率三极管的选用一致。三极管集电极最大允许耗散功率 P_{CM}是大功率三极管选用中应重点考虑的问题。特别要注意三极管散热器的选择，即使是四五十瓦的三极管，如没有散热器也只能经受两三瓦的耗散功率。大功率三极管的极限参数在选择时应用留有足够的裕量。同时选择大功率三极管时还要考虑安装条件，以决定是选用塑封结构还是金属结构。另外，大多数大功率三极管的金属外壳与三极管集电极相连，在使用时应注意绝缘。

2. 开关电路三极管的选用

三极管除了可以当作信号放大器之外，也可以作为开关使用。严格来说，三极管与一般的机械式开关在动作上并不完全相同，但是它具有一些机械式开关所没有的特点。在选择时，除与上述放大电路三极管参数选择一致外，还必须考虑三极管的开通时间、关断时间，它们是衡量开关管响应速度的重要参数。

5.5.3 半导体器件的识别

1. 二极管的识别

二极管是由一个 PN 结构成的半导体器件，其最主要、最突出的特性就是具有单向导电性，所以对普通二极管的检测项目基本上都是围绕着此特性进行的，如极性的判断，反向电阻值的检测，正、反向两端电压的检测，反向击穿电压与最高反压的检测，正向流的检测，判别二极管是否损坏等。

正、负电极的判别：一般情况下，二极管有色点的一端为正极，如 2AP1～2AP7，2AP11～2AP17 等。如果是透明玻璃壳二极管，可直接看出极性，即内部连触丝的一头是正极，连半导体片的一头是负极。塑封二极管有圆环标志的是负极，如 IN4000 系列。

二极管性能好坏的判断：通过万用表测量二极管两极的电阻，可以判断二极管的好坏，所测得二极管正向电阻越小，反向电阻越大，即正、反向电阻值相差越悬殊，说明该二极管的单向导电特性越好；反之则性能越低劣。

若在以上检测过程中，所测得二极管的正、反向电阻值均接近0或阻值较小，则说明该二极管内部已击穿短路或漏电损坏。若测得二极管的正、反向电阻值均为无穷大，则说明该二极管已开路损坏。

2. 三极管的识别

目前，国内各种类型的晶体三极管有许多种，引脚排列不尽相同。在使用中不确定引脚排列的三极管，必须进行测量以确定各引脚正确的位置，或查找晶体管使用手册，明确三极管的特性及相应的技术参数。

习　题

5-1　半导体的导电能力(　　)。

A. 与导体相同　　B. 与绝缘体相同　　C. 介乎导体和绝缘体之间

5-2　当温度升高时，半导体的导电能力将(　　)。

A. 增强　　B. 减弱　　C. 不变

5-3　将PN结加适当的正向电压，则空间电荷区将(　　)。

A. 变宽　　B. 变窄　　C. 不变

5-4　半导体二极管的主要特点是具有(　　)。

A. 电流放大作用　　B. 单向导电性　　C. 电压放大作用

5-5　若用万用表测二极管的正、反向电阻的方法来判断二极管的好坏，好的管子应为(　　)。

A. 正、反向电阻相等

B. 正向电阻大，反向电阻小

C. 反向电阻比正向电阻大很多倍

D. 正、反向电阻都等于无穷大

5-6　稳压管反向击穿后，其后果为(　　)。

A. 永久性损坏

B. 只要流过稳压管的电流不超过规定值的允许范围，管子就无损

C. 由于击穿而导致性能下降

5-7　动态电阻r_Z是表示稳压管的一个重要参数，它的大小对稳压性能的影响是(　　)。

A. r_Z小则稳压性能差

B. r_Z小则稳压性能好

C. r_Z的大小不影响稳压性能

5-8　能否将1.5 V的干电池以正向接法接到二极管两端？为什么？

5-9　稳压管与半导体二极管相比有什么不同？

5-10　半导体三极管具有哪些工作状态？在什么条件下具有电流控制作用？用什么参数评价控制能力的大小？

5-11　与半导体三极管相比，场效应管具有哪些特点？场效应管在什么条件下具有电

压控制作用？用什么参数评价控制能力的大小？

5－12　测得放大电路中处于放大状态的半导体三极管直流电位如图题 5－12 所示。试在圆圈中画出管子的符号，并分别说明它们是硅管还是锗管。

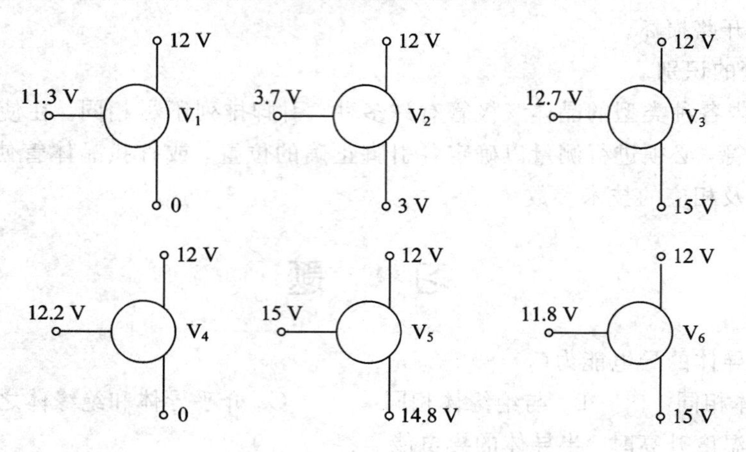

图题 5－12

5－13　测得放大电路中处于放大状态的半导体三极管直流电流如图题 5－13 所示。试在圆圈中画出管子的符号，判断三极管的类型（NPN 或 PNP），分别求出电流放大系数 β。

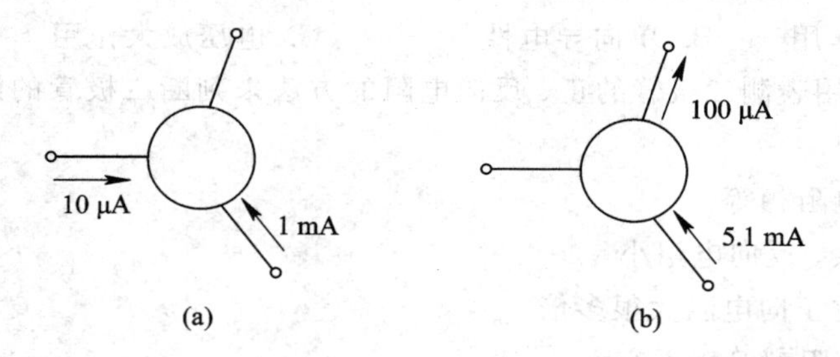

图题 5－13

第 6 章　分立元件基本应用电路

前面所介绍的二极管、三极管和场效应管等，因其相对独立性而被称为分立元件。它们都是电子电路的重要组成元件。本章将从实际应用的角度，介绍有关电路的组成特点、分析方法和性能指标。

6.1　二极管基本应用电路

6.1.1　普通二极管基本电路的分析方法

1. 图解法

由二极管的伏安特性可见，二极管是一个非线性器件。因此，二极管电路是一个非线性电路，对于它的分析就比较麻烦。图解法是非线性电路通用的一种分析方法，以下举例予以介绍。

【例 6-1】 电路如图 6-1(a)所示，已知二极管的伏安特性如图 6-1(b)所示，求二极管和负载上的电压和电流。

解　由图 6-1(a)可知，$U_D=U-I_D(R_1+R_L)$，与二极管特性曲线相交于 Q 点，如图 6-2 所示，Q 点所对应的横坐标和纵坐标即为二极管电压 U_{DQ} 和电流 I_{DQ}。所以，负载上的电流为 I_{DQ}，电压 $U_o=I_{DQ}R_L$。

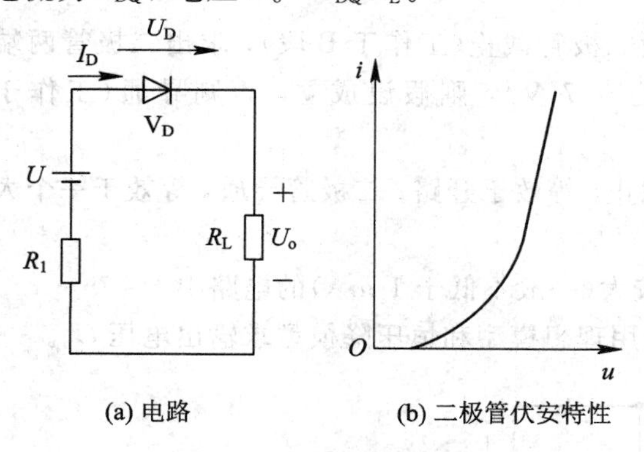

图 6-1　例 6-1 电路图

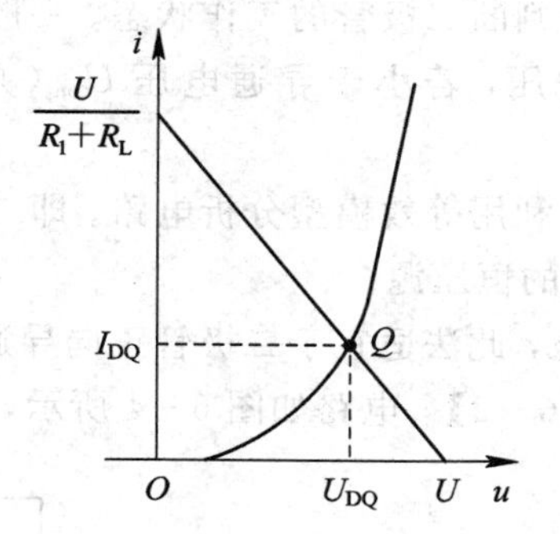

图 6-2　例 6-1 电路的图解法

2. 等效电路法

可以看到，图解法直观但不方便。考虑到半导体器件参数存在着较大的离散性，通常采用一种近似的等效电路来分析。其基本思想是将非线性问题线性化处理，这当然会带来方法上的误差。为了兼顾分析的精度和方法的简捷，根据二极管的工作条件，一般可选择以下等效电路模型中的一种进行分析。

1) 理想模型

图 6-3(a)中实线表示理想二极管的伏安特性，虚线表示实际二极管的伏安特性。用实线近似代替虚线所建立的模型即理想模型，图 6-3(c)为它的代表符号。

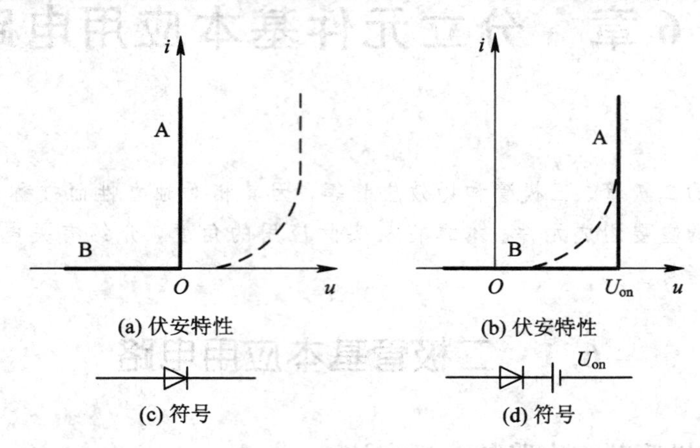

图 6-3 二极管理想模型和恒压降模型

用理想模型分析电路的步骤如下：

(1) 判断二极管的工作状态。一般可假设二极管截止(工作于 B 段)，求出二极管两端的正向电压，若小于 0，则假设成立，否则导通(工作于 A 段)。

(2) 利用等效模型分析电路。即二极管截止，等效于开路；二极管导通，等效于短路。

注意，此法适宜于电源电压远比二极管正向管压降大的电路中。

2) 恒压降模型

将实际二极管的伏安特性用图 6-3(b)所示的实线来近似，所得到的模型即恒压降模型。图 6-3(d)为它的代表符号。

用恒压降模型分析电路的步骤如下：

(1) 判断二极管的工作状态。一般可假设二极管截止(工作于 B 段)，求出二极管两端的正向电压，若小于导通电压 U_{on}(典型值为 0.7 V)，则假设成立，否则导通(工作于 A 段)。

(2) 利用等效模型分析电路。即二极管截止，等效于开路；二极管导通，等效于一个大小为 U_{on}的恒压源。

注意，此法适宜于二极管正向导通电流较大(一般不低于 1 mA)的电路中。

【例 6-2】 电路如图 6-4 所示，试分别用理想模型和恒压降模型求输出电压 U_o。

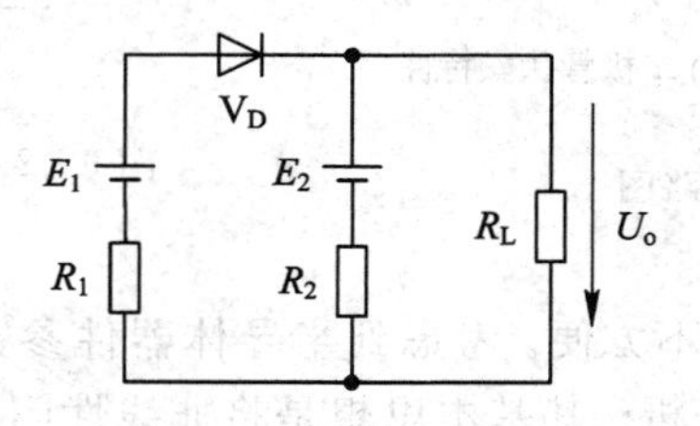

图 6-4 例 6-2 电路

解 (1) 理想模型。

假设 V_D 截止，则 V_D 两端电压为

$$U_D = E_1 - \frac{R_L}{R_2 + R_L}E_2$$

当 $U_D<0$ 时，假设成立，V_D 等效于开路。此时，输出电压为

$$U_o = \frac{R_L}{R_2 + R_L}E_2$$

当 $U_D \geqslant 0$ 时，假设不成立，V_D 等效于短路。此时，输出电压为

$$U_o = \frac{R_2 /\!/ R_L}{R_1 + R_2 /\!/ R_L}E_1 + \frac{R_1 /\!/ R_L}{R_2 + R_1 /\!/ R_L}E_2$$

(2) 恒压降模型。

假设 V_D 截止，则 V_D 两端电压为

$$U_D = E_1 - \frac{R_L}{R_2 + R_L}E_2$$

当 $U_D<U_{on}$时，假设成立，V_D 等效于开路。此时，输出电压为

$$U_o = \frac{R_L}{R_2 + R_L}E_2$$

当 $U_D \geqslant U_{on}$时，假设不成立，V_D 等效于一个大小为 U_{on}的恒压源。此时，输出电压为

$$U_o = \frac{R_2 /\!/ R_L}{R_1 + R_2 /\!/ R_L}(E_1 - U_{on}) + \frac{R_1 /\!/ R_L}{R_2 + R_1 /\!/ R_L}E_2$$

6.1.2 普通二极管基本应用电路

1. 整流电路

将交流电压转换成直流电压，称为整流。利用二极管的单向导电性实现整流目的的电路称为整流电路。通常，在分析整流电路时采用理想模型。

图 6-5(a)所示为半波整流电路，设输入电压 $u_i = U_m \sin\omega t$。当 $u_i>0$ 时，V_D 导通，$u_o = U_m \sin\omega t$；当 $u_i<0$ 时，V_D 截止，$u_o=0$。因此输入、输出电压波形如图 6-5(b)所示，输出为脉动的直流电压。

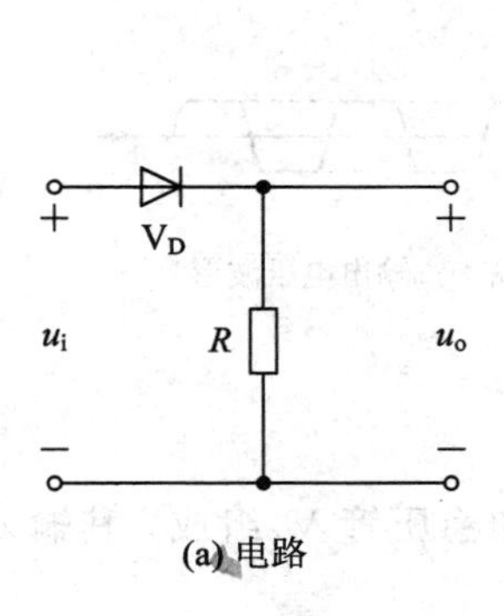

(a) 电路

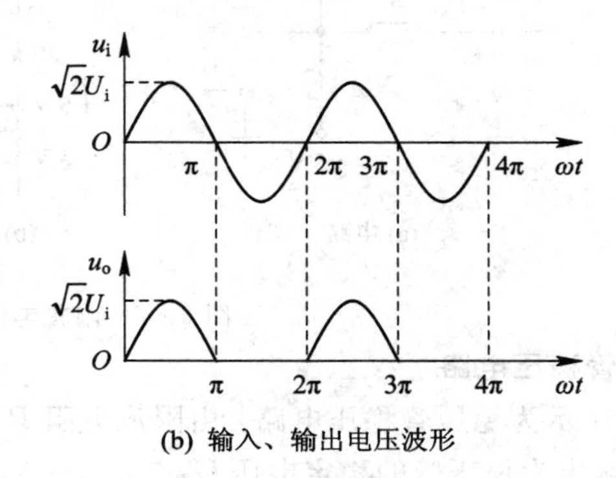

(b) 输入、输出电压波形

图 6-5 半波整流电路

图 6-6(a)所示为全波整流电路，输入电压为 220 V/50 Hz 交流电，经变压器得到两个合适的交流电压 u_2。当 $u_2>0$ 时，即 A 为“+”、C 为“−”时，V_{D1}导通，V_{D2}截止，电流从 A 点经 V_{D1}、R_L至 B 点，u_o等于上面的 u_2；当 $u_i<0$ 时，即 A 为“−”、C 为“+”时，V_{D1}截

止，V_{D2}导通，电流从 C 点经 V_{D2}、R_L至 B 点，u_o等于下面的 u_2。因此输入、输出电压波形如图 6-6(b)所示，R_L中的电流方向不变，输出为脉动的直流电压。

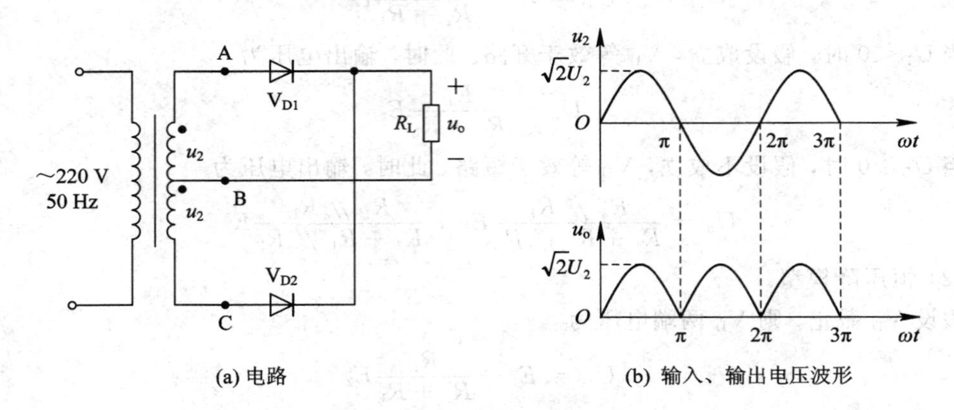

图 6-6　全波整流电路

2. 限幅电路

限幅电路是利用二极管的单向导电性构成的保护电路。如图 6-7 所示为电子系统中常用的限幅保护电路。图示电路中，当输入信号 $-5\ V<u_i<5\ V$ 时，二极管 V_{D1}、V_{D2}由于阴极电位大于阳极电位，二极管 V_{D1}、V_{D2}均截止，相当于开路，对电路的输出 u_o无影响。当 $u_i>5\ V$ 时，二极管 V_{D1}由于阳极电位大于阴极电位，所以 V_{D1}导通，由理想模型可知，二极管相当于短路，则此时 u_o输出为 5 V。当 $u_i<-5\ V$ 时，二极管 V_{D2}由于阳极电位大于阴极电位，所以 V_{D2}导通，二极管相当于短路，则此时 u_o输出为 −5 V。由此可知，该电路将输出信号的幅度限制在±5 V 的范围内，防止输入信号幅度过大而损坏后续电路，以实现保护作用。

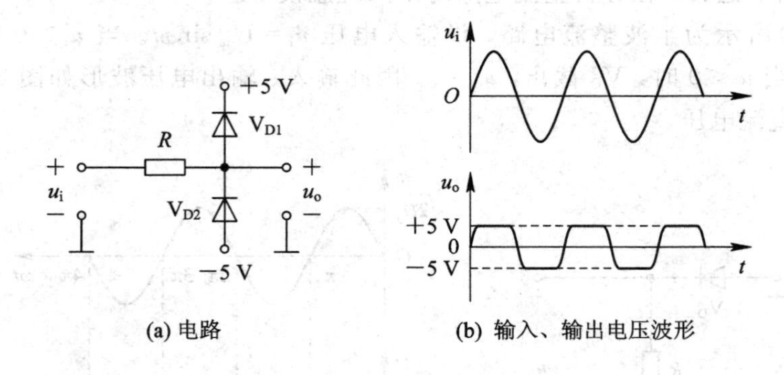

图 6-7　限幅电路

3. 稳压管稳压电路

图 6-8 所示为稳压管稳压电路，由限流电阻 R 和稳压管 V_Z组成，其输入为变化的直流电压 U_I，输出为稳压管的稳定电压 U_Z。

【例 6-3】　图 6-8 所示电路中，已知输入电压 $U_I=10\ V\sim12\ V$，稳压管的稳定电压 $U_Z=6\ V$，低限稳定电流 $I_{ZL}=5\ mA$，高限稳定电流 $I_{ZH}=25\ mA$；负载电阻 $R_L=600\ \Omega$。求限流电阻 R 的取值范围。

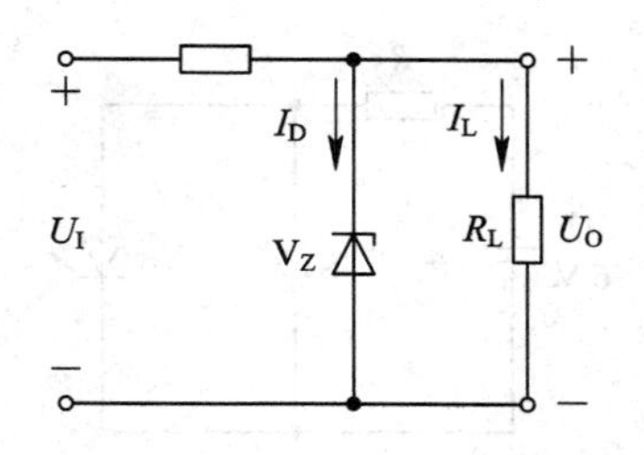

图 6-8　稳压管稳压电路

解　由图 6-8 所示电路可知，$I_Z=I_R-I_L$。其中，$I_L=U_Z/R_L=(6/600)\ \text{A}=10\ \text{mA}$。由于 $U_I=10\ \text{V}\sim12\ \text{V}$，$U_Z=6\ \text{V}$，所以 $U_R=4\ \text{V}\sim6\ \text{V}$，$I_R$也将随之变化。当 $U_I=U_{Imin}=10\ \text{V}$ 时，U_R最小，I_R最小，I_Z也最小，这时 R 的取值应保证 $I_{Zmin}>I_{ZL}$，即 $I_{Zmin}=I_{Rmin}-I_L>I_{ZL}$，故

$$\frac{U_{Imin}-U_Z}{R}-I_L>I_{ZL} \tag{6-1}$$

代入数据得

$$\frac{10-6}{R}-10>5$$

可得 $R<267\ \Omega$。

同理，当 $U_I=U_{Imax}=12\ \text{V}$ 时，U_R最大，I_R最大，I_Z也最大，这时 R 的取值应保证 $I_{Zmax}<I_{ZH}$，即 $I_{Zmax}=I_{Rmax}-I_L<I_{ZH}$，故

$$\frac{U_{Imax}-U_Z}{R}-I_L<I_{ZH} \tag{6-2}$$

代入数据得

$$\frac{12-6}{R}-10<25$$

可得 $R>171\ \Omega$。

由上分析可知，限流电阻的取值范围为 171 Ω～267 Ω。

4. 发光二极管电路

发光二极管包括可见光、不可见光、激光等不同类型，这里只对可见光二极管作一简单介绍。发光二极管的发光颜色取决于所用材料，目前有红、绿、黄、橙等色；管体可以制成各种形状，如长方形、圆形等。

发光二极管也具有单向导电性，只有当外加的正向电压使得正向电流足够大时才发光，它的开启电压比普通二极管的大，红色的在 1.6 V～1.8 V 之间，绿色的约 2 V。正向电流越大，发光越强。使用时，应特别注意不要超过最大功耗、最大正向电流和反向击穿电压等极限参数。发光二极管因其驱动电压低、功耗小、寿命长和可靠性高等优点而广泛用于显示电路中。

【例 6-4】　电路如图 6-9 所示，已知发光二极管的导通电压 $U_D=1.6\ \text{V}$，正向电流大于 5 mA 才能发光，小于 20 mA 才不至损坏。试问：

(1) 开关处于何种位置时发光二极管可能发光?

(2) 为使发光二极管正常发光，电路中 R 的取值范围为多少?

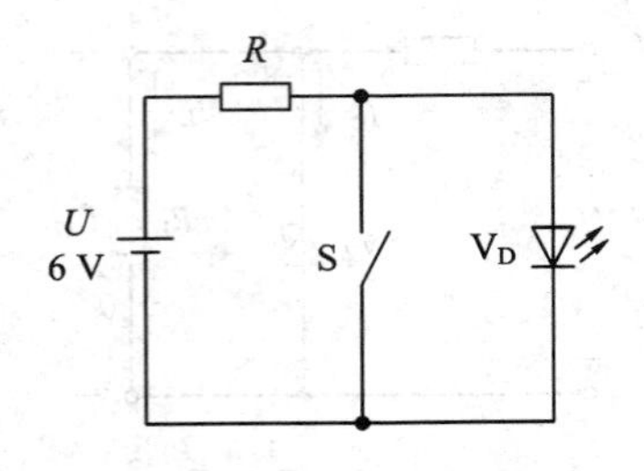

图 6-9　发光二极管基本应用电路

解　(1) 当开关断开时发光二极管可能发光。因为开关断开时发光二极管两端可能有合适的电压，而开关闭合时发光二极管两端的电压为零。

(2) 因为 $I_{Dmin}=5$ mA，$I_{Dmax}=20$ mA，所以

$$R_{max}=\frac{U-U_D}{I_{Dmin}}=\frac{6-1.6}{5}=0.88\ \text{k}\Omega$$

$$R_{min}=\frac{U-U_D}{I_{Dmax}}=\frac{6-1.6}{20}=0.22\ \text{k}\Omega$$

R 的取值范围为 220 Ω～880 Ω。

6.2　基本电压放大电路

电压放大电路的用途极其广泛。在电子系统中，往往传感器得到的电信号很微弱，要驱动负载，首先必须进行电压的放大。

6.2.1　三极管共发射极电压放大电路

三极管放大电路都是利用三极管的电流控制作用实现信号放大的。因此，三极管电压放大电路的组成原则，首先是三极管必须具有电流控制作用，或者说必须有合适的工作状态；其次还要考虑电压放大能力、与信号源和负载的连接、温度稳定性、失真和频率特性等问题。根据三极管在电路中的连接形式不同，三极管放大电路可以分为共发射极电压放大电路、共基极电压放大电路及共集电极电压放大电路。随着集成电路技术的发展，由分立元件组成的放大器已经越来越少，所以本书只对共发射极电压放大电路及共集电极电压放大电路作介绍。

固定偏流电路是一种最简单的共发射极电压放大电路，如图 6-10 所示，C_1 和 C_2 分别将信号源与放大电路、放大电路与负载连接起来，称之为耦合电容。耦合电容的容量足够大时，对一定频率的交流信号而言其容抗可忽略，即可视为短路，信号就可以几乎无损失地进行传递。耦合电容对于直流来讲相当于开路，可以隔离信号源与放大电路、放大电路与负载之间的直流量。所以，可将 C_1 和 C_2 的作用概括为“隔直通交”。至于电路中其它元件的作用，可以在以下对电路的分析后自然得出。这种电路特点是，信号源将信号从三极管基极送入、负载将信号从三极管集电极取走，所以称其为共发射极电路。与二极管一样，对电路的分析主要有两种方法，即图解法和等效电路法，以下分别予以介绍。

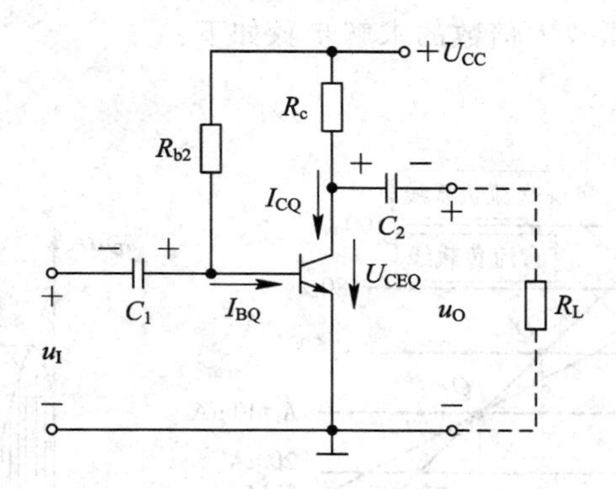

图 6-10　固定偏流电路

1. 图解法

1）静态分析

静态分析的目的是为了确定三极管在电路中的工作状态，判断其能否在电路中起电流控制作用。

静态分析的步骤如下：

(1) 画出直流通路。即将信号源除去，电容看作开路，电感看作短路，所得的等效电路称为直流通路，如图 6-11 所示。

(2) 如图 6-12(a)所示，在三极管输入特性坐标系中，画出电路输入回路方程

$$i_B = \frac{U_{CC} - u_{BE}}{R_b} \tag{6-3}$$

所对应的直线，直线与三极管输入特性曲线的交点就是静态工作点 $Q(U_{BEQ}, I_{BQ})$。

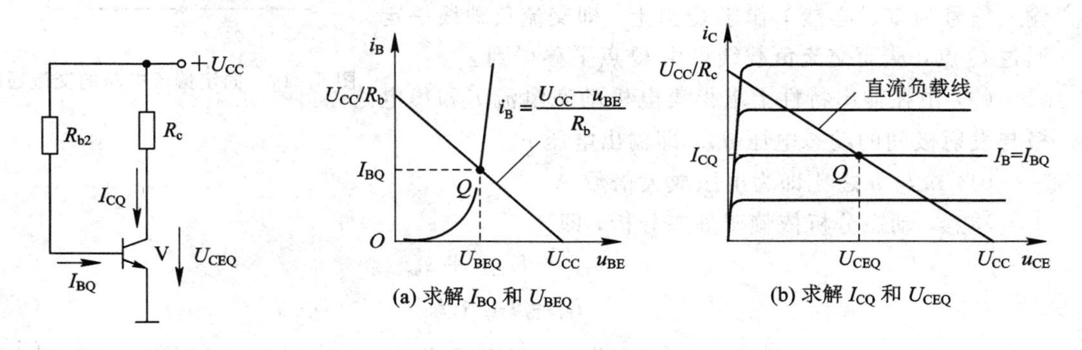

图-11　固定偏流电路直流通路　　图 6-12　固定偏流电路的静态分析

(3) 如图 6-12(b)所示，在三极管输出特性坐标系中，画出电路输出回路方程所对应的直线(又称直流负载线)：

$$u_{CE} = U_{CC} - i_C R_c \tag{6-4}$$

直流负载线与三极管输入特性曲线中 I_B 等于 I_{BQ} 的交点就是静态工作点 $Q(U_{CEQ}, I_{CQ})$。

2）动态分析

动态分析的目的是为了确定电路的放大能力和工作范围等动态指标。

如图 6－13 所示，电压放大倍数的求解步骤如下：

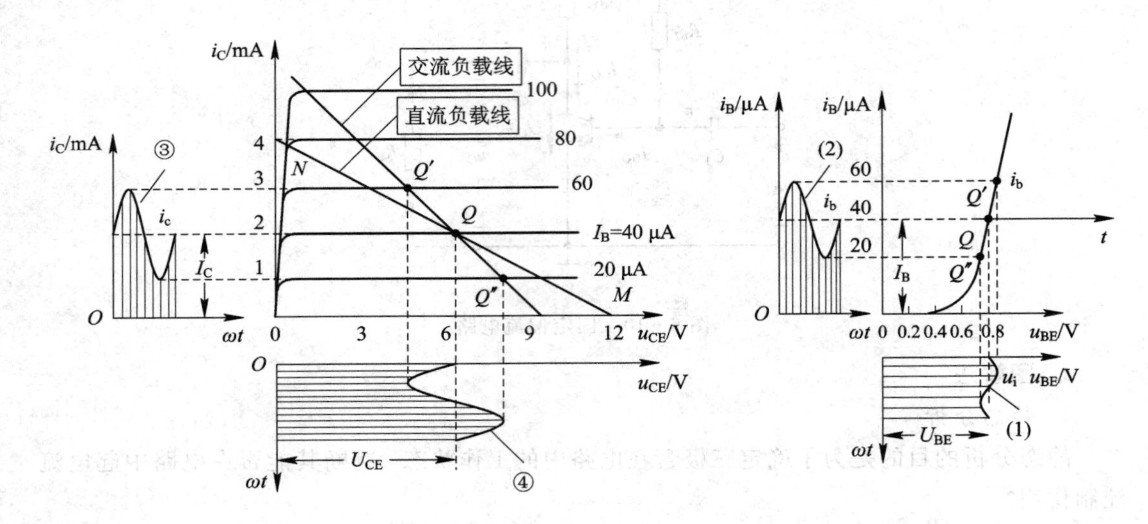

图 6－13　固定偏流电路的图解法动态分析

(1) 由给定输入电压 u_i（即基极与发射极间的动态电压 u_{be}），在输入特性上求得基极动态电流 i_b。

(2) 画出交流通路，作出交流负载线。交流通路是指将原电路中的电压源看作短路、电容看短路时得到的等效电路，交流通路如图 6－14 所示。然后，由交流通路得到输出电压和输出电流的关系 $u_{ce}=-(R_c /\!/ R_L)i_c$，交流负载线的斜率为 u_{ce}/i_c，即 $-1/(R_c /\!/ R_L)$。又因为输入信号为零时必然工作于 Q 点上，即交流负载线一定通过 Q 点，从而交流负载线可由 Q 点平移得到。

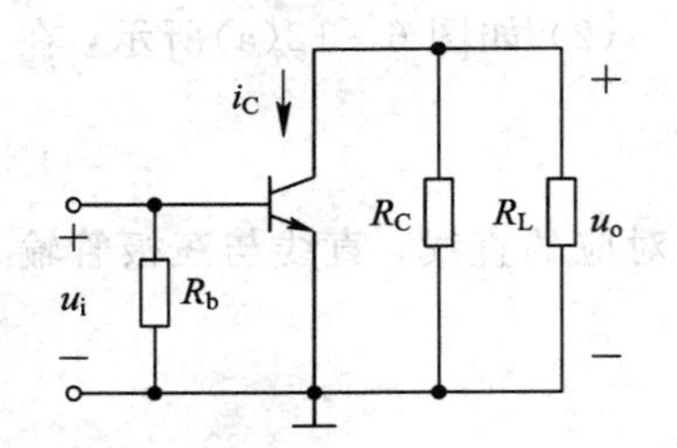

图 6－14　固定偏流电路的交流通路

(3) 由在输出特性上求得集电极动态电流 i_c 和集电极与发射极间的动态电压 u_{ce}，即输出电压 u_o。

(4) u_o 与 u_i 之比即为电压放大倍数 A_u。

注意，动态分析依赖于静态分析，即

$$u_{BE}=U_{BEQ}+u_{be} \tag{6-5}$$

$$i_B=I_{BQ}+i_b \tag{6-6}$$

$$u_{CE}=U_{CEQ}+u_{ce} \tag{6-7}$$

$$i_C=I_{CQ}+i_c \tag{6-8}$$

另外，应该看到交流负载线比直流负载线更陡；负载越大（R_L 值越小），交流负载线越陡；当空载（$R_L=\infty$）时，交流负载线与直流负载线重合。还应该看到 u_o 与 u_i 的相位相反；u_o 的大小与集电极电阻和负载的大小有关。

非线性失真分析及工作范围的确定：

不难从图 6－13 演变得到，假设输入电压为正弦波，若 Q 点过低，基极电流将因三极管在信号负半周峰值附近截止而产生失真，如图 6－15(a)所示；因而集电极电流和集电极与发射极间的电压必然随之失真，如图 6－15(b)所示。这种因三极管截止而产生的失真叫截止失真。由 NPN 型管组成的基本共射放大电路产生截止失真时，输出电压顶部失真。

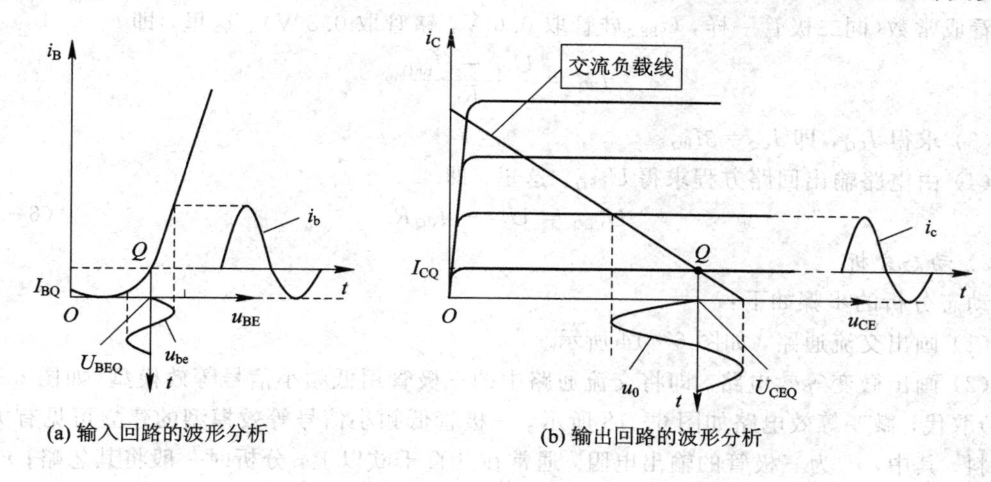

图 6－15　截止失真分析

反之，若 Q 点过高，虽然基极电流不会产生失真，如图 6－16(a)所示，但集电极电流将因三极管在信号正半周峰值附近饱和而产生失真，集电极与发射极间的电压将随之失真，如图 6－16(b)所示。这种因三极管饱和而产生的失真叫饱和失真。由 NPN 型管组成的基本共射放大电路产生饱和失真时，输出电压底部失真。

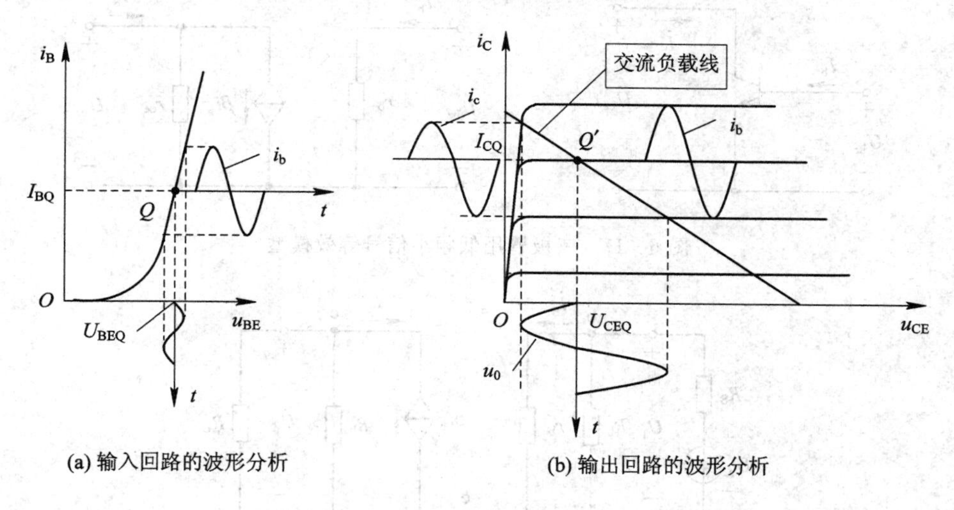

图 6－16　饱和失真分析

放大电路的最大不失真输出电压是指在不失真的情况下能够输出的最大电压，通常用峰－峰值 U_{pp} 来表示。显然，Q 点设置偏低，U_{pp} 由 Q 点和截止区决定；Q 点设置偏高，U_{pp} 由 Q 点和饱和区决定。为充分利用三极管的线性工作区域，以便得到较大的最大不失真输出电压，Q 点应尽量设置在交流负载线的中部。

2. 等效电路法

1）静态分析

静态分析的步骤如下：

(1) 画出直流通路，如图 6－11 所示。

(2) 列出电路输入回路方程，求得 I_{BQ}。实际上，就是将三极管用折线模型等效，并将 U_{BEQ} 看成常数(同二极管一样，U_{BEQ} 硅管取 0.6 V，锗管取 0.3 V)。这里，即

$$I_{BQ}=\frac{U_{CC}-U_{BEQ}}{R_b} \tag{6-9}$$

(3) 求得 I_{CQ}，即 $I_{CQ}=\beta I_{BQ}$。

(4) 由电路输出回路方程求得 U_{CEQ}。这里，即

$$U_{CEQ}=U_{CC}-I_{CQ}R_c \tag{6-10}$$

2) 动态分析

动态分析的步骤如下：

(1) 画出交流通路，如图 6－14 所示。

(2) 画出微变等效电路。即将交流通路中的三极管用低频小信号等效模型(如图 6－17 所示)取代，微变等效电路如图 6－18 所示。三极管低频小信号等效模型的建立可见有关参考资料。其中，r_{ce} 为三极管的输出电阻，通常在几百千欧以上，分析时一般将其忽略；r_{be} 为三极管的输入电阻，由基区体电阻 $r_{bb'}$ 和发射结电阻 $r_{b'e}$ 组成。不同型号的管子 $r_{bb'}$ 不同，一般在几十至几百欧之间。管子的 $r_{b'e}$ 可由 PN 结导通电流方程推导而得，即

$$r_{b'e}=(1+\beta)\frac{U_T}{I_{EQ}}$$

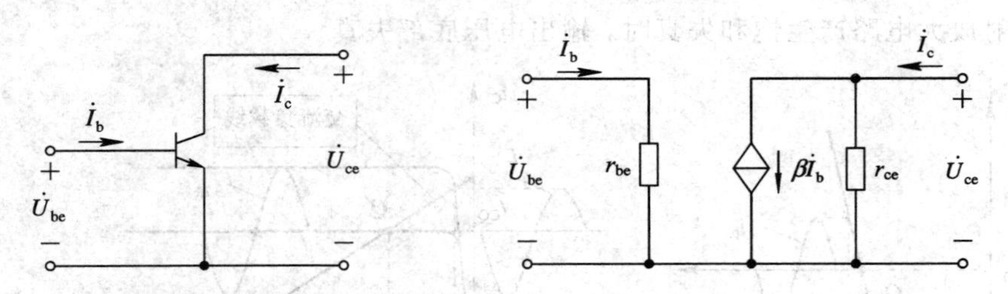

图 6－17　三极管用低频小信号等效模型

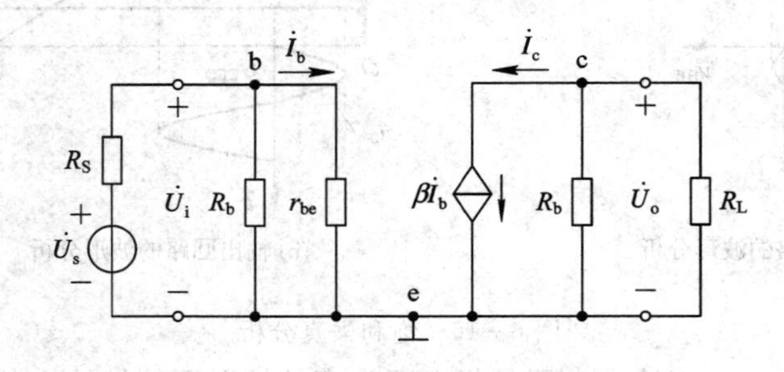

图 6－18　微变等效电路

因此，三极管的输入电阻为

$$r_{be}=r_{bb'}+(1+\beta)\frac{U_T}{I_{EQ}} \tag{6-11}$$

常温下，U_T 约为 26 mV。若无特殊说明，本书中 $r_{bb'}$ 取 200 Ω。

(3) 求得电压放大倍数 $\dot{A}_u$。

由图 6－18 可知，$\dot{U}_i=\dot{I}_b r_{be}$，$\dot{U}_o=-\dot{I}_c(R_c /\!/ R_L)=-\beta\dot{I}_b(R_c /\!/ R_L)$，所以

$$\dot{A}_u = \frac{\dot{U}_o}{\dot{U}_i} = -\beta\frac{R_L'}{r_{be}} \quad (R_L' = R_c \mathbin{/\!/} R_L) \tag{6-12}$$

(4) 求得输入电阻 R_i。

由图 6-18 可得，$\dot{U}_{iT} = \dot{I}_{iT} r_{be}$，所以

$$R_i = \frac{\dot{U}_{iT}}{\dot{I}_{iT}} = r_{be} \tag{6-13}$$

(5) 求得输入电阻 R_o。

由图 6-18 可得，$\dot{I}_b r_{be} + \dot{I}_b(R_s \mathbin{/\!/} R_b) = 0$，所以 $\dot{I}_b = 0$，因此

$$\dot{I}_{oT} = \frac{\dot{U}_{oT}}{R_c} + \beta\dot{I}_b = \frac{\dot{U}_{oT}}{R_c}$$

所以

$$R_o = \frac{\dot{U}_{oT}}{\dot{I}_{oT}} = R_c \tag{6-14}$$

注意，通过上述参数，还可以得到负载电压 $\dot{U}_o$ 与信号源 $\dot{U}_S$ 之间的关系，通常用 $\dot{A}_{us}$ 来表示，即

$$\dot{A}_{us} = \frac{\dot{U}_o}{\dot{U}_S} = \frac{\dot{U}_i}{\dot{U}_S} \cdot \frac{\dot{U}_o}{\dot{U}_i} = \frac{R_i}{R_S + R_i}\dot{A}_u \tag{6-15}$$

6.2.2 三极管共集电极放大电路

前面所述共发射极放大电路中，发射极作为输入、输出的公共端，基极作为输入，集电极作为输出。如果在放大电路中，将集电极作为输入、输出的公共端，基极作为输入，发射极作为输出，则为共集电极电路，如图 6-19 所示。由于信号从发射极送出，所以常称其为射极输出器。该电路常用于驱动大功率负载。其分析过程可仿照共射极放大电路，需要说明的是，由于共集电极电路通常用于驱动负载，工作于大信号状态。所以，当放大电路在整个信号周期均工作在非失真或失真较小的时候可用等效电路法，如果不满足该条件，则只能用图解法进行分析。

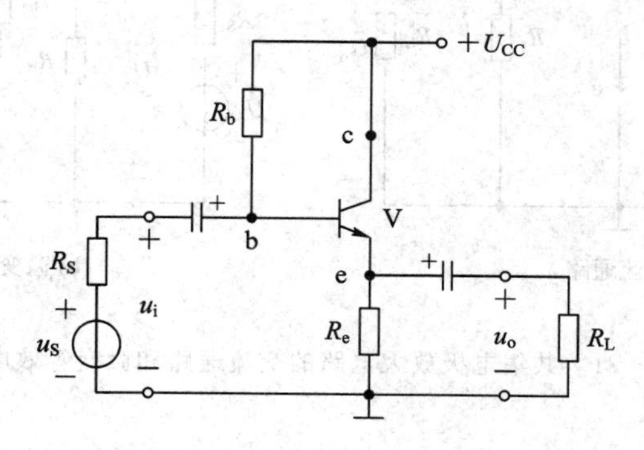

图 6-19 共集电极放大电路

1. 静态分析

共集电极放大电路的直流通路如图 6-20 所示，由输入回路方程可得

$$I_{BQ} = \frac{U_{CC} - U_{BEQ}}{R_b + (1+\beta)R_e} \tag{6-16}$$

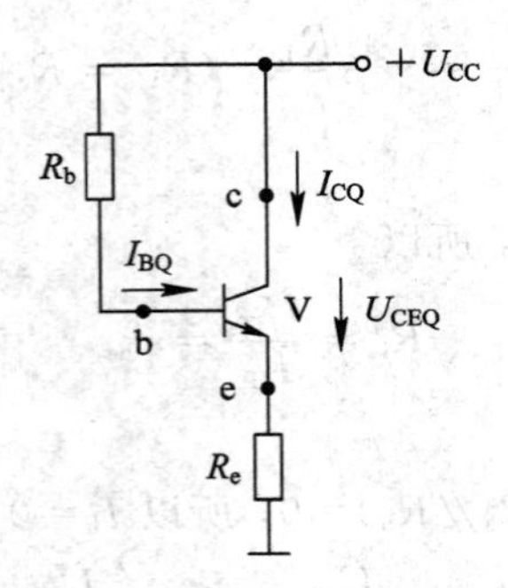

图 6 - 20　共集电极放大电路的直流通路

所以

$$I_{CQ} = \beta I_{BQ} \tag{6-17}$$

由输出回路方程可得

$$U_{CEQ} = U_{CC} - I_{EQ} R_e \tag{6-18}$$

2. 动态分析

1）电压放大倍数

共集电极放大电路的交流通路和微变等效电路如图 6 - 21 所示，因此

$$\dot{U}_i = \dot{I}_b r_{be} + (1+\beta)\dot{I}_b R_e$$

$$\dot{U}_o = (1+\beta)\dot{I}_b R_e$$

所以，电压放大倍数为

$$\dot{A}_u = \frac{(1+\beta)R_e}{r_{be} + (1+\beta)R_e} \tag{6-19}$$

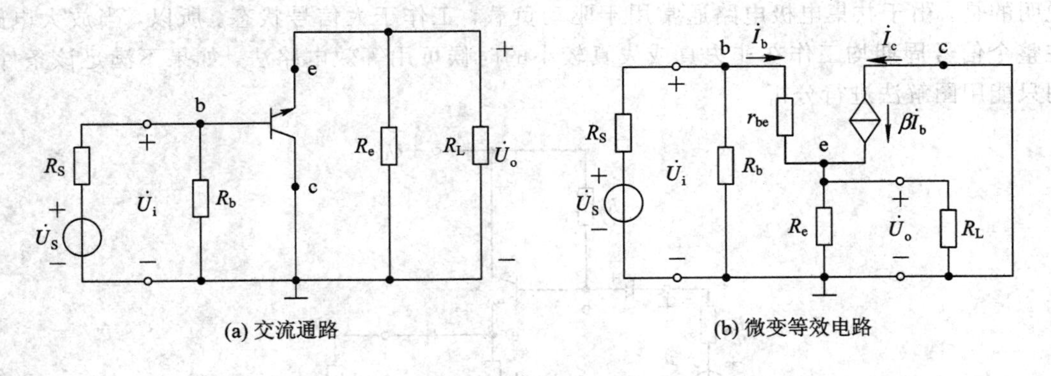

图 6 - 21　共集电极放大电路的交流通路和微变等效电路

2）输入电阻

根据输入电阻的定义，输入电阻的计算电路如图 6 - 22 所示。

输入电阻为

$$R_i = \frac{\dot{U}_{iT}}{\dot{I}_{iT}} = R_b \,/\!/\, [r_{be} + (1+\beta)(R_e \,/\!/\, R_L)] \tag{6-20}$$

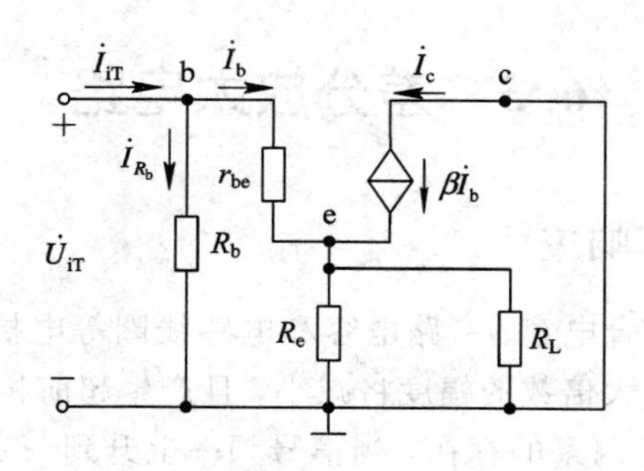

图 6-22　输入电阻计算电路

3）输出电阻

根据输出电阻的定义，输出电阻的计算电路如图 6-23 所示。

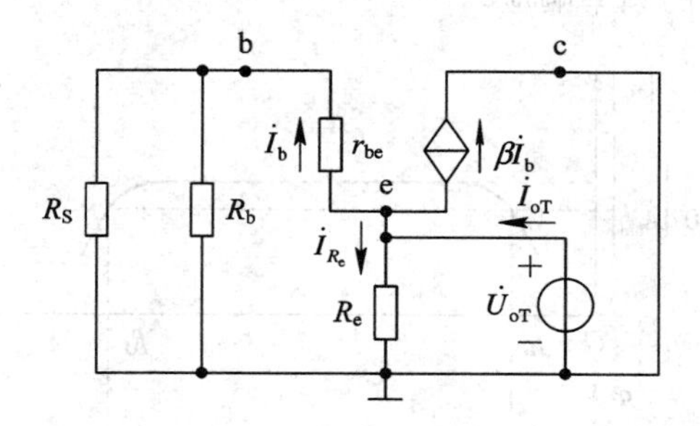

图 6-23　输出电阻计算电路

由图可得

$$\dot{I}_b = \frac{\dot{U}_{oT}}{r_{be} + R_b \parallel R_S}$$

$$\dot{I}_{oT} = \dot{I}_{R_e} + (1+\beta)\dot{I}_b = \frac{\dot{U}_{oT}}{R_e} + (1+\beta)\frac{\dot{U}_{oT}}{r_{be} + R_b \parallel R_S}$$

所以，输出电阻为

$$R_o = \frac{\dot{U}_{oT}}{\dot{I}_{oT}} = R_e \parallel \frac{r_{be} + R_b \parallel R_S}{1+\beta}$$

$$\approx R_e \parallel \frac{r_{be} + R_S}{1+\beta} \quad (R_b \gg R_S) \qquad (6-21)$$

综上所述，基本共集电极电路有以下三个显著特点：

(1) 当$(1+\beta)R_e \gg r_{be}$时，$\dot{U}_o \approx \dot{U}_i$，具有电压跟随作用；

(2) 输入电阻较大，可达几十千欧以上；

(3) 输出电阻小，可达几十欧以下。

由于共集电极电路的特点，电路的应用很广。利用电路的电压跟随作用，可作为多级放大电路(后面将会介绍)的中间级，起到缓冲或隔离前后级的作用；利用电路的输入电阻较大，可作为多级放大电路的输入级，以增加电路从信号源获取信号的能力；利用电路的输出电阻小，可作为多级放大电路的输出级，以增加电路向负载提供电流的能力，若电路的输入信号较大，电路就可以得到一个较大的输出功率。

6.3 差分放大电路

6.3.1 放大电路的频率响应

在放大电路中，由于耦合电容、旁路电容和电感线圈等电抗元件的存在，当信号频率下降到一定程度时，电压放大倍数的幅度将减小，且产生超前相移；由于三极管极间电容、电路分布电容和寄生电容等因素的存在，当信号频率上升到一定程度时，电压放大倍数的幅度将减小，且产生滞后相移。总之，放大倍数是信号频率的函数，这种函数关系称为频率响应或频率特性。阻容耦合放大电路的频率响应如图 6－24 所示，其中放大倍数的幅度与频率的关系，称为幅频响应；放大倍数的幅角与频率的关系，称为相频响应。两者综合起来可全面表征放大电路的频率响应。

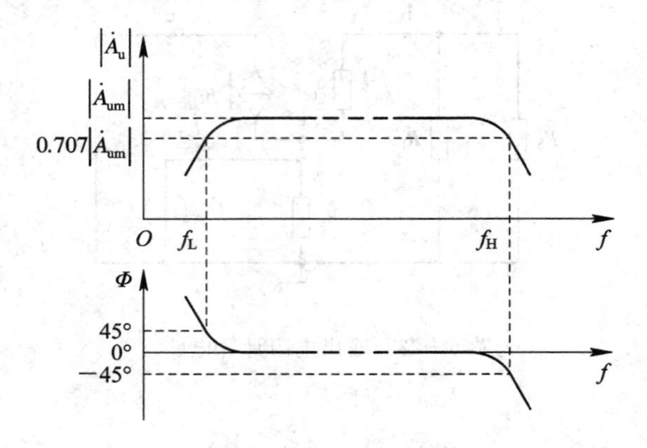

图 6－24　阻容耦合放大电路的频率响应

必须说明的是，前面在电路分析时忽略了电抗的影响，即将耦合电容、旁路电容和电感线圈的电抗看成零；将三极管极间电容、电路分布电容和寄生电容的容抗看成无穷大。当然，这在一定的信号频率范围内是可以的，对此常用通频带定义这个范围，以描述电路对不同信号频率的适应能力。所谓通频带，即放大倍数的幅度下降为原来的 $1/\sqrt{2}$以内的区域。在低频段，放大倍数的幅度下降为原来的 $1/\sqrt{2}$所对应的频率，称为下限频率 f_L；在高频段，放大倍数的幅度下降为原来的 $1/\sqrt{2}$所对应的频率，称为上限频率 f_H。所以，通频带的带宽为

$$f_{BW} = f_H - f_L \tag{6-22}$$

由于放大电路的通频带很宽且放大倍数的幅度很大，所以常用波特图描述放大电路的频率响应，即将坐标系的横轴用对数刻度 $\lg f$，但常标注为 f；幅频特性的纵轴用$20\lg|\dot{A}|$表示，称为增益，单位为分贝(dB)。波特图不但开阔了视野，而且将多级放大电路各级放大倍数的乘法运算转换成加法运算。注意，在波特图中，通频带的定义变成了的增益下降 3 dB 以内的区域。

6.3.2 多级放大电路的耦合方式及其特点

当一级放大电路的放大倍数满足不了系统要求时，往往采用多个放大电路串接而成，

称为多级放大电路。多级放大电路的耦合方式，最常见的有阻容耦合、直接耦合、变压器耦合和光电耦合等，它们各有特点，下面将一一介绍。

1. 阻容耦合

用电阻和电容将各个单级放大电路连接起来，称为阻容耦合。图 6－25 为两级阻容耦合放大电路。前级为共射极放大电路，主要起电压放大作用；后级为共集电极放大电路，主要起功率放大作用。

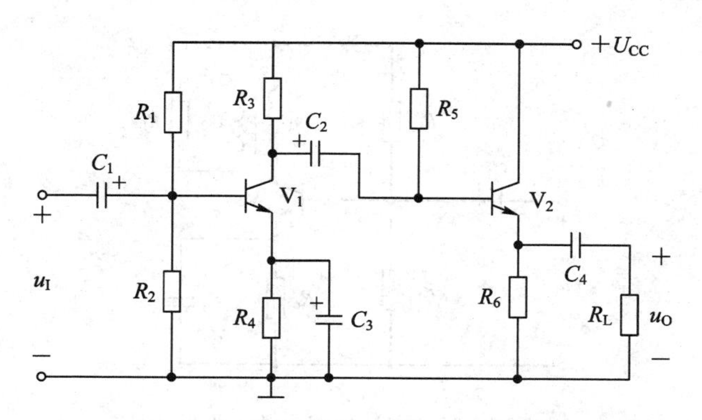

图 6－25　两级阻容耦合放大电路

由于耦合电容对直流量相当于开路，使各级间的静态工作点相互独立，因而设置各级电路静态工作点的方法与前面介绍的基本放大电路完全一样。

由于耦合电容对低频信号呈现出很大的电抗，低频信号在耦合电容上的压降很大，致使电压放大倍数大大下降，甚至不能放大，所以阻容耦合放大电路的低频特性差，不能放大变化缓慢的信号。同时，大容量电容不易集成，所以阻容耦合只能用于分立元件电路中。

2. 直接耦合

将各个单级放大电路直接连接起来，称为直接耦合。图 6－26 为两级直接耦合放大电路。前级为共源极放大电路，主要起电压放大作用；后级为共射极放大电路，进一步起电压放大作用。

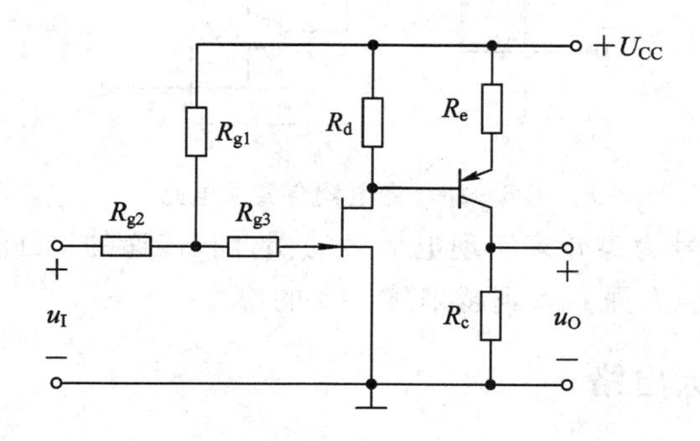

图 6－26　两级直接耦合放大电路

由于前后级电路直接相连，各级间的静态工作点相互影响，当改变电路某一参数时，可能带来各级静态工作点的变化。

直接耦合放大电路具有很好的低频特性，便于集成。目前，集成电路几乎都采用直接耦合方式，因其高性能低价位而广泛用于模拟电路。只有在工作频率特别高或输出功率特别大的情况下，才考虑采用分立元件电路。

3. 变压器耦合

图 6-27 为变压器耦合放大电路，电阻 R_L 可能是实际的负载，也可能是后一级放大电路。由于电路之间靠磁路耦合，因而与阻容耦合放大电路一样，各级间的静态工作点相互独立，但低频特性差，不能集成化，结构笨重。变压器耦合放大电路的最大优点是可以利用变压器的阻抗变换作用，进一步提高电路的放大能力。

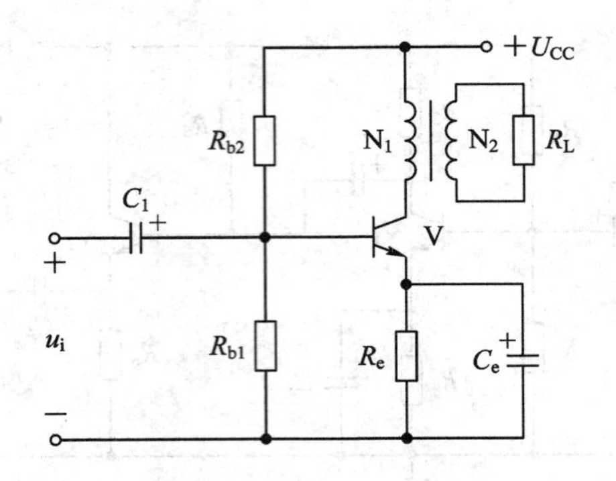

图 6-27　变压器耦合放大电路

4. 光电耦合

光电耦合放大电路如图 6-28 所示，前后级放大电路通过光电耦合器加以连接。其中，光电耦合器由发光二极管 V_D 和光电三极管 V_1 相互绝缘地组合在一起构成。V_D 与输入级相连，并将输入级提供的电信号转换成光信号；V_1 与 V_2 组成复合管，并与输出级相连，同时将光信号还原成电信号，传送给输出级。注意，前后级放大电路必须同时保证 V_D、V_1 和 V_2 的工作点合适，否则光电耦合器就不能正常工作。

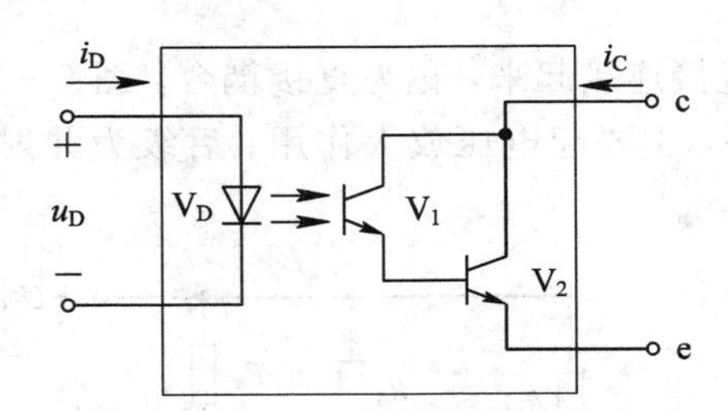

图 6-28　光电耦合放大电路

光电耦合是以光信号为媒介来实现电信号的耦合和传递的，目前已有集成光电耦合放大器问世，因其抗干扰能力强而得到越来越广泛的应用。

6.3.3　基本差分放大电路

如前所述，直接耦合放大电路既能放大交流信号又能放大直流信号，但由于直流通路相互关联，一旦前级静态工作点稍有偏移，这种不定而又不断的偏移对后级来讲相当于一个缓慢变化着的信号，它就会被逐级放大，致使放大器输出电压发生偏移，严重时甚至将原有信号淹没。这种输入电压为零、输出电压不为零的现象被称为零点漂移。在实际放大电路中，不解决零点漂移问题，电路是无法正常工作的。

产生零点漂移的原因很多，主要有电源电压的波动、元件的老化和半导体器件对温度的敏感性等。知道了原因，似乎可以从这里入手解决零点漂移问题了，但事实上是不行的，因为半导体器件性能参数受环境温度的影响是很难克服的，这也是常将零点漂移表示为温度漂移的原因。怎么办呢？负补偿技术为我们提供了一条很好的解决手段：利用电路结构参数的对称性，将产生的零点漂移抵消。这就是差分放大电路最原始的设计思想。

图 6-29 所示为典型差分放大电路，它的结构参数具有对称性，即 $R_{b1}=R_{b2}=R_b$，$R_{c1}=R_{c2}=R_c$，V_1和 V_2在各种环境下具有相同的特性。电路采用$+U_{CC}$和$-U_{EE}$两路电源供电。电路可以利用其对称性得到半边等效电路进行分析。

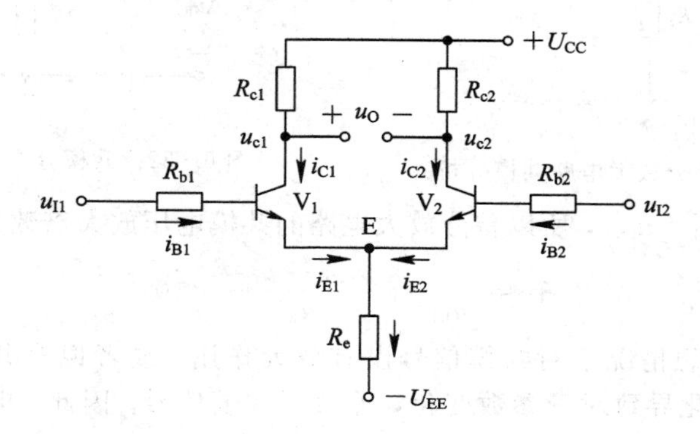

图 6-29　典型差分放大电路

1. 静态分析

静态时，$u_{I1}=u_{I2}=0$，V_1和 V_2的静态工作点相同，$I_{EQ1}=I_{EQ2}=I_{EQ}$，电阻 R_e上流过的电流为 $2I_{EQ}$，可将电阻 R_e看成是两个电阻为 $2R_e$的并联，且每个并联电阻上流过的电流为 I_{EQ}，由此可得典型差分放大电路的直流半边等效电路，如图 6-30 所示。

由图 6-30 可知，输入回路方程为

$$I_{BQ}R_b+U_{BEQ}+2I_{EQ}R_e-U_{EE}=0$$

因为 $I_{EQ}=(1+\beta)I_{BQ}$，所以

$$I_{BQ}=\frac{U_{EE}-U_{BEQ}}{R_b+2(1+\beta)R_e} \tag{6-23}$$

通常，$R_b \ll 2(1+\beta)R_e$，$U_{EE} \gg U_{BEQ}$，因此

$$I_{CQ}\approx I_{EQ}\approx\frac{U_{EE}}{2R_e} \tag{6-24}$$

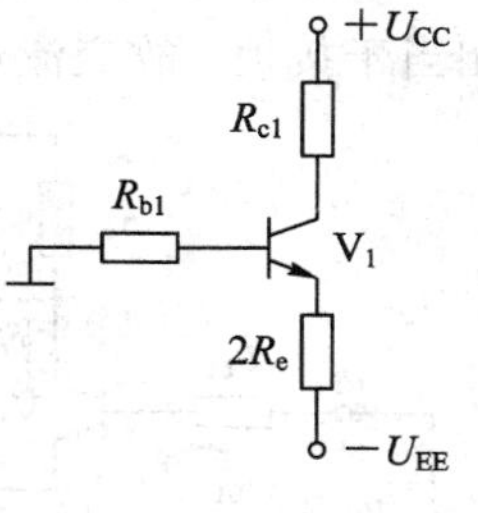

图 6-30　直流半边等效电路

又由输出回路方程可得

$$U_{CEQ}=U_{CC}+U_{EE}-I_{CQ}(R_c+2R_e) \tag{6-25}$$

2. 动态分析

1）共模分析

若两个输入端所加信号的电压大小相等、方向相同，则称之为共模信号，用 u_{IC}表示，如图 6-31 所示。其交流通路所对应的半边等效电路如图 6-32 所示，半边等效电路的共模电压放大倍数为

$$A_{c1}=\frac{u_{OC1}}{u_{IC}}=-\beta\frac{R_c}{R_b+r_{be}+2(1+\beta)R_e} \tag{6-26}$$

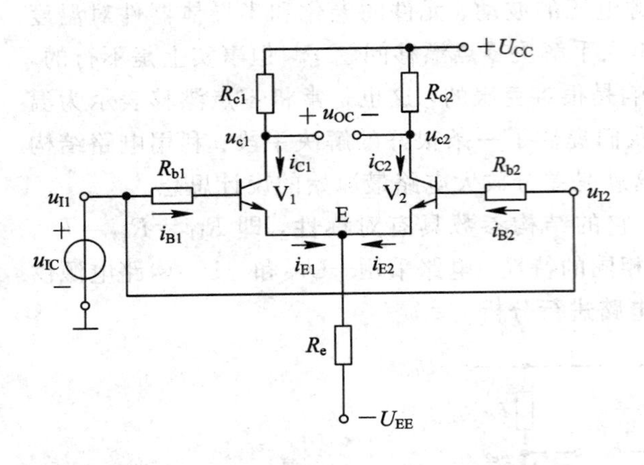

图 6-31　典型差分放大电路共模分析

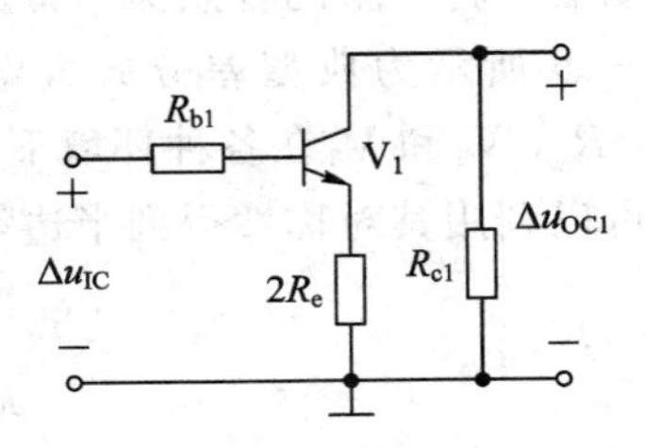

图 6-32　共模分析半边等效电路

理想情况下，$u_{OC1}=u_{OC2}$，所以差分放大电路的共模电压放大倍数为

$$A_c=\frac{u_{OC}}{u_{IC}}=\frac{u_{OC1}-u_{OC2}}{u_{IC}}=0 \tag{6-27}$$

即差分放大电路在理想情况下对共模信号没有放大作用，或者说对共模信号具有抑制作用。由于环境温度变化导致对管参数变化，等效于共模信号。因此，电路对环境温度变化产生的零点漂移具有抑制作用，且差分放大电路的共模电压放大倍数越小，抑制零点漂移的作用就越强。

2）差模分析

若两个输入端所加信号的电压大小相等、方向相反，则称之为差模信号，用 u_{ID} 表示，如图 6-33 所示。由于 $u_{ID1}=-u_{ID2}=u_{ID}/2$，因而 V_1 和 V_2 的各极电流变化大小相等、方向相反，流过电阻 R_e 的电流不变，或者说在交流通路中电阻 R_e 两端电压为零，V_1 和 V_2 的 e 极相当于接地，故交流通路所对应的半边等效电路如图 6-34 所示。

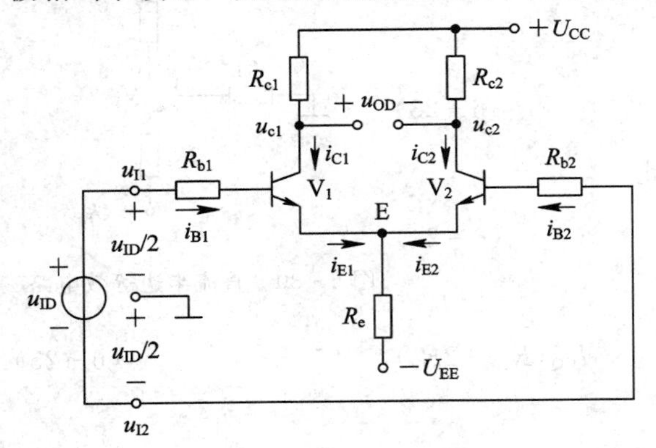

图 6-33　典型差分放大电路差模分析

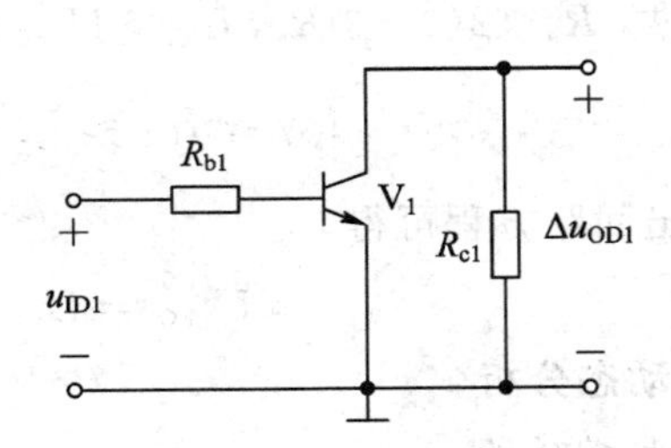

图 6-34　差模分析半边等效电路

半边等效电路差模电压放大倍数为

$$A_{d1}=\frac{u_{OD1}}{u_{ID1}}=-\beta\frac{R_c}{R_b+r_{be}} \tag{6-28}$$

理想情况下，$u_{OD1}=-u_{OD2}$，所以差分放大电路的差模电压放大倍数为

$$A_d = \frac{u_{OD}}{u_{ID}} = \frac{u_{OD1} - u_{OD2}}{2u_{ID1}} = \frac{2u_{OD1}}{2u_{ID1}} = A_{d1} \tag{6-29}$$

输入电阻为

$$R_i = 2R_{i1} = 2(R_b + r_{be}) \tag{6-30}$$

输出电阻为

$$R_o = 2R_{o1} = 2R_c \tag{6-31}$$

从以上分析可以看到，差分放大电路对差模信号有放大作用，对共模信号具有抑制作用。为了综合评价两方面的性能，特引入参数共模抑制比：

$$K_{CMR} = \left|\frac{A_d}{A_c}\right| \tag{6-32}$$

K_{CMR}越大越好。因此，增加 R_e，可以提高放大电路的共模抑制比。但 R_e的增大是有限的，因为在管子静态电流不变的情况下，R_e越大，所需的 U_{EE}将越高，电路的功耗和大电源本身的组成成本将显著增加，对管子极限指标要求也将提高，同时大电阻难于在集成电路中实现。为此，需要在 U_{EE}较小的情况下，既能设置合适的静态电流，又能对于共模信号呈现很大电阻的等效电路来取代 R_e，在前述电路中所介绍的电流源就具有这样的特点，所以在实际应用中，通常用半导体器件组成的电流源电路代替。

习　题

6－1　电路如图题 6－1 所示，二极管 V_D 为理想元件，U_S=5 V，则电压 u_O=(　　)。

A. U_S　　　　B. $U_S/2$　　　　C. 零

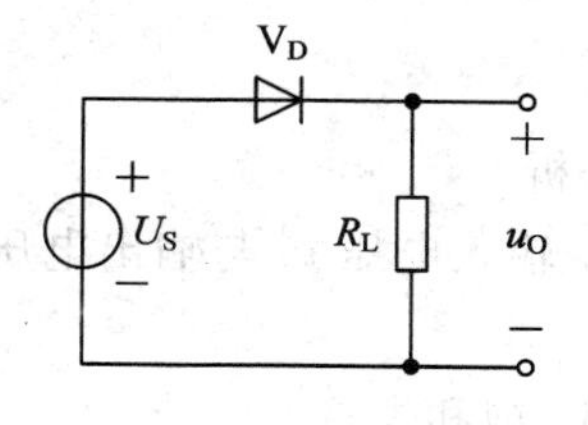

图题 6－1

6－2　电路如图题 6－2 所示，二极管为理想元件，$u_i=6\sin\omega t$ V，U=3 V，当 $\omega t=\frac{\pi}{2}$ 瞬间，输出电压 u_O 等于(　　)。

A. 0 V　　　　B. 6 V　　　　C. 3 V

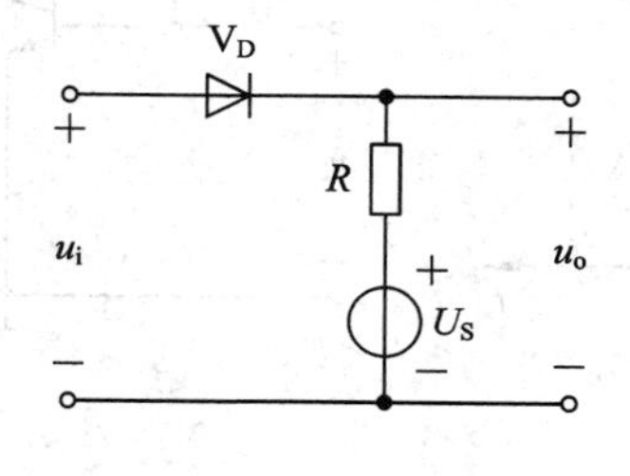

图题 6－2

6-3　一接线有错误的放大电路如图题 6-3 所示，该电路错误之处是(　　)。

A. 电源电压极性接反　　B. 基极电阻 R_B 接错　　C. 耦合电容 C_1、C_2 极性接错

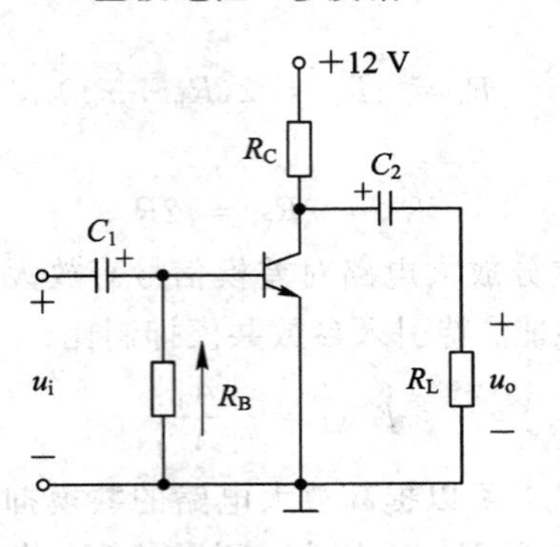

图题 6-3

6-4　对放大电路进行静态分析的主要任务是(　　)。

A. 确定电压放大倍数 A_u

B. 确定静态工作点 Q

C. 确定输入电阻 r_i，输出电阻 r_o

6-5　固定偏置放大电路中，晶体管的 $\beta=50$，若将该管调换为 $\beta=80$ 的晶体管，则该电路中晶体管集电极电流 I_C 将(　　)。

A. 增加　　B. 减少　　C. 基本不变

6-6　微变等效电路法适用于(　　)。

A. 放大电路的动态分析

B. 放大电路的静态分析

C. 放大电路的静态和动态分析

6-7　单管电压放大电路中，输入电压 u_i 与输出电压 u_o 波形如图题 6-7 所示，说明该电路产生了(　　)。

A. 截止失真　　B. 饱和失真　　C. 交越失真

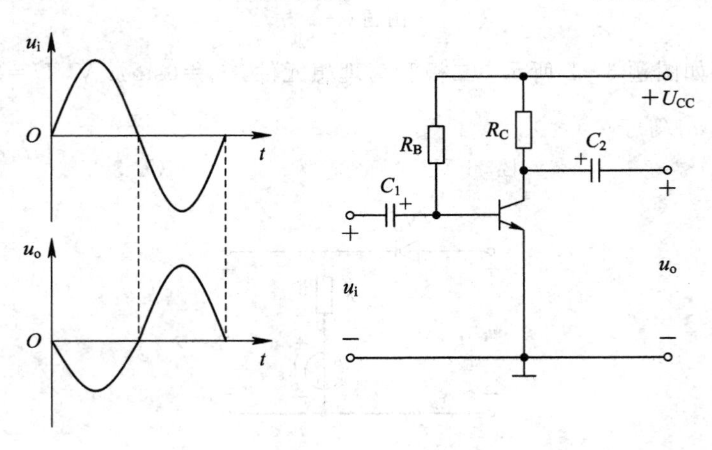

图题 6-7

6-8　射极输出器的输入输出公共端是(　　)。

A. 集电极　　　　　　　　B. 发射极　　　　　　　　C. 基极

6-9　射极输出器电路中，输出电压 u_o 与输入电压 u_i 之间的关系是(　　)。

A. 两者反相，输出电压大于输出电压

B. 两者同相，输出电压近似等于输入电压

C. 两者相位差 90°，且大小相等

6-10　阻容耦合放大电路在高频段电压放大倍数下降的原因是(　　)。

A. 耦合电容的影响

B. 晶体管的结电容和导线的分布电容的存在以及电流放大系数 β 的下降

C. 发射极旁路电容的影响

6-11　阻容耦合放大电路在低频段电压放大倍数降低的原因是(　　)。

A. 耦合电容和发射极旁路电容容抗较大

B. 晶体管的结电容和导线分布电容的存在

C. 晶体管电流放大系数 β 的下降

6-12　为了放大变化缓慢的信号或直流信号，多级放大器级与级之间必须采用(　　)。

A. 阻容耦合　　　　　　　B. 变压器耦合　　　　　　C. 直接耦合

6-13　直接耦合放大电路产生零点漂移的最主要原因是(　　)。

A. 温度的变化

B. 电源电压的波动

C. 电路元件参数的变化

6-14　在直接耦合放大电路中，采用差动式电路结构的主要目的是(　　)。

A. 提高电压放大倍数

B. 抑制零点漂移

C. 提高带负载能力

6-15　差动放大电路中所谓共模信号是指两个输入信号电压(　　)。

A. 大小相等，极性相反

B. 大小相等，极性相同

C. 大小不等，极性相同

6-16　差动放大电路中，所谓差模信号是指两个输入信号电压(　　)。

A. 大小相等，极性相同

B. 大小不等，极性相同

C. 大小相等，极性相反

6-17　设差动放大电路对共模输入信号的电压放大倍数为 A_{VC}，对差模输入信号的电压放大倍数为 A_{VD}，则该电路的共模抑制比 K_{CMR} 等于(　　)。

A. $\dfrac{A_{VC}}{A_{VD}}$　　　　　　　　B. $\dfrac{A_{VD}}{A_{VC}}$　　　　　　　　C. $A_{VC}A_{VD}$

6-18　具有发射极电阻 R_E 的典型差动放大电路，电路完全对称，在双端输出时共模抑制比 K_{CMR} 的值等于(　　)。

A. 零　　　　　　　　　　B. 无穷大　　　　　　　　C. 20 dB

6－19　双端输出电路对称的差动放大电路，对共模输入信号的电压放大倍数近似等于(　　)。

A. 零　　　　B. 无穷大　　　　C. 一个管子的电压放大倍数

6－20　具有发射极电阻 R_E 的典型差动放大电路中，R_E 的作用是(　　)。

A. 稳定静态工作点，抑制零点漂移

B. 稳定电压放大倍数

C. 提高输入电阻，减小输出电阻

6－21　电路如图题 6－21 所示，求 A 点与 B 点的电位差 U_{AB}＝?

6－22　电路如图题 6－22 所示，二极管 V_{D1}、V_{D2} 均为理想元件，求电压 u_{AO}＝?

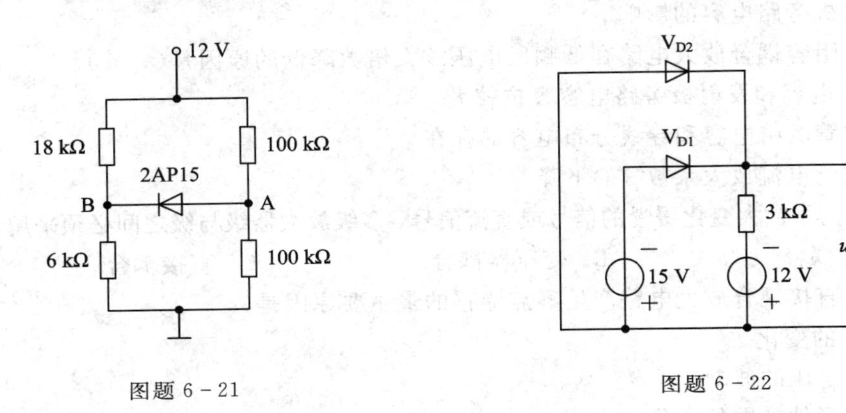

图题 6－21　　　　图题 6－22

6－23　电路如图题 6－23 所示，二极管为同一型号的理想元件，电阻 R ＝ 4 kΩ，电位 u_A＝1 V，u_B＝3 V，求电位 u_F＝?

6－24　电路如图题 6－24 所示，已知 u_i＝5sinωt V，二极管导通电压 U_{on}＝0.7 V。试画出 u_i与 u_o的波形，并标出幅值。

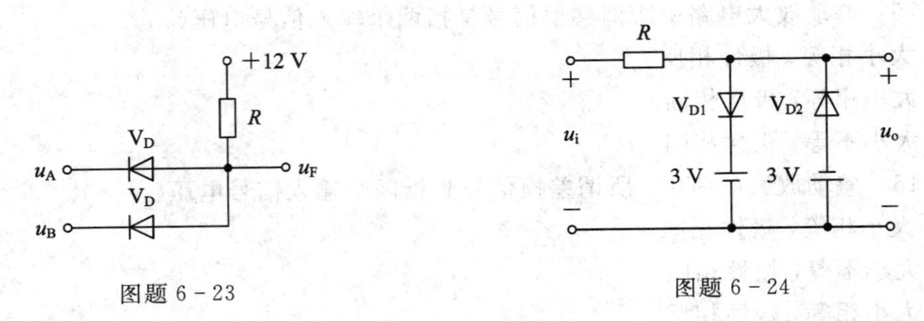

图题 6－23　　　　图题 6－24

6－25　现有两只稳压管，它们的稳定电压分别为 6 V 和 8 V，正向导通电压为 0.7 V。试问：

(1) 若将它们串联相接，则可得到几种稳压值? 各为多少?

(2) 若将它们并联相接，则又可得到几种稳压值? 各为多少?

6－26　已知稳压管的稳定电压 U_Z＝6 V，稳定电流的最小值 I_{Zmin}＝5 mA，最大功耗 P_{ZM}＝150 mW。试求图题 6－26 所示电路中电阻 R 的取值范围。

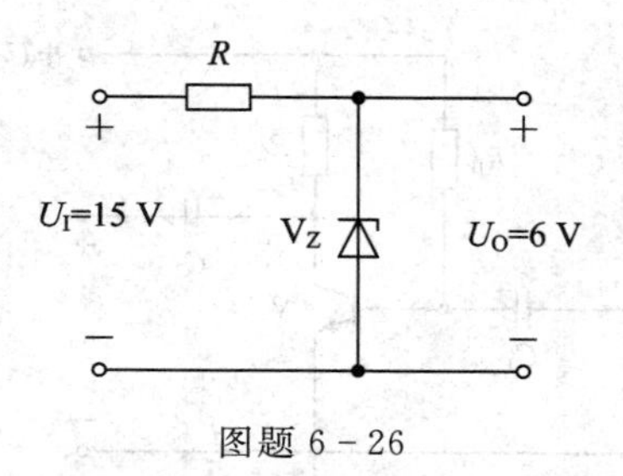

图题 6-26

6-27　已知图题 6-27 所示电路中稳压管的稳定电压 $U_Z=6$ V，最小稳定电流 $I_{Zmin}=5$ mA，最大稳定电流 $I_{Zmax}=25$ mA。

(1) 分别计算 U_I 为 10 V、15 V、35 V 三种情况下输出电压 U_O 的值；

(2) 若 $U_I=35$ V 时负载开路，则会出现什么现象？为什么？

6-28　在图题 6-28 所示电路中，发光二极管导通电压 $U_{on}=1.5$ V，正向电流在 5 mA～15 mA 时才能正常工作。试问：

(1) 开关 S 在什么位置时发光二极管才能发光？

(2) R 的取值范围是多少？

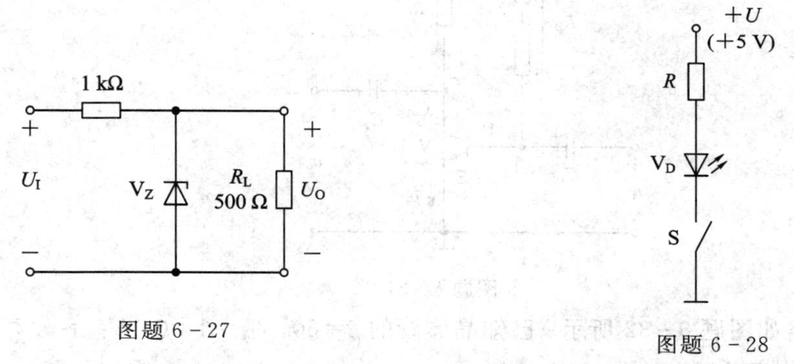

图题 6-27

图题 6-28

6-29　试分析图题 6-29 所示各电路是否能够放大正弦交流信号，简述理由。设图中所有电容对交流信号均可视为短路。

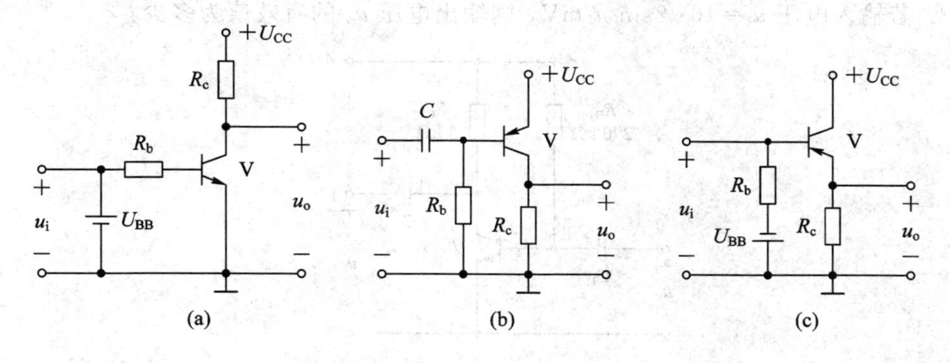

图题 6-29

6-30　固定偏置放大电路如图题 6-30 所示，已知 $U_{CC}=20$ V，$U_{BE}=0.7$ V，晶体管的电流放大系数 $\beta=100$，欲满足 $I_C=2$ mA，$U_{CE}=4$ V 的要求，试求电阻 R_B、R_C 的阻值。

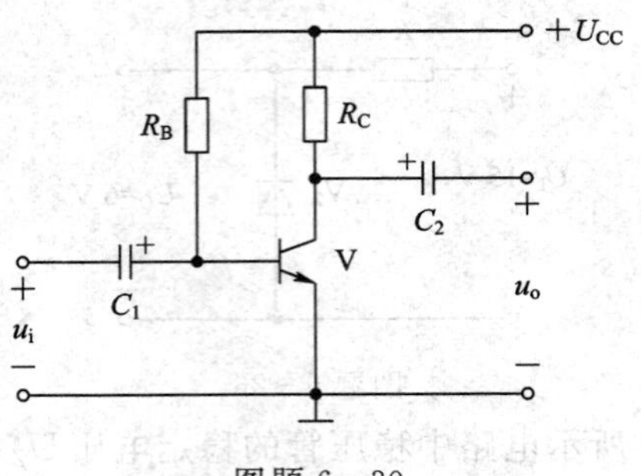

图题 6－30

6－31　电路如图题 6－31 所示，已知 $R_B=400\ k\Omega$，$R_C=1\ k\Omega$，$U_{BE}=0.6\ V$，要求：

(1) 今测得 $U_{CE}=15\ V$，试求发射极电流 I_E 以及晶体管的 β；

(2) 欲将晶体管的集射极电压 U_{CE} 减小到 8 V，试求 R_B 应如何调整？并求出其值。

(3) 画出微变等效电路，求电压放大倍数、输入电阻及输出电阻。

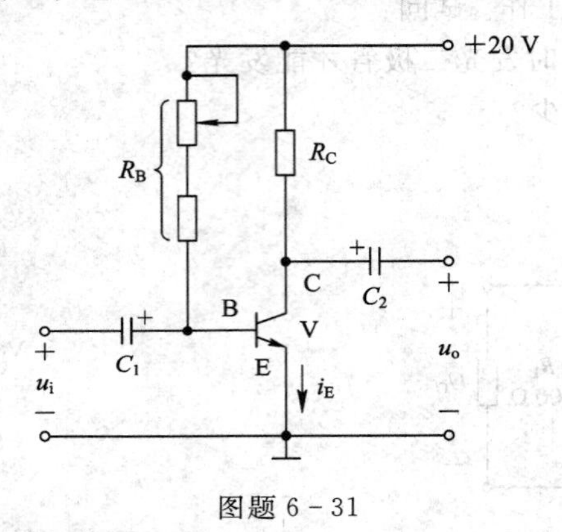

图题 6－31

6－32　电路如图题 6－32 所示，已知晶体管的 $\beta=60$，$r_{be}=1\ k\Omega$，$U_{BE}=0.7\ V$，试求：

(1) 静态工作点 I_B、I_C、U_{CE}；

(2) 电压放大倍数；

(3) 若输入电压 $u_i=10\sqrt{2}\sin\omega t\ mV$，则输出电压 u_o 的有效值为多少？

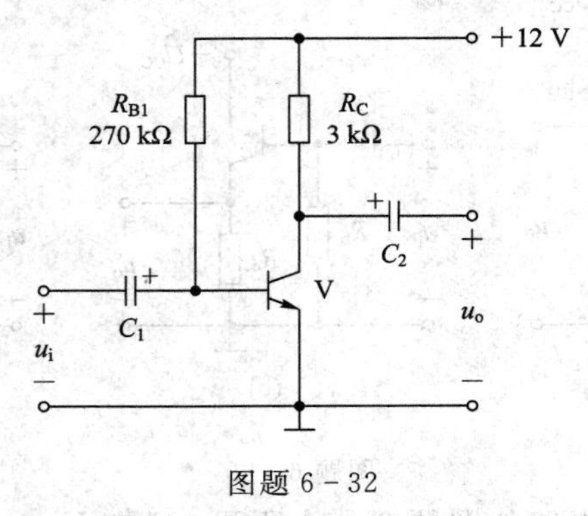

图题 6－32

6－33　电路如图题 6－33 所示，已知晶体管的电流放大系数 $\beta=40$，管子的输入电阻 $r_{be}=1\ k\Omega$，要求：

(1) 画出放大电路的微变等效电路；

(2) 计算放大电路的输入电阻 r_i；

(3) 写出电压放大倍数 A_u 的表达式。

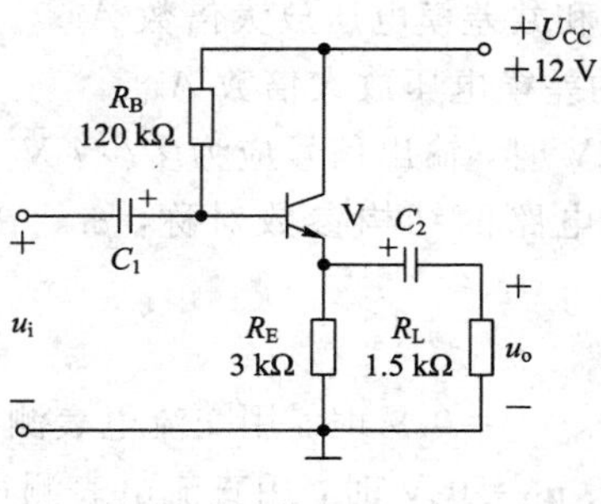

图题 6-33

6-34　如图题 6-34 所示电路中，设晶体管的 $\beta=100$，$r_{be}=1\ k\Omega$，静态时 $U_{CE}=5.5\ V$。试求：

(1) 输入电阻 r_i；

(2) 若 $R_S=3\ k\Omega$，$A_{us}=\dfrac{U_O}{U_S}=$？$r_o=$？

(3) 若 $R_S=30\ k\Omega$，$A_{us}=$？$r_o=$？

(4) 将上述(1)、(2)、(3)的结果进行对比，说明射极输出器有什么特点。

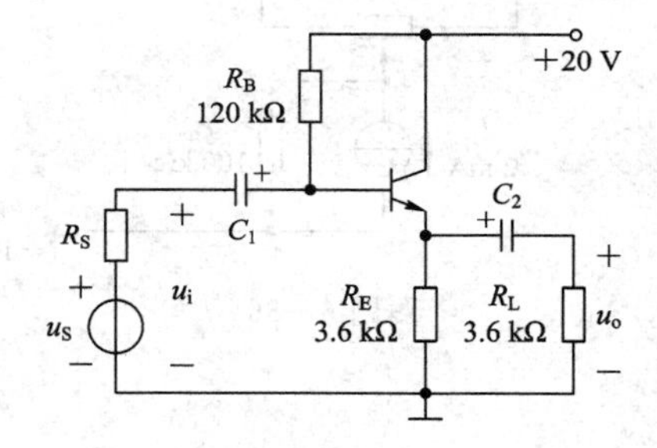

图题 6-34

6-35　图题 6-35 所示电路的结构参数对称，$\beta_1=\beta_2=150$，$r_{bb'}=200\ \Omega$，$U_{BE1}=$

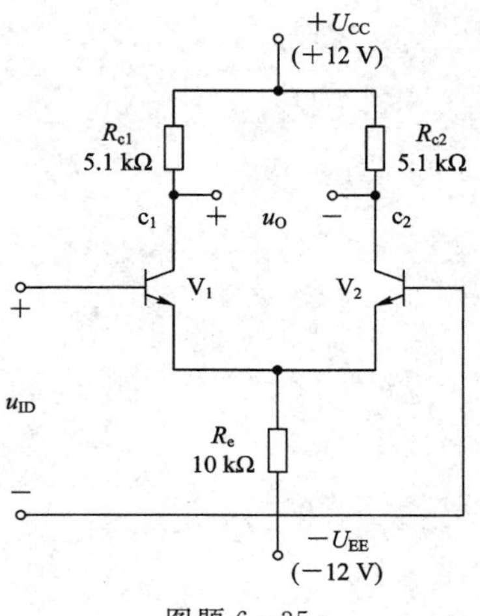

图题 6-35

$U_{BE2}=0.7$ V。试求：

(1) 两个管子的 I_{CQ}和 U_{CEQ}；

(2) 差模电压放大倍数 A_d和共差模电压放大倍数 A_c；

(3) 由 V_1 管单端输出时的差模电压放大倍数 A_{d1}。

(4) 当输入直流信号 10 mV 时，输出信号应为多少？V_1管发射极电位应为多少？

6-36　图题 6-36 所示电路的结构参数对称，$\beta_1=\beta_2=150$，$r_{bb'}=200\ \Omega$，$U_{BE1}=U_{BE2}=0.7$ V，$R_W=200$。试求：

(1) 求 Q 点；

(2) 当 $u_{I1}=0.02$ V(交流)、$u_{I2}=0$ V 时，用交流电表测得的 u_O应为多少？

(3)当 $u_{I1}=0.02$ V(直流)、$u_{I2}=0$ V 时，用直流电表测得的 u_O应为多少？

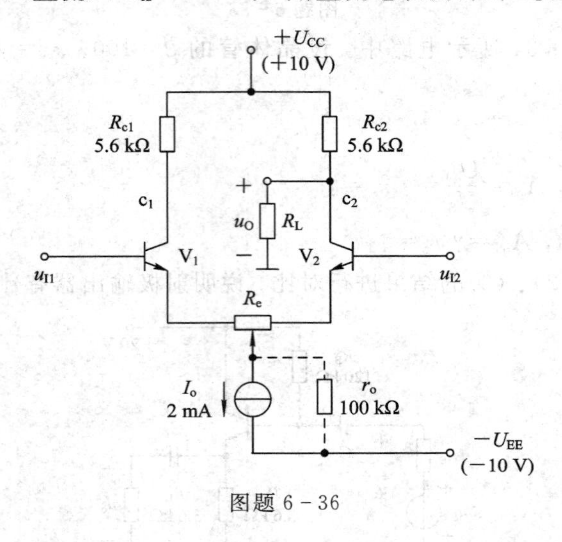

图题 6-36

第7章 集成运算放大器及其应用

集成运算放大电路是集成电路家族的重要成员，在电子技术的发展中具有重要的地位。因此，集成运算放大电路及其应用是本课程的重要内容之一。集成电路在应用中通常会引入一定的反馈，用于改善各方面的性能，因此掌握反馈的基本概念及其判断方法是研究实用电路的基础。本章主要介绍集成运放的基本组成、集成运放的主要技术指标、理想运放的概念、反馈的基本概念和判断方法、负反馈对放大电路性能的影响、集成运放电路的分析方法及集成运放组成的基本运算电路等。

7.1 集成运放简介

运算放大器大多被制作成集成电路，所以常称为集成运算放大电器，简称为集成运放。在一个集成芯片中，可以含有一个运算放大器，也可以含有多个运算放大器，集成运算放大器既可作直流放大器又可作交流放大器，其主要特征是电压放大倍数高，输入电阻非常大，输出电阻较小。由于集成运算放大器具有体积小、重量轻、价格低、使用可靠、灵活方便、通用性强等优点，因此它在检测、自动控制、信号产生与信号处理等方面得到了广泛应用。

7.1.1 集成运放的组成

集成运算放大器是一种高增益的直接耦合多级放大电路，通常由输入级、中间级、输出级及偏置电路组成。其简化原理框图如图7-1(a)所示。其中，输入级通常由双输入差分放大电路构成，主要作用是提高抑制共模信号的能力，提高输入电阻；中间级是由带恒流源负载和复合管的差放和共射极电路组成的高增益电压放大级，主要作用是提高电压增益；输出级采用互补对称功放或射极输出器组成，主要用于降低输出电阻，提高带负载能力；偏置电路为输入级、中间级和输出级提供合适的静态电流，从而确定合适的静态工作点，一般采用电流源电路。图7-1(b)为运算放大器的符号。

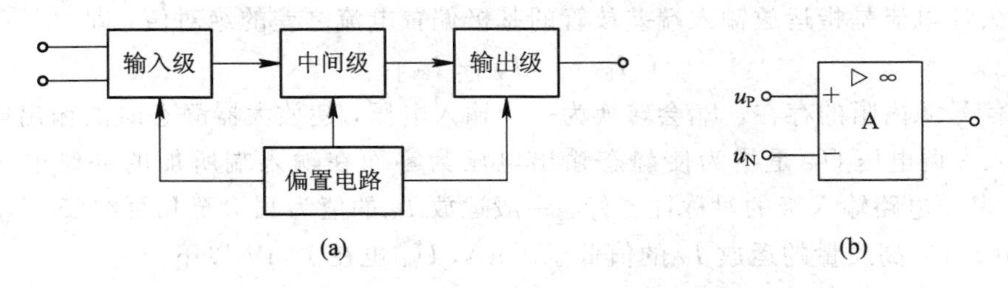

图7-1 集成运放的组成

7.1.2 集成运放的特点

集成运放是一种高增益的电压放大器，它具有电压增益高、输入电阻大及输出电阻小的特点。基于集成电路制造工艺的要求，集成运放内部电路具有以下特点：

（1）级间采用直接耦合方式。这主要是因为集成工艺不能制作大的电容和电感元件。

（2）用有源器件替代无源元件。由于集成电路工艺具有容易加工三极管而难以生产电阻、电容的特点，因此多用三极管等有源器件来代替电阻、电容。电路中的偏置电路主要采用集成电流源电路。

（3）利用对称结构改善电路性能。由于集成电路中元件性能的一致性好，所以电路的设计目标是使电路的性能尽可能取决于元器件的参数比，而不是元器件参数本身。如差分电路、恒流源电路和运放输出级电路都是对称结构，这样就改善了集成运放的各种性能。

（4）采用复合管结构，提高放大器性能。

集成运放的种类很多，有通用型和专用型两大类。通用型集成运放的各种性能参数取值适中，适用于一般应用场合。专用型集成运放根据特殊应用场合，突出一项或几项指标要求，如高输入电阻型、低漂移型、高精度型、高速型和低功耗型等。

7.1.3 集成运放的主要参数

集成运放的输入级通常由差分放大电路组成，一般具有两个输入端以及一个输出端，还有用于连接电源、补偿电路等的引出端。在单端输入的条件下，输出信号与一个输入端为反相关系，与另一个为同相关系，这两个输入端分别称为反相输入端和同相输入端，分别用符号“－”和“＋”标明。

为了描述集成运放的性能，提出了许多技术指标，现将常用的几项指标介绍如下：

1. 开环差模电压增益 A_{od}

开环差模电压增益表示运放在无反馈情况下的差模电压放大倍数，描述集成运放工作在线性区时输出电压与差模输入电压之比，即

$$A_{od}=\frac{\Delta u_o}{\Delta(u_P-u_N)} \tag{7-1}$$

通常用 $20\lg|A_{od}|$ 表示，其单位为分贝(dB)，称为差模增益。A_{od}是决定运放精度的重要因素，理想情况下希望 A_{od}为无穷大，实际中通用型运放的 A_{od}可达十万倍，即其差模增益为 100 dB 左右，高质量的集成运放 A_{od}在 140 dB 以上。

2. 输入失调电流 I_{IO}和输入失调电压 U_{IO}

输入失调电流是指运放输入端差放管的基极偏置电流之差的绝对值，即

$$I_{IO}=|I_{B1}-I_{B2}| \tag{7-2}$$

由于信号源内阻的存在，I_{IO}会转换为一个输入电压，使放大器静态时的输出电压不为零。而输入失调电压 U_{IO}是指为使静态输出电压为零而在输入端所加的补偿电压。I_{IO}与 U_{IO}越小，表明电路输入级的对称性越好。一般运放 I_{IO}的值为几十至几百纳安，U_{IO}的值为 1 mV～10 mV，高质量的运放 I_{IO}的值低于 1 nA，U_{IO}也在 1 mV 以下。

3. 输入偏置电流 I_{IB}

输入偏置电流 I_{IB}是指运放输入端差放管的基极偏置电流的平均值，即

$$I_{IB} = \frac{1}{2}(I_{B1} + I_{B2}) \tag{7-3}$$

I_{IB}相当于I_{B1}和I_{B2}中的共模成分，将影响运放的温漂。对于双极型三极管输入级的集成运放，其输入偏置电流约为几十纳安至1微安；对于场效应管输入级的集成运放，其输入偏置电流在1 nA以下。

4. 差模输入电阻 r_{id}

差模输入电阻r_{id}反映了运放输入端向差模输入信号源索取的电流大小，其定义是差模输入电压U_{ID}与相应的输入电流I_{ID}的变化量之比，即

$$r_{id} = \frac{\Delta U_{ID}}{\Delta I_{ID}} \tag{7-4}$$

一般集成运放的差模输入电阻为几兆欧，以场效应管作为输入级的集成运放，其差模输入电阻可达10^6 MΩ。

5. 共模抑制比 K_{CMR}

共模抑制比K_{CMR}是指开环差模电压放大倍数A_{od}与共模电压放大倍数A_{oc}之比的绝对值，即

$$K_{CMR} = 20\lg\left|\frac{A_{od}}{A_{oc}}\right| \tag{7-5}$$

其单位为分贝(dB)。共模抑制比综合反映了运放对差模信号的放大能力和对共模信号的抑制能力。多数集成运放的共模抑制比在80 dB以上，高质量的可达160 dB。

6. 最大共模输入电压 $U_{IC(max)}$

最大共模输入电压$U_{IC(max)}$是指运放在正常放大差模信号的条件下所能加的最大共模电压，如果超过此值，集成运放的共模抑制性能将显著恶化。$U_{IC(max)}$与运放输入级的电路结构密切相关。

7. 最大差模输入电压 $U_{ID(max)}$

最大差模输入电压$U_{ID(max)}$是输入差模的极限参数，当差模输入电压超过$U_{ID(max)}$时，将导致输入级差放管加反向电压的PN结击穿，造成输入级的损坏。

8. 上限截止频率 f_H

上限截止频率f_H是指运放差模增益下降3 dB时的信号频率。由于集成运放中的晶体管很多，结电容也就很多，因此f_H一般较低。

9. 单位增益带宽 f_C

单位增益带宽f_C是指A_{od}下降到1，即差模增益下降到0 dB时，与之对应的信号频率。f_C是集成运放的一项重要品质因素——增益带宽积大小的标志。

10. 转换速率 SR

转换速率SR是指在额定负载条件下，输入一个大幅度的阶跃信号时，输出电压的最大变化率，即

$$SR = \left.\frac{du_o}{dt}\right|_{max} \tag{7-6}$$

这个指标描述集成运放对大幅度信号的适应能力，SR越大，运放的高频性能越好。在实际应用中，输入信号的变化率一般不要大于集成运放的SR值。

7.2 放大电路中的反馈

7.2.1 反馈的概念

所谓反馈，就是将放大电路的输出量(电压或电流)的一部分或全部，通过一定的方式送回到放大器的输入端来影响输入量。

含反馈的放大电路框图如图7-2所示 。$\dot{A}$ 表示基本放大电路；$\dot{F}$ 表示输出信号送回到输入回路所经过的电路，称为反馈网络。箭头表示信号传递方向，符号"Σ"表示信号叠加。输入量 $\dot{X}_i$ 和反馈量 $\dot{X}_f$ 经过叠加后得到净输入信号 $\dot{X}_d$。放大电路与反馈网络组成一个封闭系统，所以有时把引入了反馈的放大电路称为闭环放大器，而把未引入反馈的基本放大电路称为开环放大器。

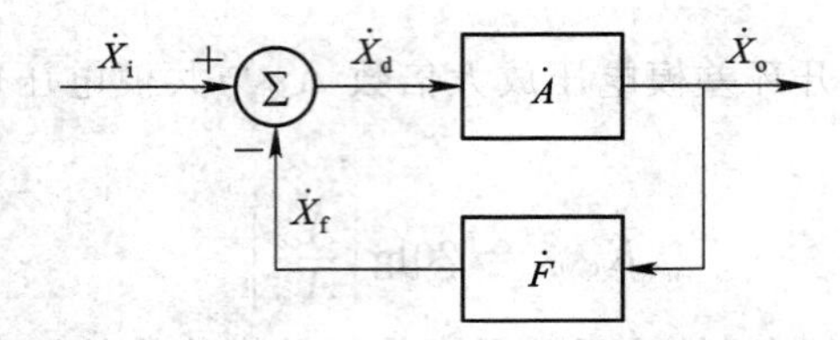

图7-2 反馈放大电路方框图

由图7-2可知，净输入信号 $\dot{X}_d$ 为

$$\dot{X}_d = \dot{X}_i - \dot{X}_f \tag{7-7}$$

基本放大电路的放大倍数也称为开环放大倍数，其表达式为

$$\dot{A} = \frac{\dot{X}_o}{\dot{X}_d} \tag{7-8}$$

电路的反馈系数为反馈量与输出量之比，其表达式为

$$\dot{F} = \frac{\dot{X}_f}{\dot{X}_o} \tag{7-9}$$

负反馈放大电路的放大倍数(也称为闭环放大倍数)为输出量与输入量之比，即

$$\dot{A}_f = \frac{\dot{X}_o}{\dot{X}_i} \tag{7-10}$$

根据式(7-8)和式(7-9)可得

$$\dot{A}\dot{F} = \frac{\dot{X}_f}{\dot{X}_d} \tag{7-11}$$

$\dot{A}\dot{F}$ 常称为电路的环路放大倍数(环路增益)。

根据上述各关系式可得引入反馈后的放大电路的放大倍数为

$$\dot{A}_f = \frac{\dot{X}_o}{\dot{X}_i} = \frac{\dot{X}_o}{\dot{X}_d + \dot{X}_f} = \frac{\dot{A}\dot{X}_d}{\dot{X}_d + \dot{A}\dot{F}\dot{X}_d}$$

因而 $\dot{A}_f$ 的一般表达式为

$$\dot{A}_f = \frac{\dot{A}}{1 + \dot{A}\dot{F}} \tag{7-12}$$

在中频段，$\dot{A}_f$、$\dot{A}$ 和 $\dot{F}$ 均为实数，因而式(7-12)可写为

$$A_f = \frac{A}{1+AF} \quad (7-13)$$

式(7－13)为计算反馈放大电路放大倍数的一般表达式。

在式(7－12)中，$|1+\dot{A}\dot{F}|$称为反馈深度。当$|1+\dot{A}\dot{F}|>1$，即$|\dot{A}_F|<|\dot{A}|$时，表明引入负反馈后，电路的放大倍数下降，为一般负反馈。当$|1+\dot{A}\dot{F}|\gg 1$时，为深度负反馈，此时，$\dot{A}_f \approx \frac{1}{\dot{F}}$，表明放大倍数几乎仅仅取决于反馈网络，而与基本放大电路无关。由于反馈网络常为无源网络，受环境温度的影响极小，因而放大倍数获得很高的稳定性。由深度负反馈的条件可知，反馈网络的参数确定后，基本放大电路的放大能力越强，即$\dot{A}$的数值越大，反馈越深，$\dot{A}_f$与$\frac{1}{\dot{F}}$的近似程度越好。若$|1+\dot{A}\dot{F}|<1$，则$|\dot{A}_f|>|\dot{A}|$，说明电路引入了正反馈；若$|1+\dot{A}\dot{F}|=0$，则说明电路在输入量为零时就有输出，故电路产生了自激振荡。

由此可知，当$|1+\dot{A}\dot{F}|>1$时引入负反馈，当$|1+\dot{A}\dot{F}|\gg 1$时为深度负反馈。通常放大电路引入的负反馈均为深度负反馈。应当指出，通常所说的负反馈放大电路是指中频段的反馈极性。当信号频率进入低频段或高频段时，由于附加相移的产生，负反馈放大电路可能在某一特定频率产生正反馈过程，甚至自激振荡，变得不稳定。在这种情况下，需要消除振荡，电路才能正常工作。

7.2.2 反馈的类型及判断

1. 按反馈极性分类

根据反馈极性的不同，或者说根据反馈信号对输入信号的不同影响，反馈可分为正反馈和负反馈。凡是引入反馈后，使放大电路原来的输入信号削弱，从而使放大倍数下降，这样的反馈称为负反馈，负反馈多用于改善放大器的性能。若引入反馈后，使放大电路原来的输入信号增强，从而使放大倍数上升，则这样的反馈称为正反馈，正反馈多用于振荡电路。

判断正、负反馈的思路，就是看反馈量是使净输入量X_d增大还是减小。使X_d增大是正反馈，使X_d减小是负反馈。常用的方法是瞬时极性法。首先将反馈网络与放大电路的输入端断开，假设给放大电路输入一个正弦波信号并设定输入信号在某一瞬间对地的极性为正，在图中用符号“＋”表示(若对地的极性为负，在图中用符号“－”表示)，依次通过放大电路和反馈电路，再看反馈回来的信号是正极性还是负极性，用符号“⊕”表示正极性，“⊖”表示负极性。若反馈信号削弱输入信号，使净输入量下降，则为负反馈；反之，若加强输入信号，使净输入量增加，则为正反馈。

【例7－1】 判断图7－3所示电路中反馈的极性。

解 在图7－3(a)所示电路中，设输入电压u_I的极性对地为“＋”，则因u_I作用于集成运放的同相输入端，故输出电压u_O的极性对地也为“＋”，作用于电阻R_1和R_2所组成的反馈网络，从而在R_1上获得反馈电压u_F，其极性为“⊕”，即反相输入端的电位对地为“＋”。因此，集成运放的净输入电压$u_D=u_P-u_N$减小，说明电路引入了负反馈。

在图7－3(b)所示电路中，设输入电压u_I的极性对地为“＋”，集成运放的反相输入端极性为“＋”，因而输出电压u_O的极性为“－”，反馈到输入端的极性为“⊖”，使净输入电压减小，说明电路引入了负反馈。

图 7-3(c)所示电路与图 7-3(b)所示电路的区别在于反馈引到集成运放的同相输入端，由图可判断出电路引入了正反馈。

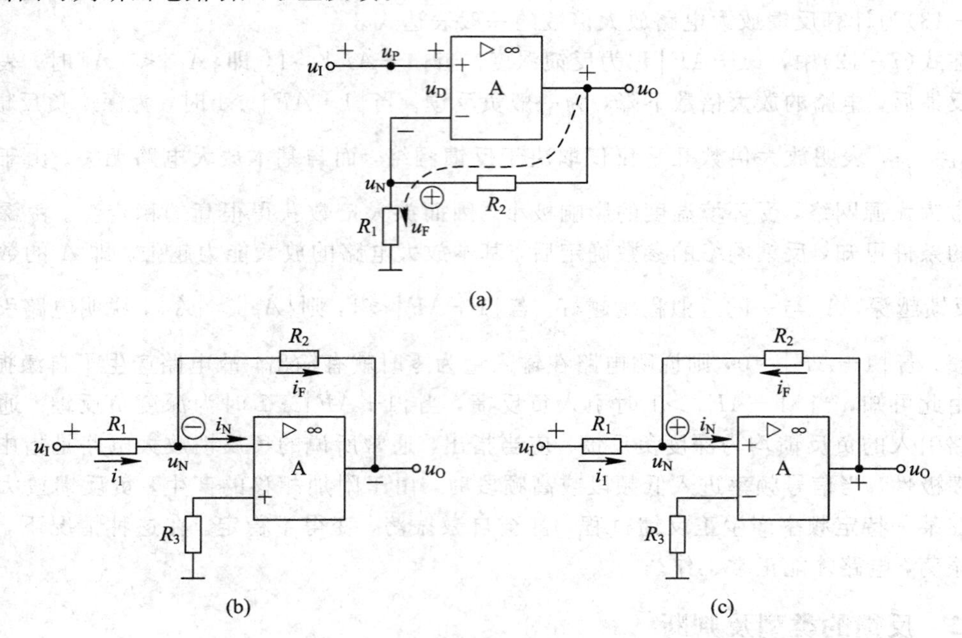

图 7-3　例 7-1 图

2. 按交直流性质分类

按反馈的交直流性质来分类，反馈可分为直流反馈和交流反馈。若反馈到输入端的信号是直流成分，则称为直流反馈。直流负反馈主要用于稳定静态工作点。若反馈到输入端的信号是交流成分，则称为交流反馈。交流负反馈主要用于改善放大电路的动态性能。

【例 7-2】 判断图 7-4 中有哪些反馈回路，是交流反馈还是直流反馈。

解　可以根据反馈到输入端的信号是交流、直流还是同时存在来进行判别。要注意电容的“隔直通交”作用。

从图 7-4 所示电路可以看出，电阻 R_f 所在支路是交直流反馈，C_2 所在支路是交流反馈。

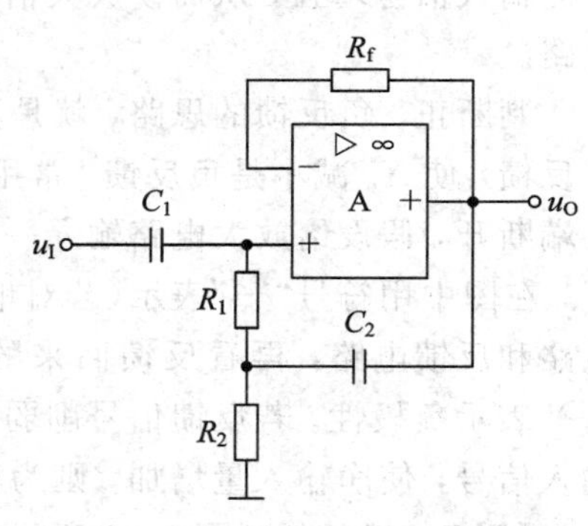

图 7-4　例 7-2 图

3. 按输出端取样对象分类

按输出端取样对象分类，反馈可以分为电压反馈和电流反馈。

在负反馈电路中，反馈信号的取样对象是输出电压，称为电压反馈。其特点就是反馈信号与输出电压成正比，也可以说电压反馈是将输出电压的一部分或全部按一定方式反馈到输入端。电压反馈在电路中具有稳定输出电压的作用。

反馈信号取样对象是输出电流，称为电流反馈。其特点是反馈信号与输出电流成正比，也可以说电流反馈是将输出电流的一部分或全部按一定方式反馈到输入端。电流反馈具有稳定输出电流的作用。

可以根据反馈的特点来判断电流反馈和电压反馈。假设输出端短路，即 $U_o=0$，若反馈仍存在，则说明反馈取样不是电压，而是电流，故应为电流反馈，否则为电压反馈。

在图 7-5(a)所示的电路中，若令输出电压 u_O 为零，即将输出端对地短路，则电阻 R_6 将与 R_3 并联，反馈电压不复存在，故电路引入了电压反馈。

在图 7-5(b)所示的电路中，若令输出电压 u_O 为零，即将负载电阻短路，则电阻 R_2 与 R_3 对输出电流 i_O 的分流关系不变，反馈电流依然存在，故电路引入了电流反馈。

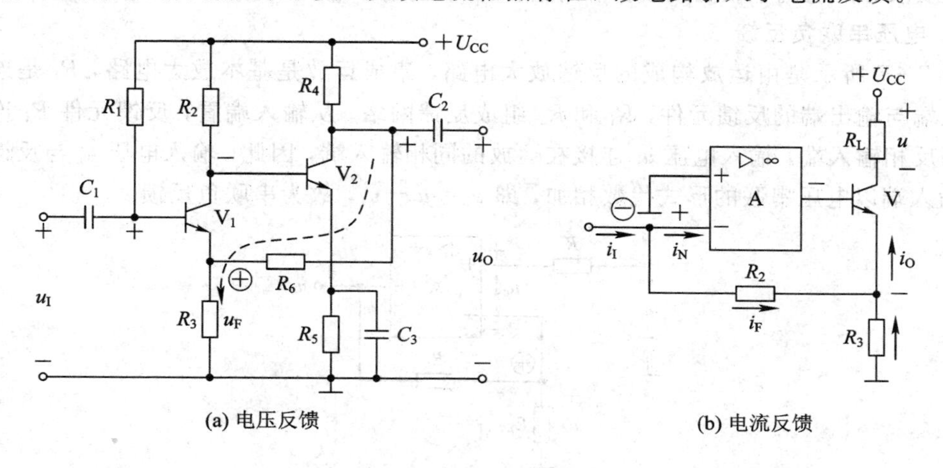

图 7-5　电压反馈与电流反馈

4. 按输入端连接方式分类

按反馈信号至输入端的连接方式分类，反馈可以分为串联反馈和并联反馈。

所谓串联反馈，是指反馈电路串接在输入回路，以电压形式在输入端相加，决定净输入电压信号，即 $\dot{U}_d=\dot{U}_i-\dot{U}_f$。从电路结构上看，反馈电路与输入端串接在输入电路，即反馈端与输入端不在同一电极，如图 7-6 中电阻 R_e 所在支路为串联反馈。

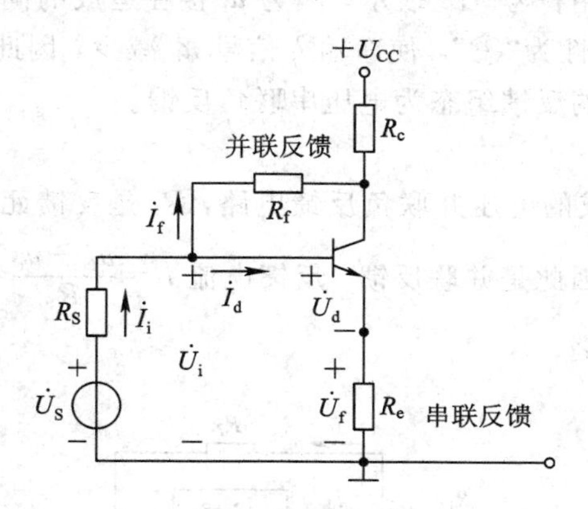

图 7-6　串联反馈与并联反馈

所谓并联反馈，是指反馈电路并接在输入回路，以电流形式在输入端相加，决定净输入电路信号，即 $\dot{I}_d=\dot{I}_i-\dot{I}_f$。从电路结构上看，反馈电路与输入端并接在输入电路，即反馈端与输入端在同一电极，如图 7-6 中电阻 R_f 所在支路为并联反馈。

串联反馈具有提高输入电阻的作用，而并联反馈具有降低输入电阻的作用。串联、并联反馈对信号源内阻 R_S 的要求是不同的。为使反馈效果好，串联反馈要求 R_S 愈小愈好，

R_S 太大则串联效果趋于零。并联反馈则要求 R_S 愈大愈好，否则若 R_S 太小，则并联效果趋于零。

7.2.3 交流负反馈的四种组态

按前述分类，负反馈放大电路可有四种组态：电压串联负反馈、电压并联负反馈、电流并联负反馈、电流串联负反馈。下面结合具体电路逐一介绍。

1. 电压串联负反馈

图 7-7 所示是由运放构成的反馈放大电路，集成运放是基本放大电路，R_f 是连接电路输入端与输出端的反馈元件，R_f 和 R_1 组成反馈网络。从输入端看，反馈元件 R_f 连接在运放的反相输入端，输入电压 u_i 连接在运放的同相输入端，因此，输入电压 u_i 与反馈电压 u_f 在输入端以电压串联的形式代数相加，即 $u_d=u_i-u_f$，故为串联负反馈。

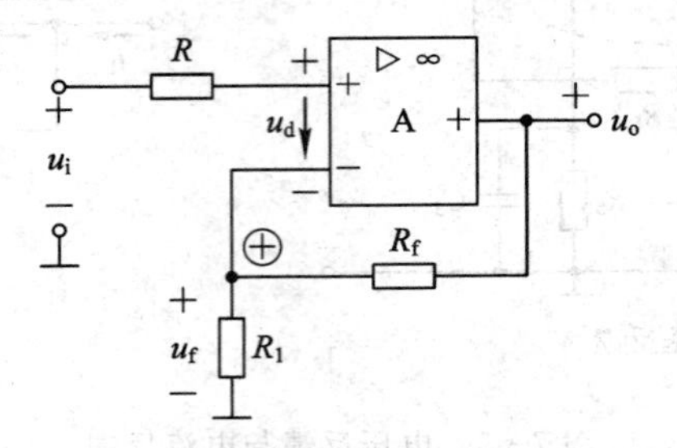

图 7-7　由运放组成的电压串联负反馈电路

从输出端看，反馈电压 $u_f=u_o\dfrac{R_1}{R_1+R_f}$，因为反馈量与输出电压成比例，所以称为电压反馈。

可以采用“瞬时极性法”判断反馈极性，假设某一瞬间，在放大电路的输入端加入一个正极性的输入信号，图中用符号“+”表示，因为 u_i 接在运放的同相输入端，则输出电压也为“+”，反馈信号 u_f 的极性为“⊕”，使净输入信号 u_d 减少，因此是负反馈。

综上所述，这个电路的反馈组态为电压串联负反馈。

2. 电压并联负反馈

图 7-8 是由运放构成的电压并联负反馈电路，R_f 是反馈元件，它与输入信号连接在放大电路的同一输入端，因此是并联反馈。反馈电流 $i_f=\dfrac{u_N-u_o}{R_f}\approx-\dfrac{u_o}{R_f}$，当 u_o 为零时，反馈不存在，因此是电压反馈。

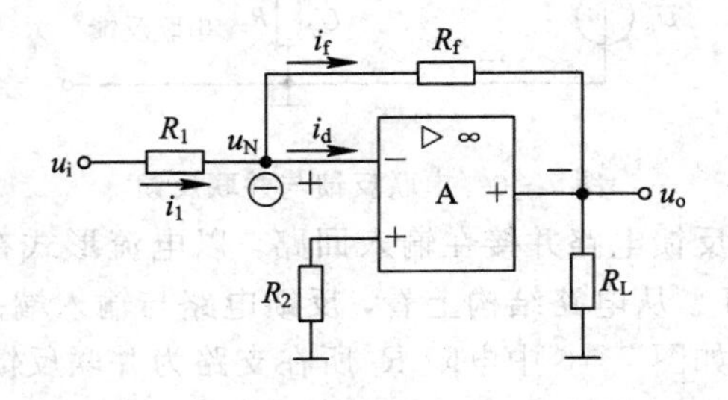

图 7-8　由运放组成的电压并联负反馈电路

假设某一瞬时，输入信号 u_i 的极性为“+”，反馈回来的信号为“−”，引入反馈的结果使净输入信号减少，则该反馈是负反馈，所以该电路为电压并联负反馈。

3. 电流并联负反馈

图 7-9 为由运放构成的电流并联负反馈电路。R_f 是连接输入回路和输出回路的反馈元件。从输入端看，R_f 与输入信号都连接到运放的反相输入端，即输入电流 i_i、反馈电流 i_f 和运放的净输入电流 i_d 都连接在同一点以电流并联的形式代数相加，R_f 与输入信号并接于运放的反相端，因此是并联反馈。

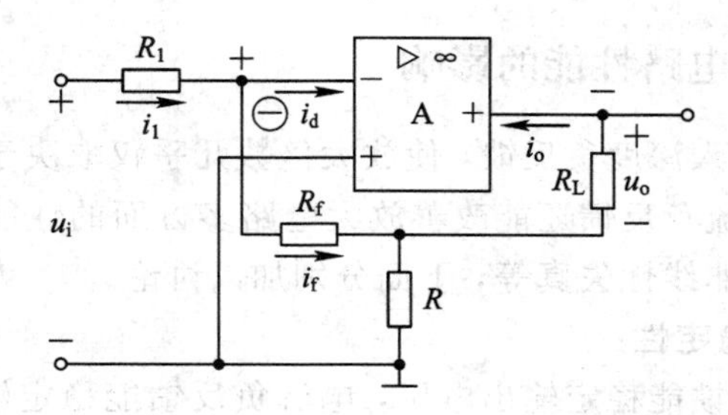

图 7-9 由运放组成的电流并联负反馈电路

从输出端看，由于运放输入端存在“虚短”，因而反馈电流 $i_f = i_o \dfrac{R}{R_f + R}$，即反馈电流 i_f 与输出电流 i_o 成比例，所以是电流反馈。如果用输出短路法判定输出的采样类型，将 R_L 短路，则会发现 i_f 依然存在，也说明是电流反馈。

根据瞬时极性可判断图 7-9 是负反馈，所以该电路的反馈组态是电流并联负反馈。

4. 电流串联负反馈

图 7-10 所示电路是由运放组成的电流串联负反馈电路。集成运放对输入信号进行放大，得到输出电流 i_o，i_o 流过负载电阻 R_L，产生输出电压 u_o。i_o 流过反馈电阻 R_f，产生反馈电压 u_f，$u_f = i_o R_f$，即 u_f 正比于输出电流 i_o，所以是电流反馈。如果用输出短路法判定，将 R_L 短路，电流 i_o 和反馈电压 u_f 仍存在，则也可说明是电流反馈。

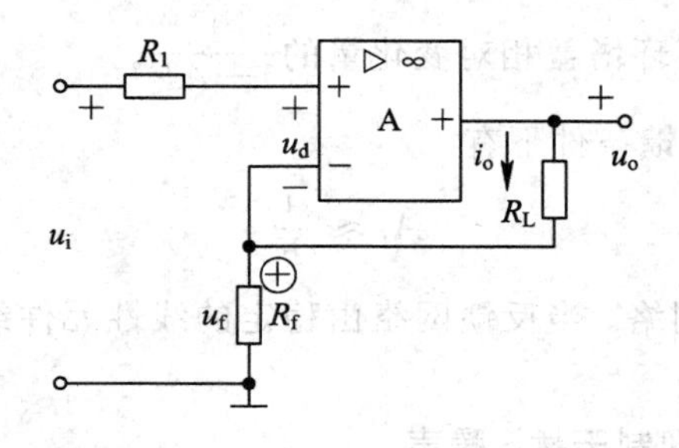

图 7-10 运放组成的电流串联负反馈电路

从输入回路看，输入电压 u_i 和反馈电压 u_f 分别接在运放的同相输入端和反相输入端，没有接在同一输入端，u_i 和 u_f 以电压串联的形式进行比较，因此是串联反馈。

设 u_i 为“+”，输出电压 u_o 为“+”，那么反馈量 u_f 为“⊕”，净输入电压 u_d 减小，引入了负反馈，因而该电路的反馈组态是电流串联负反馈。

这个电路与图 7-7 所示的电压串联负反馈放大电路的结构非常相似，主要差别在于

反馈电压 u_f 是如何产生的。在本电路中，u_f 是由输出电流经过电阻 R_f 产生的；在图 7-7 所示的电路中，u_f 与 i_o 没有关系，而是由输出电压 u_o 被反馈网络的电阻分压得到的。所以得到两种不同的反馈组态。

比较图 7-10 所示的电路与图 7-9 所示的电流并联负反馈放大电路，两者都是由运放构成的电流负反馈电路，它们的共同特点是负载电阻 R_L 没有接在运放输出端和地之间，这样流过负载电阻 R_L 的电流 i_o 才能被反馈网络取样，如果 R_L 接在运放输出端与地之间，电流 i_o 就无法被反馈网络取样了。

7.2.4 负反馈对放大电路性能的影响

实用放大电路常常引入深度负反馈，使放大倍数几乎仅取决于反馈网络，从而提高放大倍数稳定性。此外，交流负反馈还能改善放大电路多方面的性能，如改变输入电阻和输出电阻，扩展频带，减小非线性失真等，下面分别加以讨论。

1. 提高放大倍数的稳定性

前面已提到电压负反馈能稳定输出电压，电流负反馈能稳定输出电流。这样，在放大电路输入信号一定的情况下，其输出受电路参数、电源电压、负载电阻变化的影响较小，提高了放大倍数的稳定性。

在式(7-13)中对 A_f 求导，得

$$\frac{dA_f}{dA}=\frac{1}{1+AF}-\frac{AF}{(1+AF)^2}=\frac{1}{(1+AF)^2} \tag{7-14}$$

实际中，常用相对变化量来表示放大倍数的稳定性。

将式(7-14)改写成

$$dA_f=\frac{dA}{(1+AF)^2}=\frac{A}{(1+AF)^2}\frac{dA}{A} \tag{7-15}$$

运用式(7-13)，整理得

$$\frac{dA_f}{A_f}=\frac{1}{1+AF}\frac{dA}{A} \tag{7-16}$$

即闭环增益相对变化量是开环增益相对变化量的$\frac{1}{1+AF}$。

另一方面，在深度负反馈条件下有

$$\dot{A}_f\approx\frac{1}{F} \tag{7-17}$$

即闭环增益只取决于反馈网络。当反馈网络由稳定的线性元件组成时，闭环增益将有很高的稳定性。

2. 减小非线性失真和抑制干扰、噪声

由于放大器在一定的工作条件下为非线性器件，因此其对信号进行放大时会产生一定的非线性失真。引入负反馈以后，可以利用负反馈的自动调节作用来改善反馈放大电路的非线性失真。

如图 7-11(a)所示，原放大电路产生了非线性失真。输入为正、负对称的正弦波，由于放大器件的非线性，输出是正半周大、负半周小的失真波形。加了负反馈后，输出端的失真波形反馈到输入端，与输入波形叠加后，净输入信号成为正半周小、负半周大的波形。

此波形经放大后，其输出端正、负半周波形之间的差异减小，从而减小了放大电路输出波形的非线性失真，如图 7-11(b)所示。

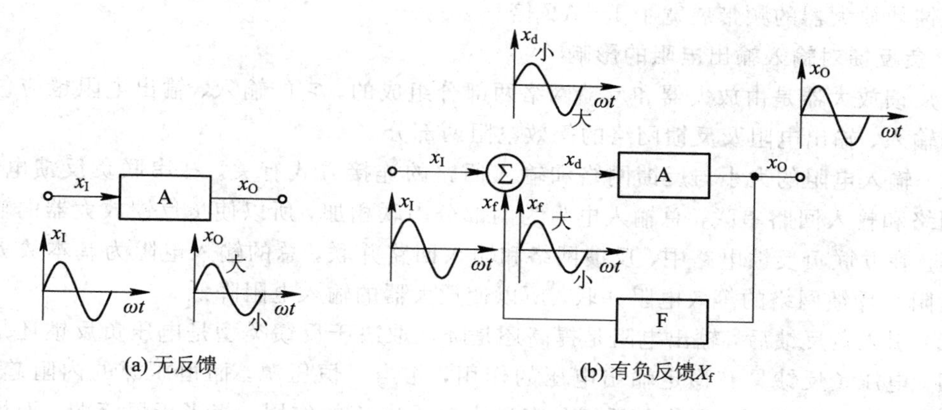

图 7-11　负反馈减小非线性失真

需要指出的是，负反馈只能减小本级放大器自身产生的非线性失真，而对输入信号的非线性失真，负反馈是无能为力的。

3. 扩展频带

在前面讨论的阻容耦合放大电路中，由于耦合电容和旁路电容的存在，将引起低频段放大倍数下降和产生相位移；由于分布电容和三极管极间电容的存在，将引起高频段放大倍数下降和产生相位移。在前面讨论中已提到，对于任何原因引起的放大倍数下降，负反馈将起稳定作用。如果 F 为一定值(不随频率而变)，在低频段和高频段输出减小，则反馈到输入端的信号也减小，于是净输入信号增加，使输出量回升，所以频带展宽。

为使问题简单化，设反馈网络为纯电阻网络，则负反馈放大电路放大倍数 $\dot{A}_f$ 的幅频特性及其基本放大电路放大倍数 $\dot{A}$ 的幅频特性波特图如图 7-12 所示。

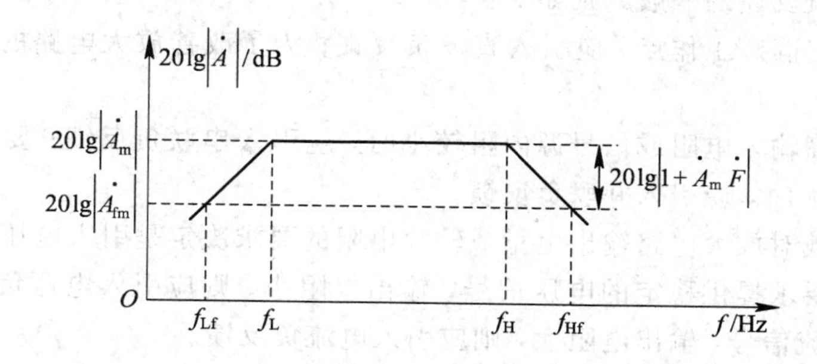

图 7-12　引入交流负反馈可以展宽频带

由于

$$20\lg|\dot{A}_f| = 20\lg|\dot{A}| - 20\lg|1+\dot{A}\dot{F}| \tag{7-18}$$

所以 $\dot{A}_f$ 的通频带比 $\dot{A}$ 的宽。若 $\dot{A}_f$ 的下限频率、上限频率分别为 f_{Lf} 和 f_{Hf}，$\dot{A}$ 的下限频率、上限频率分别为 f_L 和 f_H，而且其通频带分别为 f_{BWf}、f_{BW}，则可以证明它们的关系为

$$f_{Lf} = \frac{f_L}{1+AF} \tag{7-19}$$

$$f_{Hf} = (1+AF)f_H \tag{7-20}$$

通常在放大电路中，f_{Lf}值很小，可以近似认为通频带只取决于上限频率，所以

$$f_{BWf} \approx (1+AF) f_{BW} \tag{7-21}$$

即负反馈使放大器的频带展宽了 $1+AF$ 倍。

4. 负反馈对输入输出电阻的影响

负反馈放大器是由放大器和反馈网络两部分组成的，它的输入、输出电阻也应包含放大器的输入、输出电阻及反馈网络的等效电阻两部分。

(1) 输入电阻的大小与反馈网络和输入回路的连接方式有关。在串联负反馈电路中，反馈网络和输入回路串联，总输入电阻为两部分串联相加，所以使负反馈放大器的输入电阻提高。在并联负反馈电路中，反馈网络和输入回路并联，总的输入电阻为基本放大器的输入电阻与反馈网络的等效电阻并联，所以使放大器的输入电阻降低。

(2) 引入负反馈后，输出电阻是提高还是降低取决于反馈类型是电压负反馈还是电流负反馈。电压负反馈具有稳定输出电压的作用，相当于恒压源，而恒压源的内阻趋于零，故放大器输出电阻降低。电流负反馈具有稳定输出电流的作用，相当于恒流源，而恒流源的内阻趋于无穷大，故放大器输出电阻提高。

7.2.5 放大电路中引入负反馈的一般原则

由前面分析可以知道，负反馈之所以能够改善放大电路多方面的性能，归根结底是由于将电路的输出量($\dot{U}_o$ 或 $\dot{I}_o$)引回到输入端与输入量($\dot{U}_i$ 或 $\dot{I}_i$)进行比较，从而随时对净输入量及输出量进行调整。前面研究过的增益稳定性的提高、非线性失真的减少、频带的扩展以及对输入电阻和输出电阻的影响，均可用自动调整作用来解释。反馈愈深，即 $|1+\dot{A}\dot{F}|$ 的值愈大，这种调整作用愈强，对放大电路性能的改善愈为有益。另外，负反馈的类型不同，对放大电路所产生的影响也不同。

工程中往往要求根据实际需要在放大电路中引入适当的负反馈，以提高电路或电子系统的性能。引入负反馈的一般原则如下：

(1) 为了稳定静态工作点，应引入直流负反馈；为了改善放大电路的动态性能，应引入交流负反馈。

(2) 要求提高输入电阻或信号源内阻较小时，应引入串联负反馈；要求降低输入电阻或信号源内阻较大时，应引入并联负反馈。

(3) 根据负载对放大电路输出电量或输出电阻的要求决定是引入电压负反馈还是电流负反馈。若负载要求提供稳定的电压信号，输出电阻小，则应引入电压负反馈；若负载要求提供稳定的电流信号，输出电阻大，则应引入电流负反馈。

(4) 在需要进行信号变换时，应根据四种类型的负反馈放大电路的功能选择合适的组态。例如，要求实现电流—电压信号的转换时，应在放大电路中引入电压并联负反馈等。

这里介绍的只是一般原则。需要注意的是，负反馈对放大电路性能的影响只局限于反馈环内，反馈回路未包括的部分并不适用。性能的改善程度均与反馈深度 $|1+\dot{A}\dot{F}|$ 有关，但并不是 $|1+\dot{A}\dot{F}|$ 越大越好。对于某些电路来说，在一些频率下产生的附加相移可能使原来的负反馈变成了正反馈，甚至会产生自激振荡，使放大电路无法正常工作。另外，有时也可以在负反馈放大电路中引入适当的正反馈，以提高增益等。

7.3 集成运放电路的分析方法

7.3.1 集成运放的电压传输特性

集成运放是一个比较理想的电压放大器，对信号来说，集成运放可以简单地等效为一个高性能的电压控制电压源。集成运放的输出电压与输入电压(即同相输入端与反相输入端之间的差值电压)之间的关系曲线称为集成运放的电压传输特性。

当集成运放工作在放大状态时，集成运放的输入电压与其两个输入端的电压之间、输入电压与输入电流之间存在着线性放大关系，即

$$u_o = A_{od}(u_P - u_N) \tag{7-22}$$

$$i_P - i_N = \frac{u_P - u_N}{r_{id}} \tag{7-23}$$

如果输入端电压的幅度比较大，则集成运放的工作范围将超出线性放大区域而达到非线性区，此时集成运放的输入、输出信号之间将不能满足式(7-22)所示的关系。此时的输出电压值只有两种可能：一是等于运放的正向最大输出电压$+U_{OM}$，二是等于其负向最大输出电压$-U_{OM}$。由此可得集成运放的电压传输特性曲线如图7-13(a)所示。其中过原点的一段为线性区，其它部分为非线性区。观察图7-13(a)可以看出，当差模输入电压很小时，u_o与输入电压存在着线性关系，比例系数就是差模电压增益。随着差模输入电压增大，输出电压向正电源电压靠近，最终等于$+U_{OM}$；随着输入电压负值的增大，输出电压趋向负电源电压，最终等于$-U_{OM}$。在电路分析时，常使用理想传输特性，如图7-13(b)所示。

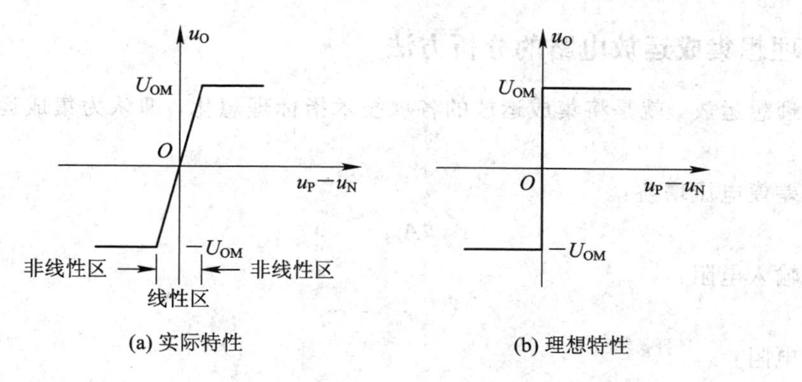

图7-13 集成运放的电压传输特性曲线

7.3.2 集成运放的线性工作范围

集成运放是一个高增益的电压放大器。典型的集成运放的开环差模电压增益A_{od}在10^5以上，性能较好的可达10^7。由于集成运放的电源电压值有限(一般为正、负十几伏)，故最大输出电压值U_{OM}只有正、负十几伏。这就是说集成运放线性放大时的最大输入电压很小，即线性输入范围极窄，而且集成运放的A_{od}越高，其线性工作范围越窄。在实际应用中，集成运放的两个输入端的噪声干扰及等效温漂信号可以超过线性输入范围，使运放输出电压在$\pm U_{OM}$之间随机不定。因此，利用集成运放直接对输入信号进行放大，将出现如下问题：

首先，输入信号的大小难以控制，信号过小，将被噪声干扰、温漂所淹没，无法放大；若输入信号稍加大一点，运放又进入正、负饱和状态，产生严重的非线性失真。其次，输入信号的频率受限。集成运放的开环增益带宽很窄，如F007的上限频率只有7 Hz，对于频谱宽度大于7 Hz的信号将产生频率失真。集成运放就像一个灵敏度极高的“天平”，能够直接测量的质量太小，难以选择；又像一个灵敏度极高的电流检流计，必须加“阻尼”环节后才能使用。

综上所述，可得如下结论：高增益的集成运放是不能开环应用于线性放大的，引入负反馈是集成运放进行线性放大的必要条件。

【例7-3】 已知国产集成运放F007的主要参数为：开环差模增益 $A_{od}=2\times10^5$，输入电阻 $r_{id}=2\ \text{M}\Omega$，最大输出电压 $U_{OM}=\pm14\ \text{V}$。试问：为使集成运放工作在线性区，输入电压 (u_P-u_N) 的变化范围应为多少？其差模输入电流 (i_P-i_N) 的范围是多少？

解 因为输出电压的最大值为 $U_{OM}=\pm14\ \text{V}$，所以集成运放工作在线性区的输出电压 $u_O=A_{od}(u_P-u_N)$ 应小于等于 $\pm14\ \text{V}$，由此可得

$$|u_P-u_N|\leqslant\frac{U_{OM}}{A_{od}}=\frac{14}{2\times10^5}=70\ (\mu\text{V})$$

再将此差模输入电压代入式(7-23)，可得在线性区内差模输入电流的范围：

$$|i_P-i_N|=\frac{|u_P-u_N|}{r_{id}}=\frac{70}{2\times10^6}=3.5\times10^{-5}(\mu\text{A})$$

从本例可以看出：在实际应用中，集成运放的差模输入电压 (u_P-u_N) 的值很小，与电路中其它电压相比，可以忽略不计；集成运放的差模输入电流 (i_P-i_N) 的值也很小，与电路中其它电流相比，也可以忽略不计。

7.3.3 理想集成运放电路的分析方法

所谓理想运放，就是将集成运放的各项技术指标理想化，即认为集成运放的各项技术指标如下：

开环差模电压增益：

$$A_{od}=\infty \tag{7-24}$$

差模输入电阻：

$$r_{id}=\infty \tag{7-25}$$

输出电阻：

$$r_o=0 \tag{7-26}$$

共模抑制比：

$$K_{CMR}=\infty \tag{7-27}$$

输入偏置电流：

$$I_{IB}=0 \tag{7-28}$$

上限截止频率：

$$f_H=\infty \tag{7-29}$$

实际的集成运放当然不可能达到上述理想化的技术指标。但是，由于集成运放制造工艺水平的不断改进，集成运放产品的各项性能指标越来越好。因此，一般情况下，在分析

估算集成运放的应用电路时，将实际运放视为理想运放所造成的误差，在工程上是允许的。

根据理想集成运放参数和式(7-22)及式(7-23)，容易得到理想运放工作在线性区时有两个重要特点："虚短"和"虚断"。

因理想运放的 $A_{od}=\infty$，所以由式(7-22)可得

$$u_P - u_N = \frac{u_o}{A_{od}} = 0$$

即

$$u_P = u_N \tag{7-30}$$

上式表示运放同相输入端与反相输入端两点的电位相等，如同将该两点短路一样，但是该两点实际上并未真正短路，因而是虚拟的短路，所以将这种现象称为"虚短"。

由于理想运放的差模输入电阻 $r_{id}=\infty$，因此其输入回路的信号电流为零，或两输入端均没有电流，即

$$i_P = i_N = 0 \tag{7-31}$$

此时，运放的同相输入端和反相输入端的电流都等于零，如同该两点被断开一样，这种现象称为"虚断"。

"虚短"和"虚断"是理想运放工作在线性区时的两个重要结论，运用它们来进行电路的分析和计算，可以大大简化分析过程。在后面的运算电路分析中，如无特别说明，均将集成运放视为理想运放来考虑。

7.4 基本运算电路

集成运放最早的应用是实现模拟信号的运算，至今，完成信号的运算仍然是集成运放的一个重要而基本的应用领域。在理想运放中引入负反馈，以输入电压作为自变量，以输出电压作为函数，利用反馈网络，能够实现模拟信号之间的各种运算。在运算电路中集成运放工作在线性区，以"虚短"和"虚断"为基本出发点，即可求出输出电压和输入电压的运算关系式。

7.4.1 比例运算电路

输出电压与输入电压之间存在比例关系的集成运放电路称为比例运算电路，比例运算电路是最基本的运算电路，是其它各种运算电路的基础。

根据输入信号接法的不同，比例运算电路有两种基本形式：反相输入和同相输入。

1. 反相比例运算电路

图 7-14 所示为反相比例运算电路。集成运放的反相输入端和同相输入端实际上是运放内部输入级两个差分对管的基极。为使差动放大电路的参数保持对称，应使两个差分对管基极对地的电阻尽量一致，以免静态基极电流流过这两个电阻时，在运放输入端产生附加的偏差电压。因此，

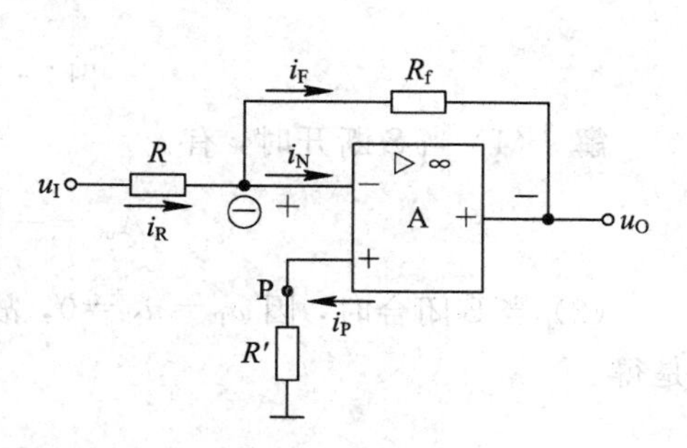

图 7-14　反相比例运算电路

$R'=R//R_f$，该电阻常称为平衡电阻。

由于理想运放工作在线性区，净输入电压和净输入电流均为零，R'上的电压为零，因而反相输入端和同相输入端电位均为“地”电位，即

$$u_P = u_N = 0 \tag{7-32}$$

此时，电路中的N点被称为“虚地”。“虚地”是反相比例运算电路的一个重要特点。

输入电流 i_R 等于电阻 R_f 上的电流，即

$$i_R = i_F \tag{7-33}$$

$$\frac{u_I - u_N}{R} = \frac{u_N - u_O}{R_f}$$

将 $u_N=0$ 代入，整理得出

$$u_O = -\frac{R_f}{R}u_I \tag{7-34}$$

此时闭环电压放大倍数为

$$A_{uf} = \frac{u_O}{u_I} = -\frac{R_f}{R} \tag{7-35}$$

上式表明，输出电压和输入电压是反相比例运算关系，比例系数为$-R_f/R$，负号表示u_O与u_I反相，反相比例运算电路因此而得名。比例系数的数值可以是大于、等于或小于-1的任意数值。当$R_f=R$时，该电路称为反相器。

$u_P=u_N=0$，说明集成运放的共模输入电压为0。

由于反相输入端“虚地”，因此电路的输入电阻$R_i=R$。

该电路的输出电阻$R_o=0$，因而具有很强的带负载能力。

【例7-4】 电路如图7-15所示，试分别计算开关S断开和闭合时的电压放大倍数A_{uf}。

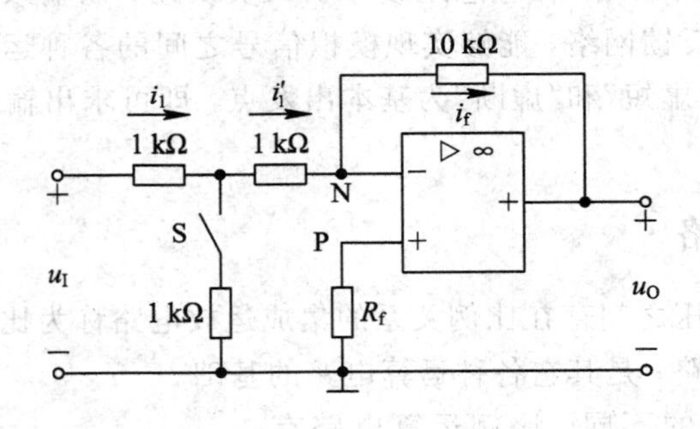

图7-15　例7-4电路图

解　(1) 当S断开时，有

$$A_{uf} = -\frac{R_f}{R} = -\frac{10}{1+1} = -5$$

(2) 当S闭合时，因$u_P=u_N=0$，故在计算时可看作两个1 kΩ的电阻是并联的，于是得

$$i_1 = \frac{u_I}{1+\frac{1}{2}} = \frac{2}{3}u_I$$

$$i_1' = \frac{1}{2} i_1 = \frac{1}{3} u_I$$

$$i_f = \frac{u_N - u_O}{10} = -\frac{u_O}{10}$$

因 $i_1' = i_f$，故

$$\frac{1}{3} u_I = -\frac{u_O}{10}$$

$$A_{uf} = \frac{u_O}{u_I} = -\frac{10}{3} = -3.3$$

2. 同相比例运算电路

将反相比例运算电路的输入端和“地”互换，即可得同相比例运算电路，如图 7-16 所示。同理，$R' = R /\!/ R_f$。由于集成运放的净输入电压和净输入电流均为 0，电阻 R 上的电压为 0，所以

$$u_N = u_P = u_I \tag{7-36}$$

$$i_R = i_F \tag{7-37}$$

即

$$\frac{u_N - 0}{R} = \frac{u_O - u_N}{R_f}$$

整理可得

$$u_O = \left(1 + \frac{R_f}{R}\right) u_I \tag{7-38}$$

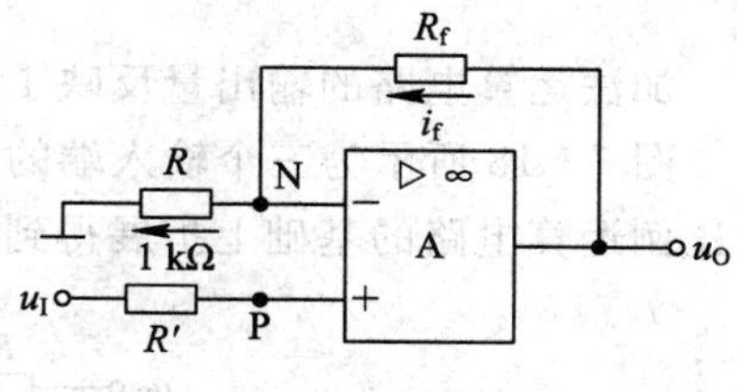

图 7-16　同相比例运算电路

式(7-38)标明，输出电压和输入电压同相，比例系数 $1 + R_f/R_1$ 大于 1。这里，由于同相比例运算电路的输入电流为零，故输入电阻为无穷大。若比例系数要求小于 1，则可在 P 点与“地”之间用一个电阻分压，或者采用两级反相比例运算组合的办法。只是需要注意：反相比例运算和同相比例运算电路所引入的负反馈组态不一样，因而电路的性能有差别。

图 7-17 所示电路为同相比例运算电路的一个特例，电路将输出电压全部引回到集成运放的反相输入端，使比例系数等于 1。由于集成运放的净输入电压和净输入电流均为 0，$u_O = u_N$，$u_N = u_P = u_I$，所以

$$u_O = u_I \tag{7-39}$$

即电路输出电压跟随输入电压的变化而变化，该电路被称为电压跟随器。

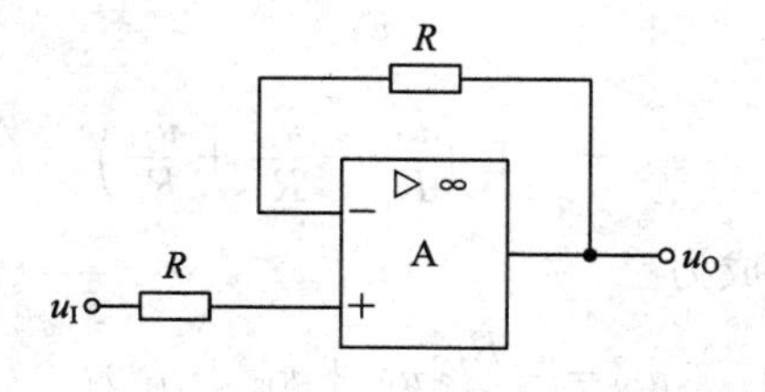

图 7-17　电压跟随器电路

【例 7-5】　在图 7-16 所示电路中，已知集成运放最大输出电压幅值为 ±14 V，R = 10 kΩ，在 u_I = 1 V 时，u_O = 11 V。问：

(1) R_f 应取值多少？

(2) 若 u_I = −2 V，则 u_O = ?

解 (1) 根据 $u_O=\left(1+\frac{R_f}{R}\right)u_I$ 可得

$$11=\left(1+\frac{R_f}{R}\right)\times 1$$

即

$$1+\frac{R_f}{R}=11$$

将 $R=10\ k\Omega$ 代入，可得

$$R_f=100\ k\Omega$$

(2) 当 $u_I=-2\ V$ 时，如果集成运放工作在线性区，则 $u_O=11u_I=-22\ V$，超出其能够输出的最大幅值($-14\ V$)，说明此时集成运放工作在非线性区，而且 $u_O=-14\ V$。

7.4.2 加法运算电路

加法运算电路的输出量反映了多个模拟输入量相加的结果。

图 7-18 所示为三个输入端的反相加法运算电路，可以看出，这个电路实际上是在反相比例运算电路的基础上扩展得到的。

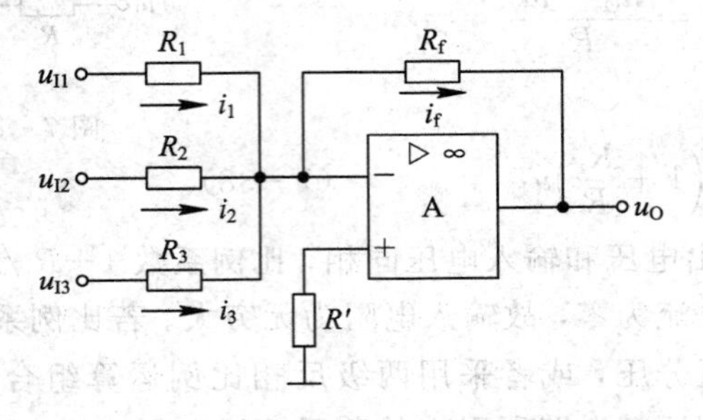

图 7-18 反相输入加法运算电路

为了保证集成运放两个输入端对地的电阻平衡，同相输入端的电阻 R' 应为

$$R'=R_1\ /\!/\ R_2\ /\!/\ R_3\ /\!/\ R_f$$

利用反相运放的“虚地”特点和基尔霍夫电流定律，可以得到反相端的节点方程：

$$\frac{u_{I1}}{R_1}+\frac{u_{I2}}{R_2}+\frac{u_{I3}}{R_3}+\frac{u_O}{R_f}=0$$

整理可得输出电压为

$$u_O=-R_f\left(\frac{u_{I1}}{R_1}+\frac{u_{I2}}{R_2}+\frac{u_{I3}}{R_3}\right) \tag{7-40}$$

若 $R_1=R_2=R_3=R$，则上式成为

$$u_O=-\frac{R_f}{R}(u_{I1}+u_{I2}+u_{I3}) \tag{7-41}$$

可见，电路的输出电压是各个输入电压之和再乘以一个比例系数。按同样的分析方法，可以将电路的输入端扩充到三个以上。

这种反相求和电路的优点是，当改变某一输入回路的电阻时，仅仅改变输出电压与该路输入电压之间的比例关系，对其它电路没有影响，因此调节比较灵活方便。

【例 7-6】 一个测量系统的输出电压和某些输入量的关系为 $u_O=-(4u_{I1}+2u_{I2}+u_{I3})$，

试求图 7-18 中各输入电路的电阻和平衡电阻。设 $R_f=100\ \text{k}\Omega$。

解 由式(7-40)可得

$$R_1=\frac{R_f}{4}=\frac{100}{4}=25\ (\text{k}\Omega)$$

$$R_2=\frac{R_f}{2}=\frac{100}{2}=50\ (\text{k}\Omega)$$

$$R_3=\frac{R_f}{1}=\frac{100}{1}=100\ (\text{k}\Omega)$$

平衡电阻：$R'=R_1 /\!/ R_2 /\!/ R_3 /\!/ R_f=12.5\ (\text{k}\Omega)$。

7.4.3 减法运算电路

由前面的分析可以看到，当输入正信号加到同相输入端时，输出为正；当输入正信号加到反相输入端时，输出为负。因此，当信号分别加到同相端和反相端时，便可实现减法运算。

图 7-19 所示是减法运算电路。图中，输入电压 u_{I1} 和 u_{I2} 分别加在集成运放的反相输入端和同相输入端，u_O 通过反馈电阻 R_f 接回到反相输入端。外接电路的参数具有对称性，$R_N=R_1 /\!/ R_f=R_P=R_2 /\!/ R_3$。利用叠加原理可以求出该电路的运算关系。

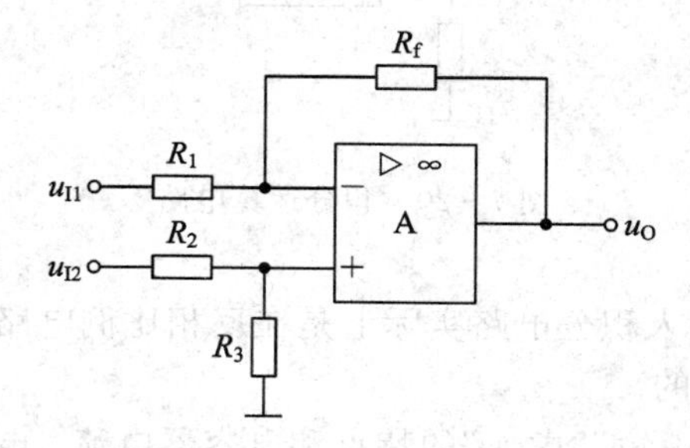

图 7-19 减法运算电路

首先令 $u_{I2}=0$，u_{I1} 单独作用，成为反相比例运算电路，输出电压为

$$u_O'=-\frac{R_f}{R_1}u_{I1}$$

其次令 $u_{I1}=0$，u_{I2} 单独作用，成为同相比例运算电路，输出电压为

$$u_O''=\left(1+\frac{R_f}{R_1}\right)\frac{R_3}{R_2+R_3}u_{I2}$$

所以电路的运算关系为

$$u_O=u_O'+u_O''=\left(1+\frac{R_f}{R_1}\right)\frac{R_3}{R_2+R_3}u_{I2}-\frac{R_f}{R_1}u_{I1} \tag{7-42}$$

可见，这一电路可以用来进行减法运算。

当 $R_1=R_2$ 和 $R_f=R_3$ 时，式(7-42)变为

$$u_O=-\frac{R_f}{R_1}(u_{I2}-u_{I1}) \tag{7-43}$$

即输出电压 u_O 对 u_{I1} 和 u_{I2} 的差值进行比例运算，比例系数为 R_f/R_1，所以减法运算电路也称为差动比例运算电路。

减法运算电路的差模输入电阻为

$$R_{id} = R_1 + R_2$$

7.4.4 积分运算电路

积分运算电路是一种应用比较广泛的模拟信号运算电路，在自动控制系统中，常用积分电路作为调节环节。此外，积分运算电路还可以应用于延时、定时以及各种波形的产生或变换。

1. 电路组成

图 7-20 所示为积分运算电路，输入电压通过电阻 R 加在集成运放的反相输入端，在输出端和反相输入端之间通过电容 C 引回一个深度负反馈，为使集成运放两个输入端对地的电路平衡，通常使同相输入端的电阻为 $R=R'$。

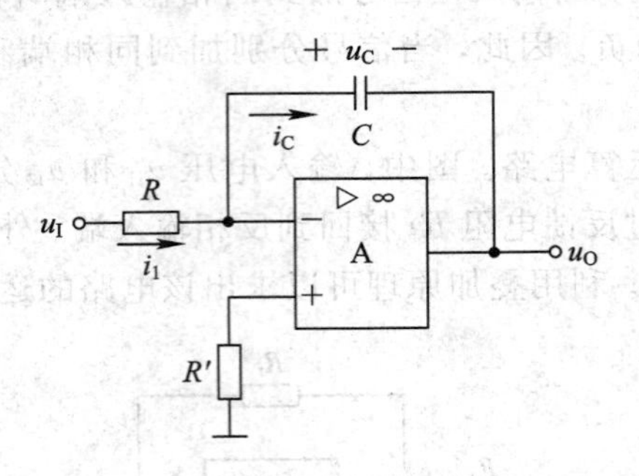

图 7-20　积分运算电路

2. 输入输出关系

可以看出，这种反相输入积分电路实际上是在反相比例电路的基础上将反馈回路中的电阻 R_f 改为电容 C 而得到的。

根据反相集成运放的“虚短”“虚地”的特点和电容器电流、电压关系可得

$$u_C = -u_O$$

$$i_I = i_C$$

$$u_I = i_I R = i_C R$$

$$i_C = C\frac{du_C}{dt}$$

整理可得

$$u_O = -u_C = -\frac{1}{C}\int i_C dt = -\frac{1}{RC}\int u_I dt \tag{7-44}$$

式(7-44)中电阻与电容的乘积称为积分时间常数，通常用符号 τ 表示，即 $\tau=RC$。式(7-44)说明输出电压与输入电压之间存在着积分关系，故称这种电路为积分电路。

利用积分运算电路能够将输入的正弦电压变换为余弦电压，实现了函数的变换；能够将输入的方波电压变换为三角波电压，实现了波形的变换。积分运算电路对低频信号增益大，对高频信号增益小，当信号频率趋于无穷大时增益为零，从而实现了滤波功能。

7.4.5 微分运算电路

微分运算电路的应用很广泛，除了在线性系统中作微分运算外，在脉冲数字电路中还

常用来作波形变换。

1. 电路结构

微分运算是积分运算的逆运算，只需将积分电路中反相输入端的电阻和反馈电容的位置互换，就成为了微分运算电路，如图 7-21 所示。

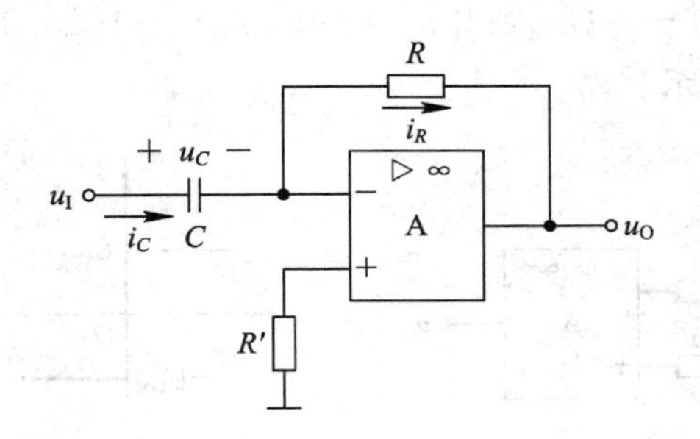

图 7-21　微分运算电路

2. 输入输出关系

类似于积分电路的分析，根据反相集成运放的“虚短”“虚地”的特点和电容器电流、电压之间关系可得

$$i_R = i_C = C\frac{\mathrm{d}u_C}{\mathrm{d}t} = C\frac{\mathrm{d}u_I}{\mathrm{d}t} \tag{7-45}$$

$$u_O = -i_R R = -RC\frac{\mathrm{d}u_I}{\mathrm{d}t} \tag{7-46}$$

在微分电路的输入端，若加正弦电压，则输出为负的余弦波，实现了函数的变换；若加矩形波，则输出为尖脉冲。从理论上讲，若输入矩形波的上升沿和下降沿所用的时间为零，则尖脉冲波的幅值会趋于无穷大，但实际上当集成运放工作于非线性区后，将限制输出电压的幅值。

7.5　理想运算放大器的非线性应用

7.5.1　电压比较器

电压比较器是一种常用的模拟信号处理电路，它将一个模拟量输入电压与一个参考电压进行比较，并输出比较结果，其输出只有两种可能的状态：高电平或低电平。在自动控制及电子测量等系统中，常常将比较器应用于越限报警、模/数转换以及各种非正弦波形的产生和变换等。

由于比较器的输出只有高电平和低电平两种状态，所以集成运放常常工作在非线性区。从电路结构上看，运放经常处于开环状态，有时为了使输入、输出特性在状态转换时更加快速以提高比较精度，也会在电路中引入正反馈。

通常，利用比较器的输出电压 u_O 与输入电压 u_I 之间的函数关系曲线来描述电压比较器，称为电压传输特性。根据比较器的传输特性来分类，常用的比较器有过零比较器、单限比较器、滞回比较器以及双限比较器等。下面介绍常用的几种比较器。

1. 过零比较器

所谓过零比较器就是参考电压为零的比较器。将集成运放的一个输入端接“地”，另一个输入端接输入信号，就构成了过零比较器，其电路和电压传输特性如图 7－22 所示。电路的输出高电平和输出低电平取决于集成运放输出电压的幅值$\pm U_{OM}$。在图 7－22(a)所示的电路中，当 $u_I<0$ 时，$u_O=+U_{OM}$；当 $u_I>0$ 时，$u_O=-U_{OM}$。可画出此过零比较器的传输特性，如图 7－22(b)所示。

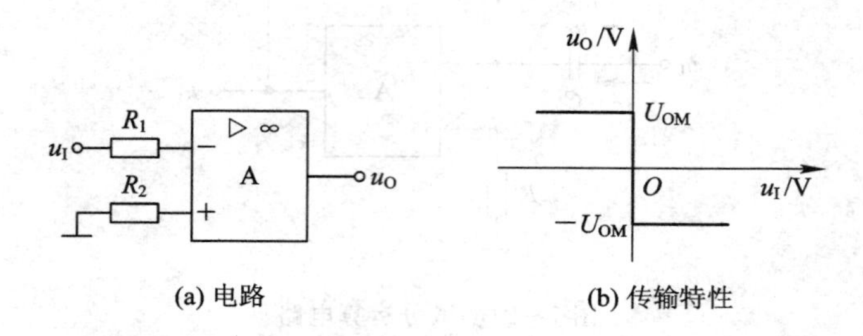

图 7－22　过零比较器

习惯上，我们把比较器的输出电压由一种状态跳变到另一种状态时相应的输入电压称为阈值电压或门限电压。

图 7－22 所示的过零比较器电路简单，但其输出电压幅度较高。有时希望比较器的输出幅度限制在一定的范围内，例如要求与 *TTL* 数字电路的逻辑电平兼容，此时需要一些限幅措施。

利用两个背靠背的稳压管 V_Z 实现限幅的过零比较器如图 7－23(a)所示，此时的输出电压被限制在$\pm U_Z$，而且 $U_Z<U_{OM}$，其电压传输特性如图 7－23(b)所示。图 7－23(c)是另一种限幅过零比较器，其限幅功能是由接在集成运放输出端的一个电阻和两个稳压管来实现的，其电压传输特性与图 7－23(a)的电压传输特性完全相同。这两个电路的不同之处在于，图 7－23(a)中的稳压管接在反馈电路中，在稳压管反向击穿时将引入一个深度负反馈，从而工作在线性区；而图 7－23(c)中的集成运放处于开环状态，所以工作在非线性区。

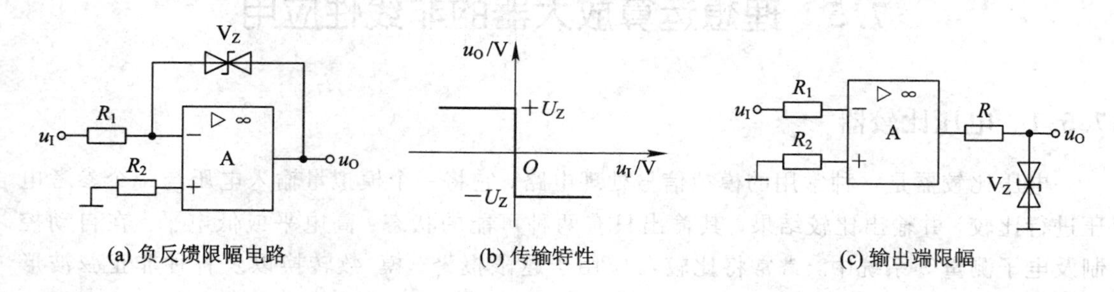

图 7－23　利用稳压管限幅的过零比较器

2. 单限比较器

所谓单限比较器是指只有一个门限电平的比较器，当输入电压达到此门限电平时，输出端的状态立即发生跳变。单限比较器可用于检测输入的模拟信号是否达到某一给定的电平。可以看出，过零比较器是单限比较器的一个特例。

图 7－24(a)所示电路为一般的单限比较器，其中增加了参考电压 U_{REF}，实现了阈值电压的调整。根据叠加原理，可以求得集成运放反相输入端电位为

$$u_N = \frac{R_1}{R_1 + R_2}u_I + \frac{R_2}{R_1 + R_2}U_{REF}$$

当 $u_N = u_P = 0$ 时，输出电压发生跳变，这时所对应的输入电压即为阈值电压 U_T，所以

$$U_T = u_I \mid_{u_N = 0} = -\frac{R_2}{R_1}U_{REF} \tag{7-47}$$

当 $u_I > U_T$ 时，$u_O = -U_{OM}$；当 $u_I < U_T$ 时，$u_O = +U_{OM}$，据此可得到图 7-24(b)所示的电压传输特性。只有改变参考电压 U_{REF} 的极性和电阻 R_1、R_2 的大小，就能改变阈值电压的大小和极性。若要改变 u_I 过 U_T 时 u_O 的跳变方向，则应将反相输入端接地，同相输入端接电阻 R_1、R_2。这样，当 $u_I > U_T$ 时，$u_O = +U_{OM}$；当 $u_I < U_T$ 时，$u_O = -U_{OM}$。

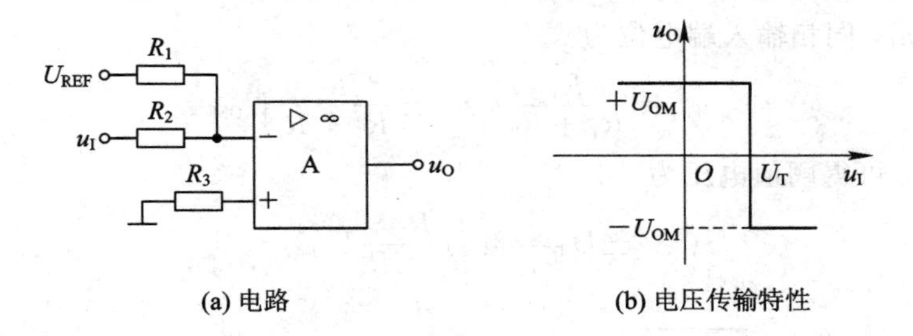

图 7-24　一般单限比较器

单限比较器还可以有其它电路形式。例如，将输入电压 u_I 和参考电压 U_{REF} 分别接到开环工作状态的集成运放的两个输入端也可组成单限比较器。

【例 7-7】 电路如图 7-25 所示，集成运放的最大输出电压 $\pm U_{OM} = \pm 12$ V，$R_1 = R_2$。试求：

(1) 电位器调到最大时电路的电压传输特性；

(2) 电位器调到最小值时的阈值电压。

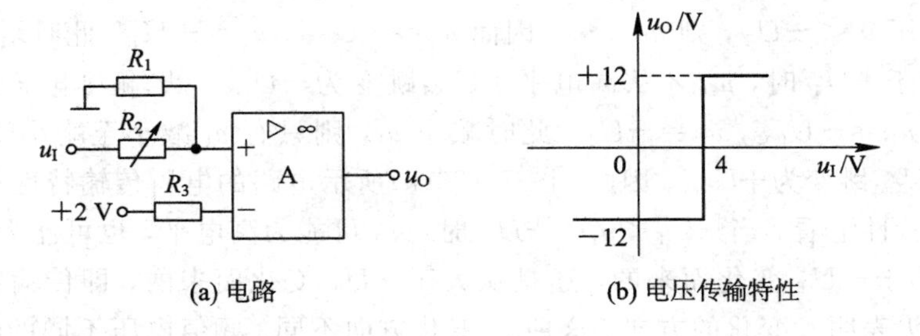

图 7-25　例 7-7 图

解　(1) 由图可知，基准电压 $U_{REF} = 2$ V，写出 u_P 的表达式，令 $u_P = u_N = U_{REF} = 2$ V，求出 u_I，就是 U_T。

$$u_P = \frac{R_1}{R_1 + R_2}u_I = 0.5u_I = 2 \text{ V}$$

$$U_T = 4 \text{ V}$$

从集成运放的输出电压可知，$U_{OL} = -12$ V，$U_{OH} = +12$ V。由于输入信号作用于集成运放的同相输入端，因而 $u_I < 4$ V 时，$u_O = U_{OL} = -12$ V；当 $u_I > 4$ V 时，$u_O = U_{OH} = +12$ V。所以电压传输特性如图 7-25(b)所示。

(2) 当电位器调到最小值时，u_I 直接作用于集成运放的同相输入端，故阈值电压 $U_T = 2\ \text{V}$。

3. 滞回比较器

单限比较器具有电路简单、灵敏度高等优点，但存在的主要问题是抗干扰能力差。如果输入电压受到干扰或噪声的影响，在门限电平上下波动，则输出电压将在两个电平之间反复跳变。如在控制系统中发生这种情况，将对执行机构产生不利的影响。为了解决以上问题，可以采用具有滞回传输特性的比较器。

反相输入滞回比较器电路如图 7-26(a)所示，输入电压 u_I 加在集成运放的反相输入端，输出电压通过电阻 R_2 引回到同相输入端，即电路引入了正反馈，$u_O = \pm U_{OM}$。反相输入端电位 $u_N = u_I$，同相输入端电位为

$$u_P = \frac{R_1}{R_1 + R_2} u_O = \pm \frac{R_1}{R_1 + R_2} U_{OM}$$

令 $u_N = u_P$，可得阈值电压为

$$\pm U_T = \pm \frac{R_1}{R_1 + R_2} U_{OM} \tag{7-48}$$

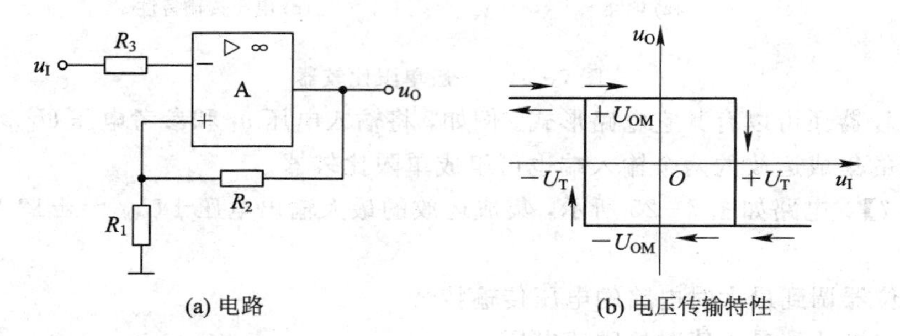

图 7-26　反相输入滞回比较器

设输入电压 $u_I < -U_T$，则 $u_N < u_P$，因而 $u_O = +U_{OM}$，$u_P = +U_T$。此时增大 u_I，则只有 u_I 增大至略大于 $+U_T$ 时，u_O 才从高电平 $+U_{OM}$ 跳变为 $-U_{OM}$。设输入电压 $u_I > +U_T$，则 $u_N > u_P$，因而 $u_O = -U_{OM}$，$u_P = -U_T$。此时减小 u_I，则只有 u_I 减小至略小于 $-U_T$ 时，u_O 才从低电平 $-U_{OM}$ 跳变为 $+U_{OM}$。因此，图 7-26(a)所示电路的电压传输特性如图 7-26(b)所示。从传输特性上看，当 $-U_T < u_I < +U_T$ 时，u_O 可能为高电平，也可能为低电平，这取决于 u_I 是从小于 $-U_T$ 变化而来的，还是从大于 $+U_T$ 变化而来的，即传输特性具有方向性，图中的箭头表明了变化的方向。这种 u_I 变化方向不同、阈值电压不同的特性称为滞回特性，两个阈值电压之差 $\Delta U = |U_{T1} - U_{T2}| = 2U_T$ 称为回差电压(或称为门限宽度)。

图 7-26(b)所示滞回比较器的电压传输特性是轴对称的，为使电压传输特性曲线横向平移，可在 R_1 的接地端改接外加基准电压 U_{REF}，如图 7-27 所示。

此时电位为

$$u_P = \frac{R_1}{R_1 + R_2}(\pm U_{OM}) + \frac{R_2}{R_1 + R_2} U_{REF}$$

因为 $u_N = u_P$，求得阈值电压为

$$U_{T1} = \frac{R_1}{R_1 + R_2} U_{OM} + \frac{R_2}{R_1 + R_2} U_{REF} \tag{7-49}$$

$$U_{T2} = -\frac{R_1}{R_1 + R_2}U_{OM} + \frac{R_2}{R_1 + R_2}U_{REF} \tag{7-50}$$

若 U_{REF} 为正且足够大，可使两个阈值电压均大于零，此时的电压传输特性如图 7-27(b)所示。

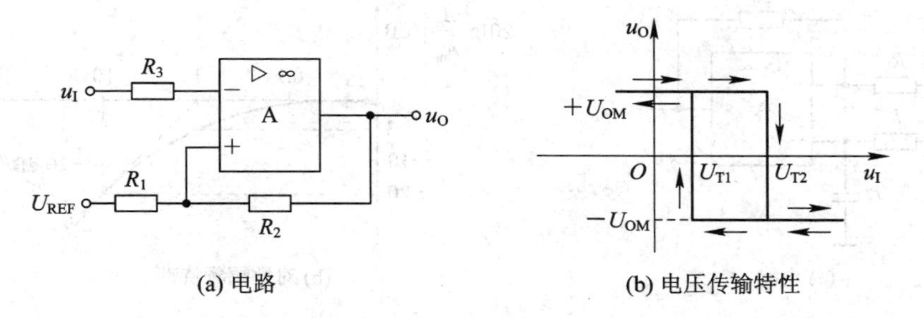

图 7-27　横向平移电压传输特性的方法

7.5.2　有源滤波器

对于信号频率具有选择性的电路称为滤波电路，其作用是允许一定频率范围内的信号顺利通过，而阻止或削弱(即滤除)其它频率范围的信号。有源滤波器是一种信号处理电路，它通常由集成运放和 RC 网络组成，具有增益高、负载能力强等优点，已逐渐替代无源滤波器。根据其工作信号的频率范围，有低通滤波器(LPF)、高通滤波器(HPF)、带通滤波器(BPF)和带阻滤波器(BEF)等。由于滤波器属于交流稳态电路，一般用相量法或波特图来描述其特性。下面简要介绍有源滤波器的基本电路。

1. 低通滤波器(LPF)

一阶低通有源滤波器的电路图如图 7-28(a)所示，输入信号经过 RC 无源滤波电路后接到同相电路的输入端，根据“虚短”和“虚断”的特点，即根据 $u_P = u_N$，$i_P = i_N = 0$ 和电路结构，可求得反相端电压为

$$\dot{U}_N = \frac{R_1}{R_1 + R_f}\dot{U}_o \tag{7-51}$$

同相端电压为

$$\dot{U}_P = \frac{\frac{1}{j\omega C}}{R + \frac{1}{j\omega C}}\dot{U}_i = \frac{1}{1 + j\frac{f}{f_p}}\dot{U}_i \tag{7-52}$$

式中，$f_p = \frac{1}{2\pi RC}$，整理可得有源低通滤波器的电压放大倍数为

$$\dot{A}_u = \frac{\dot{U}_o}{\dot{U}_i} = \frac{1 + \frac{R_f}{R_1}}{1 + j\frac{f}{f_p}} = \frac{A_{up}}{1 + j\frac{f}{f_p}} \tag{7-53}$$

其中：

$$A_{up} = 1 + \frac{R_f}{R_1} \tag{7-54}$$

A_{up} 和 f_p 分别称为通带电压放大倍数和通带截止频率。当 $f = f_p$ 时，有

$$|\dot{A}_u| = \frac{|\dot{A}_{up}|}{\sqrt{2}} \approx 0.707|\dot{A}_{up}|$$

当 $f \gg f_{\mathrm{p}}$ 时，$20\lg|\dot{A}_{\mathrm{u}}|$ 按 -20 dB/十倍频下降，因此 $\dot{A}_{\mathrm{u}}/\dot{A}_{\mathrm{up}}$ 的对数幅频特性如图 7-28(b)所示，实线为实际特性曲线，虚线为波特图。它与理想的"门型"低通滤波器特性相比，差别很大。

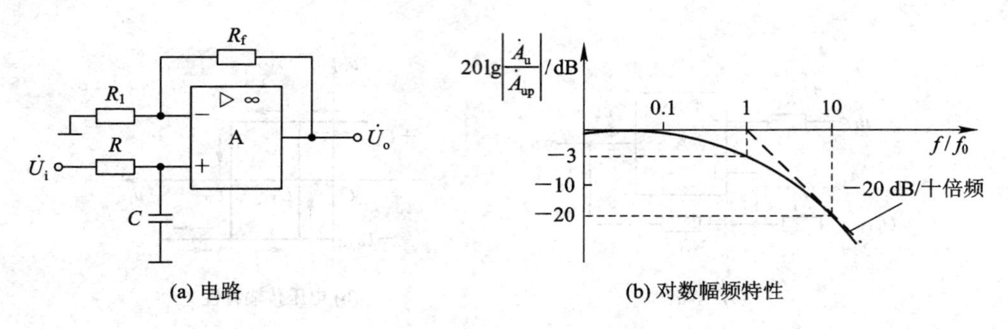

图 7-28　一阶有源低通滤波器

为了使低通滤波器的过渡带变窄，过渡带中 $|\dot{A}_{\mathrm{u}}|$ 的下降速率加大，可以利用多个 RC 环节构成多阶低通滤波器。

图 7-29 所示电路为一种常见的二阶低通滤波器。由于 C_1 接到集成运放的输出端，形成正反馈，使电压放大倍数在一定程度上受输出电压控制，且输出电压近似为恒压源，所以又称之为二阶压控电压源低通滤波器。当 $C_1=C_2=C$ 时，称 $f_0=\dfrac{1}{2\pi RC}$ 为电路的特征频率。通常，调试该电路，使其通带截止频率与一阶低通滤波器的相同，即

$$f_{\mathrm{p}}=f_0=\frac{1}{2\pi RC} \tag{7-55}$$

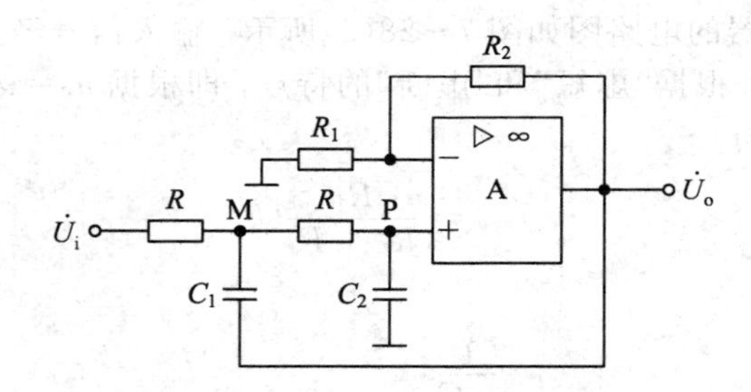

图 7-29　二阶低通滤波器

在图 7-29 所示电路中，虽然 C_1 引入了正反馈，但是，若 $f \ll f_{\mathrm{p}}$，则由于 C_1 的容抗很大，反馈信号很弱，因而对电压放大倍数的影响很小；若 $f \gg f_{\mathrm{p}}$，则由于 C_2 的容抗很小，使集成运放同相输入端的信号很小，输出电压必然很小，反馈作用也很弱，因而对电压放大倍数的影响很小。所以，只要参数合适，就可以使 $f=f_{\mathrm{p}}$ 附近的电压放大倍数因正反馈而得到提高，从而使电路更接近于理想的低通滤波器。

当信号频率趋于零时，集成运放同相输入端的电位 $\dot{U}_{\mathrm{P}}=\dot{U}_{\mathrm{i}}$，故电路的通带电压放大倍数与一阶电路相同，为

$$\dot{A}_{\mathrm{up}}=\frac{\dot{U}_{\mathrm{o}}}{\dot{U}_{\mathrm{i}}}=1+\frac{R_{\mathrm{f}}}{R_1} \tag{7-56}$$

集成运放同相输入端电压为

$$\dot{U}_P = \frac{\dot{U}_o}{\dot{A}_{up}} \tag{7-57}$$

图 7-29 中，若 $C_1 = C_2 = C$，则 M 点和 P 点电流方程分别为

$$\frac{\dot{U}_i - \dot{U}_M}{R} + \frac{\dot{U}_P - \dot{U}_M}{R} = (\dot{U}_M - \dot{U}_o)\mathrm{j}\omega C \tag{7-58}$$

$$\frac{\dot{U}_M - \dot{U}_P}{R} = \dot{U}_P \mathrm{j}\omega C \tag{7-59}$$

将式(7-57)代入式(7-58)和式(7-59)，整理可得

$$\dot{A}_u = \frac{\dot{U}_o}{\dot{U}_i} = \frac{\dot{A}_{up}}{1 + (3 - \dot{A}_{up})\mathrm{j}\omega RC + (\mathrm{j}\omega RC)^2} = \frac{\dot{A}_{up}}{1 - \left(\frac{f}{f_0}\right)^2 + \mathrm{j}\frac{1}{Q}\frac{f}{f_0}} \tag{7-60}$$

式中：

$$Q = \frac{1}{3 - \dot{A}_{up}} \tag{7-61}$$

令 $f = f_0$，求出电压放大倍数的数值为

$$|\dot{A}_u|_{f=f_0} = |Q\dot{A}_{up}| \tag{7-62}$$

该式表明，Q 值是 $f = f_0$ 时电压放大倍数的数值与通带电压放大倍数之比，称为等效品质因数。当 Q 取值不同时，$|\dot{A}_u|_{f=f_0}$ 将随之改变。根据式(7-56)、式(7-60)和式(7-62)可知，为使 $|\dot{A}_u|_{f=f_0} > \dot{A}_{up}$，应选择 $2 < \dot{A}_{up} < 3$，即 $R < R_f < 2R$，图 7-30 给出了 Q 值不同时的对数幅频特性，当 Q 值合适时，曲线从 f_0 开始就按 -40 dB/十倍频下降。

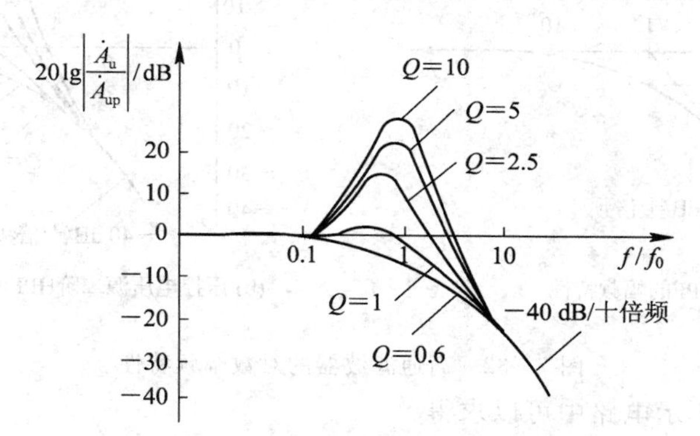

图 7-30　二阶低通滤波器对数幅频特性

可以看出，当 $\dot{A}_{up}$ 的取值不合适时，如 $\dot{A}_{up} = 3$，Q 将趋于无穷大，表示电路将产生自激振荡，不能正常工作。为了避免发生此种情况，应选择合适的元件参数。

2. 高通滤波器(HPF)

高通滤波器与低通滤波器具有对偶关系，将图 7-28(a)和图 7-29 所示电路中的 R、C 元件位置对调，就构成了一阶高通滤波器和压控电压源二阶高通滤波器电路，分别如图 7-31(a)和 7-31(b)所示。

利用低通滤波器同样分析方法，在图 7-31(a)所示电路中可得

$$\dot{A}_{up} = 1 + \frac{R_f}{R_1} \tag{7-63}$$

$$f_p = \frac{1}{2\pi RC} \tag{7-64}$$

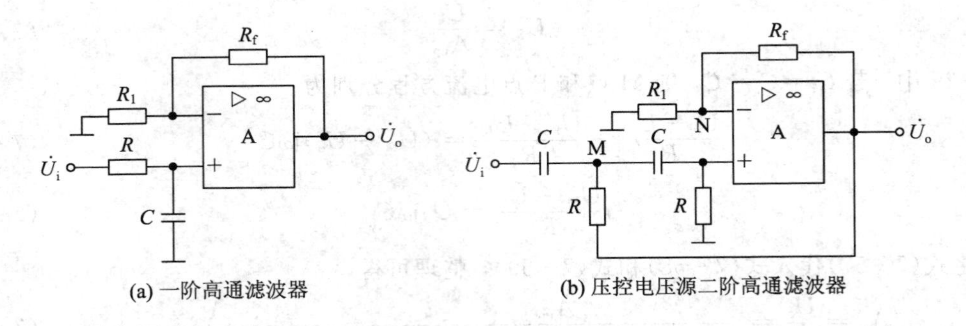

(a) 一阶高通滤波器 (b) 压控电压源二阶高通滤波器

图 7-31 高通滤波器

$$\dot{A}_u=\frac{\dot{U}_O}{\dot{U}_i}=\frac{\mathrm{j}\dfrac{f}{f_p}}{1+\mathrm{j}\dfrac{f}{f_p}}\dot{A}_{up} \tag{7-65}$$

因而其对数幅频特性如图 7-32(a)所示。

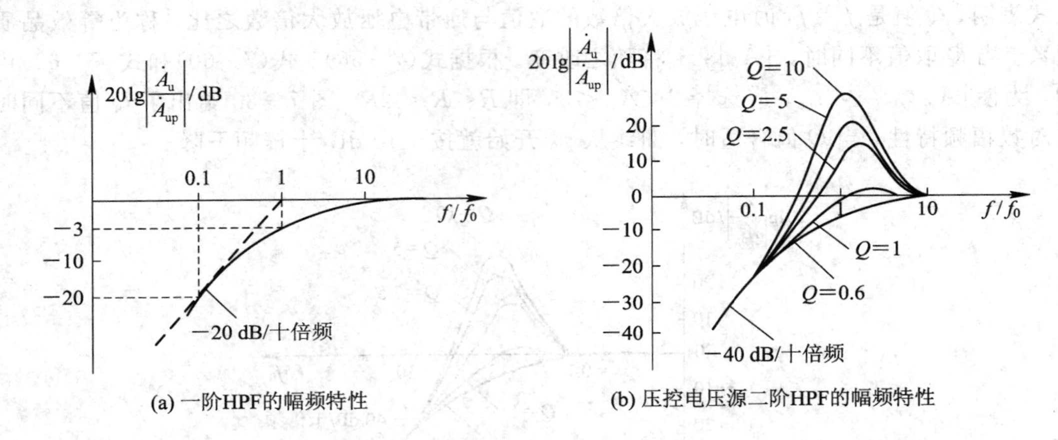

(a) 一阶HPF的幅频特性 (b) 压控电压源二阶HPF的幅频特性

图 7-32 高通滤波器的对数幅频特性

在图 7-31(b)所示电路中可以求得

$$\dot{A}_u=\frac{\dot{U}_o}{\dot{U}_i}=\frac{\left(\mathrm{j}\dfrac{f}{f_0}\right)^2}{1-\left(\dfrac{f}{f_0}\right)^2-\mathrm{j}\dfrac{1}{Q}\dfrac{f}{f_0}}\dot{A}_{up} \tag{7-66}$$

式中，$\dot{A}_{up}$、f_0 和 Q 分别表示二阶高通滤波器的通带电压放大倍数、特征频率和等效品质因数，因而其对数幅频特性如图 7-32(b)所示。

7.6 信号产生电路

7.6.1 正弦波发生电路

正弦波发生电路能产生正弦波输出，它是在放大电路的基础上加上正反馈而形成的，它是各类波形发生器和信号源的核心电路。正弦波发生电路也称为正弦波振荡电路或正弦波振荡器。

1. 自激振荡条件

放大电路通常在有信号输入的情况下，输出端才有信号输出。在放大电路的输入端不外接信号的情况下，在输出端仍有一定频率和幅度的信号输出，这种现象称为放大电路的自激振荡。自激振荡在放大电路中并非好事，它将使放大电路不能正常工作，因此要采用消振电路来破坏产生自激振荡的条件；但在波形产生电路中则不然，它正是利用自激振荡而工作的，在一般情况下，电路输入端不外加信号，但有一定的信号输出，这样的电路常称为自激振荡电路。那么，振荡电路不外接信号源，它的输入信号从何而来？所以首先要讨论振荡电路能够产生自激振荡的条件。

图 7－33 是一个带有反馈的放大电路框图，其中，$\dot{A}$ 是放大电路，$\dot{F}$ 是反馈电路。当将开关 S 合在位置“2”时，就是一般的交流放大电路，输入信号电压为 $\dot{U}_i$（设为正弦量），输出电压为 $\dot{U}_o$，输出信号通过反馈电路反馈到输入端，反馈电压为 $\dot{U}_f$。此时，将开关 S 从“2”置于“1”位置，如果调节反馈环节 $\dot{F}$，使 $\dot{U}_f=\dot{U}_i$，即两者大小相等、相位相同，那么反馈电压就可以替代外加输入信号电压。此时，输出电压仍保持不变。这样放大电路不需要外加输入电压信号，而通过反馈维持一定的输出，形成了自激振荡。自激振荡电路的输入信号是由输出信号经反馈环节提供的。

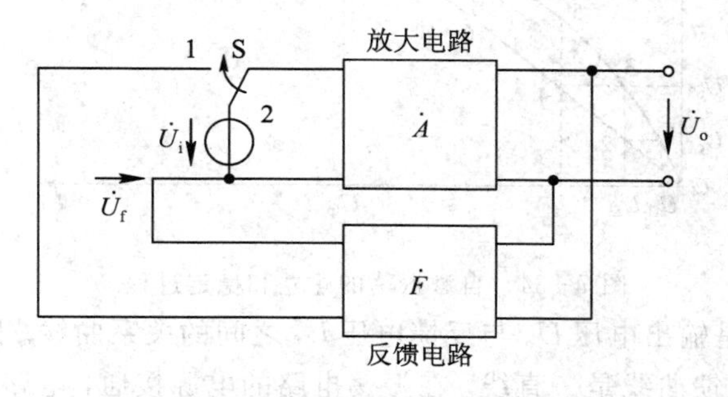

图 7－33　产生自激振荡的条件

因为放大电路的开环电压放大倍数为

$$\dot{A}=\frac{\dot{U}_o}{\dot{U}_i} \tag{7-67}$$

所以反馈电路的反馈系数为

$$\dot{F}=\frac{\dot{U}_f}{\dot{U}_o} \tag{7-68}$$

当 $\dot{U}_f=\dot{U}_i$ 时，$\dot{A}\dot{F}=1$。因此，电路产生自激振荡的条件如下：

(1) 相位条件：反馈电压 $\dot{U}_f$ 和输入电压 $\dot{U}_i$ 要同相，也就是电路必须构成正反馈，才能满足相位平衡条件，电路才可能产生自激振荡。设 $\dot{A}=A\angle\varphi_A$，$\dot{F}=F\angle\varphi_F$，可得相位条件为

$$\varphi=\varphi_A+\varphi_F=\pm 2n\pi \quad (n=0,1,2,3,\cdots) \tag{7-69}$$

(2) 幅度条件：要有足够的反馈量，使反馈电压信号与输入电压信号在数值上相等，才能维持振荡，即幅度条件为

$$|\dot{A}\dot{F}|=AF=1 \tag{7-70}$$

相位条件和幅值条件是产生自激振荡缺一不可的两个条件。

注意，在实际振荡电路中，并不是通过开关起振的，以下分析将可以看到，为保证电路的起振，幅度条件必须调整为$|\dot{A}\dot{F}|=AF>1$。

2. 自激振荡的建立和幅值的稳定

实际应用中的自激振荡电路，并没有前述电路中的外加信号源$\dot{U}_i$，而是依靠振荡电路中存在的干扰来引起自激的。如振荡电路与电源接通的瞬间，电路中电量的波动以及噪声等，都会引起一个微小的反馈信号加到输入端，此时，只要电路中存在$|\dot{A}\dot{F}|>1$及反馈为正反馈的条件，就能建立稳定的振荡。

图7-34描述了自激振荡的建立和稳定过程。图中的振幅特性是放大电路部分输出电压与输入电压(也是反馈电压)之间的关系曲线。由曲线得知，当反馈电压$\dot{U}_f$较小时，因三极管工作在放大区，输出电压$\dot{U}_o$与反馈电压$\dot{U}_f$近似于正比，特性基本上是线性关系。随着$\dot{U}_f$的增大，三极管进入饱和区或截止区工作，三极管电流放大系数β和电路电压放大倍数A逐渐减小，振幅特性曲线表现为向右弯曲。

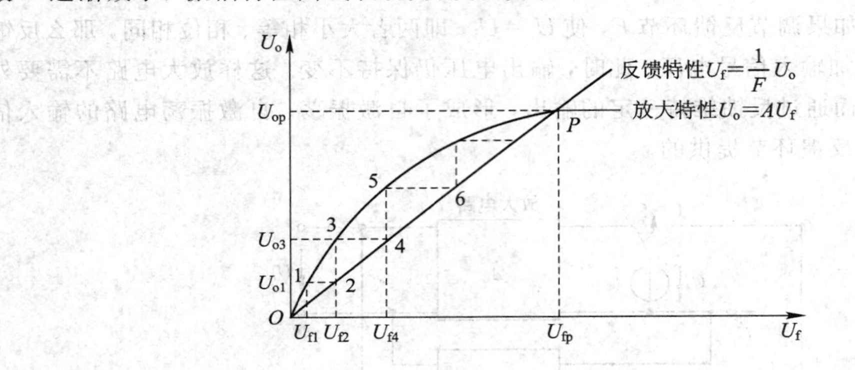

图7-34　自激振荡的建立和稳定过程

图中的反馈特性是输出电压U_o与反馈电压U_f之间的关系曲线。因反馈网络一般由线性元件组成，因此，反馈曲线是一直线。在振荡电路的电源接通，电路起振时，电路中产生的微弱起振信号U_{f1}加到输入端，经放大电路放大后输出，此时的输出电压可从振幅特性曲线上的点1处对应求出为U_{o1}。U_{o1}又经反馈环节反馈，在反馈特性曲线上点2处对应求出为U_{f2}。因电路中满足$AF>1$的关系，则$U_{f2}>U_{f1}$。这样，经过不断地反馈→放大→再反馈→再放大→…的循环，输出电压的幅值从小到大不断增大，一直到达图中两条特性曲线的交点P处时，振幅便不再继续增大，在P点处稳定下来。在P点处稳定下来的原因是在P点时，输出电压与反馈电压之间既能满足幅度特性，又能满足反馈特性。

自激振荡电路是依靠足够的正反馈量来建立和维持自激振荡的。在建立振荡的过程中，反馈电压应逐渐增加才能使振荡幅度逐次增大至稳定工作状态。如果反馈量逐次减少，振荡幅度就会逐步减小，直到停止振荡。

3. 正弦波的形成

自激振荡是依靠电路中激起的电压或电流的冲击来形成的，这些电压或电流的冲击信号多属非正弦量，含有各种频率的谐波分量，为获得单一频率的正弦波输出信号，自激振荡电路必须具有使所需频率的谐波分量满足自激振荡的条件，而对其它谐波分量则进行抑制，削弱它们的影响，这项工作是由正弦波振荡电路中的选频环节来完成的。因此，产生单一频率正弦波的振荡电路中还应具有选频环节才能实现。

自激振荡一旦建立起来，它的振幅最终要受到放大电路中非线性因素(饱和)的限制，一般在正弦波振荡电路中都设有稳幅电路，使振荡幅度稳定在一定的大小。

综上所述，正弦波发生电路一般应包括以下几个基本组成部分：放大电路、反馈网络、选频网络和稳幅电路。判断一个电路是否是正弦波振荡器，就看其组成是否含有上述4个部分。选频网络可设在放大电路中，也可设置在反馈网络中。在很多正弦波振荡电路中，反馈网络和选频网络实际上是同一个网络。因此振荡电路仅对某一频率成分的信号满足振荡的相位条件和幅度条件，该信号的频率就是该振荡电路的振荡频率。

分析一个正弦振荡电路时，首先要判断它是否振荡，一般方法是：

(1) 观察电路是否存在放大电路、反馈网络、选频网络和稳幅电路等四个重要组成部分。

(2) 放大电路的结构是否合理，有无放大能力，静态工作点是否合适。

(3) 是否满足相位条件，即电路是否正反馈，只有满足相位条件才有可能振荡。

(4) 判断电路能否具有起振的幅值条件。

4. 正弦波振荡电路的类型

正弦波振荡电路常以选频网络所用元件来命名，可以分为*RC*振荡电路、*LC*振荡电路和石英晶体振荡电路。*RC*振荡电路的工作频率一般较低(1 MHz以下)，*LC*振荡电路的工作频率较高(1 MHz以上)，石英晶体振荡电路的振荡频率等于石英晶体的固有频率，非常稳定。由于*LC*振荡器及石英晶体振荡器一般用于产生高频信号，所以本书不作介绍。

7.6.2 *RC*正弦波振荡电路

*RC*正弦波振荡电路是一种低频振荡电路，常用电阻和电容组成选频回路，故这种结构的振荡电路称为*RC*振荡器。

1. *RC*桥式振荡电路的组成

常见的*RC*正弦波振荡电路是*RC*串并联式正弦波振荡电路，又称为文氏桥正弦波振荡电路。其电路如图7-35所示，电路由放大电路和*RC*串并联网络两部分组成，放大电路部分由同相比例放大电路组成，放大电路的输出电压与输入电压同相，输入信号放大后，再经正反馈电路送到输入端。电路中的C_1、C_2、R_1、R_2等4个元件串并联组成电路的选频环节和正反馈环节。自激反馈信号取自于C_2和R_2并联电路的两端。

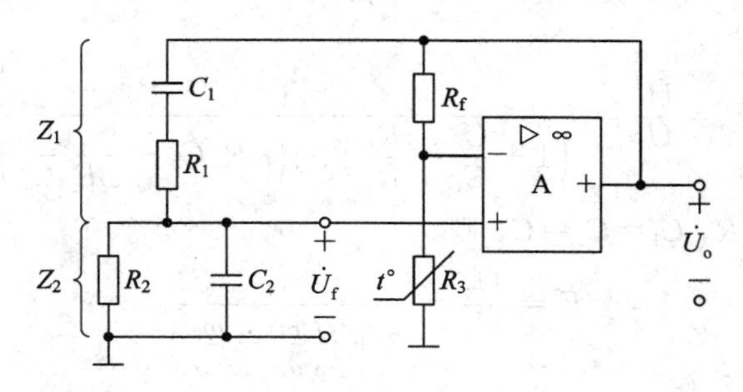

图7-35 *RC*串并联网络正弦波振荡电路

2. *RC*串并联选频电路的选频作用

*RC*串并联选频电路如图7-36(a)所示。电路中的电阻、电容参数为固定值。输入电压

$\dot{U}_1$ 取自放大电路的输出端，输出电压 $\dot{U}_2$ 由 C_2 和 R_2 并联的两端提供。其选频特性可定性分析如下：

当输入电压 $\dot{U}_1$ 的频率较低时，有 $1/(\omega C_1) \gg R_1$、$1/(\omega C_2) \gg R_2$，此时，电阻 R_1 串联的分压作用很小，C_2 并联的分流作用也小。在两者忽略不计、低频率的情况下，电路可等效为 C_1 和 R_2 串联，如图 7-36(b)所示。它是一个超前网络，输出电压 $\dot{U}_2$ 的相位超前输入 $\dot{U}_1$。显然，频率 f 愈低，由 R_2 两端获得的输出电压 $\dot{U}_2$ 愈小，当频率 f 趋于 0 时，$\dot{U}_2$ 的数值趋近于零，$\dot{U}_2$ 的相位超前 $\dot{U}_1$ 的相位趋近 90°。

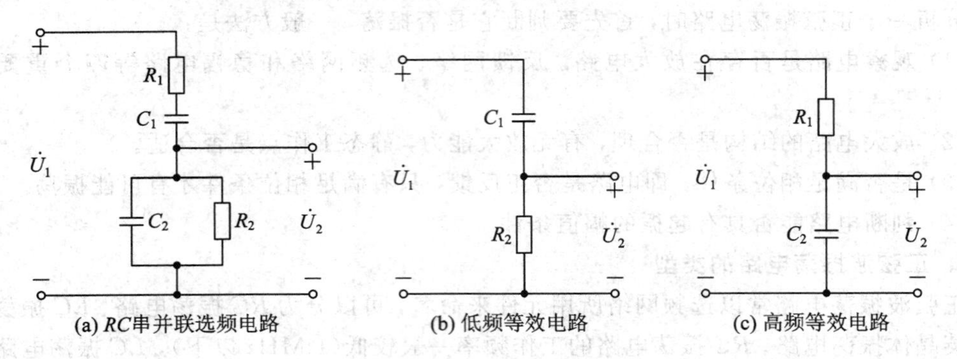

图 7-36　RC 串联网络及其低、高频等效电路

同理，当输入电压 $\dot{U}_1$ 的频率 f 较高时，有 $1/(\omega C_1) \ll R_1$、$1/(\omega C_2) \ll R_2$；忽略 C_1 和 R_2 的作用，这样，在高频情况下，电路可等效为 R_1 和 C_2 串联，如图 7-36(c)所示。它是一个滞后网络，输出电压 $\dot{U}_2$ 的相位滞后输入 $\dot{U}_1$。显然，当频率 f 趋于∞时，$\dot{U}_1$ 的数值趋近于零，$\dot{U}_2$ 的相位滞后 $\dot{U}_1$ 的相位趋近 90°。

因此可以断定，在上述的电阻、电容参数为固定值的情况下，在高频与低频之间存在一个频率 f_0，其相位关系既不是超前也不是滞后，输出电压 $\dot{U}_2$ 与输入电压 $\dot{U}_1$ 相位一致。这就是 RC 串并联网络的选频特性。

根据电路可推导出它的频率特性，由图 7-36(a)可得

$$\dot{F} = \frac{\dot{U}_2}{\dot{U}_1} = \frac{R_2 /\!/ \dfrac{1}{\mathrm{j}\omega C_2}}{\left(R_1 + \dfrac{1}{\mathrm{j}\omega C_1}\right) + R_2 /\!/ \dfrac{1}{\mathrm{j}\omega C_2}} = \frac{\dfrac{R_2}{1+\mathrm{j}\omega R_2 C_2}}{R_1 + \dfrac{1}{\mathrm{j}\omega C_1} + \dfrac{R_2}{1+\mathrm{j}\omega R_2 C_2}}$$

整理后得

$$\dot{F} = \frac{\dot{U}_2}{\dot{U}_1} = \frac{1}{\left(1 + \dfrac{C_2}{C_1} + \dfrac{R_1}{R_2}\right) + \mathrm{j}\left(\omega R_1 C_2 - \dfrac{1}{\omega R_2 C_1}\right)} \tag{7-71}$$

通常取 $R_1 = R_2 = R$，$C_1 = C_2 = C$，则

$$\dot{F} = \frac{\dot{U}_2}{\dot{U}_1} = \frac{1}{3 + \mathrm{j}\left(\dfrac{\omega}{\omega_0} - \dfrac{\omega_0}{\omega}\right)} \tag{7-72}$$

其中：

$$\omega_0 = \frac{1}{RC}$$

即

$$f_0 = \frac{1}{2\pi RC} \tag{7-73}$$

式(7－72)所代表的幅频特性为

$$|\dot{F}| = \left|\frac{\dot{U}_2}{\dot{U}_1}\right| = \frac{1}{\sqrt{3^2 + \left(\frac{\omega}{\omega_0} - \frac{\omega_0}{\omega}\right)^2}} \tag{7-74}$$

相频特性为

$$\varphi_F = -\arctan\frac{1}{3}\left(\frac{\omega}{\omega_0} - \frac{\omega_0}{\omega}\right) \tag{7-75}$$

其频率特性如图 7－37 所示。

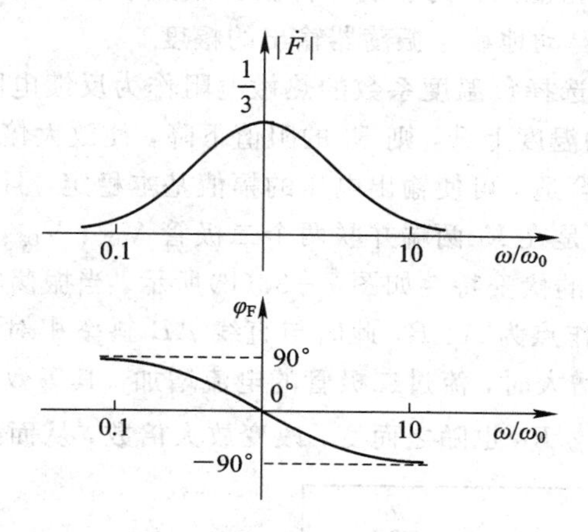

图 7－37　*RC* 串并联网络的频率特性

可见，当 $\omega=\omega_0=\frac{1}{RC}$时，$\left|\frac{\dot{U}_2}{\dot{U}_1}\right|$达到最大值，等于$\frac{1}{3}$，而相移 $\varphi_F=0°$。

3. *RC* 串并联网络振荡电路

由前面的分析知道，产生振荡的相位条件是 $\varphi=\varphi_A+\varphi_F=\pm 2n\pi$，而 *RC* 串并联网络在 $f=f_0$ 时，$\varphi_F=0$，所以由 *RC* 串并联网络构成的振荡电路，必须是 $\varphi_A=\pm 2n\pi$，即振荡电路中基本放大电路部分的输出与输入电压必须是同相位，才能使电路满足振荡的相位条件。

图 7－35 所示 *RC* 串并联网络振荡电路。其基本放大电路是同相比例运算电路，因此有 $\varphi_A=\pm 2n\pi$，即基本放大电路的输出与输入电压同相位，而 *RC* 串并联网络为反馈网络，在 $f=f_0$ 时，$\varphi_F=0$，则有 $\varphi_A+\varphi_F=\pm 2n\pi$，故振荡电路满足产生自激振荡的相位条件。

为了使电路能振荡，还应满足起振条件，即要求 $|\dot{A}\dot{F}|>1$。振荡电路的反馈系数就是 *RC* 串并联网络的传输函数：

$$\dot{F} = \frac{\dot{U}_f}{\dot{U}_o} = \frac{1}{3 + j\left(\frac{\omega}{\omega_0} - \frac{\omega_0}{\omega}\right)} \tag{7-76}$$

放大电路的放大倍数为

$$|\dot{A}| = A = 1 + \frac{R_f}{R_1} \tag{7-77}$$

当 $\omega=\omega_0$ 时，$F=1/3$，故按起振条件式，要求 $|\dot{F}|=\left(1+\frac{R_f}{R_1}\right)>3$，即

$$R_f > 2R_1$$

电路的振荡频率为

$$f = \frac{1}{2\pi RC}$$

图 7-35 所示 RC 正弦波振荡电路在振荡以后，振荡器的振幅会不断增加，直至受到运放最大输出电压的限制，使输出波形 U_o 产生非线性失真。为此，振荡电路需加稳幅措施，来稳定输出电压的幅值。

通常可以利用二极管和稳压管的非线性特性、场效应管的可变电阻特性以及热敏电阻等元件的非线性特性，来自动地稳定振荡器输出的幅度。

最简单的稳幅措施是选择负温度系数的热敏电阻作为反馈电阻 R_f，当 U_o 的幅值增加使 R_f 的功耗增大时，它的温度上升，则 R_f 的阻值下降，使放大倍数下降，输出电压 U_o 也随之下降。如果参数选择合适，可使输出电压的幅值基本稳定，且波形失真较小。

图 7-38(a)所示电路是在 R_f 两端并联两个二极管 V_{D1}、V_{D2}，用来稳定振荡器的输出 U_o 的幅值。V_{D1}、V_{D2} 管子的伏安特性如图 7-38(b)所示，当振荡幅值较小时，流过二极管的电流较小，设相应的工作点为 A、B，此时与直线 AB 斜率相对应的二极管等效电阻 R_D 增大；同理，当振荡幅度增大时，流过二极管的电流增加，其等效电阻 R_D 减小，如图中直线 CD 所示。这样 $R_f'=R_f/\!/R_D$ 也随之而变，改变放大倍数，从而达到稳幅的目的。

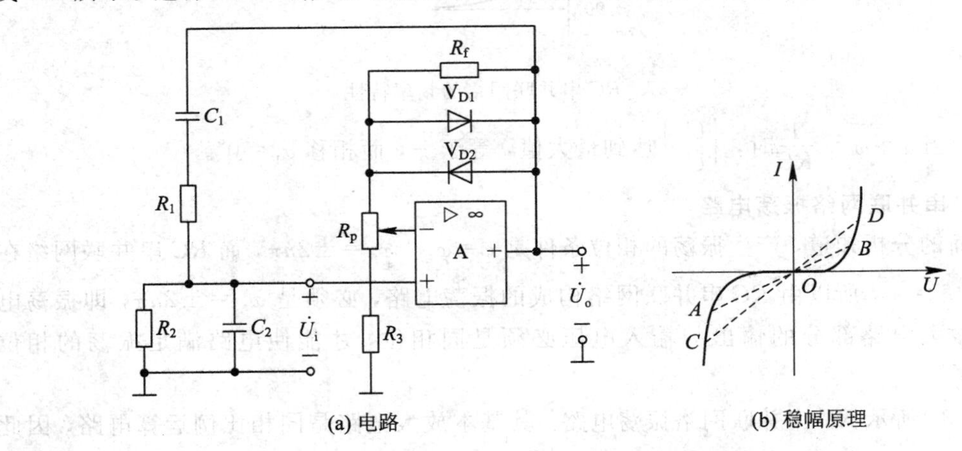

图 7-38　二极管稳幅电路的 RC 串并联网络振荡电路

RC 振荡电路，除串并联网络振荡电路外，还有移相式和双 T 网络式等类型，但用得最多的是 RC 串并联振荡电路。

RC 振荡电路的振荡频率取决于 RC 乘积，当要求振荡频率较高时，RC 值必然很小。由于 RC 网络是放大电路的负载之一，所以 RC 的减少加重了放大电路的负载，且由于电路存在分布电容，所以电容减小不能超过一定的限度，否则振荡频率将受寄生电容的影响而不稳定。此外，普通集成运放的带宽较窄，也限制了振荡频率的提高，因此，RC 振荡器通常只作为低频振荡器用。如果需要产生更高频率的正弦信号，可采用下面介绍的 LC 正弦波振荡电路。

7.6.3 非正弦波发生电路

在实用模拟电路中，除了常见的正弦波发生电路外，还有矩形波、三角波、锯齿波等非正弦波发生电路。本节主要介绍这些非正弦波形的电路组成、工作原理、波形分析和主要参数。

1. 矩形波发生电路

矩形波发生电路常作为数字电路的信号源或模拟电子开关的控制信号，它也是其它非正弦波发生电路的基础。

矩形波发生电路只有两个暂态，即输出不是高电平就是低电平，而且两个暂态自动地相互转换，从而产生自激振荡。通常，电压比较器是矩形波发生电路的重要组成部分。为了使输出的高、低电平产生周期性变化、电路中用延迟环节来确定暂态的维持时间，而且引入反馈环节来实现高、低电平转换的控制。

图 7-39 所示为方波发生电路，它由反相输入的滞回比较器和 RC 电路组成。RC 回路既作为延迟环节，又作为反馈网络，通过 RC 充放电实现输出状态的自动转换。

图中滞回比较器的输出电压 $u_o=\pm U_Z$，阈值电压为

$$\pm U_T=\pm\frac{R_1}{R_1+R_2}U_Z \tag{7-78}$$

因而电压传输特性如是图 7-40 所示。

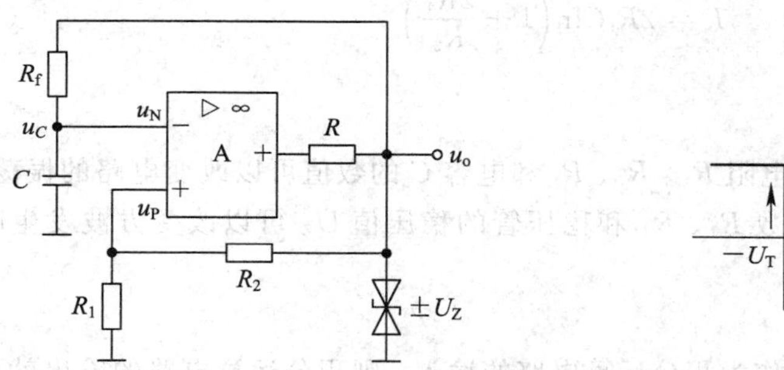

图 7-39 方波发生电路

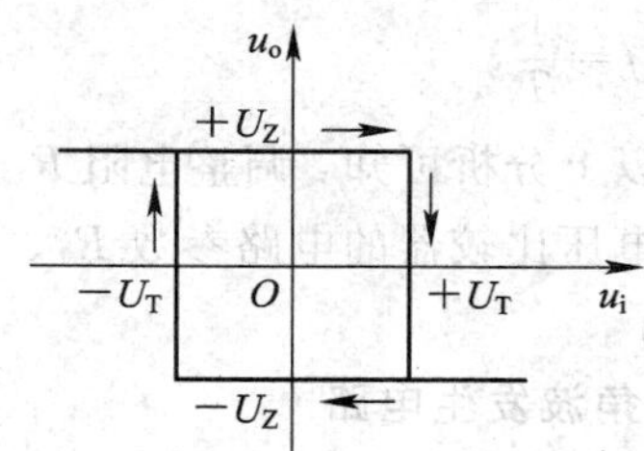

图 7-40 反相输入滞后比较器的电压传输特性

设某一时刻输出电压 $u_o=+U_Z$，则同相输入端电位 $u_P=+U_T$。u_o 通过 R_f 对电容 C 正向充电。反相输入端电位 u_N 随时间 t 增长而逐渐升高，当 t 趋近于无穷时，u_N 趋于 $+U_Z$；但是，一旦 u_N 过 $+U_T$，u_o 就从 $+U_Z$ 跃变为 $-U_Z$，与此同时 u_P 从 $+U_T$ 跃变为 $-U_T$。随后，u_o 又通过 R_f 对电容 C 反相充电。反相输入端电位 u_N 随时间 t 增长而逐渐降低，当 t 趋近于无穷时，u_N 趋于 $-U_Z$；但是，一旦 u_N 过 $-U_T$，u_o 就从 $-U_Z$ 跃变为 $+U_Z$，与此同时 u_P 从 $-U_T$ 跃变为 $+U_T$，电容又开始正向充电。上述过程周而复始，电路产生了自激振荡。

由于图 7-39 所示电路中电容正向充电与反向充电的时间常数均为 RC，而且充电的总幅值也相等，因而在一个周期内 $u_o=+U_Z$ 的时间与 $u_o=-U_Z$ 的时间相等，u_o 为方波。电容上电压 u_C(即集成运放反相输入端电位 u_N)和电路输出电压 u_o 波形如图 7-41 所示。矩形波的宽度 T_1 与周期 T 之比称为占空比，方波的占空比为 50%。

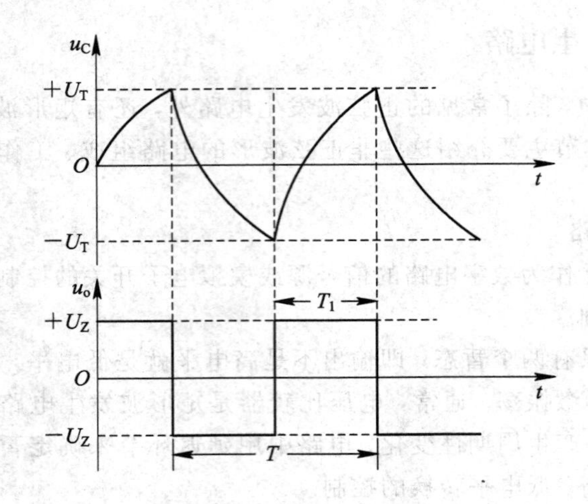

图 7-41　方波发生电路的波形

根据电容上电压波形可知，在二分之一周期内，电容充电的起始值为$-U_T$，终了值为$+U_T$，时间常数为R_fC；时间t趋于无穷时，u_C趋于$+U_Z$，利用一阶RC电路的三要素法可列出方程：

$$+U_T = (U_Z + U_T)(1 - e^{\frac{-T/2}{R_fC}}) + (-U_T)$$

将式(6.27)代入上式，即可求出振荡周期：

$$T = 2R_fC\ln\left(1 + \frac{2R_1}{R_2}\right) \tag{7-79}$$

振荡频率 $f=\frac{1}{T}$。

通过以上分析可知，调整电阻R_1、R_2、R_f和电容C的数值可以改变电路的振荡频率，另外调整电压比较器的电路参数R_1、R_2和稳压管的稳压值U_Z可以改变方波发生电路的振荡幅值。

2. 三角波发生电路

若将方波发生电路的输出作为积分运算电路的输入，则积分运算电路的输出就可以得到三角波形。实用三角波发生电路如图 7-42 所示，其中积分运算电路一方面进行波形变换，另一方面取代方波发生电路的RC回路，起延迟作用。

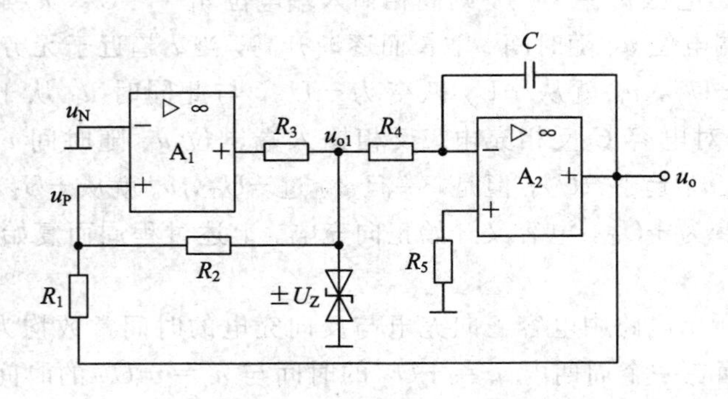

图 7-42　三角波发生电路

在图 7-42 所示电路中，A_1 为同相输入的滞回比较器，A_2 为积分运算电路。同相滞回比较器的输出高、低电平分别为

$$U_{OH} = U_Z, \quad U_{OL} = -U_Z \tag{7-80}$$

A_1同相输入端的电位为

$$u_{P1} = \frac{R_1}{R_1 + R_2} u_{o1} + \frac{R_2}{R_1 + R_2} u_o \tag{7-81}$$

令 $u_{P1} = u_{N1} = 0$，并将 $u_{o1} = \pm U_Z$ 代入，可得阈值电压为

$$\pm U_T = \pm \frac{R_1}{R_2} U_Z \tag{7-82}$$

因而电压传输特性如图所示 7-43 所示。

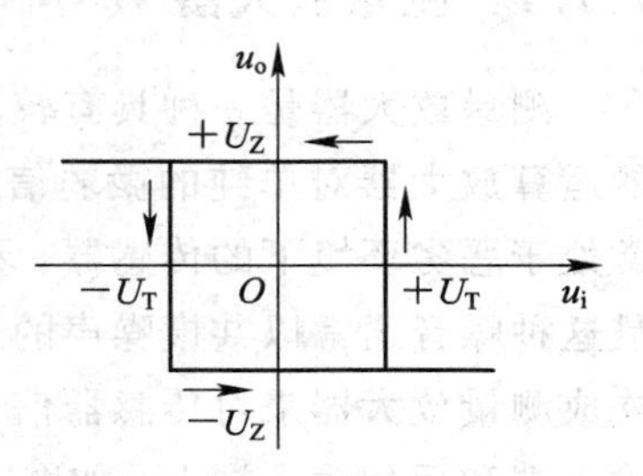

图 7-43　同相滞回比较器的电压传输特性

以滞回比较器的输出电压 u_{o1} 作为输入，积分电路的输出电压表达式为

$$u_o = -\frac{1}{R_4 C} \int u_{o1} \mathrm{d}t \tag{7-83}$$

若 t_0 至 t_1，$u_{o1} = U_Z$，则式(7-83)变换为

$$u_o = -\frac{1}{R_4 C} U_Z (t_1 - t_0) + u_o(t_0) \tag{7-84}$$

若在 t_1 时刻 u_{o1} 跃为 $-U_Z$，且保持至 t_2，则式(7-84)变换为

$$u_o = \frac{1}{R_4 C} U_Z (t_2 - t_1) + u_o(t_1) \tag{7-85}$$

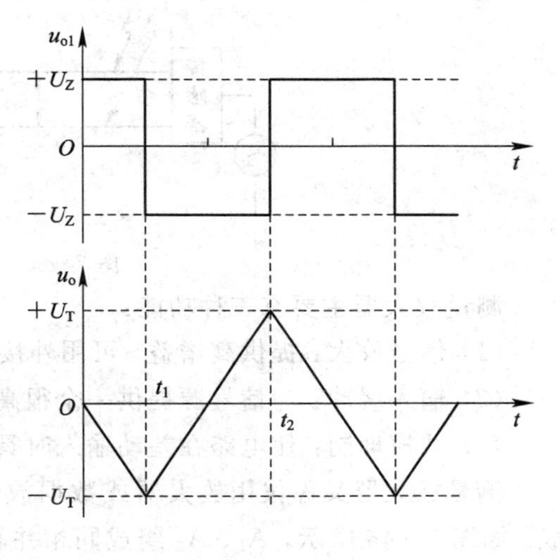

图 7-44　三角波发生电路的波形图

图 7-43 所示电压传输特性和式(7-84)、式(7-85)准确地描述了图 7-42 中两部分电路的关系，以此为依据可得电路的振荡原理。设滞回比较器输出电压 u_{o1} 在 t_0 时刻由 $-U_Z$ 跃变为 $+U_Z$(称为第一暂态)，根据式(7-84)，积分电路反向积分，输出电压 u_o 按线性规律下降，当 u_o 下降到滞回比较器的阈值电压 $-U_T$ 时(t_1)，滞回比较器的输出电压 u_{o1} 从 $+U_Z$ 跃变到 $-U_Z$(称为第二暂态)。此后，积分电路正向积分，根据式(7-85)，u_o 按线性规律上升，当 u_o 上升到滞回比较器的阈值电压 $+U_T$ 时(t_2)，u_{o1} 从 $-U_Z$ 又跃变回到 $+U_Z$，即返回第一暂态，电路又开始反向积分。如此周而复始，产生振荡。

由于积分电路反向积分和正向积分的电流大小均为 u_{o1}/R_4，使得 u_o 在一个周期内的下降时间和上升时间相等，且斜率的绝对值也相等，因此 u_o 是三角波，u_{o1} 是方波，波形如图 7-44 所示。故也称图 7-42 所示电路为三角波-方波发生电路。

7.7　应 用 实 例

在电子信息系统中，通过传感器或其它途径所采集的信号往往很小，不能直接进行运

算、滤波等处理，必须首先进行放大。本节将介绍几种常用的放大电路和预处理中的一些实际问题。

7.7.1 测量放大器

测量放大器是一种具有较高共模抑制比，适用于弱信号检测的专用运算放大器。通用的运算放大器对单纯的微弱信号可以进行信号放大，并具有一定的抗干扰能力。但对于通常处于恶劣环境下的传感器，不仅输出信号微弱，输出端还常常受到较大噪声的干扰，而且这种噪音通常以共模噪声的形式出现。因此，在这种情况下，一般是由一组运算放大器构成测量放大器来对传感器信号进行放大，传感器的输出信号直接接到测量放大器的同相输入端和反相输入端上，如图 7-45 所示。测量放大器因其同相输入端和反相输入端直接与信号源相接，故有较高的抗共模干扰能力；放大倍数在 1～1000 之间，由外接电阻 R_g 进行增益调节，R_s 用于增益微调。

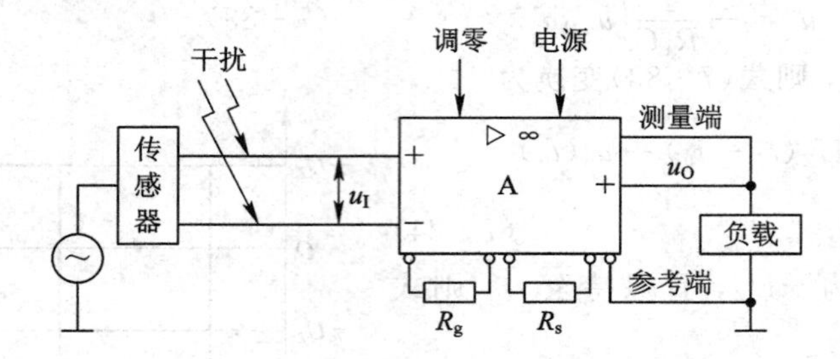

图 7-45　测量放大器结构

测量放大器主要有三种功能：

(1) 信号放大：提供高增益，可用外接电阻或软件编程进行调节。

(2) 输入缓冲：为信号源提供一个很高的输入阻抗。

(3) 共模抑制：使电路在差动输入时具有很高的共模抑制比。

测量放大器又称仪用放大器或数据放大器。常见的测量放大器由三个运算放大器构成。如图 7-46 所示，A_1、A_2 组成同相并联差动放大器，且共模增益均为 0 dB，与 R_g 和 R_1 的数值无关。A_3 是起减法作用的差动放大器。设 A_1 与 A_2 对称，而且 $R_2=R_5=R$，则测量放大器的理想差动输入闭环放大倍数为

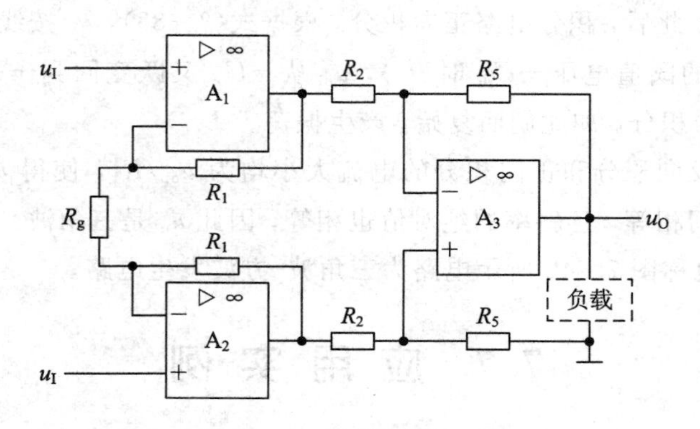

图 7-46　通用测量放大器

$$K = -\left(1 + \frac{2R_1}{R_g}\right) \tag{7-86}$$

常用的集成测量放大器芯片有 AD521、AD522 等。下面对 AD521 作一介绍。

AD521 是 AD 公司的第二代放大器，具有高输入阻抗、低失调电流、高共模抑制比等特点，增益可调范围为－20 dB～60 dB，增益的调整不需要精密的外接电阻，有较强的过载能力，其使用温度可在－25℃～＋85℃。

图 7－47 为 AD521 的一种典型接法。放大器的 4、6 两脚接 10 kΩ 电位器，用于零点调整，放大倍数由 R_s 与 R_g 之比决定，其中 10、13 脚为外接反馈电阻，一般为(100±15%)kΩ，14 脚和 2 脚为外接增益电阻。需要注意的是，在使用 AD521 时，必须给其偏置电流提供返回通路。具体做法是将放大器两个输入端之一与电源的地线相连构成回路，可以直接相连，也可以通过电阻相连。如果没有这一回路，偏流就会对杂散电容充电，使输出电压漂移得不可控制或处于饱和。因此，如果应用场合不能为偏置电路提供直流通路，就需要改用隔离放大器。

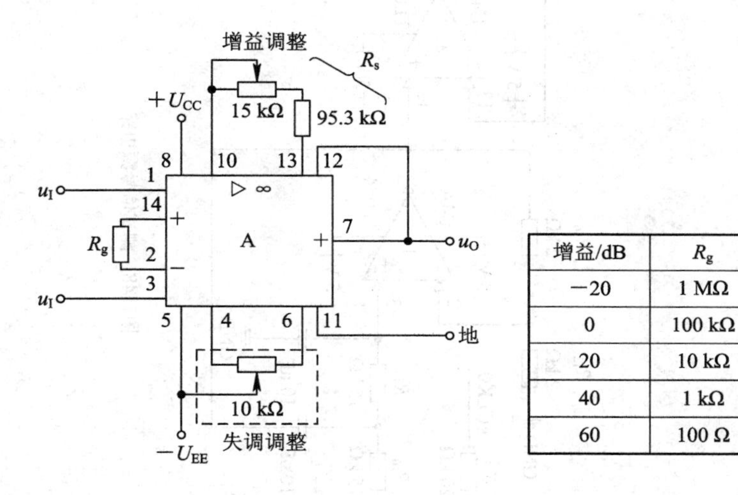

增益/dB	R_g
−20	1 MΩ
0	100 kΩ
20	10 kΩ
40	1 kΩ
60	100 Ω

图 7－47 AD521 典型接线图

7.7.2 有源滤波器

根据傅里叶理论，方波信号由多个正弦波信号相互叠加而成，每个正弦波信号的幅值和频率均不相同。例如频率为 1 kHz 的方波，它的基波为 1 kHz 的正弦波，然后叠加了 3 次、5 次、7 次等奇次高次谐波，通过设计合适截止频率的低通滤波器，将方波信号中的高次谐波滤掉，即可得到 1 kHz 的正弦波信号。图 7－48 采用 8 阶低通椭圆开关电容滤波器 MAX293 与 2 阶有源低通滤波器相串联，从方波信号中滤出正弦波信号用作测试信号源。实验系统采用的测试信号频率为 1 kHz，CPU 产生的 1 kHz 的方波信号从 MAX293 的 8 脚输入，同时输入 MAX293 的有 1 脚的 100 kHz 时钟信号，经 MAX293 滤波后，信号由 5 脚输出。图 7－48 中 U4A 与 R_{10}、R_{12}、C_2、C_3 组成 2 阶有源低通滤波器，对 MAX293 的信号进一步滤波，再经 U4D 组成的电压跟随器隔离，将滤波后的信号送到被测件两端。输入输出信号波形如图 7－49 所示。由图 7－49 可知，经滤波后得到的输出正弦波信号失真度较小，实现滤波作用。

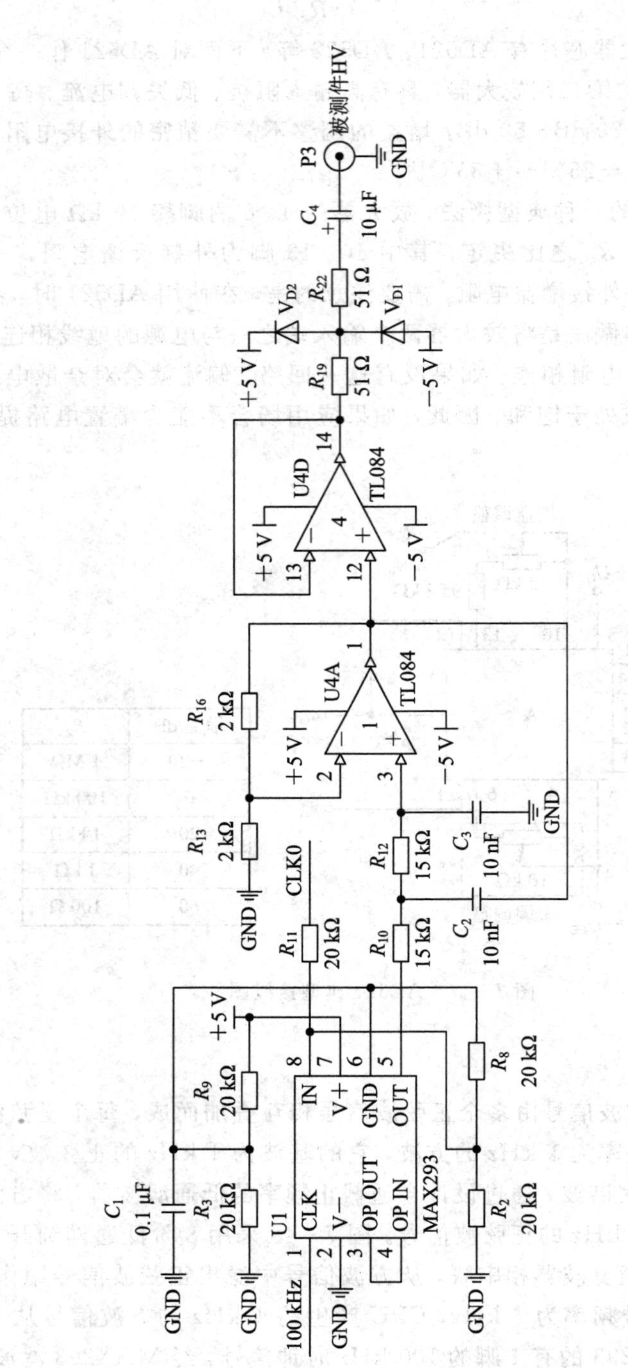

图7-48 测试信号源电路

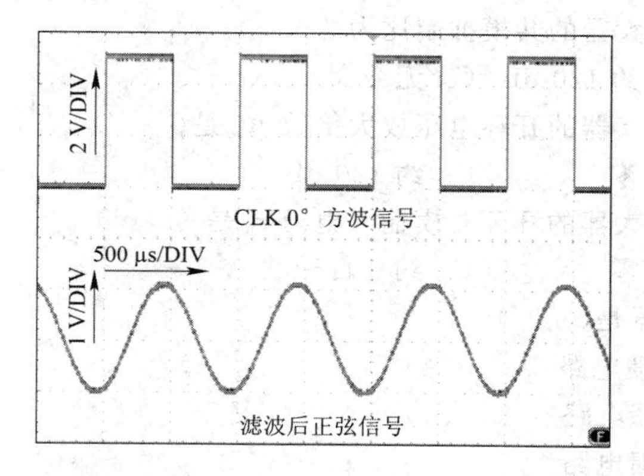

图 7-49　信号源输出波形

习　题

7-1　集成运算放大器是(　　)。

A. 直接耦合多级放大器　　B. 阻容耦合多级放大器　　C. 变压器耦合多级放大器

7-2　集成运放级间耦合方式是(　　)。

A. 变压器耦合　　B. 直接耦合　　C. 阻容耦合

7-3　集成运算放大器对输入级的主要要求是(　　)。

A. 尽可能高的电压放大倍数

B. 尽可能大的带负载能力

C. 尽可能高的输入电阻，尽可能小的零点漂移

7-4　集成运算放大器输出级的主要特点是(　　)。

A. 输出电阻低，带负载能力强

B. 能完成抑制零点漂移

C. 电压放大倍数非常高

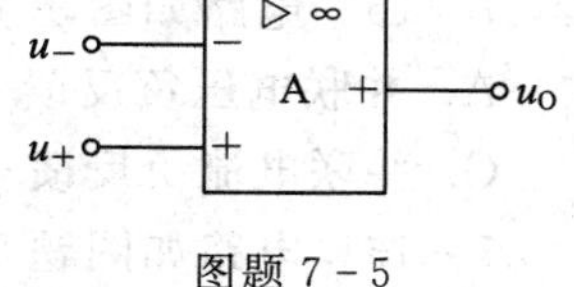

图题 7-5

7-5　图题 7-5 所示的集成运算放大器，输入端 u_- 与输出端 u_o 的相位关系为(　　)。

A. 同相　　B. 反相　　C. 相位差 90°

7-6　开环工作的理想运算放大器，同相输入时的电压传输特性为(　　)。

A. 图 1　　B. 图 2　　C. 图 3

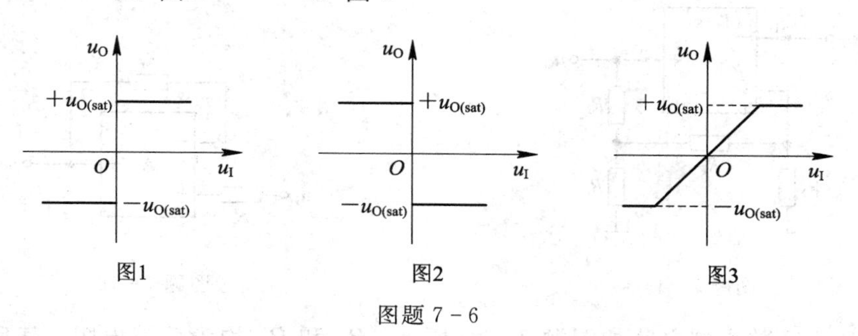

图题 7-6

7－7　理想运算放大器的共模抑制比为（　　）。

A. 零　　　B. 约 120 dB　C. 无穷大

7－8　理想运算放大器的开环电压放大倍数 A_{uo} 是（　　）。

A. 无穷大　　B. 零　　　C. 约 120 dB

7－9　理想运算放大器的开环差模输入电阻 r_{id} 是（　　）。

A. 无穷大　　B. 零　　　C. 约几百千欧

7－10　射极输出器是（　　）。

A. 串联电压负反馈电路

B. 串联电流负反馈电路

C. 并联电压负反馈电路

7－11　对两级共射阻容耦合交流放大器，希望稳定其输出信号电压，并提高其输入电阻，要求从第二级至第一级引入的反馈为（　　）。

A. 串联电压负反馈　　　　B. 串联电流负反馈

C. 并联电压负反馈　　　　D. 并联电流负反馈

7－12　在串联电压负反馈放大电路中，若将反馈深度增加，则该电路的输出电阻将（　　）。

A. 减小　　B. 增加　　C. 不变

7－13　欲使放大电路的输入电阻增加，输出电阻减小，应引入（　　）。

A. 串联电压负反馈　　　　B. 串联电流负反馈

C. 并联电压负反馈　　　　D. 并联电流负反馈

7－14　为了稳定放大电路的输出电流，并能提高输入电阻，应采用的负反馈类型为（　　）。

A. 串联电压负反馈　　　　B. 串联电流负反馈

C. 并联电压负反馈　　　　D. 并联电流负反馈

7－15　电路如图题 7－15 所示，R_L 为负载电阻，则 R_F 引入的反馈为（　　）。

A. 并联电压负反馈　　　　B. 串联电压负反馈

C. 并联电流负反馈　　　　D. 串联电流负反馈

7－16　电路如图题 7－16 所示，R_F 引入的反馈为（　　）。

A. 串联电压负反馈　　　　B. 串联电流负反馈

C. 并联电压负反馈　　　　D. 并联电流负反馈

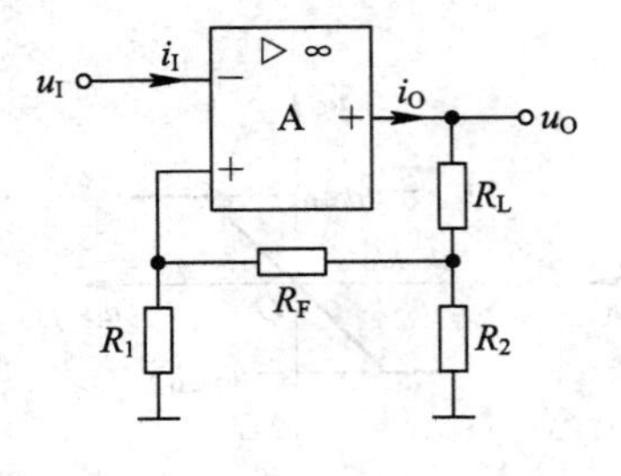

图题 7－15

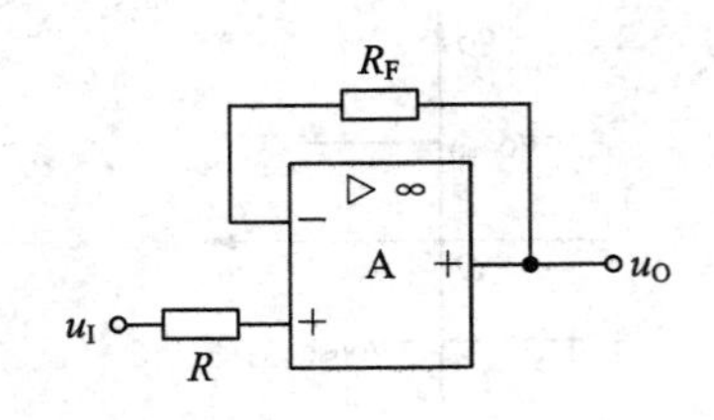

图题 7－16

7－17　运算放大器电路如图题 7－17 所示，R_{F1} 和 R_{F2} 均为反馈电阻，其反馈极性为

(　　)。

A. R_{F1}引入的为正反馈，R_{F2}引入的为负反馈

B. R_{F1}和R_{F2}引入的均为负反馈

C. R_{F1}和R_{F2}引入的均为正反馈

D. R_{F1}引入的为负反馈，R_{F2}引入的为正反馈

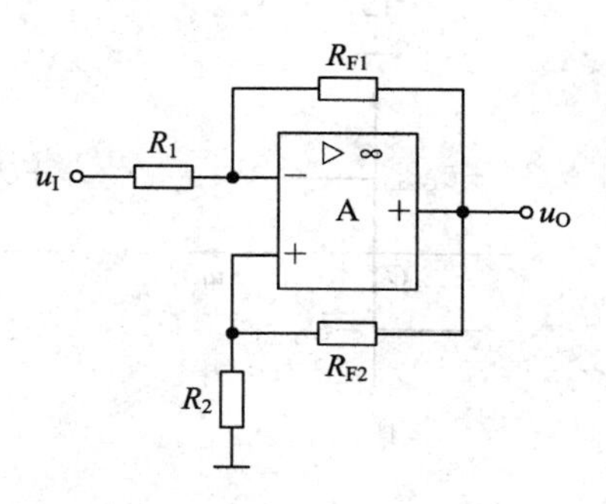

图题 7-17

7-18　电路如图题 7-18 所示，R_F引入的反馈为(　　)。

A. 串联电压负反馈　　B. 并联电压负反馈

C. 串联电流负反馈　　D. 并联电流负反馈

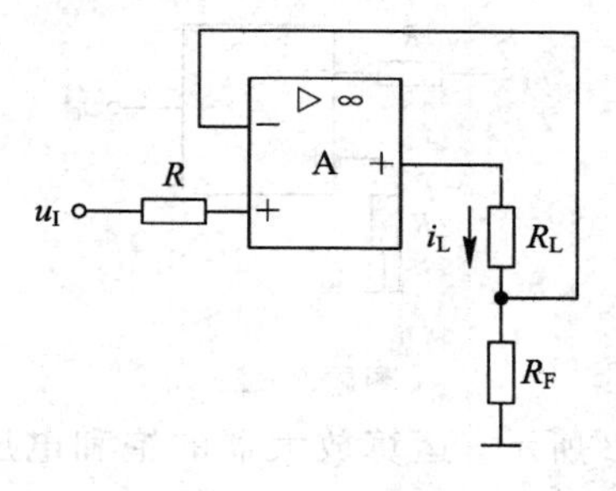

图题 7-18

7-19　电路如图题 7-19 所示，过零比较器为(　　)。

A. 图 1　　B. 图 2　　C. 图 3

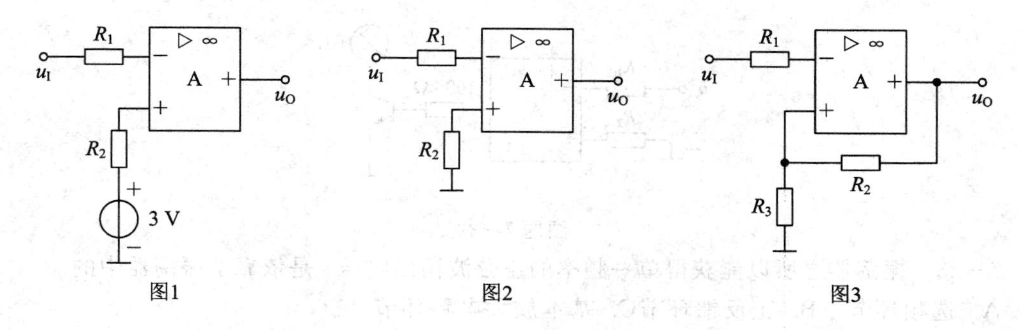

图题 7-19

7-20　图题 7-20 所示为比较器电路，其传输特性图为(　　)。

A. 图 1　　B. 图 2　　C. 图 3

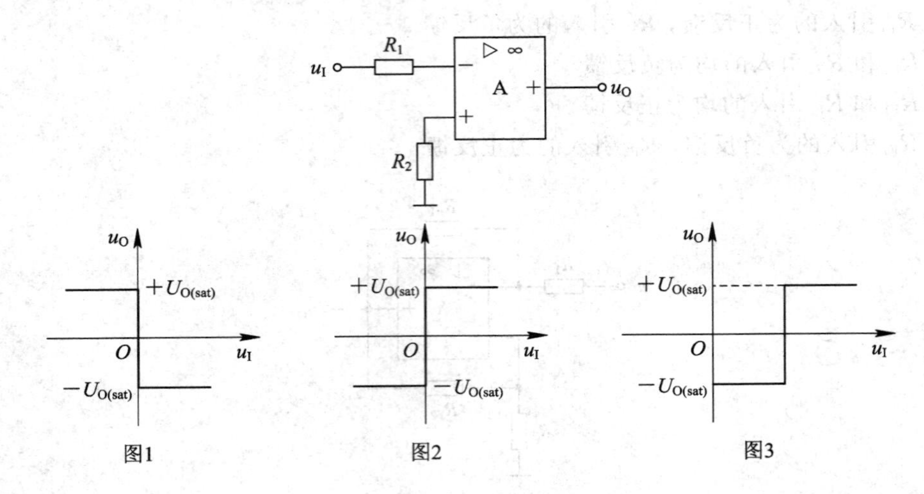

图题 7－20

7－21　电路如图题 7－21 所示，输入电压 $u_i=2\sin\omega t$(V)，电源电压为 $\pm U$，则输出电压为(　　)。

A. 与 u_i 同相位的方波　B. 与 u_i 反相位的方波　C. 与 u_i 反相位的正弦波

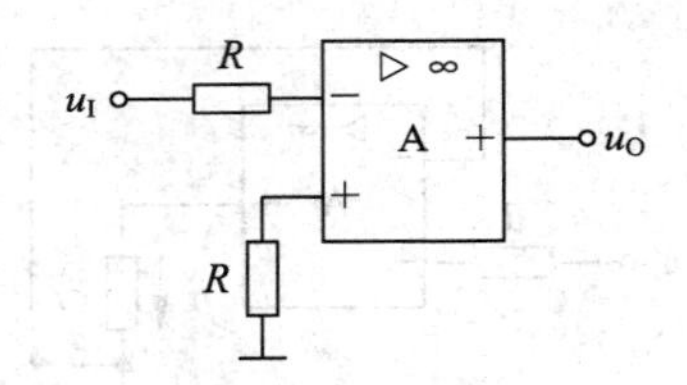

图题 7－21

7－22　电路如图题 7－22 所示，运算放大器的饱和电压为 ± 12 V，晶体管 V 的 $\beta=50$，为了使 灯 HL 亮，则输入电压 u_i应满足（　　）。

A. $u_i>0$　　B. $u_i=0$　　C. $u_i<0$

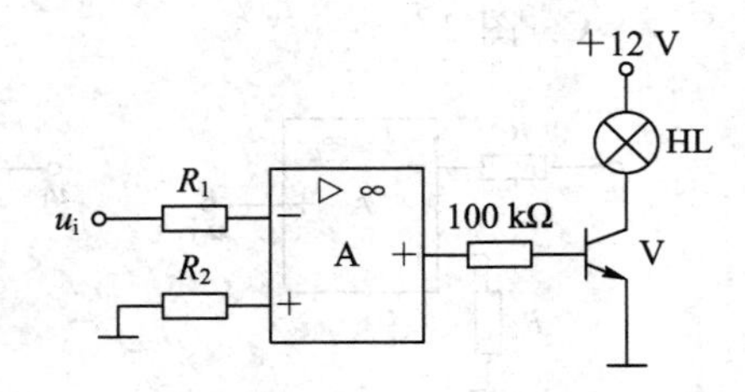

图题 7－22

7－23　振荡器之所以能获得单一频率的正弦波输出电压，是依靠了振荡器中的（　　）。

A. 选频环节　B. 正反馈环节　C. 基本放大电路环节

7－24　一个振荡器要能够产生正弦波振荡，电路的组成必须包含(　　)。

A. 放大电路、负反馈电路

B. 负反馈电路、选频电路

C. 放大电路、正反馈电路、选频电路

7-25　一个正弦波振荡器的开环电压放大倍数为 A_u，反馈系数为 F，该振荡器要能自行建立振荡，其幅值条件必须满足（　　）。

A. $|A_uF|=1$　B. $|A_uF|<1$　C. $|A_uF|>1$

7-26　一个正弦波振荡器的开环电压放大倍数为 A_u，反馈系数为 F，能够稳定振荡的幅值条件是(　　)。

A. $|A_uF|>1$　B. $|A_uF|<1$　C. $|A_uF|=1$

7-27　电路如图题 7-27 所示，参数选择合理，若要满足振荡的相应条件，其正确的接法是(　　)。

A. 1 与 3 相接，2 与 4 相接

B. 1 与 4 相接，2 与 3 相接

C. 1 与 3 相接，2 与 5 相接

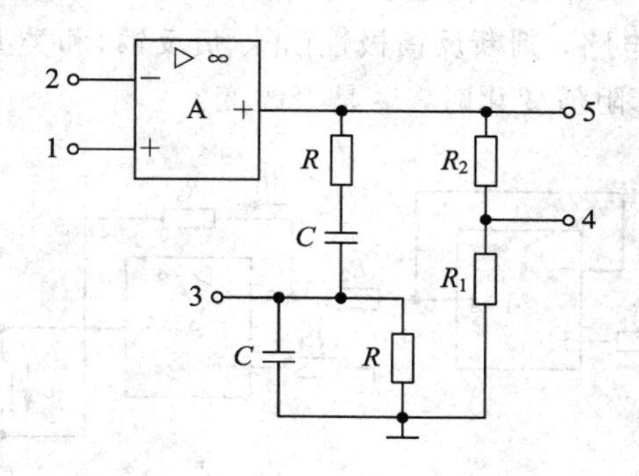

图题 7-27

7-28　桥式 RC 正弦波振荡器的振荡频率取决于(　　)。

A. 放大器的开环电压放大倍数的大小

B. 反馈电路中的反馈系数 F 的大小

D. 选频电路中 RC 的大小

7-29　正弦波振荡电路如图题 7-29 所示，若能稳定振荡，则$\dfrac{R_2}{R_1}$必须等于（　　）。

A. 1　　　　B. 2　　　　C. 3

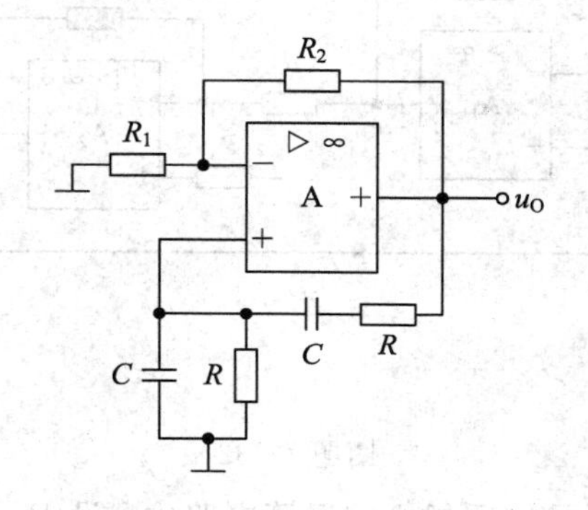

图题 7-29

7－30 电路如图题 7－30 所示，要求：指出图中的反馈电路，判断反馈极性(正、负反馈)和类型。

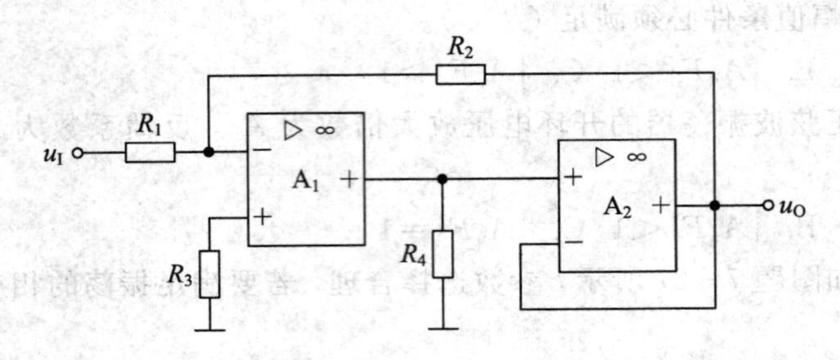

图题 7－30

7－31 电路如图题 7－31 所示，要求：

(1) 设 $i_I \ll i_L$ 写出 i_L 与 u_I 之间的运算关系。

(2) 指出图中的反馈电路，判断反馈极性(正、负反馈)和类型。

(3) 说明负载电阻 R_L 阻值变化时，i_L 是否改变？

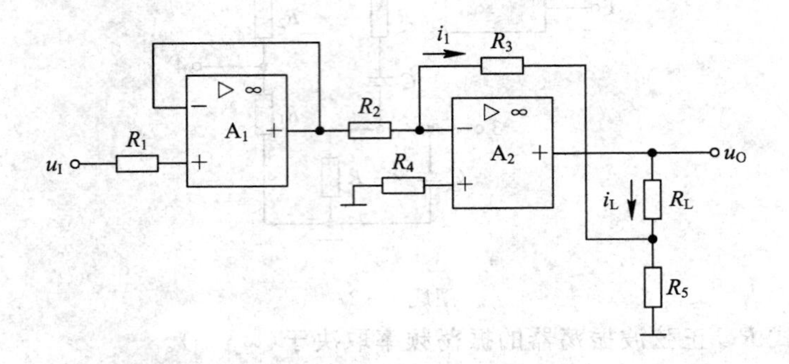

图题 7－31

7－32 电路如图题 7－32 所示，要求：

(1) 指出图中的反馈电路，判断反馈极性(正、负反馈)和类型。

(2) 级间反馈(即 R_L、R_6 电路)对输出电阻及负载电流 i_L 的影响。

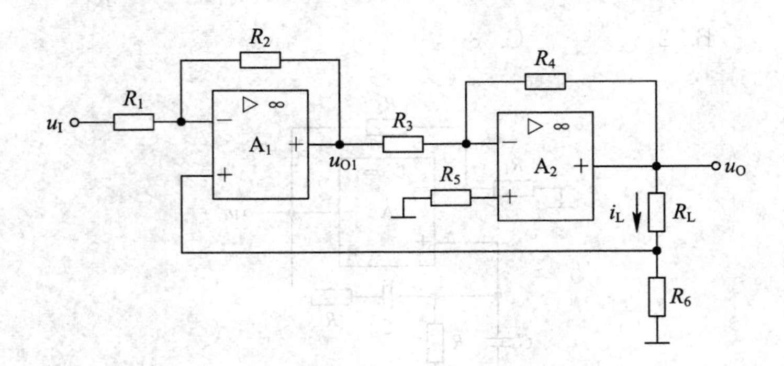

图题 7－32

7－33 在图题 7－33 所示的反相比例运算电路中，设 $R_1=10\ \text{k}\Omega$，$R_f=300\ \text{k}\Omega$。试求闭环电压放大倍数 A_f 和平衡电阻 R_2。若 $u_I=10\ \text{mV}$，则 u_O 为多少？

7-34 在图题 7-34 的同相比例运算电路中，已知 $R_1=2\ \text{k}\Omega$，$R_f=10\ \text{k}\Omega$，$R_2=2\ \text{k}\Omega$，$R_3=18\ \text{k}\Omega$，$u_I=1$ V。求 u_O。

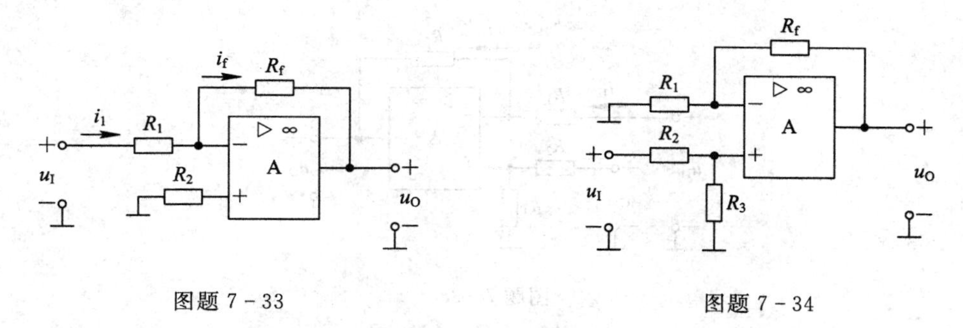

图题 7-33　　图题 7-34

7-35 求图题 7-35 所示电路的 u_O 与 u_I 的运算关系式。

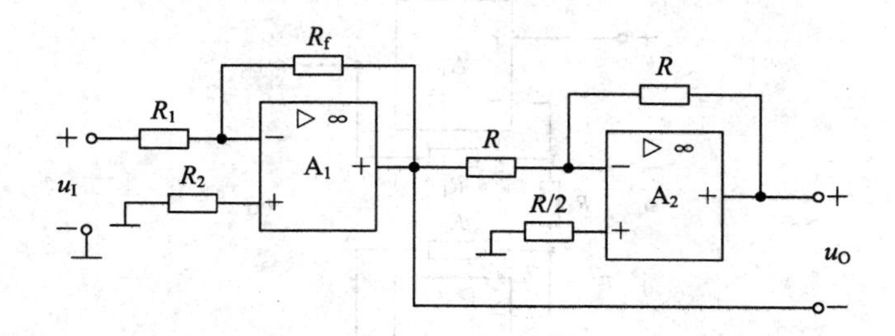

图题 7-35

7-36 在图题 7-36 中，已知 $R_f=2R_1$，$u_I=-2$ V，试求输出电压 u_O。

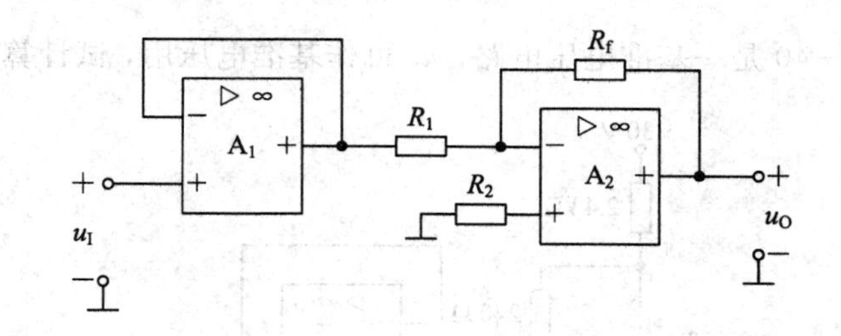

图题 7-36

7-37 求图题 7-37 所示的电路中 u_O 与各输入电压的运算关系式。

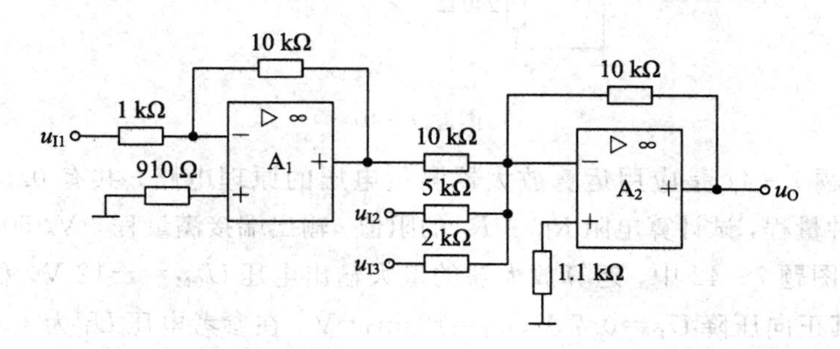

图题 7-37

7-38　在图题 7-38 所示的差动运算电路中，$R_1=R_2=4\ \text{k}\Omega$，$R_f=R_3=20\ \text{k}\Omega$，$u_{I1}=1.5\ \text{V}$，$u_{I2}=1\ \text{V}$，试求输出电压 u_O。

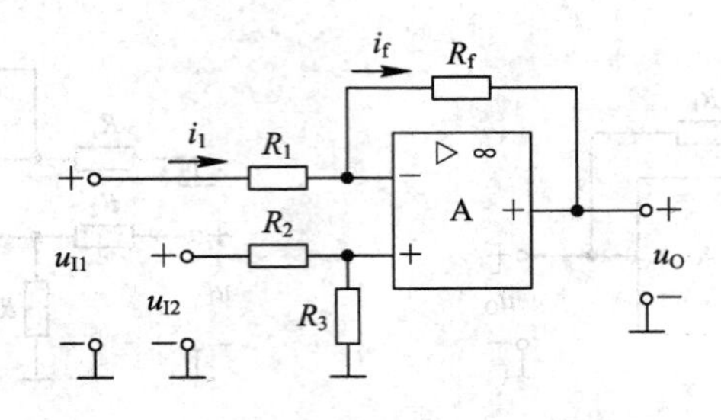

图题 7-38

7-39　电路如图题 7-39 所示，已知 $u_I=0.5\ \text{V}$，$R_1=R_2=10\ \text{k}\Omega$，$R_3=2\ \text{k}\Omega$，试求 u_O。

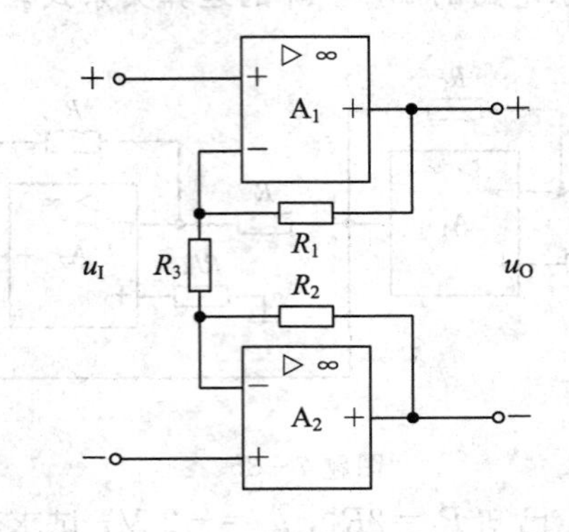

图题 7-39

7-40　图题 7-40 是一基准电压电路，u_o 可作基准电压用，试计算 u_o 的调节范围。

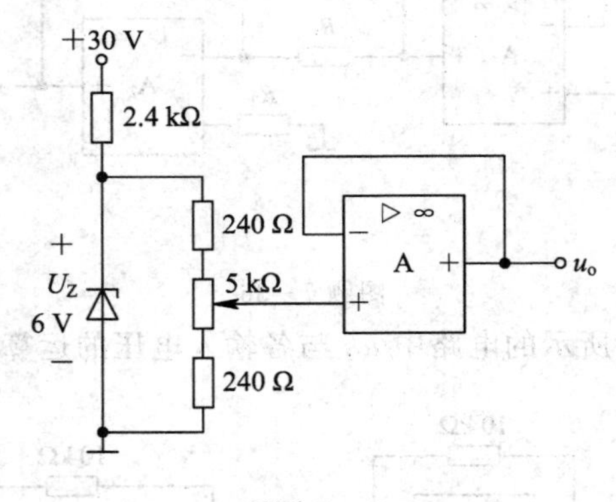

图题 7-40

7-41　图题 7-41 是应用运算放大器测量电压的原理电路，共有 0.5 V、1 V、5 V、10 V、50 V 五种量程，试计算电阻 $R_{11}\sim R_{15}$ 的阻值。输出端接满量程 5 V、500 μA 的电压表。

7-42　在图题 7-42 中，运算放大器的最大输出电压 $U_{OM}=\pm 12\ \text{V}$，稳压管的稳定电压 $U_Z=6\ \text{V}$，其正向压降 $U_D=0.7\ \text{V}$，$u_i=12\sin\omega t\ \text{V}$。在参考电压 U_R 为 +3 V 和 -3 V 两种情况下，试画出传输特性和输出电压 u_o 的波形。

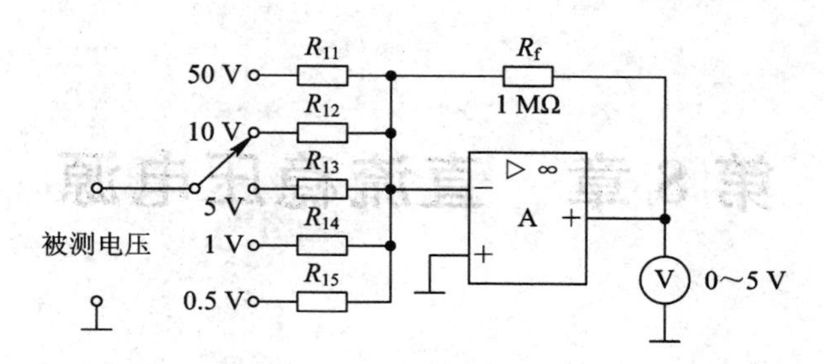

图题 7-41

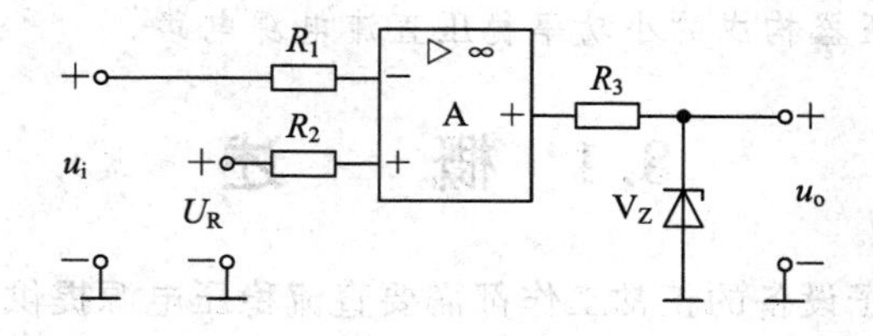

图题 7-42

7-43　图题 7-43 是监控报警装置，如需对某一参数(如温度、压力等)进行监控，可由传感器取得监控信号 u_I，U_R是参考电压。当 u_I 超过正常值时，报警灯亮，试说明其工作原理。二极管 V_Z 和电阻 R_3在此起何作用？

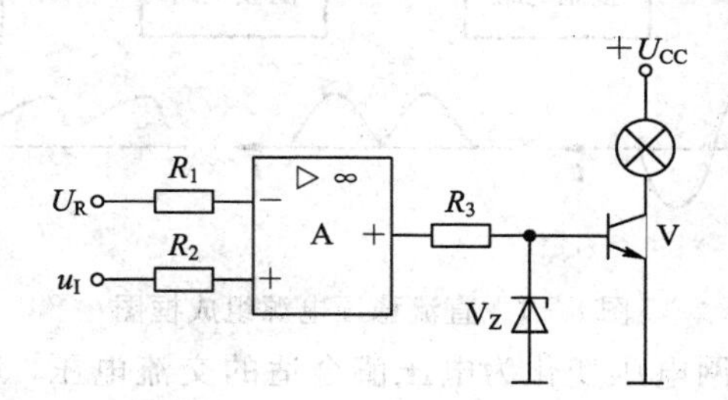

图题 7-43

7-44　分别推导出图题 7-44 所示各电路的电压放大倍数，并说明它们是哪种类型的滤波电路，是几阶的。

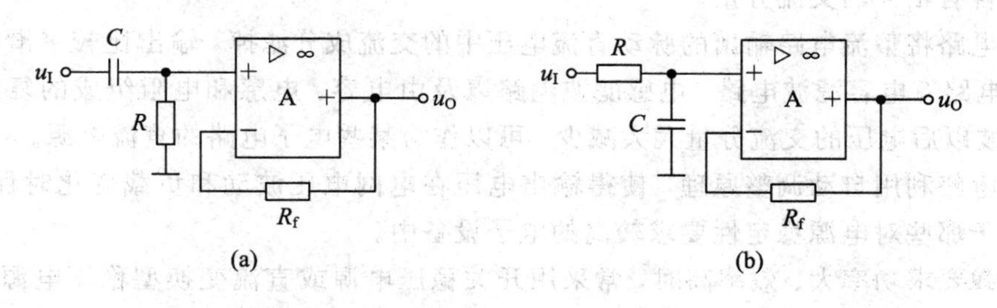

图题 7-44

第8章　直流稳压电源

直流稳压电源是给电子设备提供稳定直流电压的电子电路。本章主要介绍由整流电路、滤波电路和三端稳压器构成的小功率稳压直流电源电路。

8.1　概　　述

各种电子电路和电子设备的正常工作都需要直流稳压电源提供稳定的直流电压，大多数直流稳压电源利用电网供给的交流电源经过转换而得到。常用的小功率直流稳压电源由整流变压器、整流电路、滤波电路和稳压电路等四部分组成，如图8-1所示，图中还给出了各部分电路的输出波形。

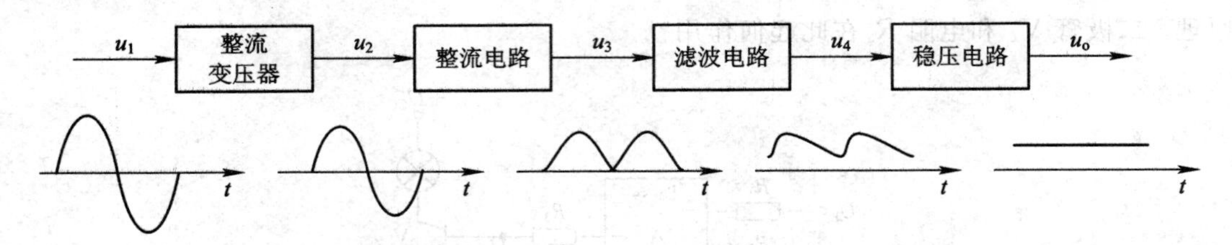

图8-1　直流稳压电源组成框图

整流变压器将交流电网电压变化为电压值合适的交流电压，通常情况下，电源电压为220 V或380 V，经过变压后副边电压小于原边电压。

整流电路利用二极管的单向导电性，将整流变压器二次侧交流电压变换成脉动的直流电压，整流电路有半波整流电路和全波整流电路之分，从整流电路波形可以看出，整流以后的电压含有很大的交流分量。

滤波电路将整流电路输出的脉动直流电压中的交流成分滤掉，输出比较平滑的直流电压。滤波电路有电容滤波电路、电感滤波电路以及由电容、电感和电阻组成的复式滤波电路等。滤波以后电压的交流分量大大减少，可以作为某些电子电路的直流电源。

稳压电路利用自动调整原理，使得输出电压在电网电压波动和负载变化时保持稳定，从而应用于那些对电源稳定性要求较高的电子设备中。

当负载要求功率大、效率高时，常采用开关稳压电源或直流变换型稳压电源，它们的工作原理与上述电路略有不同。

8.2　整 流 电 路

整流电路的作用是将交流电变换成直流电，利用半导体二极管的单向导电性可以组成各种整流电路。单相小功率整流电路有半波、全波、桥式和倍压整流等形式，下面就实际应用中较为常见的半波整流和桥式整流电路作一介绍。

8.2.1 半波整流电路

图 8-2 所示是单相半波整流电路，它由整流变压器、整流二极管 V_D 组成，负载为电阻 R_L。为简便起见，在下面的分析中均将整流二极管作为理想二极管。

1. 工作原理

变压器将电网电压 u_1 变换为合适的交流电压 u_2，当 u_2 为正半周时，二极管正向导通，电流经二极管流向负载，在负载 R_L 上得到一个极性为上正下负的电压；而当 u_2 为负半周时，二极管反向截止，电流为零，因而 R_L 上的电压也为零。所以，在负载两端得到的输出电压 u_O 是单相脉动电压，如图 8-2(b)所示。

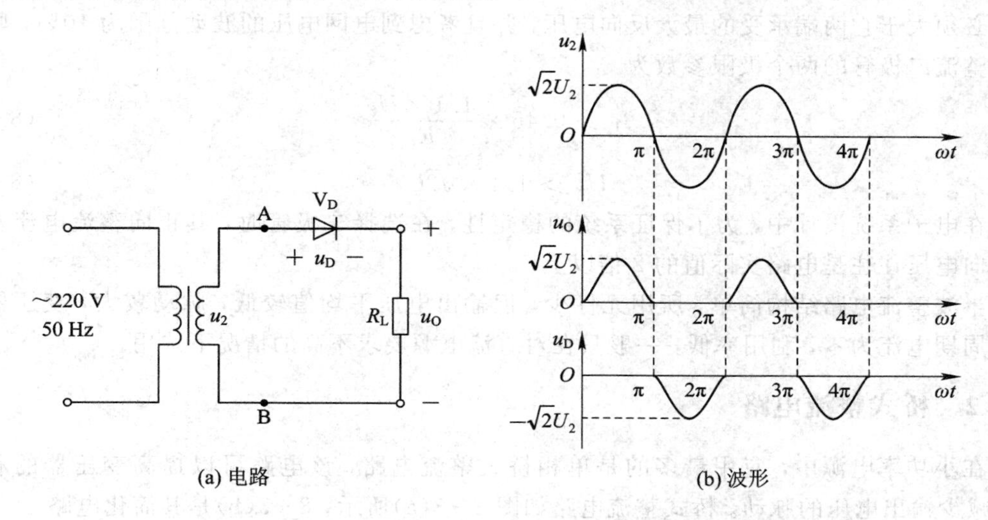

(a) 电路　　(b) 波形

图 8-2　单相半波整流电路

2. 电路的性能指标

设变压器的次级电压 $u_2=\sqrt{2}U_2\sin\omega t$，式中 U_2 为变压器副边有效值，则半波整流输出直流脉动电压 u_O 在一个周期内的平均值 $U_{O(AV)}$ 为

$$U_{O(AV)}=\frac{1}{2\pi}\int_0^{2\pi}u_O\,\mathrm{d}(\omega t) \tag{8-1}$$

若整流二极管 V_D 为理想二极管，正向导通电阻为 0，反向电阻为无穷大，并忽略变压器的内阻，则可得

$$u_O=\begin{cases}\sqrt{2}U_2\sin\omega t & (0\leqslant\omega t\leqslant\pi)\\ 0 & (\pi\leqslant\omega t\leqslant 2\pi)\end{cases}$$

代入式(8-1)可得

$$U_{O(AV)}=\frac{1}{2\pi}\int_0^{\pi}\sqrt{2}U_2\sin\omega t\,\mathrm{d}(\omega t)=\frac{\sqrt{2}}{\pi}U_2\approx 0.45U_2 \tag{8-2}$$

流过负载的电流平均值为

$$I_{O(AV)}=\frac{U_{O(AV)}}{R_L}\approx 0.45\times\frac{U_2}{R_L} \tag{8-3}$$

输出的直流电压有较大的波动，可以认为该电压中包含平滑的直流电及其它交流电，为了得到平滑的直流电压，需用相应电路去除这些交流电压。

3. 整流二极管的选择

在整流电路中，应根据极限参数最大整流平均电流 I_F 和最高反向工作电压 U_R 来选择二极管。

在半波整流电路中，流过整流二极管的平均电流与流过负载的平均电流相等，即

$$I_{D(AV)} = I_{O(AV)} \approx \frac{0.45U_2}{R_L} \tag{8-4}$$

从波形图 8-2(b)可知，当整流二极管截止时，加于其两端的最大反向电压为

$$U_{RM} = \sqrt{2}U_2 \tag{8-5}$$

因此在选择整流二极管时，其额定正向整流电流必须大于流过它的平均电流，其反向击穿电压必须大于它两端承受的最大反向电压，并且考虑到电网电压的波动范围为10%，则应选择整流二极管的两个极限参数为

$$I_F > 0.45 \times \frac{1.1 \times U_2}{R_L} \tag{8-6}$$

$$U_R > 1.1 \times \sqrt{2}U_2 \tag{8-7}$$

在电子系统设计中，为了保证系统的稳定性，在选择二极管时，其正向整流电流及最高反向电压往往是电路实际值的2倍以上。

半波整流电路结构简单，所用元件少，但输出电压平均值较低，脉动较大，变压器有半个周期电流为零，利用率低，一般只在对直流电源要求不高的情况下选用。

8.2.2 桥式整流电路

在小功率电源中，应用最多的是单相桥式整流电路，该电路可以提高变压器的利用率，减少输出电压的脉动。桥式整流电路如图 8-3(a)所示，8-3(b)是其简化电路。

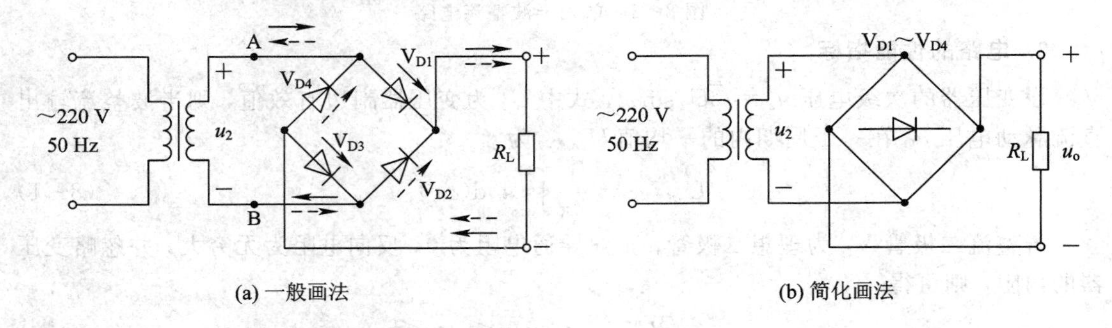

图 8-3 桥式整流电路

1. 工作原理

设图中所有二极管均为理想二极管，即其正向导通电压为0，反向电流为0。

当 u_2 为正半周，即A为"+"、B为"−"时，V_{D1}、V_{D3}因正偏而导通，V_{D2}、V_{D4}因反偏而截止。电流经 $V_{D1} \rightarrow R_L \rightarrow V_{D3}$形成回路，$R_L$ 上的输出电压波形与 u_2 的正半周波形相同，电流方向如图 8-3(a)中实线所示。

当 u_2 为负半周，即A为"−"、B为"+"时，V_{D1}、V_{D3}因反偏而截止，V_{D2}、V_{D4}因正偏

而导通，电流经 V_{D2}→R_L→V_{D4}形成回路，R_L 上的输出电压波形是 u_2 的负半周波形倒相，电流方向如图 8-3(a)中虚线所示。

所以无论 u_2 为正半周还是负半周，流过 R_L的电流方向是一致的。在 u_2 的整个周期，四只整流二极管两两交替导通，负载上得到的波形为脉动的直流电压，称为全波整流波形，单相桥式整流的变压器副边电压 u_2、二极管电流 i_D、输出电压 u_O、二极管电压 u_D 波形如图 8-4 所示。

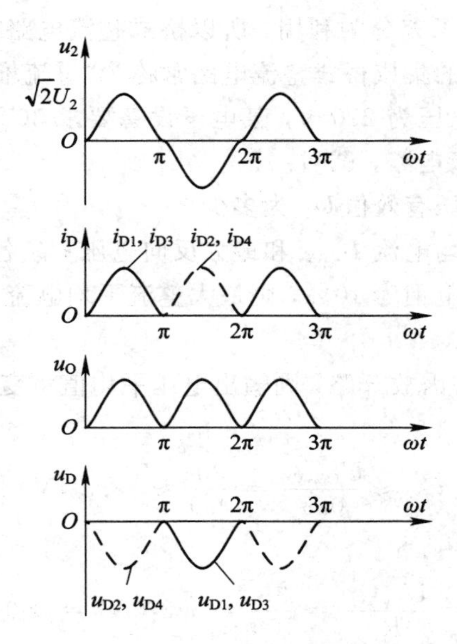

图 8-4　单相桥式整流电路输出波形

2. 电路的性能指标

桥式整流电路输出电压平均值 $U_{O(AV)}$为

$$U_{O(AV)} = \frac{2\sqrt{2}}{\pi}U_2 \approx 0.9U_2 \tag{8-8}$$

输出电流平均值为

$$I_{O(AV)} = \frac{U_{O(AV)}}{R_L} \approx 0.9\,\frac{U_2}{R_L} \tag{8-9}$$

3. 二极管的选择

由于桥式整流电路的每个整流二极管只在半个周期导通，因而流过二极管的平均电流仅为输出平均电流的一半，即

$$I_{D(AV)} = \frac{I_{O(AV)}}{2} = \frac{U_{O(AV)}}{2R_L} \approx 0.45\,\frac{U_2}{R_L} \tag{8-10}$$

从波形图 8-4 可见，桥式整流电路中截止二极管所承受的最大反向电压是变压器副边电压的最大值，即

$$U_{RM} = \sqrt{2}U_2 \tag{8-11}$$

与半波整流电路一样，在选择整流二极管时，其额定正向整流电流必须大于流过它的平均电流，其反向击穿电压必须大于它两端承受的最大反向电压，并且考虑到电网电压的波动范围为 10%，则应选择整流二极管的两个极限参数为

$$I_F > 0.45 \times \frac{1.1 \times U_2}{R_L} \tag{8-12}$$

$$U_R > 1.1 \times \sqrt{2} U_2 \tag{8-13}$$

可以看出，该两式与半波整流电路的极限参数相同，即在桥式整流电路中，二极管极限参数的选定原则与半波整流电路相同。

与半波整流电路相比，桥式整流电路的输出直流电压较高，脉动系数较小，同时电源变压器在正、负半周都得到了充分的利用，所以桥式整流电路在电子设备的电源电路中得到了广泛的应用。目前常用的集成桥式整流电路常称为"整流堆"。

【例 8-1】 已知电网电压为 220 V，某电子设备要求 30 V 的直流电压，负载电阻为 100 Ω。若选用单相桥式整流电路，试问：

(1) 整流变压器副边电压有效值 U_2 为多少？

(2) 整流二极管正向平均电流 $I_{D(AV)}$ 和最大反向电压 U_{RM} 各为多少？

(3) 若电网电压的波动范围为 10%，则最大整流平均电流 I_F 和最高反向工作电压 U_R 分别选取多少？

(4) 若图 8-3(a)中 V_{D1} 因故开路，则输出电压平均值将变为多少？

解 (1) 由式可得

$$U_2 \approx \frac{U_{O(AV)}}{0.9} = \frac{30}{0.9} \approx 33.3\ (\text{V})$$

输出平均电流为

$$I_{O(AV)} = \frac{U_{O(AV)}}{R_L} = \frac{30}{100} = 0.3\ (\text{A}) = 300\ (\text{mA})$$

(2) 根据式(8-10)和式(8-11)可得

$$I_{D(AV)} = \frac{I_{O(AV)}}{2} = \frac{300}{2} = 150\ (\text{mA})$$

$$U_{RM} = \sqrt{2} U_2 \approx \sqrt{2} \times 33.3 \approx 47.1\ (\text{V})$$

(3) 根据式(8-12)和上面的求解结果可得

$$I_{Fmin} = 1.1 I_{D(AV)} = 1.1 \times 150 = 165\ (\text{mA})$$

$$U_{Rmin} = 1.1 U_{RM} \approx 1.1 \times 47.1 \approx 51.8\ (\text{V})$$

(4) 若图 8-3(a)中 V_{D1} 因故开路，则在 U_2 的正半周另外的三只二极管均截止，即负载上仅得到半周电压，电路成为半波整流电路。因此，输出电压仅为正常时的一半，即 $U_{O(AV)}=15$ V。

8.3 滤波电路

整流电路虽然已将交流电压变为直流电压，但输出电压中含有较大的交流分量，一般不能直接作为电子电路的直流电源。利用电容和电感对交流分量具有一定的阻碍作用，可滤除整流电路输出电压中的交流成分，保留其直流成分，使波形变得平滑。常见的滤波电路有电容滤波、电感滤波和复式滤波等电路。

8.3.1 电容滤波电路

1. 工作原理

在整流电路的输出端，即负载电阻 R_L 两端并联一个电容量较大的电容 C，就构成了电容滤波电路，图 8-5(a)所示为桥式整流电容滤波电路。当电路已进入稳态工作时，输出电压波形如图 8-5(b)中实线所示，虚线是未加滤波电路时输出电压的波形。

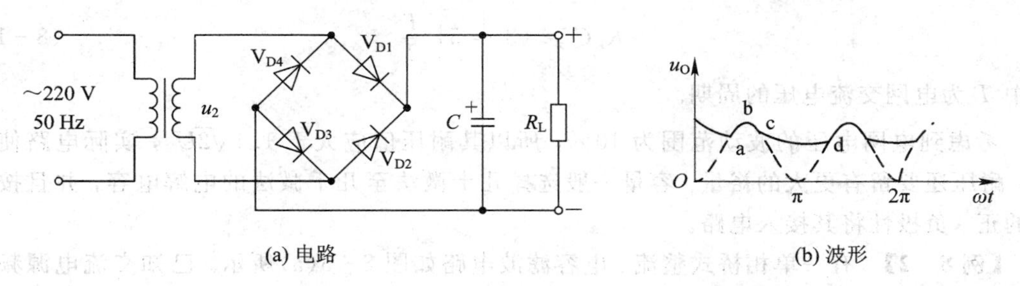

图 8-5　桥式整流电容滤波电路

从图 8-5 可以看出，在一对二极管导通时，一方面供电给负载，另一方面对电容器充电。在忽略二极管正向压降的情况下，充电电压与电源电压一致；而且由电路图 8-5(a)可知，只有当电容电压小于变压器副边电压时，才有一对二极管导通，给电容充电。

当 u_2 为正半周时，u_2 通过 V_{D1}、V_{D3} 向电容器 C 充电，u_2 为负半周时，u_2 通过 V_{D2}、V_{D4} 向电容器 C 充电，充电时间常数为

$$\tau_C = R_d C \tag{8-14}$$

其中 R_d 包括二极管的正向电阻和变压器次级绕组的直流电阻。由于 R_d 一般很小，C 充电速度很快，当 u_2 达到最大值时，电容器 C 上充电电压 u_C 也接近 $\sqrt{2}U_2$，此后 u_2 开始下降，当 u_2 小于 u_C 时，二极管截止，电容器 C 经负载 R_L 放电，放电时间常数为

$$\tau_d = R_L C \tag{8-15}$$

通常 $R_L \gg R_d$，故电容器 C 放电速度很慢，当 u_C 下降不多时，u_2 已开始下一个上升周期，u_2 大于 u_C 时，二极管再次正向导通，电容器 C 又很快被充电至接近 $\sqrt{2}U_2$；其后 u_2 又开始下降，当 u_2 小于 u_C 时，二极管再次截止，电容器 C 又通过 R_L 放电，如此周而复始，负载上便得到如图 8-5(b)所示的锯齿电压波形，与整流输出的脉动直流相比，经过滤波后的输出电压平滑多了。

2. 电容滤波的特点

根据以上分析，可以得出电容滤波电路的特点如下：

(1) 滤波后的输出电压中直流分量提高了，交流分量降低了。

(2) 电容滤波适用于负载电流较小的场合。

(3) 存在浪涌电流。可在整流二极管两端并接一只 0.01 μF 的电容器来防止浪涌电流烧坏整流二极管。

(4) 负载电阻 R_L 和滤波电容 C 值的改变可以影响输出直流电压的大小。R_L 开路时，输出 U_O 约为 $1.4U_2$；C 开路时，输出电压 U_O 约为 $0.9U_2$；通常情况下电容滤波电路输出电压的取值为

$$U_{O(AV)} \approx 1.2U_2 \tag{8-16}$$

若滤波电容 C 的容量减小，则输出电压 U_O 将下降。

3. 滤波电容的选择

从理论上讲，滤波电容越大，放电时间常数越大，放电过程越慢，输出电压越平滑，平均值也越高。但实际上，电容的容量越大，不但电容的体积越大，而且会使整流二极管流过的冲击电流加大。因此，对于全波整流电路，通常滤波电容的容量应满足

$$R_L C \geqslant (3 \sim 5)\frac{T}{2} \tag{8-17}$$

式中 T 为电网交流电压的周期。

考虑到电网电压的波动范围为10%，所以其耐压值应大于 $1.1\sqrt{2}U_2$，实际电路使用时，耐压还要留有更大的裕量。容量一般选择几十微法至几千微法的电解电容，并且按电容的正、负极性将其接入电路。

【例 8-2】 有一单相桥式整流、电容滤波电路如图 8-5(a)所示，已知交流电源频率 $f=50$ Hz，负载电阻 $R_L=200\ \Omega$，要求直流输出电压 $U_O=30$ V，试选择整流二极管及滤波电容器。

解 (1) 选择整流二极管。

流过二极管的电流为

$$I_D = \frac{1}{2}I_O = \frac{1}{2} \times \frac{U_{O(AV)}}{R_L} = \frac{1}{2} \times \frac{30}{200} = 0.075\ (\text{A}) = 75\ (\text{mA})$$

根据式(8-16)，取 $U_O=1.2U_2$，所以变压器副边电压有效值为

$$U_2 = \frac{U_{O(AV)}}{1.2} = \frac{30}{1.2} = 25\ (\text{V})$$

二极管所承受的最高反向电压

$$U_{DRM} = \sqrt{2}U_2 = \sqrt{2} \times 25 = 35\ (\text{V})$$

因此可选用二极管2CP11，其最大整流电流为100 mA，反向工作峰值电压为50 V。

(2) 选择滤波电容器。

根据式(8-17)，取 $R_L C=5\times\frac{T}{2}$，所以

$$R_L C = 5 \times \frac{1/50}{2} = 0.05\ (\text{S})$$

已知 $R_L=200\ \Omega$，所以

$$C = \frac{0.05}{R_L} = \frac{0.05}{200} = 250 \times 10^{-6}(\text{F}) = 250\ \mu\text{F}$$

即选用 $C=250\ \mu$F，耐压为50 V的电解电容器。

8.3.2 其它滤波电路

1. 电感滤波电路

在整流电路和负载电阻 R_L 之间串入一个电感器 L，就构成了电感滤波电路，图 8-6所示为桥式整流电感滤波电路。

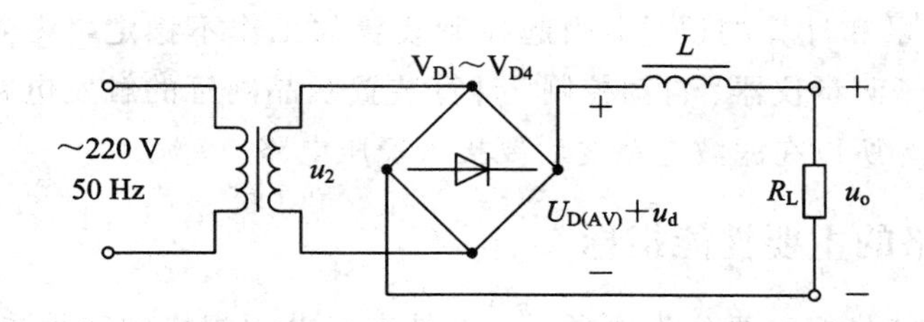

图 8-6　桥式整流电感滤波电路

由于电感对于直流分量的电抗近似为 0，这样，整流输出中的直流分量几乎全部降落在负载 R_L 上；而对于交流分量，电感器 L 呈现出很大的感抗 X_L，故交流分量大部分降落在电感 L 上，从而在输出端得到比较平滑的直流电压。

电感滤波电路适用于大负载电流的场合，但电感铁芯笨重，体积大，容易引起电磁干扰，故在一般小功率直流电源中使用不多。

2. 复式滤波电路

为了进一步减小负载电压中的纹波，可在上述滤波电路的基础上构成复式滤波电路，如图 8-7 所示。

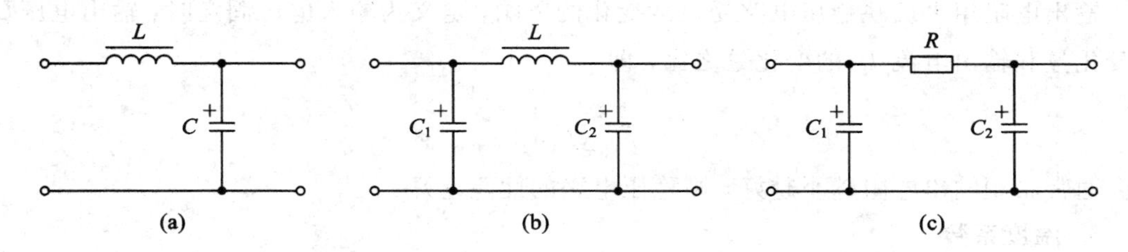

图 8-7　复式滤波电路

图 8-7(a)是在电感器后面再接一电容器而构成的倒“L”型或称“Γ”型滤波电路，利用串联电感器和并联电容器的双重滤波作用，可以使输出电压中的交流成分大为减少。

图 8-7(b)是电容滤波和“Γ”型滤波组合而成的 $LC-\Pi$ 滤波电路，有时也称为“Π”型滤波器。整流以后的信号首先经 C_1 滤波后，再经过 L 和 C_2 构成的“Γ”型滤波电路，因而滤波效果更好。但图 8-7(a)和 8-7(b)因电感线圈体积大、成本高，故该滤波电路只在负载电流大、对滤波要求较高的情况下使用。

图 8-7(c)是 $RC-\Pi$ 型滤波电路，它是用功率适当的电阻 R 取代了电感器 L，电阻对于交、直流电流都具有同样的降压作用，但是当它和电容配合之后，就使脉动电压的交流分量较多地降落在电阻两端(因为电容 C_2 的交流阻抗甚小)，而较少地降落在负载上，从而起了滤波作用。R 越大，C_2 越大，滤波效果越好。但因 R 上有直流电压的损失，其外特性较差，故该滤波电路主要用于负载电流较小的场合。

8.4　稳压电路

经整流和滤波后的电压往往会随交流电源电压的波动和负载的变化而变化。电压的不稳定有时会产生测量和计算的误差，引起控制装置的工作不稳定，甚至根本无法正常工作。特别是精密电子测量仪器、自动控制、计算装置及晶闸管的触发电路等都要求有很稳定的直流电压供电，所以在滤波电路之后要接入稳压电路。

8.4.1 稳压电路的主要性能指标

稳压电路的性能指标主要分为两类：一类是表示电源规格的特性指标，如输出电压、输出电流及电压调节范围等；另一类是表示稳压性能的质量指标，包括稳压系数、输出电阻、温度系数和纹波电压等。这里主要讨论质量指标。

1. 稳压系数 S_r

稳压系数 S_r 是用来描述稳压电路在输入电压变化时输出电压稳定性的参数。它是在负载电阻 R_L 不变的情况下，稳压电路输出电压 U_O 与输入电压 U_I 相对变化量之比，即

$$S_r = \left.\frac{\Delta U_O/U_O}{\Delta U_I/U_I}\right|_{R_L=\text{常量}} = \left.\frac{\Delta U_O}{\Delta U_I}\frac{U_I}{U_O}\right|_{R_L=\text{常量}} \tag{8-18}$$

通常希望稳压系数越小越好，一般稳压电路的稳压系数 S_r 值约为 $10^{-2}\sim10^{-4}$。

2. 输出电阻

输出电阻用来反映稳压电路受负载变化的影响，定义为输入电压固定时，输出电压 U_O 的变化量和输出电流 I_O 的变化量之比，即

$$R_O = \left.\frac{\Delta U_O}{\Delta I_O}\right|_{U_I=\text{常量}} \tag{8-19}$$

通常希望输出电阻越小越好，则稳压电路的性能越好。

3. 温度系数

当环境温度变化时，会引起输出电压的漂移，性能良好的稳压电源，应在环境温度变化时，能有效地抑制漂移，保持输出电压的稳定。

温度系数用来反映温度的变化对输出电压的影响，其定义为电网电压和负载电阻都不变时，温度每升高1℃输出电压的变化量，即

$$S_T = \left.\frac{\Delta U_O}{\Delta T}\right|_{\substack{\Delta U_I=0\\ \Delta I_O=0}} \tag{8-20}$$

温度系数越小，输出电压越稳定。

4. 纹波电压

纹波电压是指稳压电路输出端交流分量的有效值，反映了输出电压的脉动程度，通常为 mV 数量级。一般来说，稳压系数小的稳压电路，输出的纹波电压也小。

8.4.2 集成稳压电路

随着半导体集成技术的发展，集成稳压器应运而生。目前，集成稳压器已达百余种，并且成为模拟集成电路的一个重要分支。因其具有输出电流大、输出电压高、体积小、安装调试方便、可靠性高等优点，在电子电路中应用十分广泛。集成稳压器有三端及多端两种外部结构形式。输出电压有固定和可调两种形式，固定式输出电压为标准值，使用时不能再调节；可调式可通过外接元件，在较大范围内调节输出电压。此外，还有输出正电压

和输出负电压的集成稳压器。稳压电源以小功率三端集成稳压器应用最为普遍，常用的型号有 W78××系列、W79××系列、W317 系列、W337 系列等。

1. 固定输出的三端集成稳压器

固定输出的三端集成稳压器的三端是指输入端、输出端及公共端三个引出端，其外形及符号如图 8-8 所示。固定输出的三端集成稳压器 W78××系列和 W79×× 系列各有 7 个品种，输出电压分别为±5 V 、±6 V 、±9 V 、±12 V 、±15 V 、±18 V 、±24 V。W78××系列输出正电压，W79×× 系列输出负电压，最大输出电流可达 1.5 A，公共端的静态电流为 8 mA，型号后两位数字为输出电压值。现代电子技术中，为了减小体积，三端稳压器也有小型直插式封装及贴片式封装，这类三端稳压器输出电流一般仅为几百毫安。在根据稳定电压值选择稳压器的型号时，要求经整流滤波后的电压要高于三端集成稳压器的输出电压 2 V～3 V(输出负电压时要低 2 V～3 V)，但不宜过大。近几年来，为了适应由电池供电的电子系统，出现了低压差三端稳压器，有的三端稳压器仅要求输入电压比输出电压高 0.5 V 就可以工作。

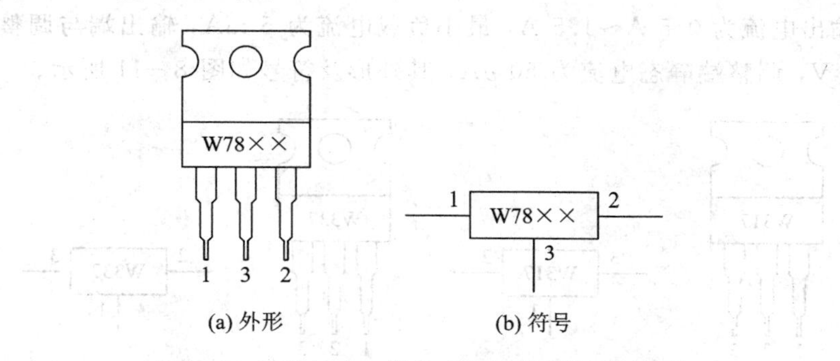

图 8-8　固定输出三端集成稳压器的外形及符号

2. 基本应用电路

固定输出的三端集成稳压器的基本应用电路如图 8-9 所示。图中，C_1 用以抑制过电压，抵消因输入线过长产生的电感效应并消除自激振荡；C_2 用以改善负载的瞬态响应，即瞬时增减负载电流时不致引起输出电压有较大的波动。C_1、C_2 一般选涤纶电容，容量为 0.1 μF 至几个 μF。安装时，两电容应直接与三端集成稳压器的引脚根部相连。

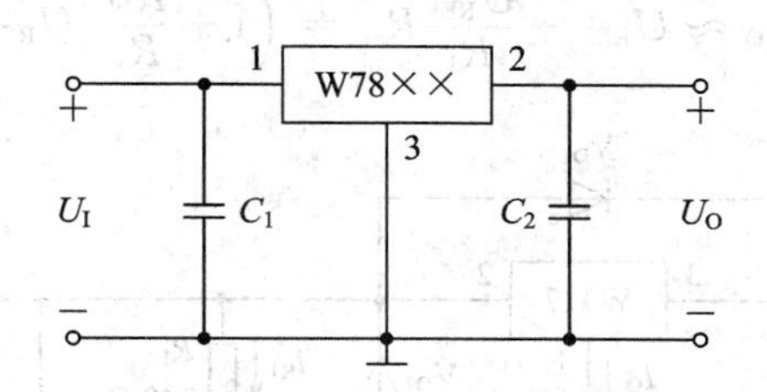

图 8-9　固定输出三端集成稳压器基本应用电路

3. 正负电压同时输出的电路

前面各电路输出的都是正电压，如果要输出负电压，可选用 W79××系列组件，接法与 W78××系列相似。如果要输出正、负电压，例如 U_{O1}=15 V，U_{O2}=−15 V，可选 W7815 及 W7915，接法如图 8-10 所示。

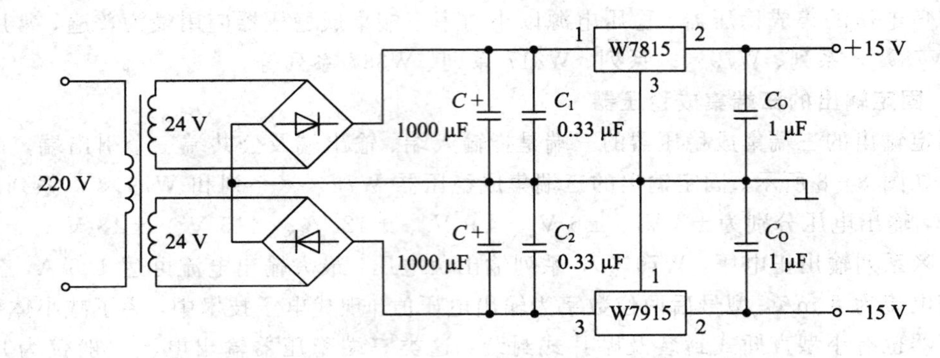

图 8-10　正、负电压同时输出的电路

4. 可调输出的三端集成稳压器

可调输出的三端集成稳压器 W317（正输出）、W337（负输出）是近几年较新的产品，其最大输入、输出电压差极限为 40 V，输出电压为 1.25 V～37 V(或 −1.25 V～−37 V)连续可调，输出电流为 0.5 A～1.5 A，最小负载电流为 5 mA，输出端与调整端之间基准电压为 1.25 V，调整端静态电流为 50 μA。其外形及符号如图 8-11 所示。

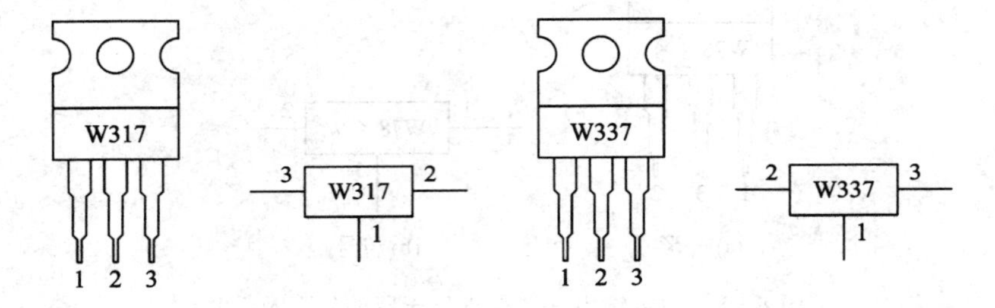

图 8-11　可调输出三端集成稳压器

图 8-12 所示是 W317 可调输出三端集成稳压器基本应用电路。图中电阻 R_1 与电位器 R_W 构成取样电路，输出端 2 与调整端 1 间的压差就是基准电压 $U_{REF}=1.25$ V，因调整端静态电流为 50 μA，可忽略，故输出电压约为

$$U_O \approx U_{REF} + \frac{U_{REF}}{R_1}R_W = \left(1+\frac{R_W}{R_1}\right)U_{REF} \tag{8-21}$$

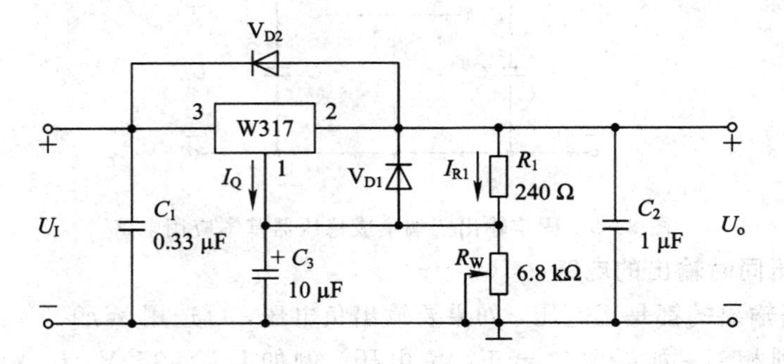

图 8-12　W317 基本应用线路

图中 V_{D1} 是为了防止输入短路时，C_1 放电而损坏三端集成稳压器内部调整管发射结而接入的。如果输入不会短路、输出电压低于 7 V，则 V_{D1} 可不接。V_{D2} 是为了防止输出短路时，C_2 放电损坏三端集成稳压器中放大管发射结而接入的。如果 R_W 上的电压低于 7 V 或 C_2 容量小于 1 μF，则 V_{D2} 也可省略不接。W317 是依靠外接电阻给定输出电压的，要求 R_W 的接地点应与负载电流返回点的接地点相同。同时，R_1、R_W 应选择同种材料做的电阻，精度尽量高一些。输出端电容 C_2 应采用钽电容或采用 33 μF 的电解电容。

图 8-13 所示是 W337 可调负电压输出三端集成稳压器应用电路。

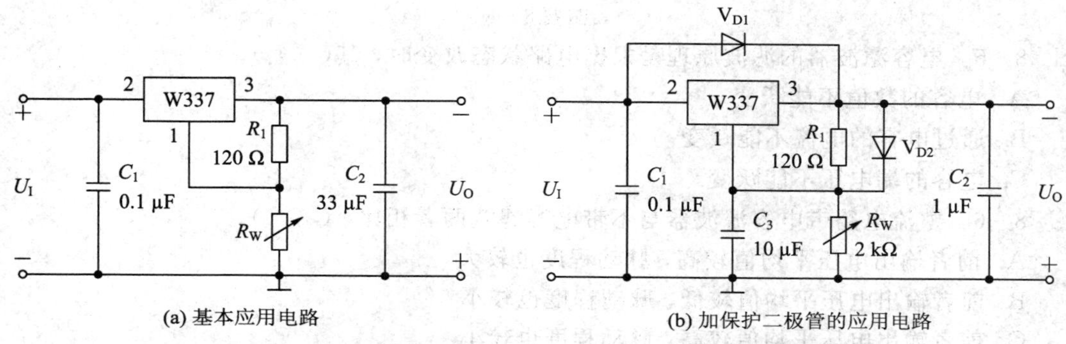

图 8-13　W337 可调负电压输出三端集成稳压器应用电路

习　题

8-1　在整流电路中，二极管之所以能整流，是因为它具有(　　)。

A. 电流放大特性　　B. 单向导电特性　　C. 反向击穿特性

8-2　整流电路如图题 8-2 所示，输出电压平均值 U_O 是 18 V，若因故一只二极管损坏而断开，则输出电压平均值 U_O 是(　　)。

A. 10 V　　B. 20 V　　C. 40 V　　D. 9 V

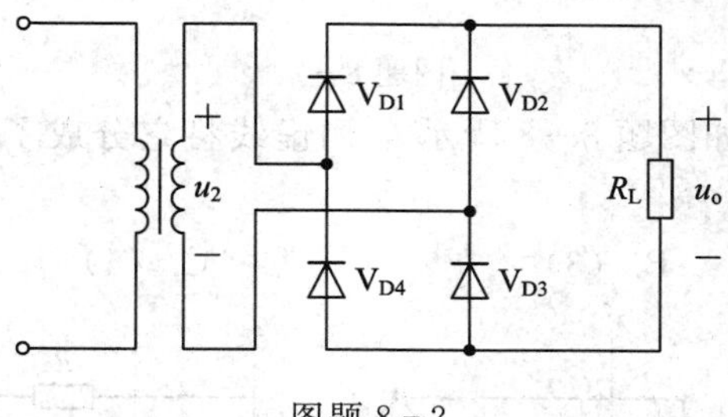

图题 8-2

8-3　在半导体直流电源中，为了减少输出电压的脉动程度，除有整流电路外，还需要增加的环节是(　　)。

A. 滤波器　　B. 放大器　　C. 振荡器

8-4　直流电源电路如图题 8-4 所示，用虚线将它分成四个部分，其中滤波环节是指图中(　　)。

A. (1)　　B. (2)　　C. (3)　　D. (4)

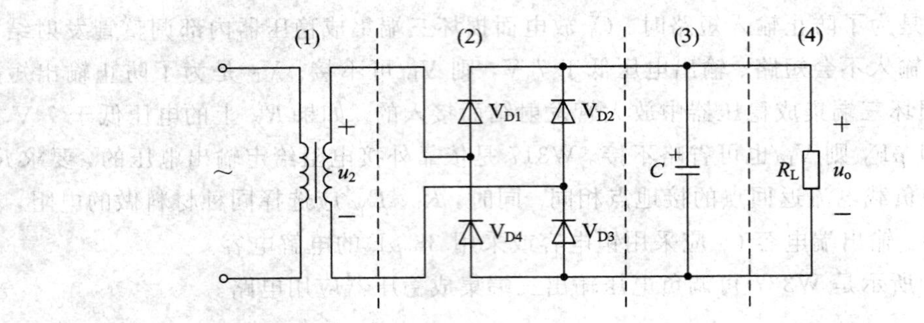

图题 8－4

8－5　电容滤波器的滤波原理是根据电路状态改变时，其(　　)。

A. 电容的数值不能跃变

B. 通过电容的电流不能跃变

C. 电容的端电压不能跃变

8－6　整流电路带电容滤波器与不带电容滤波两者相比，(　　)。

A. 前者输出电压平均值较高，脉动程度也较大

B. 前者输出电压平均值较低，脉动程度也较小

C. 前者输出电压平均值较高，脉动程度也较小

8－7　单相半波整流滤波电路如图题 8－7 所示，其中 C=100 μF，当开关 S 闭合时，直流电压表 V 的读数是 10 V，开关断开后，电压表的读数是(　　)。(设电压表的内阻为无穷大)

A. 10 V　　　B. 12 V　　　C. 14.1 V　　　D. 4.5 V

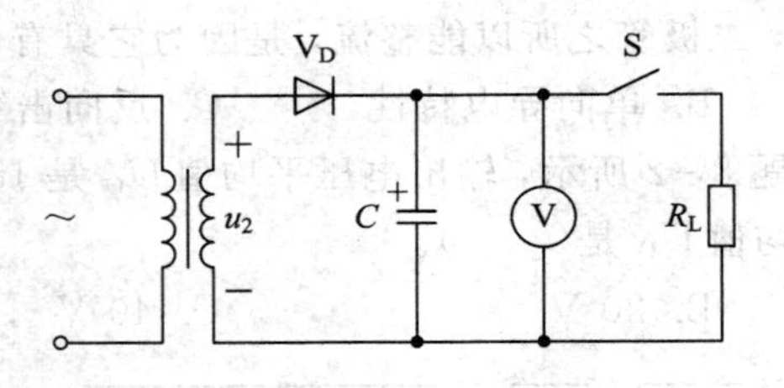

图题 8－7

8－8　直流电源电路如图题 8－8 所示，用虚线将它分成了五个部分，其中稳压环节是指图中(　　)。

A. (2)　　　B. (3)　　　C. (4)　　　D. (5)

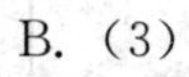

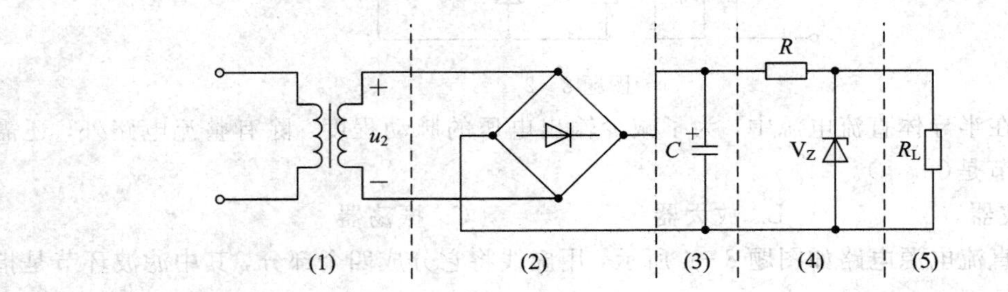

图题 8－8

8－9　在直流稳压电源中，稳压电路的作用是减少或克服由于（　　）。

A. 半导体器件特性的变化而引起的输出电压不稳定

B. 环境温度的变化而引起的输出电压不稳定

D. 交流电源电压的波动和负载电流的变化而引起的输出电压不稳定

8－10　稳压管稳压电路如图题 8－10 所示，电阻 R 的作用是（　　）。

A. 稳定输出电流　　B. 抑制输出电压的脉动　C. 调节电压和控制电流

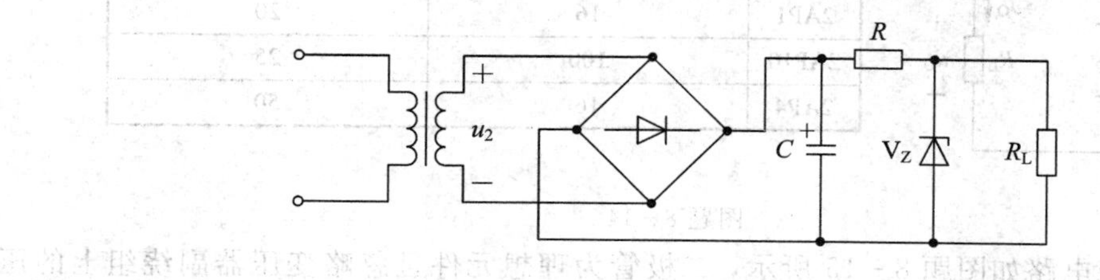

图题 8－10

8－11　电路如图题 8－11 所示，三端集成稳压器电路是指（　　）。

A. 图 1　　B. 图 2　　C. 图 3

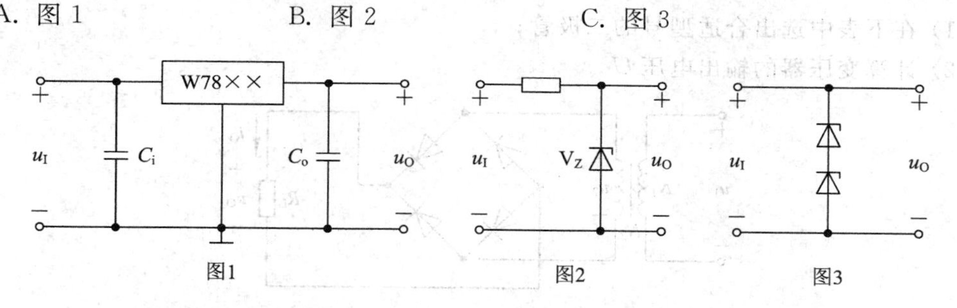

图题 8－11

8－12　W7815 型三端集成稳压器中的“15”是指（　　）。

A. 输入电压值　　B. 输出的稳定电压值　C. 最大输出电流值

8－13　三端集成稳压器的应用电路如图题 8－13 所示，该电路可以输出（　　）。

A. ±9 V　　B. ±5 V　　C. ±15 V

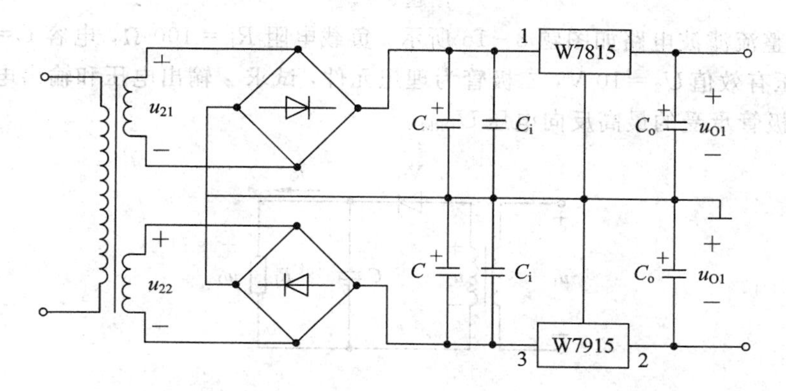

图题 8－13

8－14　整流电路如图题 8－14 所示，二极管为理想元件，变压器副边电压有效值 U_2

为 20 V，负载电阻 $R_L=1\ k\Omega$。试求：

(1) 负载电阻 R_L 上的电压平均值 U_O；

(2) 负载电阻 R_L 上的电流平均值 I_O；

(3) 在下表列出的常用二极管中选用哪种型号比较合适？

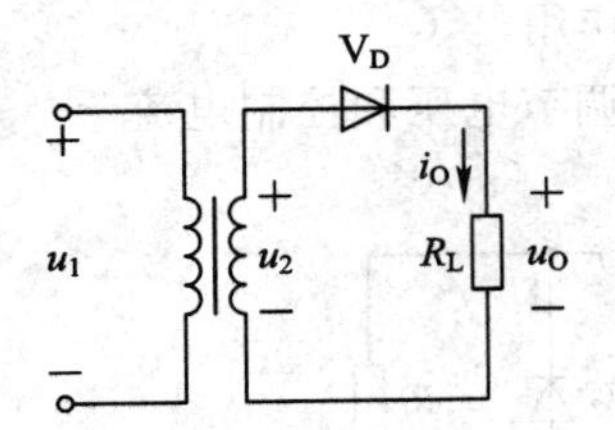

型号	最大整流电流平均值/mA	最高反向峰值电压/V
2AP1	16	20
2AP10	100	25
2AP4	16	50

图题 8-14

8-15　整流电路如图题 8-15 所示，二极管为理想元件且忽略变压器副绕组上的压降，变压器原边电压有效值 $U_1=220$ V，负载电阻，$R_L=75\ \Omega$，负载两端的直流电压 $U_O=100$ V。要求：

(1) 在下表中选出合适型号的二极管；

(2) 计算变压器的输出电压 U_2。

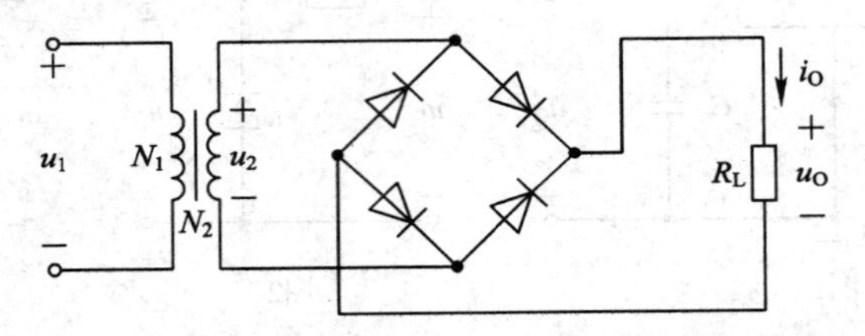

型号	最大整流电流平均值/mA	最高反向峰值电压/V
2CZ11A	1000	100
2CZ12B	3000	100
2CZ11C	1000	300

图题 8-15

8-16　整流滤波电路如图题 8-16 所示，负载电阻 $R_L=100\ \Omega$，电容 $C=500\ \mu F$，变压器副边电压有效值 $U_2=10$ V，二极管为理想元件，试求：输出电压和输出电流的平均值 U_O、I_O 及二极管承受的最高反向电压 U_{DRM}。

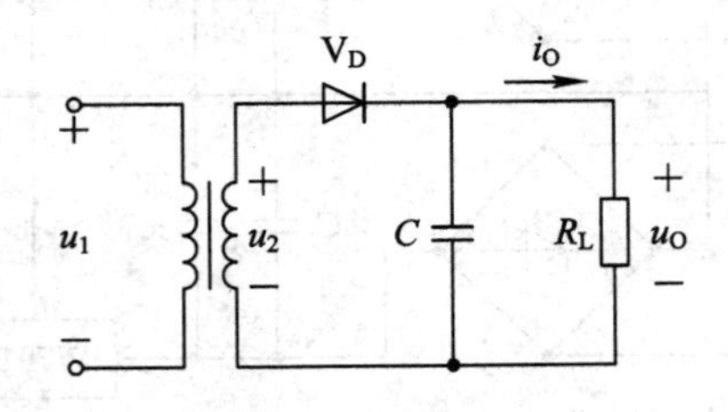

图题 8-16

8-17　整流滤波电路如图题 8-17 所示，二极管为理想元件，已知，负载电阻 $R_L=400\ \Omega$，负载两端直流电压 $U_O=60$ V，交流电源频率 $f=50$ Hz。要求：

(1) 在下表中选出合适型号的二极管；

(2) 计算出滤波电容器的电容量及电容最低耐压。

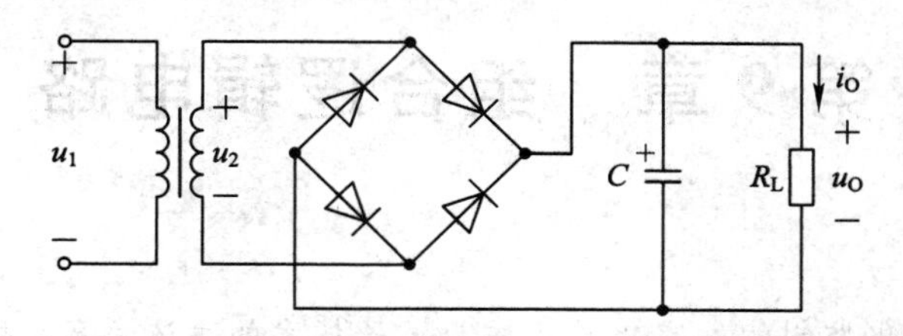

型号	最大整流电流平均值/mA	最高反向峰值电压/V
2CP11	100	50
2CP12	100	100
2CP13	100	150

图题 8-17

8-18　稳压电路如图 8-18 所示。已知输入电压 $U_I=35$ V，波动范围为±10%；W117 调整端电流可忽略不计，输出电压为 1.25 V，要求输出电流大于 5 mA，输入端与输出端之间的电压 U_{12} 的范围为 3 V～40 V。

(1) 根据 U_I 确定作为该电路性能指标的输出电压的最大值；

(2) 求解 R_1 的最大值；

(3) 若 $R_1=200$ Ω，输出电压最大值为 25 V，则 R_1 的取值为多少？

(4) 该电路中 W117 输入端与输出之间承受的最大电压为多少？

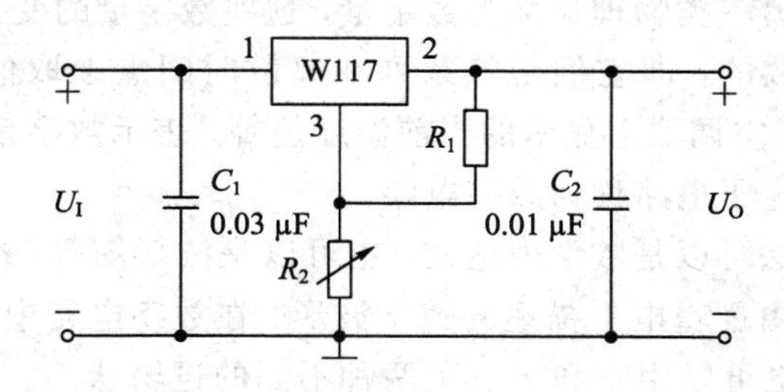

图题 8-18

8-19　试设计一直流稳压电源，输出电压为±12 V，输出电流为 1 A，要求：

(1) 画出电路图；

(2) 计算各元件参数；

(3) 选择集成稳压器、滤波电容器、整流二极管和变压器。

第 9 章　组合逻辑电路

信号处理和自动化控制的数字化早已成为电子技术的主流手段。数字电路是数字化处理技术的核心，是计算机、通信产品、雷达、智能电器等设备的硬件基础。数字电路的基本组成单元是逻辑门电路，分析工具是逻辑代数，可以采用原理图、硬件描述语言等方法进行设计，在功能上则着重强调电路输入与输出间的因果关系。数字电路的优点是精度高、抗干扰能力强、便于集成等，因而在通信系统、自动控制系统、测量设备、计算机、嵌入式工业产品等领域获得了日益广泛的应用。本章将首先介绍数字电路的一些基本概念及数字电路中常用的数制与码制，然后介绍组合逻辑电路的分析与设计。

9.1　数字电路概述

自然界中的许多物理量，如温度、压力、声音，它们在时间上是连续变化的，幅值上也是连续取值的。这种连续变化的物理量称为模拟量，表示模拟量的信号称为模拟信号，处理模拟信号的电子电路称为模拟电路。

与模拟量相对应的另一类物理量称为数字量，这些数字量的变化发生在一系列离散的时间点上，其值也是离散的，即它们是一系列在离散时间点上取值且数值也是离散的信号。如电子表的秒信号、空调器上显示的当前温度值等。表示数字量的信号称为数字信号，将工作于数字信号下的电子电路称为数字电路。

模拟信号的表示方法可以是数学表达式，也可以是波形图等。数字信号的表示方法可以用二值数字逻辑以及由逻辑电平描述的数字波形。在数字电路中，用 0 和 1 组成的二进制数表示数量的大小，也可以用 0 和 1 表示两种不同的逻辑状态。当数字量表示数量大小时，两个二进制数可以进行数值运算，常称为算术运算。当用 0 和 1 描述彼此对立的事物时，如是与非、真与假、开与关等，这里的 0 和 1 不是数值，而是逻辑 0 和逻辑 1。这种只有两种对立逻辑状态的逻辑关系称为二值数字逻辑或数字逻辑。

在分析实际数字电路时，主要考虑的是信号之间的逻辑关系，只要能区别出表示逻辑状态的高、低电平即可，并不关注高、低电平的具体数值。如某一类 TTL 器件的电压范围与逻辑电平之间的关系是：信号电压在 2 V～5 V 范围内，都表示高电平；在 0～0.8 V 范围内，都表示低电平。这些表示数字电压的高、低电平通常称为逻辑电平。应当注意，逻辑电平不是物理量，而是物理量的相对表示。

数字电路是对数字量进行算术运算和逻辑运算的电路。由于它具有逻辑运算和逻辑处理功能，所以又称数字逻辑电路。按电路类型分类，数字电路可分：

(1) 组合逻辑电路。组合逻辑电路的特点是输出只与当时的输入有关，电路没有记忆功能，输出状态随着输入状态的变化而立即变化，如加法器、比较器、数据选择器等都属于此类。

(2) 时序逻辑电路。时序逻辑电路的特点是输出不仅与当时的输入有关，还与电路原来的状态有关。它与组合逻辑电路最本质的区别在于时序电路具有记忆功能，如触发器、计数器、寄存器等电路都是时序电路的典型器件。

数字电路与模拟电路相比主要有下列优点：

(1) 由于数字电路是以二值数字逻辑为基础的，只有 0 和 1 两个基本数字，易于用电路来实现，比如可用二极管的导通与截止这两个的状态来表示数字信号的逻辑 0 和逻辑 1。

(2) 数字电路可靠性高、抗干扰能力强。它可以通过波形整形很方便地去除叠加在传输信号上的噪声，还可利用差错控制技术对传输信号进行查错和纠错。

(3) 数字电路不仅能完成数值运算，还能进行逻辑判断和运算，这在控制系统中是不可或缺的。

(4) 数字信息便于长期保存，比如可将数字信息存入 SSD、磁盘、光盘等介质。

由于具有一系列优点，数字电路在电子设备或电子系统中得到了越来越广泛的应用，计算机、电视机、音响系统、视频记录设备、雷达系统、通信系统及卫星系统等，无不采用了数字电路。

9.2 数制与码制

数字系统的主要功能是处理数字信息，因此必须将信息表示成电路能够识别、运算、存储的形式。要处理的信息主要有数值信息和非数值信息两大类，数制用来表示数值信息，码制则表征非数值信息。

9.2.1 常用计数制

鉴于电路的开关特性，在数字系统中多采用二进制(Binary)，而为了调试和表示方便又经常使用十六进制(Hexadecimal)和八进制(Octal)，而人们最熟悉的却是十进制(Decimal)。它们之间可以互相转换。

对于任意数制 N，其通用的数学描述均可表示为

$$(S)_N = \sum_{i=n-1}^{-m} a_i \times N^i \tag{9-1}$$

其中，S 表示某个 N 进制数，分别由 N 个符号组合而成；i 表示 S 的位权；n、m 分别表示 S 整数和小数的位数；a_i 表示 S 第 i 位的数码，且必定是上述 N 个符号中的某一个。它的计数原则是逢 N 进一，借一当 N。

1. 十进制

因人类祖先发现了十个手指计数的方法，自然最早地形成了十进制数，并用 0~9 十个符号来表示。它的数学描述如下：

$$(S)_{10} = \sum_{i=n-1}^{-m} a_i \times 10^i \tag{9-2}$$

例如，一个十进制数 123.456 可表示为

$$(123.456)_{10} = 1 \times 10^2 + 2 \times 10^1 + 3 \times 10^0 + 4 \times 10^{-1} + 5 \times 10^{-2} + 6 \times 10^{-3}$$

它的计数原则是：逢十进一，借一当十。

2. 二进制

二进制用0和1两个符号表示。其数学描述为

$$(S)_2 = \sum_{i=n-1}^{-m} a_i \times 2^i \tag{9-3}$$

例如，

$$(1101.1011)_2 = 1\times2^3 + 1\times2^2 + 0\times2^1 + 1\times2^0 + 1\times2^{-1} + 0\times2^{-2} + 1\times2^{-3} + 1\times2^{-4}$$

3. 八进制

八进制用0～7八个符号表示。其数学描述为

$$(S)_8 = \sum_{i=n-1}^{-m} a_i \times 8^i \tag{9-4}$$

例如，

$$(123.456)_8 = 1\times8^2 + 2\times8^1 + 3\times8^0 + 4\times8^{-1} + 5\times8^{-2} + 6\times8^{-3}$$

4. 十六进制

十六进制是用0～9和A～F十六个符号表示，其中，A=10，B=11，…，F=15。其数学描述为

$$(S)_{16} = \sum_{i=n-1}^{-m} a_i \times 16^i \tag{9-5}$$

例如，

$$(8AB.CD7)_{16} = 8\times16^2 + 10\times16^1 + 11\times16^0 + 12\times16^{-1} + 13\times16^{-2} + 7\times16^{-3}$$

注意：在数字电路中，为了区分不同数制所表示的数，可以采用括号加注下标的形式，也可以在数的后面加后缀，如二进制加后缀B，八进制加后缀Q(一般不用O，以免被人误以为0)，十进制加后缀D(常将后缀D省略)，十六进制加后缀H。

例如，$(123.456)_{10}$=123.456D=123.456；

$(1011.1101)_2$=1011.1101B；

$(123.456)_8$=123.456Q；

$(8AB.CD7)_{16}$=8AB.CD7H。

9.2.2 数制转换

显然，前面介绍的几种常见的数制各有特点。二进制在表示、运算及电路实现方面有其独特的优点，但相对位数较多，书写麻烦。十进制数与人们对数的习惯认识相吻合，但直接用电路实现(需要十个工作状态，分别表示0～9十个数字)是十分困难的。为便于电路实现，首先必须将八、十、十六进制数转换为二进制数；为便于读写，常需要将二进制数转换为八进制、十六进制数；若进一步为了与人们对数的习惯认识相一致，最终还要转换为十进制数。通常数制的转换主要体现在两方面：一方面是十进制数与非十进制数之间的转换；另一方面是二进制数、八进制数和十六进制数三者之间的转换。

1. 十进制数与非十进制数之间的转换

1) 十进制数转换为非十进制数

把十进制数转换为N进制数的方法为：整数部分除N取余数，小数部分乘N取整数，并依次排列。

【例 9-1】 $(23.625)_{10}=(?)_2$。

解 （1）整数部分的转换：

$(23)_{10}=(?)_2$

除数	被除数/商	余数	
2	23		
2	11	余1	↑ 低位
2	5	余1	
2	2	余1	
2	1	余0	
	0	余1	高位

故 $(23)_{10}=(10111)_2$

（2）小数部分的转换：

$(0.625)_{10}=(?)_2$

$$
\begin{array}{r}
0.625\\
\times\quad 2\\
\hline
1.250
\end{array}\quad 整数1(a_{-1})\ \ 高位
$$

$$
\begin{array}{r}
0.250\\
\times\quad 2\\
\hline
0.500
\end{array}\quad 整数0(a_{-2})
$$

$$
\begin{array}{r}
\times\quad 2\\
\hline
1.000
\end{array}\quad 整数1(a_{-3})\ \downarrow\ 低位
$$

$(0.625)_{10}=(0.101)_2$

所以

$$(23.625)_{10}=(10111.101)_2$$

转换过程中需要注意转换精度。对整数部分而言，都可以实现无误差转换，而小数部分却不然。有些小数如$(0.33)_{10}$转换成二进制数不可能做到无误差转换，但转换位数越多，转换误差越小。在精度满足要求的前提下，转换位数以越少越好为基本原则。

2）非十进制数转换为十进制数

把 N 进制数转换为十进制数的方法为：按权相加，其和即为等值的十进制数。

【例 9-2】 $(263)_8=(?)_{10}$ $(2C4.6A8)_{16}=(?)_{10}$

解 $(263)_8=2\times8^2+6\times8^1+3\times8^0=179$

$(2C4.A8)_{16}=2\times16^2+12\times16^1+4\times16^0+10\times16^{-1}+8\times16^{-2}=708.65625$

2. 二进制数、八进制数和十六进制数三者之间的转换

1）二进制数与八进制数之间的转换

因为 $2^3=8$，所以 3 位二进制数与 1 位八进制数有直接对应关系，即 3 位二进制数直接可写为 1 位八进制数，1 位八进制数也可直接写为 3 位二进制数。

将二进制数转换为八进制数的方法是：要将二进制整数部分自右至左每三位分一组，最后不足三位时左边用 0 补足；小数部分自左至右每三位分一组，最后不足三位时在右边用 0 补足。将八进制数转换为二进制数时，只需将八进制数的每一位用等值的 3 位二进制数代替就行了。

【例 9-3】 $(10100010.10111)_2=(?)_8$。

解

$$\underline{010\ 100\ 010}\ .\ \underline{101\ 110}$$
$$2\quad 4\quad 2\qquad 5\quad 6$$

故 $$(10100010.10111)_2=(242.56)_8。$$

2）二进制数与十六进制数之间的转换

因为 $2^4=16$，所以 4 位二进制数与 1 位十六进制数有直接对应关系，即 4 位二进制数直接可写为 1 位十六进制数，1 位十六进制数也可直接写为 4 位二进制数。

将二进制数转换为十六进制数的方法与二进制数转换为八进制数的方法类似，取 4 位为一组，不足 4 位则用 0 补足。将十六进制数转换为二进制数的方法是：将十六进制数的每一位用等值的 4 位二进制数代替。

【例 9-4】 $(110010.101001)_2=(32.A4)_{16}$

$(C3.6)_{16}=(11000011.0110)_2$

3）八进制数与十六进制数之间的转换

八进制数与十六进制数之间的转换方法是以二进制数作为桥梁，先将八进制数(或十六进制数)转换为二进制数，然后将二进制数转换为十六进制数(或八进制数)。

【例 9-5】 $(A3.6)_{16}=(10100011.0110)_2=(243.3)_8$。

9.2.3 常用码制

数码不仅可以表示数量的大小，而且还能用来表示不同的事物。在后一种情况下，这些数码只是代表不同事物的代号而已，因此这些数码称为代码。为了便于记忆和处理，在编制代码时总要遵循一定的规则，这些规则就叫做码制。

1. 二—十进制编码

在数字电路中，各种数据要转换为二进制代码才能进行处理，而人们习惯于使用十进制数，输入、输出仍采用十进制数，这样就产生了用4位二进制数表示1位十进制数的计数方法，这种用于表示十进制数的二进制代码称为二—十进制编码(Binary Coded Decimal)，简称为BCD码。它具有二进制数的形式以满足数字系统的要求，又具有十进制数的特点(只有十种数码状态有效)。因为4位二进制数有16个代码，而一位十进制数只需要10个代码，从16个代码中选择10个就有多种组合，这样就有多种编码，表9-1中列出了几种常见的BCD码。

表 9-1 常见的 BCD 码

十进制数	8421码	2421码	4421码	5421码	余3码
0	0000	0000	0000	0000	0011
1	0001	0001	0001	0001	0100
2	0010	0010	0010	0010	0101
3	0011	0011	0011	0011	0110
4	0100	0100	0100	0100	0111
5	0101	0101	0101	1000	1000
6	0110	0110	0110	1001	1001
7	0111	0111	0111	1010	1010
8	1000	1110	1100	1011	1011
9	1001	1111	1101	1100	1100
权	8421	2421	4421	5421	无

常见的BCD码有8421码、2421码、4421码、5421码和余3码。除余3码外，其余几个都是有权码，例如8421码中从左到右每位的权值分别为8、4、2和1，按权相加即可得该码所表示的十进制数，凡有权码都有这样的特点，而余3码的特点是在8421码的基础上加3。

2. 可靠性代码

为了能发现和校正数码中的错误，提高设备的抗干扰能力，常采用可靠性代码，常见的可靠性代码为奇偶校验码。

奇偶校验码由两部分组成：一部分是信息码，表示需要传送的信息本身；另一部分是1位的校验位，取值为0或1，以使整个代码中“1”的个数为奇数或偶数。使“1”的个数为奇数的称奇校验，为偶数的称偶校验。表9-2给出了8421奇偶校验码。

表9-2 8421奇偶校验码

十进制数	8421奇校验码					8421偶校验码				
	信息码				校验位	信息码				校验位
0	0	0	0	0	1	0	0	0	0	0
1	0	0	0	1	0	0	0	0	1	1
2	0	0	1	0	0	0	0	1	0	1
3	0	0	1	1	1	0	0	1	1	0
4	0	1	0	0	0	0	1	0	0	1
5	0	1	0	1	1	0	1	0	1	0
6	0	1	1	0	1	0	1	1	0	0
7	0	1	1	1	0	0	1	1	1	1
8	1	0	0	0	0	1	0	0	0	1
9	1	0	0	1	1	1	0	0	1	0

9.3 基本逻辑运算

19世纪中叶，英国数学家乔治·布尔(George Boole)首先提出了描述客观事物逻辑关系的数学方法，即逻辑代数，又称布尔代数。逻辑代数有一套完整的运算规则，包括公理、定理和定律，它被广泛地应用于数字逻辑电路的变换、分析、化简和设计上。

9.3.1 逻辑变量与逻辑函数

事物往往存在两种对立的状态，如电灯的亮与暗、开关的通与断、电平的高与低等。在逻辑代数中，描述事物两种对立的逻辑状态的变量仅有两个取值，这种变量称为逻辑变量。逻辑变量与普通代数变量一样，都用字母表示。但是，它和普通代数变量有着本质的区别，逻辑变量的取值只有两种，即逻辑0和逻辑1，它们并不表示数量的大小，而是表示两种对立的逻辑状态。

如果以逻辑变量作为输入，以运算结果作为输出，那么当输入变量的值确定之后，输出的值便被唯一地确定下来。这种输出与输入之间的关系就称为逻辑函数关系，简称为逻辑函数，可以用公式表示为：$Y=F(A, B, C)$。这里的A、B、C为逻辑输入变量，Y为逻辑输出变量，F为逻辑函数。由于输入变量和输出变量的取值都只有0和1两种状态，所以讨论的都是二值逻辑函数。

9.3.2 三种基本逻辑运算

逻辑代数的基本运算有与、或、非三种。下面结合指示灯控制电路的实例分别讨论三种基本运算的规则。

1. 与运算

图 9－1 给出了指示灯的两开关串联控制电路。由图可知，只有开关 A 与开关 B 全部闭合时，指示灯 F 才会亮；否则指示灯不亮。

于是得到这样的逻辑关系：只有决定事物结果的若干条件全部满足时，结果才会发生。这种条件和结果的关系称为逻辑与。在逻辑代数中，把逻辑变量之间的逻辑与关系称为与运算，也叫逻辑乘，并用符号“·”表示“与”。因此，输入量 A、B 与输出量 F 的与逻辑关系可写为

$$F = A \cdot B \tag{9-6}$$

符号“·”在表达式中可以被省略。在逻辑代数中，逻辑关系除了可以用逻辑函数表达式表示外，还可以用真值表和逻辑符号表示。这里，若用 1 表示开关闭合和灯亮，用 0 表示开关断开和灯不亮，则可得到表 9－3。这种用逻辑变量的真正取值反映逻辑关系的表格称为逻辑真值表，简称真值表。与运算有这些重要的性质：0 与任何变量都得零，$A \cdot 0 = 0$；变量和其自身与的结果还等于该变量，即 $A \cdot A = A$，读者可以通过真值表很容易得到证明。

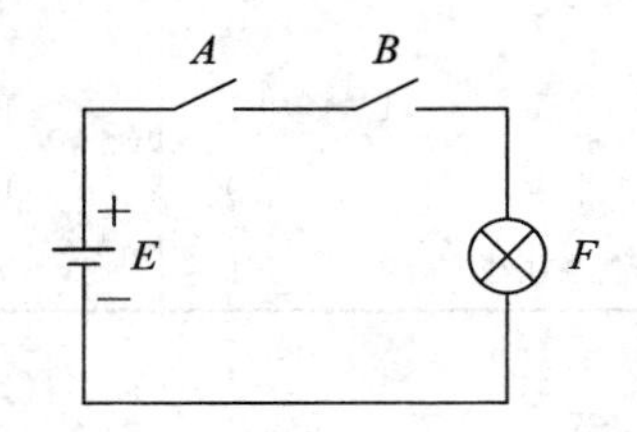

图 9－1　串联开关电路

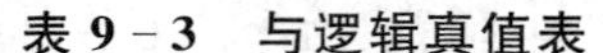

表 9－3　与逻辑真值表

A	B	F
0	0	0
0	1	0
1	0	0
1	1	1

为了方便数字逻辑电路的分析与设计，各种逻辑运算还可用逻辑符号表示，与逻辑的逻辑符号如图 9－2 所示。

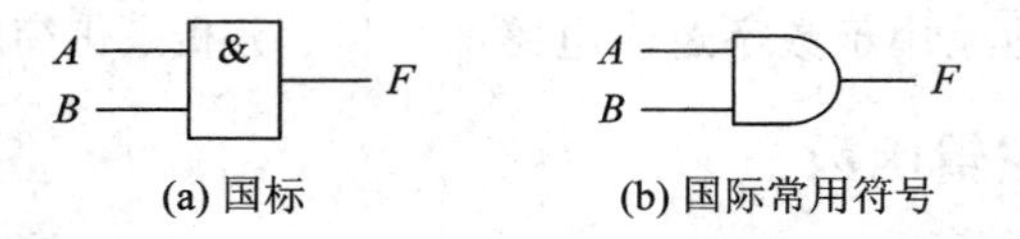

(a) 国标　　(b) 国际常用符号

图 9－2　与逻辑符号

利用晶体二极管的开关特性就可以构成与门电路，如图 9－3(a)所示。当 A、B 两个输入端中任意一个为 0 时，例如 A 为 0，则 V_{DA} 优先导通，A 点和 F 点相当于短路，使得 V_{DB} 不导通，于是得到 F 也为 0；当 A、B 都为 0 时，V_{DA} 和 V_{DB} 均导通，此时，F 也为 0；当 A、B 都为 1 时，假定输入电压均为 3 V，V_{DA} 和 V_{DB} 也都导通，于是 F 端得到 3 V 电压。在规定的 TTL 或者 CMOS 逻辑电平中，3 V 电压已属于逻辑 1 电平范围内，因此，可以得到

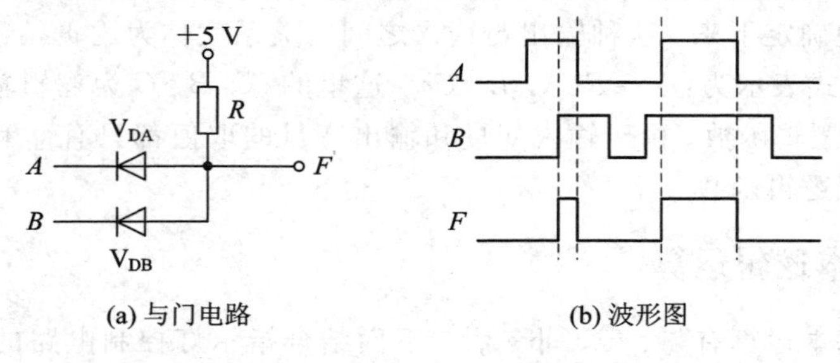

(a) 与门电路　　(b) 波形图

图 9－3　晶体管与门电路和波形图

$F=1$。如果 A、B 的输入电压均为 5 V，则 V_{DA} 和 V_{DB} 都不导通，F 端电压仍为 5 V，也即得到 $F=1$。如果输入端 A 和 B 的波形如图 9-3(b)所示，经过与门电路可得到图中 F 的波形。只要 A 和 B 同时为 1 的区间得到 $F=1$，其余 $F=0$。

2. 或运算

图 9-4 给出了指示灯的两开关并联控制电路。由图可知，开关 A 或开关 B，只要其中一个闭合或者两个都闭合时，指示灯 F 就亮，只有两个开关都不闭合时指示灯不亮。

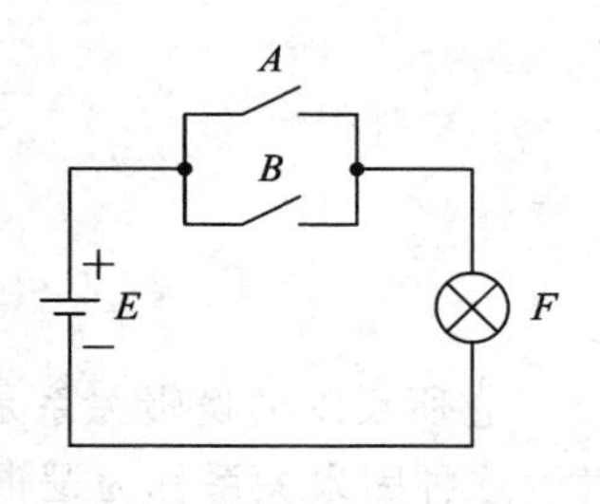

图 9-4 并联开关电路

由此得到另一种逻辑关系：在决定事物结果的若干条件中，只要满足一个或一个以上条件时，结果就会发生。这种因果关系称为逻辑或，也叫或逻辑关系。在逻辑代数中，把逻辑变量之间的或逻辑关系称为或运算，也叫逻辑加，并用符号"+"表示"或"。因此输入量 A、B 与输出量 F 的或逻辑关系可写成

$$F = A + B \tag{9-7}$$

按照前述假设，用二值逻辑变量可以列出或逻辑的真值表，如表 9-4 所示。或逻辑关系也可以用逻辑符号表示，图 9-5 为或逻辑符号。或运算有以下重要的性质：1"或"任何变量都得 1，$A+1=1$；变量"或"其自身的结果还等于该变量，即 $A+A=A$。

表 9-4 或逻辑真值表

A	B	F
0	0	0
0	1	1
1	0	1
1	1	1

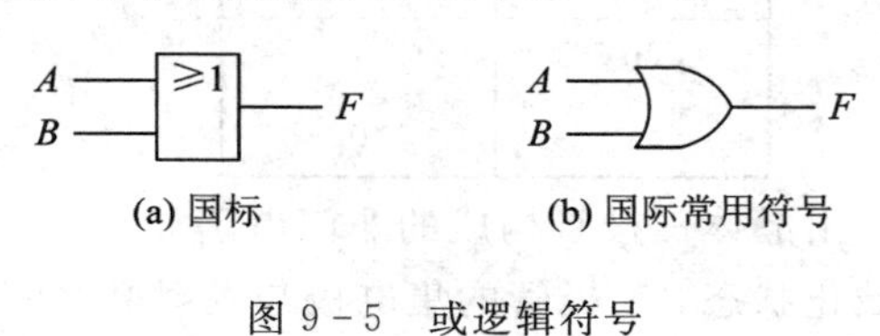

(a) 国标　　(b) 国际常用符号

图 9-5 或逻辑符号

利用晶体二极管的开关特性可以构成或门电路，如图 9-6(a)所示。当 A、B 两个输入端中任意一个为 1 时，例如 A 为 1、B 为 0，则 V_{DA} 优先导通，A 点和 F 点相当于短路，使得 V_{DB} 不导通，于是得到 F 也为 1；当 A、B 都为 1 时，V_{DA} 和 V_{DB} 都导通，于是得到 $F=1$；当 A、B 都为 0 时，V_{DA} 和 V_{DB} 均不导通，此时，F 端通过电阻与地相连，因为 F 端悬空，电阻上没有电流，所以 $F=0$。如果输入端 A 和 B 的波形如图 9-6(b)所示，经过或门电路可得到图中 F 的波形。只要 A 和 B 其中任意一个为 1 的区间得到 $F=1$，其余 $F=0$。

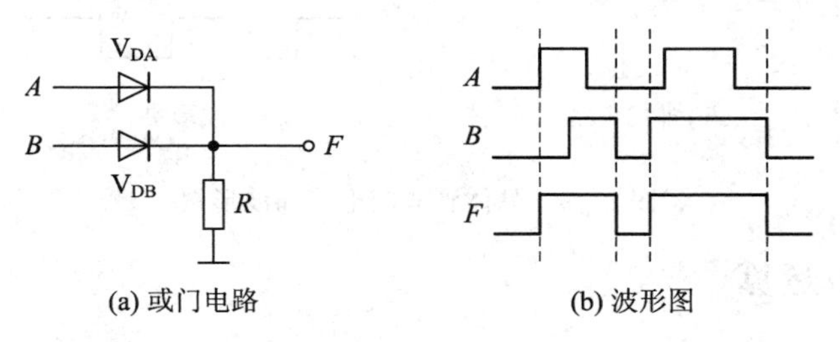

(a) 或门电路　　(b) 波形图

图 9-6 晶体管或门电路和波形图

3. 非运算

非运算又称逻辑反。由图 9-7 所示电路可知，当开关 A 闭合时，指示灯不亮；而当开

关 A 断开时，指示灯亮。

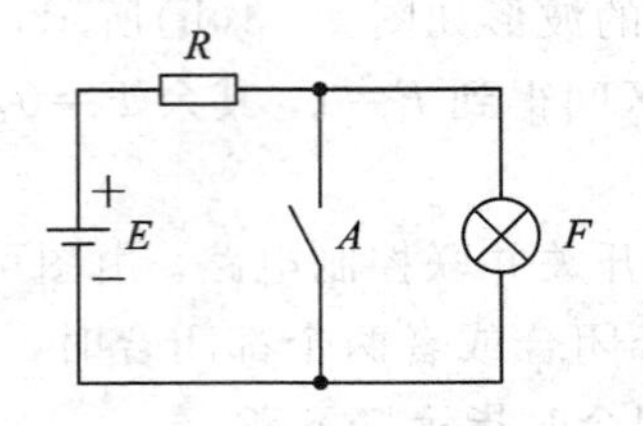

图 9-7 表示非逻辑的开关电路

它所反映的逻辑关系是：当条件满足时，结果不发生；而当条件不满足时，结果才发生。这种因果关系称为逻辑非，也叫非逻辑关系。输入量 A 与输出量 F 的非逻辑关系可写成

$$F=\overline{A} \tag{9-8}$$

这里，变量上方的"一"符号表示取反的意思，读作"非"或"反"。其真值表如表 9-5 所示，符号如图 9-8 所示。

表 9-5 非逻辑真值表

A	F
0	1
1	0

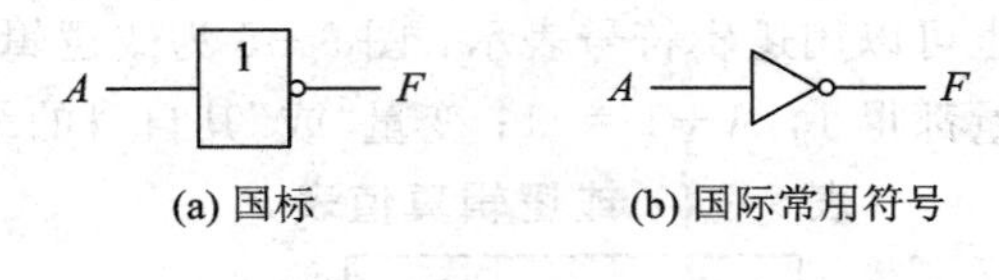

图 9-8 非逻辑符号

由晶体三极管构成的非门电路如图 9-9(a)所示，当 A 为 0(低电平)时，晶体管 V 处于截止状态，三极管的集电极与发射极之间不导通，电阻 R_C 上没有电流，于是 $F=1$；当 A 为 1(高电平)时，A 点电位远高于发射结导通电压，使得基极电流较大，三极管处于饱和导通状态，集电极与发射极在 0.1 V 以内，因此得到 $F=0$。利用三极管的开关特性构成的门电路，三极管只会处于截止或饱和导通这两种状态，而不会利用三极管的电流放大作用。

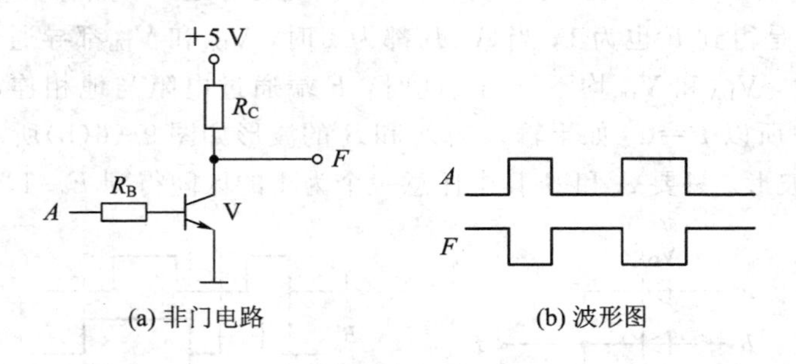

图 9-9 晶体管非门电路和波形图

9.3.3 复合逻辑运算

任何复杂的逻辑运算都可以由与、或、非三种基本运算组合而成。在实际应用中为了减少逻辑门的数目，简化数字逻辑电路，还常常使用其它几种复合逻辑运算，如与非运算、或非运算、异或运算、同或运算等。

1. 与非运算

与非运算是由与运算和非运算组合而成的，逻辑表达式可写成式(9-9)，真值表如表9-6所示，逻辑符号如图9-10所示。值得注意的是，与非门可以当非门使用，因为$\overline{A\cdot A}=\overline{A}$。

$$F=\overline{A\cdot B} \tag{9-9}$$

表9-6　与非逻辑真值表

A	B	F
0	0	1
0	1	1
1	0	1
1	1	0

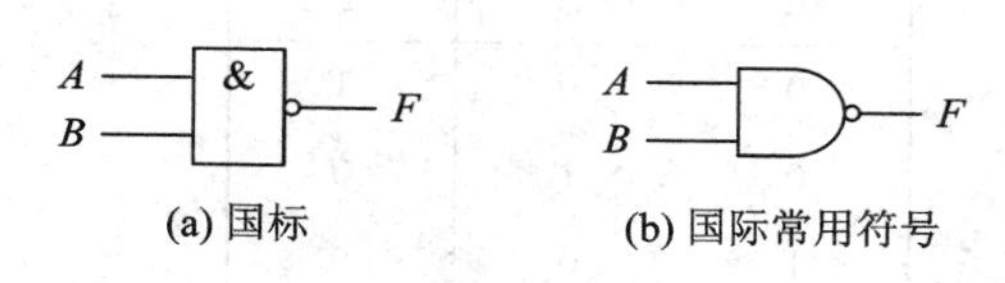

图9-10　与非逻辑符号

2. 或非运算

或非运算是由或运算和非运算组合而成的，逻辑表达式可写成式(9-10)，真值表如表9-7所示，逻辑符号如图9-11所示。或非门可以当非门使用，因为$\overline{A+A}=\overline{A}$。

$$F=\overline{A+B} \tag{9-10}$$

表9-7　或非逻辑真值表

A	B	F
0	0	1
0	1	0
1	0	0
1	1	0

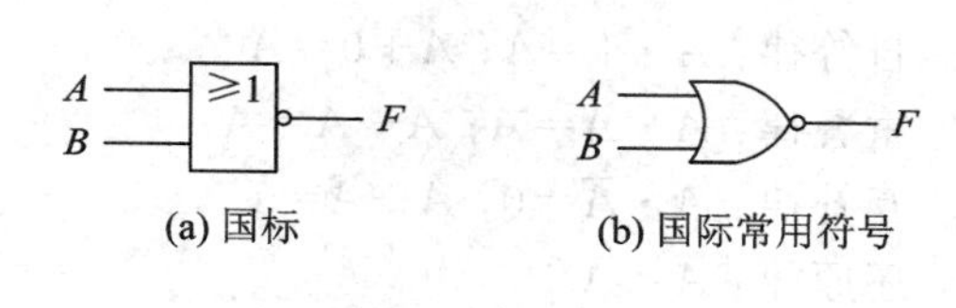

图9-11　或非逻辑符号

3. 异或运算

异或运算是指当两个变量取值相同时，逻辑函数值为0；当两个变量取值不同时，逻辑函数值为1，其运算符为“$\oplus$”。异或运算用与、或、非运算符来表示又可写成$\overline{A}B+A\overline{B}$的形式。异或逻辑真值表如表9-8所示，逻辑符号如图9-12所示。

$$F=A\oplus B=\overline{A}B+A\overline{B} \tag{9-11}$$

表9-8　异或逻辑真值表

A	B	F
0	0	0
0	1	1
1	0	1
1	1	0

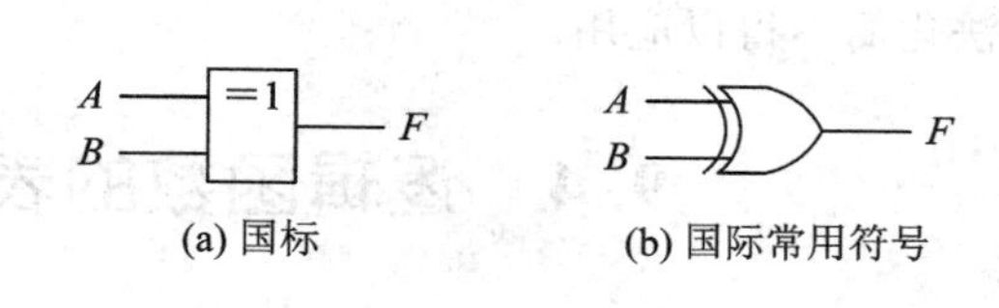

图9-12　异或逻辑符号

由式(9-11)还可以得到异或运算的两条重要性质：$A\oplus 0=A$，$A\oplus 1=\overline{A}$。异或运算的应用非常广泛，如在加法器中，两个一位二进制数A和B相加后的本位就是A和B异或运算的结果；在信息的加密/解密中也可应用异或运算，如A是原始信息，B是密钥，则可将$A\oplus B$的结果C通过信道传输出去，而在接收端通过$C\oplus B$就可以还原出原始信息A，因为$A=A\oplus B\oplus B$。

4. 同或运算

同或和异或的逻辑刚好相反：当两个输入信号相同时，输出为 1；当两个输入信号不同时，输出为 0，其运算符为“⊙”。真值表和逻辑符号分别如表 9－9 和图 9－13 所示。逻辑表达式为

$$F = A \odot B = \overline{A \oplus B} = AB + \overline{A}\overline{B} \tag{9-12}$$

表 9－9　同或逻辑真值表

A	B	F
0	0	1
0	1	0
1	0	0
1	1	1

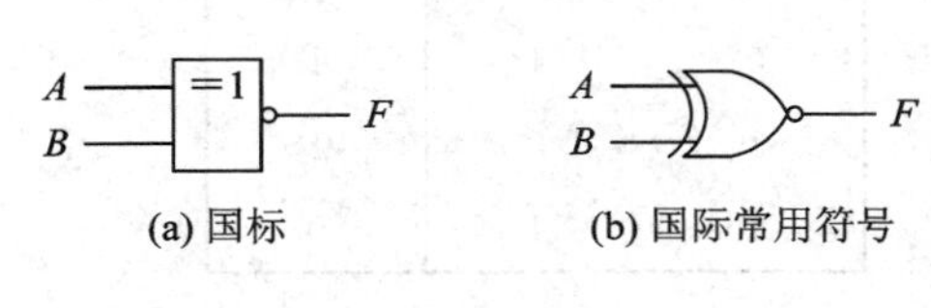

图 9－13　同或逻辑符号

9.3.4　逻辑代数的基本定律

根据逻辑代数的变量取值非 0 即 1 以及三种基本逻辑运算的定义，可得出如下一些基本定律：

0－1 律：$A \cdot 0=0$；$A+1=1$

自等律：$A \cdot 1=A$；$A+0=A$

重叠律：$A \cdot A=A$；$A+A=A$

互补律：$A \cdot \overline{A}=0$；$A+\overline{A}=1$

还原律：$\overline{\overline{A}}=A$

交换律：$A \cdot B=B \cdot A$；$A+B=B+A$

结合律：$A \cdot (B \cdot C)=(A \cdot B) \cdot C$；$A+(B+C)=(A+B)+C$

分配律：$A \cdot (B+C)=AB+AC$；$A+BC=(A+B) \cdot (A+C)$

吸收律：$A+AB=A$；$A(A+B)=A$

$A(\overline{A}+B)=AB$；$A+\overline{A}B=A+B$

$AB+A\overline{B}=A$；$(A+B)(A+\overline{B})=A$

反演律(摩根定理)：$\overline{A \cdot B}=\overline{A}+\overline{B}$；$\overline{A+B}=\overline{A} \cdot \overline{B}$

上述定律均可以采用真值表的方式加以证明，此处省略。这些定律将在逻辑函数的公式法化简中得以应用。

9.4　逻辑函数的表示方法及标准形式

9.4.1　逻辑函数的表示方法

常用的逻辑函数表示方法有逻辑真值表(简称真值表)、逻辑函数式(也称逻辑式或函数式)、逻辑图和卡诺图等。

在举重比赛中有三个裁判员，规定只要两个或两个以上的裁判员认为成功，试举成功；否则试举失败。可以将三个裁判员作为三个输入变量，分别用 A、B、C 来表示，并且

“1”表示该裁判员认为成功，“0”表示该裁判员认为不成功。F 作为输出的逻辑函数，$F=1$ 表示试举成功，$F=0$ 表示试举失败。今分别用三种方法表示逻辑函数。

1. 逻辑真值表

在基本逻辑运算中已经介绍过简单的真值表。真值表是用一个表格表示逻辑函数的一种方法，表的左边部分列出所有变量的取值的组合，表的右边部分是在各种变量取值组合下对应的函数的取值。

对于一个确定的逻辑函数，它的真值表是唯一的。列写真值表的具体方法是：将输入变量所有的取值组合列在表的左边，分别求出对应的输出的值(即函数值)，填在对应的位置上就可以得到该逻辑关系的真值表。

按照“举重判决”的逻辑要求可列出如表 9-10 所示的真值表。

表 9-10 “举重裁判”逻辑关系真值表

A	B	C	F
0	0	0	0
0	0	1	0
0	1	0	0
0	1	1	1
1	0	0	0
1	0	1	1
1	1	0	1
1	1	1	1

真值表表示逻辑函数的优点是：

(1) 可以简明直观地反映出函数值与变量取值之间的对应关系。

(2) 由实际逻辑问题列写出真值表比较容易。

其缺点是：

(1) 由于一个变量有 2 种取值，2 个变量有 $2^2=4$ 种取值组合，n 个变量有 2^n 种取值组合。因此变量多时(5 个以上)真值表太庞大，显得过于烦琐，所以一般情况下多于 4 个变量时不用真值表表示逻辑函数。

(2) 不能直接用于化简。

2. 逻辑函数式

逻辑函数式是将逻辑变量用与、或、非等运算符号按一定规则组合起来表示逻辑函数的一种方法。它书写方便、形式简洁、便于推演变换和用逻辑符号表示。

例如“举重判决”函数关系可以表示为

$$F=\overline{A}BC+A\overline{B}C+AB\overline{C}+ABC \qquad (9-13)$$

式(9-13)的每一项中变量之间为逻辑乘，所以每一项称为一个乘积项。而表达式 4 个乘积项之间为“或”的逻辑关系，上式称为“与-或”表达式。

逻辑函数式表示法的优点是：

(1) 简洁方便，容易记忆。

(2) 可以直接用公式法化简逻辑函数。

(3) 便于用逻辑图实现逻辑函数。

其缺点是：不能直观地反映出输出函数与输入变量之间一一对应的逻辑关系。

3. 逻辑图表示法

逻辑图是用逻辑符号表示逻辑函数的一种方法。每一个逻辑符号就是一个最简单的逻辑图。为了画出表示“举重判决”的逻辑图，只要用逻辑符号来代替式(9-13)中的运算符号即可得到如图 9-14 所示的逻辑图。

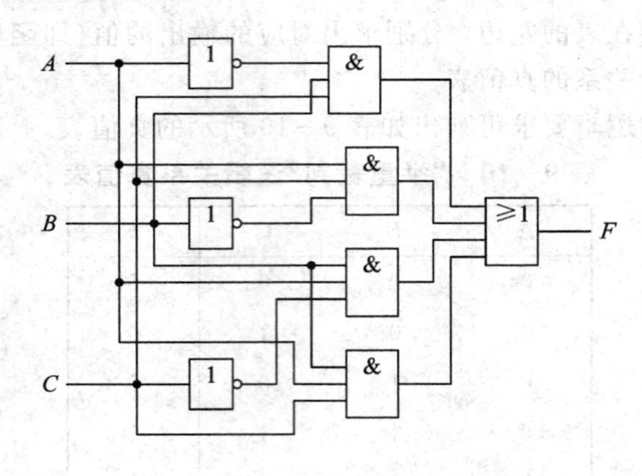

图 9-14 “举重裁判”逻辑图

用逻辑图表示逻辑函数的优点是：最接近工程实际，图中每一个逻辑符号通常都有相应的门电路与之对应。

它的缺点是：

(1) 不能用于化简。

(2) 不能直观地反映出输出函数与输入变量之间的对应关系。

每一种表示方法都有其优点和缺点，表示逻辑函数时应该视具体情况合理地运用。

4. 卡诺图表示法

在 n 个变量的逻辑函数中，如果 m 是包含 n 个变量的乘积项，而且这 n 个变量均以原变量或反变量的形式在 m 中有且仅有一次出现，则称 m 为该组变量的最小项。

例如：两个变量 A、B 的最小项有$\bar{A}\bar{B}$、$\bar{A}B$、$A\bar{B}$、AB 共 2^2 个。三个变量 A、B、C 的最小项有$\bar{A}\bar{B}\bar{C}$、$\bar{A}\bar{B}C$、$\bar{A}B\bar{C}$、$\bar{A}BC$、$A\bar{B}\bar{C}$、$A\bar{B}C$、$AB\bar{C}$、ABC 共有 2^3 个。n 个变量的最小项应有 2^n。为了使用方便，又将最小项进行编号，记作 m_i。方法是：将变量取值组合后对应的十进制数作为最小项的编号。例如，三变量 A、B、C 的最小项 $A\bar{B}C$ 的取值为 101，所对应的十进制数为 5，所以 $A\bar{B}C$ 的编号为 m_5。

卡诺图是根据最小项之间相邻项的关系画出来的方格图。每个小方格代表了逻辑函数的一个最小项。卡诺图的构成方法是：将逻辑函数真值表中的最小项重新排列成矩阵形式，并且使矩阵的横向和纵向的逻辑变量的取值按照格雷码的顺序排列。下面以二变量和三变量为例来说明卡诺图的画法。

(1) 两个变量的卡诺图。

两个变量 A、B 共有 4 个最小项。用 4 个相邻项的方格表示这 4 个最小项之间的相邻关系，如图 9-15 所示。画卡诺图时将变量分为两组，A 为一组，B 为一组。卡诺图的左边

纵向用变量 A 的反变量 $\overline{A}$ 和原变量 A 表示，即上边一行表示 $\overline{A}$，下边一行表示 A。卡诺图的上边横向用变量 B 的反变量 $\overline{B}$ 和原变量 B 表示，即左边一列表示 $\overline{B}$，右边一列表示 B。行和列相与就是最小项，记入行和列将相交的小方格内，如图 9-15(a)所示。若原变量用 1 表示，反变量用 0 表示，可得图 9-15(b)。若每个最小项用编号表示，可得图 9-15(c)。从卡诺图 9-15(a)中看出每对相邻小方格表示的最小项是相邻项。

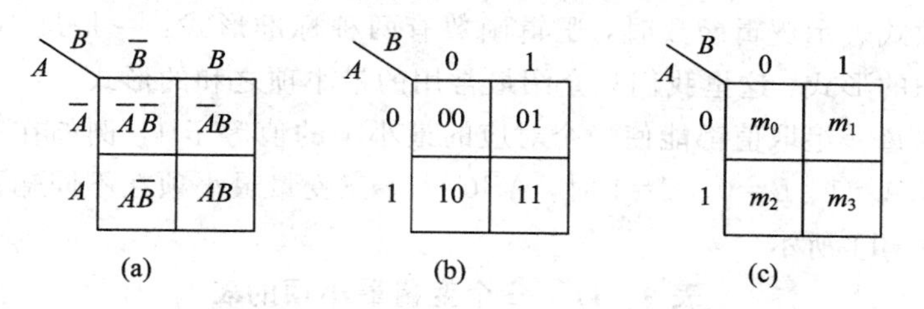

图 9-15　二变量卡诺图

(2) 三个变量的卡诺图。

三个变量 A、B、C 共有 8 个最小项，则用 8 个小方格分别表示各个最小项，图 9-16(a)是三变量卡诺图的一种画法。A、B、C 三个变量分为两组，A 为一组，B、C 为一组，分别表示于行和列。卡诺图的左边纵向仍然用变量 A 的反变量 $\overline{A}$ 和原变量 A 表示。卡诺图上边横向变量 B、C 的标注顺序从左至右依次为：00、01、11、10，以保证相邻项只有 1 位变化。

这样便构成了三变量的卡诺图，即第一行表示 $\overline{A}$，第二行表示 A，第一列表示$\overline{B}\,\overline{C}$，第二列表示 $\overline{B}C$，第三列表示 BC，第四列表示 $B\overline{C}$。$\overline{A}$、A 标在卡诺图左边纵向，$\overline{B}\,\overline{C}$、$\overline{B}C$、$BC$、$B\overline{C}$ 标在卡诺图上边横向。任意相邻两列或两行都具有相邻性，注意两边列也具有相邻性。同理，也可以画出图 9-16(b)、(c)的形式。绘制成卡诺图后便于对逻辑函数进行化简，化简方法将在 9.5.2 节结合实例加以说明。

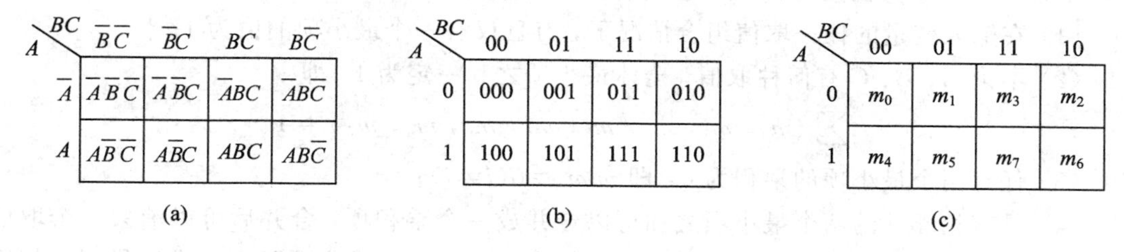

图 9-16　三变量卡诺图

5. 逻辑函数表示方法之间的转换

既然同一个逻辑函数可以用三种不同的方法表示，那么这三种方法之间必然能相互转换。一般来说，有了逻辑真值表，先写出逻辑函数式，然后再画出逻辑图。

由真值表转换成逻辑函数式的方法如下：

(1) 找出使逻辑函数值 $F=1$ 的行，每一行用一个乘积项表示。其中，变量取值为“1”时用原变量表示；变量取值为“0”时用反变量表示。

(2) 将所有的乘积项进行或运算，即可以得到 F 的逻辑函数式。

例如：由表 9-10“举重判决”真值表列写表达式。

表中输入变量 ABC 为以下四种情况时 F 为“1”：011、101、110、111。按照取值为 1 写成对应原变量，取值为 0 写成对应反变量的规则，四个乘积项为：$\overline{A}BC$、$A\overline{B}C$、$AB\overline{C}$、ABC。因此 F 的逻辑函数式应当等于四个乘积项的“或”运算，即

$$F = \overline{A}BC + A\overline{B}C + AB\overline{C} + ABC$$

9.4.2 逻辑函数的标准形式

用逻辑函数式表示逻辑函数时，逻辑函数有两种标准形式：一是最小项之和的形式；二是最大项之积的形式，这里我们只介绍最常用的最小项之和的形式。

输入变量的每一组取值都能使一个对应的最小项的值等于 1，例如在三变量 A、B、C 的最小项中，当 $A=1$、$B=0$、$C=1$ 时，$A\overline{B}C=1$。三变量最小项在不同输入情况下的值及其编号表如表 9-11 所示。

表 9-11 三个变量最小项的表

变量取值	最小项							
ABC	$\overline{A}\overline{B}\overline{C}$	$\overline{A}\overline{B}C$	$\overline{A}B\overline{C}$	$\overline{A}BC$	$A\overline{B}\overline{C}$	$A\overline{B}C$	$AB\overline{C}$	ABC
000	1	0	0	0	0	0	0	0
001	0	1	0	0	0	0	0	0
010	0	0	1	0	0	0	0	0
011	0	0	0	1	0	0	0	0
100	0	0	0	0	1	0	0	0
101	0	0	0	0	0	1	0	0
110	0	0	0	0	0	0	1	0
111	0	0	0	0	0	0	0	1
编号	m_0	m_1	m_2	m_3	m_4	m_5	m_6	m_7

从最小项的定义出发可以证明它具有如下的重要性质：

(1) 在输入变量的任一取值组合情况下，有且仅有一个最小项的值为 1；

(2) 不论 A、B、C 有何种取值，全体最小项之和一定为 1，即

$$\sum(m_0, m_1, m_2, m_3, m_4, m_5, m_6, m_7) = 1$$

(3) 任意两个最小项的乘积为 0，即 $m_i m_j = 0(i \neq j)$；

(4) 具有相邻性的两个最小项之和可以合并成一个乘积项，合并后可以消去一个取值互补的变量，留下取值不变的变量。所谓相邻是指如果两个最小项只有一个变量互为相反变量，其余变量均相同，则称这两个最小项在逻辑上是相邻的，又称逻辑上的相邻性。例如，ABC 和 $AB\overline{C}$ 两个最小项中除变量 C 互为相反变量不同外，A、B 两变量均相同，所以 ABC 和 $AB\overline{C}$ 是相邻项。这两个最小项相加后一定能合并成一项并将一对不同的因子消去，即 $ABC+AB\overline{C}=AB(C+\overline{C})=AB$。

每个乘积项都是最小项的与或表达式，称为标准与或表达式，也称为最小项之和表达式。如果一个逻辑函数式的每一项都是最小项，则这个逻辑函数式称为最小项表达式，否则不是最小项表达式。利用互补定律 $A+\overline{A}=1$，可以把任何一个逻辑函数化成最小项之和的标准形式。

【例 9-6】 将逻辑函数 $F=AB+\overline{C}$ 化成最小项之和的标准形式。

$$
\begin{aligned}
F &= AB+\overline{C} = AB(C+\overline{C})+(A+\overline{A})(B+\overline{B})\overline{C} \\
&= \overline{A}\,\overline{B}\,\overline{C}+\overline{A}B\overline{C}+A\,\overline{B}\,\overline{C}+AB\overline{C}+ABC \\
&= m_0+m_2+m_4+m_6+m_7
\end{aligned}
$$

9.5 组合逻辑电路的应用

组合逻辑电路的基本组成单元是逻辑门电路。这种电路在任一时刻输出状态只取决于该时刻的输入状态，而与输入信号作用前电路所处的状态无关。组合逻辑电路的一般结构可用方框图9-17表示，其输出与输入之间的逻辑关系是：$Z_1=F_1(X_1, X_2, \cdots, X_n)$，$Z_2=F_2(X_1, X_2, \cdots, X_n)$，…，$Z_m=F_m(X_1, X_2, \cdots, X_n)$。

图9-17　组合逻辑电路

从电路结构看，组合逻辑电路具有如下特征：① 信号是单向传输的，输出和输入之间没有反馈通道；② 仅由逻辑门组成，电路中不含记忆单元。组合逻辑电路可以单独完成各种复杂的逻辑功能，而且它还是时序逻辑电路的组成部分，在数字系统中应用十分广泛。小规模集成电路中的门，如与门、或门、与非门、或非门、与或非门、异或门等都是独立的。本节主要介绍以这些门电路为基本组成单元的组合电路的分析与设计。

9.5.1 组合逻辑电路的分析

组合逻辑电路分析的目的是寻找已知逻辑电路输出与输入之间的逻辑关系，确定电路的功能。其分析步骤大致如下：

(1) 由给定的逻辑图写出所有用来描述输出与输入关系的逻辑表达式；

(2) 将逻辑函数式简化成最简与或表达式，或视具体情况变换成其它适当的形式；

(3) 根据逻辑函数表达式列真值表；

(4) 根据真值表分析并概括给定组合逻辑电路的逻辑功能。

下面结合实例说明组合逻辑电路分析的方法。

【例9-7】 分析图9-18(a)所示电路的功能。

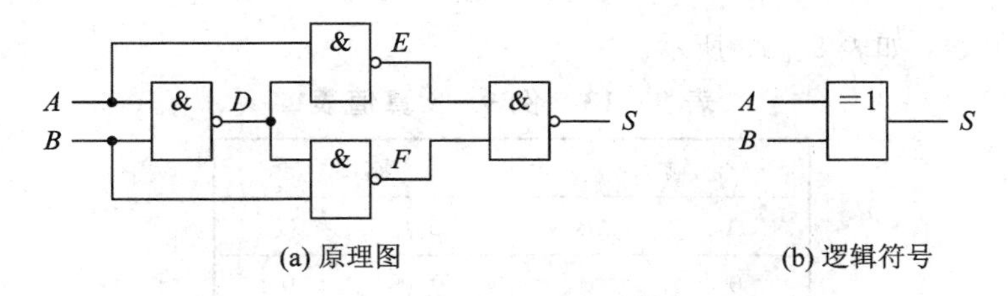

图9-18　例9-7逻辑电路和符号

解　(1) 写出逻辑表达式。

$$D=\overline{AB},\quad E=\overline{AD},\quad F=\overline{DB},\quad S=\overline{EF}$$

(2) 化简逻辑表达式。

$$S=\overline{\overline{AD}\cdot\overline{DB}}=AD+DB=A\,\overline{AB}+\overline{AB}B=A\oplus B$$

(3) 列真值表，如表 9－12 所示。

表 9－12　例 9－7 真值表

输入		输出
A	B	S
0	0	0
0	1	1
1	0	1
1	1	0

(4) 对真值表中的数值进行分析可以看出，该电路完成了逻辑上的异或运算，异或逻辑符号见图 9－18(b)，它同时还可以实现二进制加法运算，S 为 A 和 B 相加后的本位。

【例 9－8】 分析图 9－19(a)所示电路的功能。

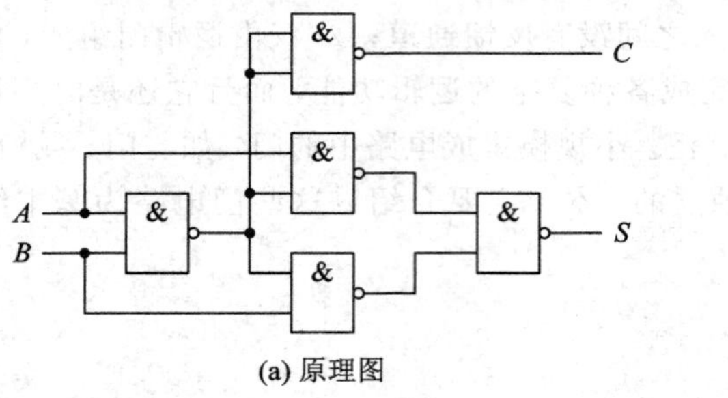

(a) 原理图

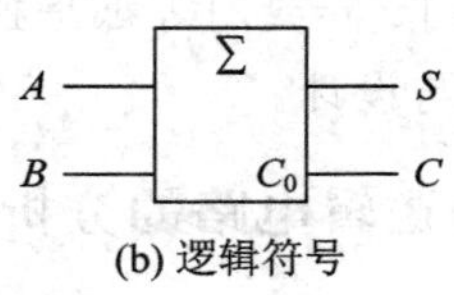

(b) 逻辑符号

图 9－19　例 9－8 图

解　(1) 写出逻辑表达式。

$$S=\overline{\overline{\overline{AB}B}\;\overline{\overline{AB}A}}$$

$$C=\overline{\overline{AB}}$$

(2) 化简逻辑表达式。

$$S=\overline{A}B+A\overline{B}$$

$$C=AB$$

(3) 列真值表，如表 9－13 所示。

表 9－13　例 9－8 真值表

输入		输出	
A	B	S	C
0	0	0	0
0	1	1	0
1	0	1	0
1	1	0	1

(4) 根据图 9－19 和表 9－13，可以将此电路看成是一个异或门(输出 S：同例 9－7)和

一个与门(输出 C)的合成，若 A、B 分别作为一位二进制数，则 S 就是 A 与 B 相加和的本位，C 就是 A 与 B 相加和的进位。这种电路被称为半加器，图 9-19(b)为它的逻辑符号，其特点是不考虑从低位的进位。若要考虑从低位来的进位，则可以将半加器作为单元电路经过一定的组合设计得到。

在分析复杂的组合逻辑电路时，除了上述按照逻辑门逐级分析的办法外，还可以将电路进行模块划分。若熟悉一些重要的基本单元电路(如例 9-8 的半加器)，则可以直接从单元电路入手，分析单元电路在新建电路中的作用，最终得出复杂电路的逻辑功能。

【例 9-9】 分析图 9-20(a)所示电路的功能。

如图 9-20(a)所示，其中，A_i、B_i 和 C_{i-1} 分别表示加数、被加数和从低位的进位，S_i 和 C_i 分别表示和的本位和进位。这样一个包括低位来的进位输入在内的二进制加法电路，称之为全加器，逻辑符号如图 9-20(b)所示。全加器的真值表如表 9-14 所示。

(1) 用两个半加器(虚线框)和一个或门实现了全加器：先求两个加数的半加和，再与低位的进位作第二次半加，所得结果即全加器的和。

(2) 两个半加器的进位作逻辑加，即得全加器的进位。

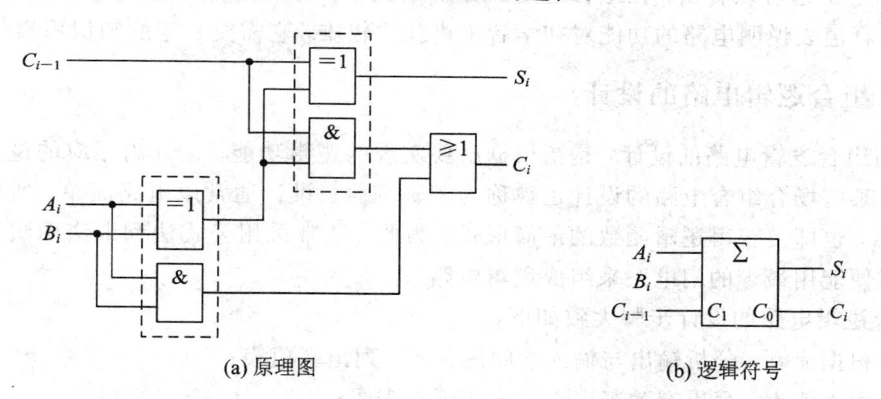

(a) 原理图　　(b) 逻辑符号

图 9-20　例 9-9 电路图

表 9-14　例 9-9 真值表

输入			输出		输入			输出	
A_i	B_i	C_{i-1}	S_i	C_i	A_i	B_i	C_{i-1}	S_i	C_i
0	0	0	0	0	0	0	1	1	0
0	1	0	1	0	0	1	1	0	1
1	0	0	1	0	1	0	1	0	1
1	1	0	0	1	1	1	1	1	1

【例 9-10】 分析图 9-21 所示电路的功能。

解　由图 9-21 写出逻辑表达式。

$$F=(\overline{A}_1\overline{A}_0)D_0+(\overline{A}_1A_0)D_1+(A_1\overline{A}_0)D_2+(A_1A_0)D_3$$

根据表达式列出真值表，如表 9-15 所示。由表可以看出，当 A_1A_0 赋予不同的代码值时，输出 F 将获取相应的输入 D_i($i=0,1,2,3$)。故电路相当于一个四路选择开关，对输入具有选择并输出的功能。

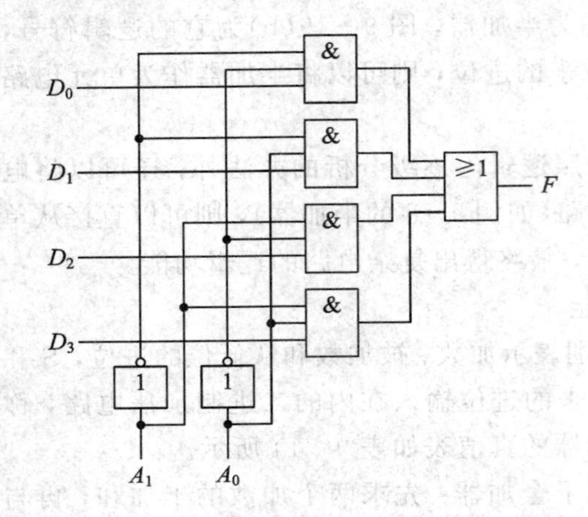

图 9-21　例 9-10 图

表 9-15　例 9-10 真值表

输入		输出
A_1	A_0	F
0	0	D_0
0	1	D_1
1	0	D_2
1	1	D_3

由以上例题可以看出，在组合电路的分析过程中，写出逻辑表达式、列出真值表并不难，而由真值表说明电路的功能对初学者来讲就比较难，它需要一定的知识积累。

9.5.2　组合逻辑电路的设计

所谓组合逻辑电路的设计，是指根据所要实现的逻辑功能，设计出相应的逻辑电路的过程，在某些场合组合电路的设计也被称为逻辑综合。设计通常以电路简单、所用器件最少为目标，也即要获得逻辑函数的最简形式。为此，通常采用公式法和卡诺图法化简逻辑函数，以便能用最少的门电路来组成逻辑电路。

组合逻辑电路的设计步骤大致如下：

(1) 根据命题，分析输出与输入之间的关系，列出真值表；

(2) 由真值表，写出有关逻辑表达式或画卡诺图；

(3) 运用公式法或卡诺图等化简方法化简逻辑表达式，并根据问题的要求做适当变换，如：逻辑门类型的限制，输入端是否允许出现反变量等要求；

(4) 根据输出逻辑表达式，画出逻辑电路图。

在进行组合逻辑电路的设计时，可以用多种逻辑电路实现同一逻辑函数。例如，用不同的逻辑门电路来实现逻辑函数 $F=\overline{A\cdot\overline{AB}+B\cdot\overline{AB}}$。

① 直接用与非门、与门、或非门实现，见图 9-22(a)。

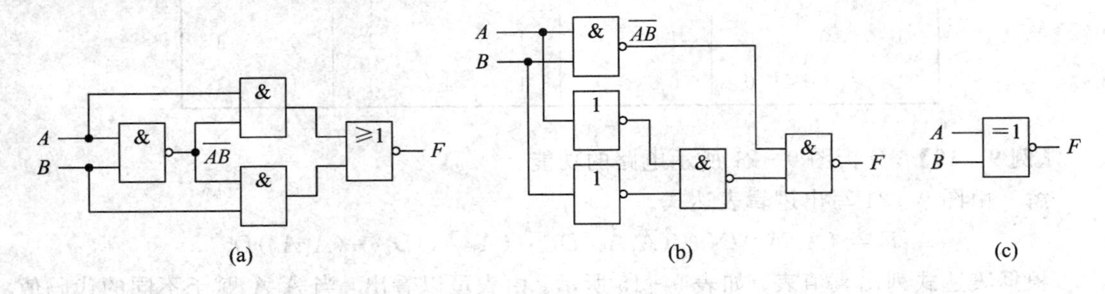

图 9-22　逻辑函数的代数变换

② 仅用与非门实现，则要对逻辑函数进行如下变换：$F=\overline{\overline{\overline{AB}(A+B)}}=\overline{\overline{\overline{AB}}\cdot\overline{\overline{A}\cdot\overline{B}}}$，参见图 9-22(b)。

③ 代数变换后，用同或门实现：$F=\overline{A(\overline{A}+\overline{B})+B(\overline{A}+\overline{B})}=\overline{A\overline{B}+\overline{A}B}=\overline{A}\overline{B}+AB$，见图 9-22(c)。

结论：以上均为同或门的逻辑电路和表达式，可见，一个逻辑问题对应的真值表是唯一的，但实现它的逻辑电路是多样的，可根据不同器件，通过逻辑表达式的变换来实现。

【例 9-11】 试设计一个三人多数表决电路。

解 设三人 A、B、C 为输入，同意为1，不同意为0；表决结果 F 为输出，F 始终同输入的大多数状态一致，即输入 A、B、C 之中有 2 个或 3 个为 1 时，输出为1；其余情况，输出为 0。

(1) 列真值表，如表 9-16 所示。

(2) 画出卡诺图，如图 9-23 所示。

表 9-16 例 9-11 真值表

输入			输出
A	B	C	F
0	0	0	0
0	0	1	0
0	1	0	0
0	1	1	1
1	0	0	0
1	0	1	1
1	1	0	1
1	1	1	1

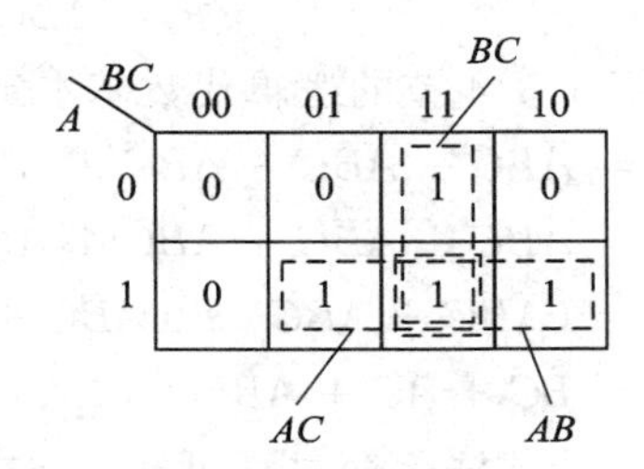

图 9-23 卡诺图

卡诺图的实质是用另一种方式表示真值表的内容，绘制 3 变量卡诺图的步骤如下：

① 画出 4×2 的方格表；

② 将变量 A 置于纵向，变量 BC 组合置于横向；

③ 纵向的 A 变量的值上下两行分别设定为 0 和 1；

④ 横向的 BC 变量的值自左向右依次设定为 00—01—11—10，这样是为了使相邻的两位二进制数只有 1 位变化；

⑤ 将真值表中输出 F 为 1 的项填入相应的方格中，如当 $ABC=011$ 时 $F=1$ 的项，找到 $A=0$ 且 $BC=11$ 的方格并填入 1，其余 $F=0$ 的项对应方格中填 0。

(3) 卡诺图化简得最简与或表达式 $F=AB+BC+AC$。

卡诺图化简的方法就是把方格中横方向或竖方向相邻两格均为 1 的格子圈在一起，得到一个化简项。例如，图 9-23 所示右下角的 AB 简化项所指示的虚线框，框中所包含的两个 1 所对应的最小项分别为 ABC 和 $AB\overline{C}$，之所以这两项相加以后能得到简化项 AB，是因为根据 9.3.4 节中所示的分配率和互补律有

$$ABC+AB\overline{C}=AB(C+\overline{C})=AB$$

(4) 由最简式得出相应的逻辑图如图 9-24(a)所示，由与门和或门构成。若要求只用与非门实现，则还需将上述表达式变换成如下形式：

$$F=\overline{\overline{AB}\cdot\overline{BC}\cdot\overline{AC}}$$

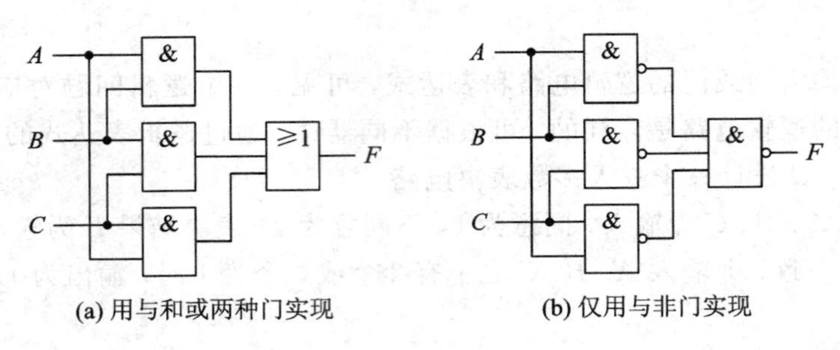

(a) 用与和或两种门实现　　(b) 仅用与非门实现

图 9-24　三人表决器

画出相应的逻辑图，如图 9-24(b)所示。其中，最右边的与非门是 3 输入端的，其余是 2 输入端的。

若采用公式法进行化简，首先根据真值表写出标准最小项的与或式：

$$F=\overline{A}BC+A\overline{B}C+AB\overline{C}+ABC$$

其次，利用 9.3.4 节的逻辑代数基本定律进行化简，其具体过程如下：

$$\begin{aligned}F&=\overline{A}BC+A\overline{B}C+AB\overline{C}+ABC\\&=\overline{A}BC+A\overline{B}C+AB\overline{C}+ABC+ABC+ABC&&\leftarrow \text{根据重叠律增加 2 项}\\&=(\overline{A}BC+ABC)+(A\overline{B}C+ABC)+(AB\overline{C}+ABC)&&\leftarrow \text{适当调换各项次序}\\&=BC+AC+AB&&\leftarrow \text{根据互补律化简}\end{aligned}$$

由上述公式法化简过程可知，公式法化简需要熟练掌握逻辑代数基本定律，相比卡诺图法而言它不够直观，但卡诺图法化简的缺点是只适用于 4 个变量及其以下的逻辑函数式。下面给出几个用公式法化简的典型例子。

【例 9-12】 化简函数 $F=\overline{A}\overline{B}+AC+BC$。

$$\begin{aligned}F&=\overline{A}\overline{B}+AC+BC\\&=\overline{A}\overline{B}+(A+B)C\\&=\overline{A}\overline{B}+\overline{\overline{A}\overline{B}}C=\overline{A}\overline{B}+C\end{aligned}$$

【例 9-13】 化简函数 $F=\overline{A}BC+AB\overline{C}+ABC$。

$$\begin{aligned}F&=\overline{A}BC+AB\overline{C}+ABC\\&=\overline{A}BC+AB\overline{C}+ABC+ABC\\&=(\overline{A}BC+ABC)+(AB\overline{C}+ABC)\\&=(\overline{A}+A)BC+AB(\overline{C}+C)\\&=BC+AB\end{aligned}$$

【例 9-14】 试用两输入与非门和反相器设计一个四舍五入的逻辑电路，用以判别一位 8421 码是否大于等于 5，大于等于 5 时，电路输出为 1，否则为 0。

解　(1) 根据题意列真值表。

假设输入的 8421 码从高位到地位依次用 A、B、C、D 表示，输出用 F 表示，则可得如表 9-17 所示的真值表。当 $ABCD=0000\sim0100$ 时，$F=0$；当 $ABCD=0101\sim1001$

时，$F=1$。需要说明的是：输入 $ABCD$ 不可能取值 1010 ~ 1111，这在逻辑电路设计中被称为约束条件，既然这些输入组合不会出现，也就不必要求对应的输出是什么，或者说输出可以是 1，也可以是 0，所以称其为任意项或无关项，一般在表达式中用 d（真值表中用 ×）表示。

表 9-17　例 9-14 真值表

输入				输出	输入				输出
A	B	C	D	F	A	B	C	D	F
0	0	0	0	0	1	0	0	0	1
0	0	0	1	0	1	0	0	1	1
0	0	1	0	0	1	0	1	0	×
0	0	1	1	0	1	0	1	1	×
0	1	0	0	0	1	1	0	0	×
0	1	0	1	1	1	1	0	1	×
0	1	1	0	1	1	1	1	0	×
0	1	1	1	1	1	1	1	1	×

(2) 求最简与或表达式。

根据表 9-17 中的最后 6 个最小项作无关项处理，可以写出函数的最小项表达式

$$F=\sum(m_5, m_6, m_7, m_8, m_9)+\sum d(m_{10}, m_{11}, m_{12}, m_{13}, m_{14}, m_{15})$$

直接填入卡诺图，4 变量的卡诺图由 4×4 个方格构成，并将变量 AB 置于竖方向，变量 CD 置于横方向，其值的设置顺序均为 00—01—11—10，如图 9-25 所示。由于无关项既可以当“1”，也可以当“0”处理，只要便于在化简过程中虚线框内尽可能多圈入“1”即可。圈“1”时，只能圈 2 个、4 个、8 个等 2 的幂次方个相邻的“1”。圈 2 个相邻“1”可以消去最小项中 1 个变量，圈 4 个相邻“1”可以消去 2 个变量，圈 8 个相邻“1”可以消去最小项中 3 个变量。如图 9-25 所示最下方圈入 8 个“1”的虚线框，该虚线框对应 8 个最小项之和，若用公式法化简，其过程如下：

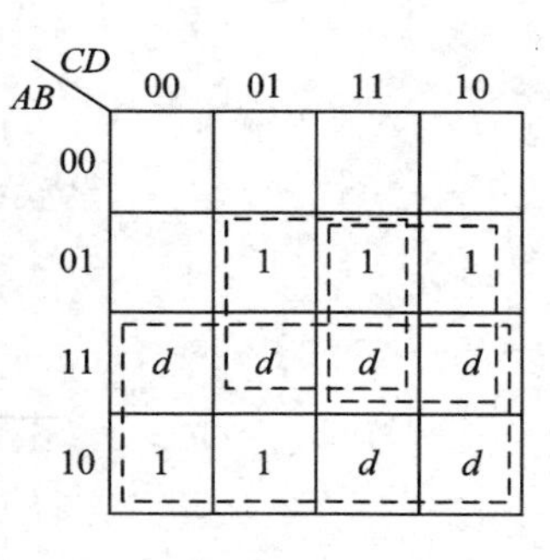

图 9-25　例 9-14 卡诺图

$$AB\,\overline{C}\,\overline{D}+AB\overline{C}D+ABCD+ABC\overline{D}+A\,\overline{B}\,\overline{C}\,\overline{D}+A\,\overline{B}\,\overline{C}D+A\overline{B}CD++A\overline{B}C\overline{D}$$
$$=AB\overline{C}+ABC+A\,\overline{B}\,\overline{C}+A\overline{B}C$$
$$=AB+A\overline{B}=A$$

由图 9-25 应能直接写出该虚线框对应的最简项为 A，因为 8 个最小项的共同特征是 A 为“1”，因此，化简后就为“A”，其它虚线框对应的最简项由读者自行推导。由此可得最简与或表达式：

$$F=A+BC+BD$$

(3) 若要求只用两输入与非门和反相器实现，则还需将上述表达式变换成如下形式：

$$F=\overline{\overline{A+BC+BD}}=\overline{\overline{A}\cdot\overline{BC}\cdot\overline{BD}}=\overline{\overline{\overline{\overline{A}\cdot\overline{BC}}}\cdot\overline{BD}}=\overline{\overline{\overline{A}\cdot\overline{BC}}+\overline{BD}}=\overline{\overline{\overline{A}\cdot\overline{BC}}\cdot\overline{BD}}$$

(4) 画出逻辑图，如图 9－26 所示。

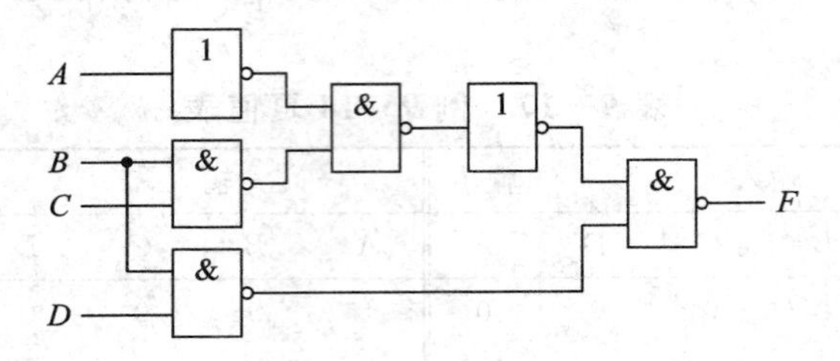

图 9－26　例 9－14 逻辑图

从以上例题可以看出，由命题列出真值表是电路设计的关键。而逻辑表达式的不同形式决定了逻辑电路的结构组成，所以要得到一个符合实际要求的逻辑电路，逻辑表达式的化简和变换同样非常重要。

9.6 应用实例

【例 9－15】 蜂鸣器驱动电路。

为使蜂鸣器发声通常需要几十毫安的电流，而门电路输出端输出高电平时一般只能输出 1 mA 左右电流。为了提高电路的负载驱动能力，门电路的输出端通常不会直接连接蜂鸣器，而是通过如图 9－27 所示的三极管电路来驱动它。

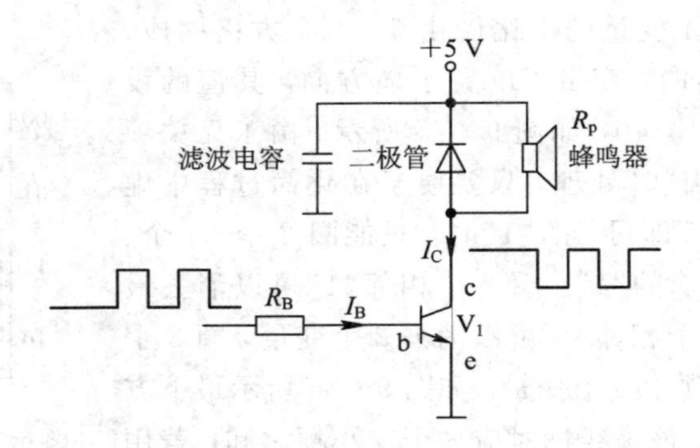

图 9－27　例 9－15 逻辑图

蜂鸣器是发声元件，在其两端施加直流电压(有源蜂鸣器)或者方波(无源蜂鸣器)就可以发声。三极管主要起开关作用，当基极为高电平时使三极管饱和导通，使蜂鸣器发声；而基极为低电平时则使三极管关闭，蜂鸣器停止发声。蜂鸣器本质上是一个感性元件，其电流不能瞬变，因此必须并联一个二极管提供续流。否则，在蜂鸣器两端会产生几十伏的尖峰电压，可能损坏三极管，并干扰整个电路系统的其它部分。滤波电容的作用是滤除蜂鸣器电流对其它部分的影响。

假定蜂鸣器内阻 $R_p = 200\ \Omega$，三极管饱和导通时 $U_{CE}\approx 0.2$ V，因此，蜂鸣器上电流 $I_C\approx(5-U_{CE})/R_p = 24$ mA。若三极管的放大倍数 β 为 50，则基极电流 I_B 需大于 $I_C/\beta= 0.48$ mA 才能使三极管处于饱和状态。如果驱动信号的高电平也为＋5 V，发射结导通压降U_{BE}约为 0.7 V，于是基极电阻R_B应选择小于$(5-U_{BE})/I_B=9\ k\Omega$的电阻。但基极电阻$R_B$也不是越小越好，考虑到前级的输出内阻，$R_B$太小会导致输入端+5 V的高电平被拉低。

【例 9-16】 试用两输入与非门和反相器设计一个优先排队电路。火车有高铁、动车和普通列车。它们进出站的优先次序是：高铁、动车、普通列车，同一时刻只能有一列车进出。

解 (1) 由题意进行逻辑抽象。火车用输入变量高铁A、动车B、普通列车C，输出信号为F_A、F_B、F_C，当高铁$A=1$时，无论动车B、普通列车C为何值，$F_A=1$，$F_B=F_C=0$；当动车$B=1$，且$A=0$时，无论C为何值，$F_B=1$，$F_A=F_C=0$；当普通列车$C=1$，且$A=B=0$时，$F_C=1$，$F_A=F_B=0$。

(2) 经过逻辑抽象，可列真值表，如表 9-18 所示；

表 9-18 例 9-15 真值表

输入			输出		
A	B	C	F_A	F_B	F_C
0	0	0	0	0	0
1	×	×	1	0	0
0	1	×	0	1	0
0	0	1	0	0	1

(3) 写出逻辑表达式。

$$F_A=A,\quad F_B=\overline{A}B,\quad F_C=\overline{A}\,\overline{B}C$$

(4) 根据题意，变换成与非形式

$$F_A=A,\quad F_B=\overline{\overline{\overline{A}B}},\quad F_C=\overline{\overline{\overline{A}\,\overline{B}C}}=\overline{\overline{\overline{\overline{A}\cdot\overline{B}}}\cdot C}$$

画出逻辑电路图，如图 9-28 所示。

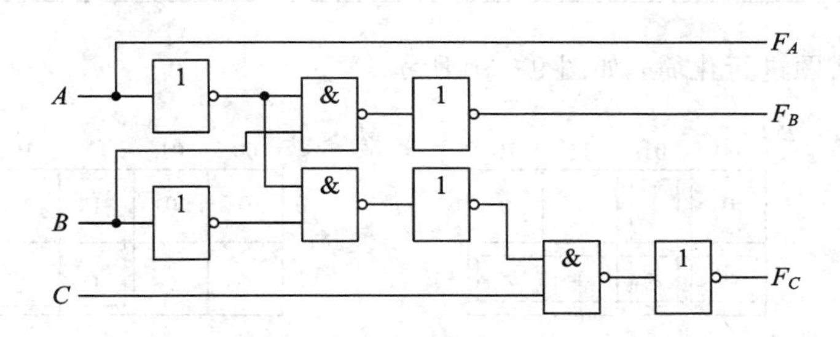

图 9-28 例 9-16 逻辑图

74 系列是一系列数字集成门电路芯片的总称，还包括 74L、74H、74S、74LS 等子系列，不同的子系列其平均传输延迟和功耗等性能不同。其中，74LS 系列最为常用，它又称为低功耗肖特基系列，同时兼顾了功耗与速度两方面的要求。上例的逻辑电路可用一片内含 4 个两输入端的与非门 74LS00 和另一片内含 6 个反相器 74LS04 的集成电路组成，也可用两片内含 4 个两输入端的与非门 74LS00 的集成电路组成。注意：原逻辑表达式虽然是最简形式，但它需一片反相器和一片三输入端的与门才能实现，器件数和种类都不能节省。由此可见最简的逻辑表达式用一定规格的集成器件实现时，其电路结构不一定是最简单和经济的。设计逻辑电路时应以集成器件为基本单元，而不应以单个门为单元，这是工程设计与理论分析的不同之处。

【例 9-17】 有一水箱由大、小两台泵 M_L 和 M_S 供水，如下图 9-29 所示。水箱中设置了 3 个水位检测元件 A、B、C。水面低于检测元件时，检测元件给出高电平；水面高于检测元件时，检测元件给出低电平。现要求当水位超过 C 点时水泵停止工作；水位低于 C 点而高于 B 点时 M_S 单独工作；水位低于 B 点而高于 A 点时 M_L 单独工作；水位低于 A 点时 M_L 和 M_S 同时工作。试用基本门电路设计一个控制两台水泵的逻辑电路，要求电路尽量简单。

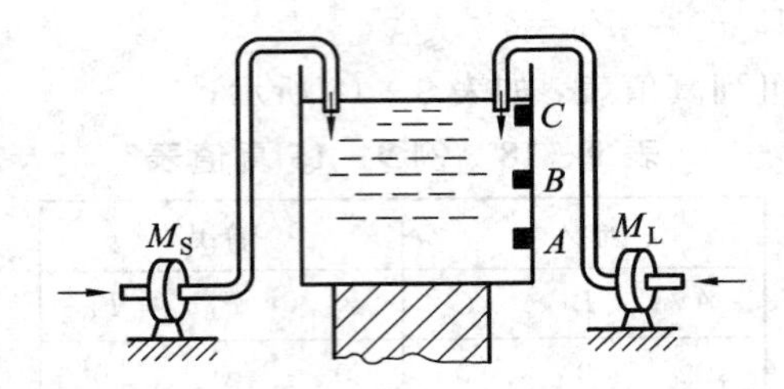

图 9-29 例 9-17 水箱与水泵示意图

解 (1) M_S、M_L 的 1 状态表示工作，0 状态表示停止，则真值表如表 9-19 所示。

表 9-19 例 9-17 真值表

输入			输出		输入			输出	
A	B	C	M_S	M_L	A	B	C	M_S	M_L
0	0	0	0	0	0	0	1	1	0
0	1	0	×	×	0	1	1	0	1
1	0	0	×	×	1	0	1	×	×
1	1	0	×	×	1	1	1	1	1

(2) 利用卡诺图进行化简，如图 9-30 所示。

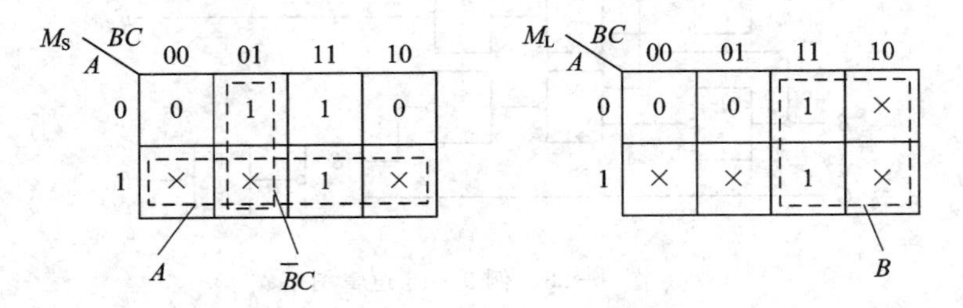

图 9-30 例 9-17 卡诺图

可得 $M_S=A+\overline{B}C$，$M_L=B$。

(3) 如果仅利用与非门来实现，就要对 M_S 的逻辑函数式进行如下变形：

$$M_S=A+\overline{B}C=\overline{\overline{A+\overline{B}C}}=\overline{\overline{A}\cdot\overline{\overline{B}C}}$$

刚好可以使用一片内含 4 个两输入端的与非门 74LS00，其电路如图 9-31 所示。

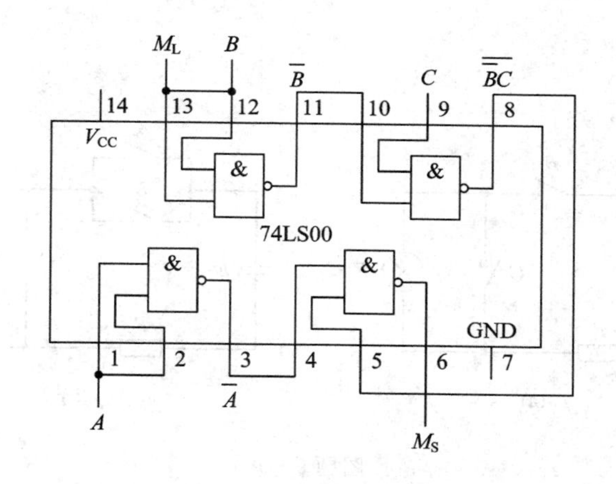

图 9-31　例 9-17 与非门实现图

习　题

9-1　十进制数 25 用 8421BCD 码表示为(　　)。

A. 10 101　　B. 0010 0101　　C. 100101　　D. 10101

9-2　在(　　)输入情况下,"与非"运算的结果是逻辑 0。

A. 全部输入是 0　　B. 任一输入是 0

C. 仅一输入是 0　　D. 全部输入是 1

9-3　用不同数制的数字来表示 2004,位数最少的是(　　)。

A. 二进制　　B. 八进制　　C. 十进制　　D. 十六进制

9-4　以下表达式中符合逻辑运算法则的是(　　)。

A. $C \cdot C = C^2$　　B. $1+1=10$

C. $A+0=0$　　D. $A+1=1$

9-5　将下列各数转换为等值的二进制数、八进制数和十六进制数。

639D

73.725

9-6　将下列各数转换为等值的八进制数和十六进制数。

11101010.01101B

111010.0110101B

9-7　将下列各数转换为等值的二进制数。

654.321Q

654.321H

9-8　分别写出 94 的 8421 码、余三码。

9-9　电路如图题 9-9 所示,设开关闭合为 1,断开为 0;灯亮为 1,暗为 0。试分别列出灯 F 与开关 A、B、C 的逻辑关系真值表,并写出逻辑函数表达式。

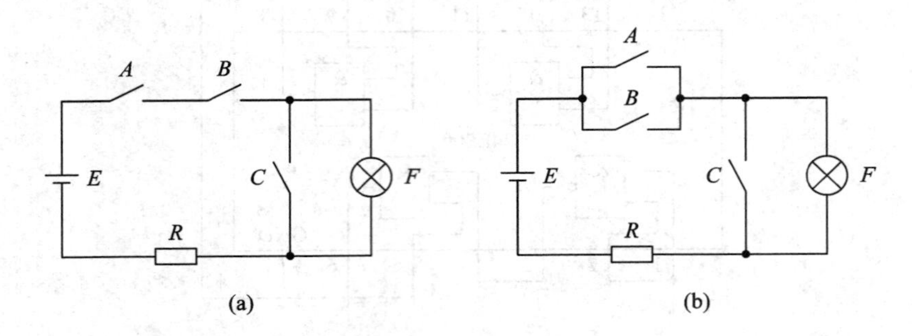

图题 9-9

9-10　用列真值表的方法证明下列等式。

(1) $A+B+C=\overline{\overline{A}\,\overline{B}\,\overline{C}}$

(2) $AB+\overline{AB}C=AB+C$

9-11　已知逻辑函数 $F=A+\overline{BC}$，试列出其真值表。

9-12　将下列逻辑函数式化为最小项之和的形式。

(1) $F=\overline{A}BC+AC+\overline{B}C$

(2) $F=A\overline{B}+C$

9-13　用公式化简法化简下列逻辑函数。

(1) $F=AB+\overline{A}C+\overline{B}C$

(2) $F=\overline{A}(A+B)+B(B+CD)$

(3) $F=A\overline{B}+\overline{\overline{A}C+\overline{B}C}$

(4) $F=\overline{\overline{AC}+B\,\overline{CD}+\overline{C}D}$

9-14　已知逻辑函数 F 的真值表如表 9-20 所示，试写出对应的逻辑函数式，并画出其逻辑图。

表 9-20　习题 9-14 中逻辑函数 F 的真值表

A	B	C	F
0	0	0	0
0	0	1	1
0	1	0	1
0	1	1	0
1	0	0	1
1	0	1	0
1	1	0	0
1	1	1	0

9-15　用卡诺图化简法化简下列逻辑函数。

(1) $F=\overline{A}\,\overline{B}+AC+\overline{B}C$

(2) $F=\overline{A}\overline{B}+B\overline{C}+\overline{A}+\overline{B}+ABC$

(3) $F=A\overline{B}+\overline{A}C+\overline{B}\overline{C}+\overline{A}BD$

(4) $F(A,\ B,\ C)=\sum(m_0,\ m_1,\ m_2,\ m_4,\ m_5,\ m_7)$

(5) $F(A,\ B,\ C)=\sum(m_0,\ m_6)+\sum d(m_2,\ m_5)$

9-16　写出如图题9-16所示电路中 X、Y、Z 的最简“与或”表达式，并列真值表分析其逻辑功能。

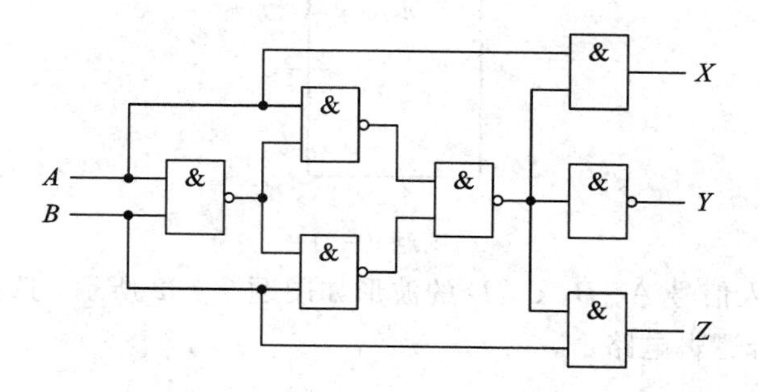

图题 9-16

9-17　分析图题9-17所示电路的逻辑功能。

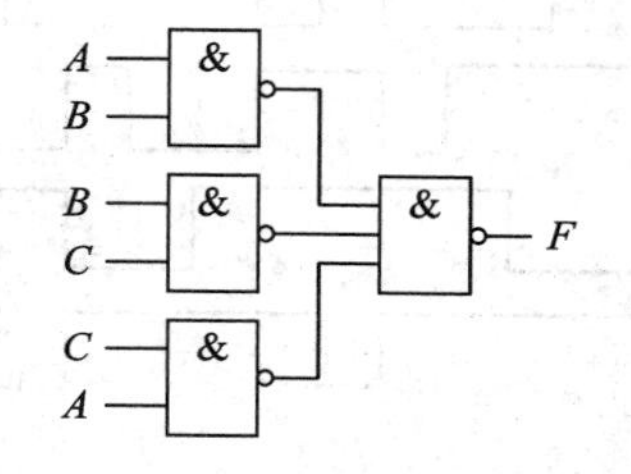

图题 9-17

9-18　试分析图题9-18所示电路的逻辑功能。

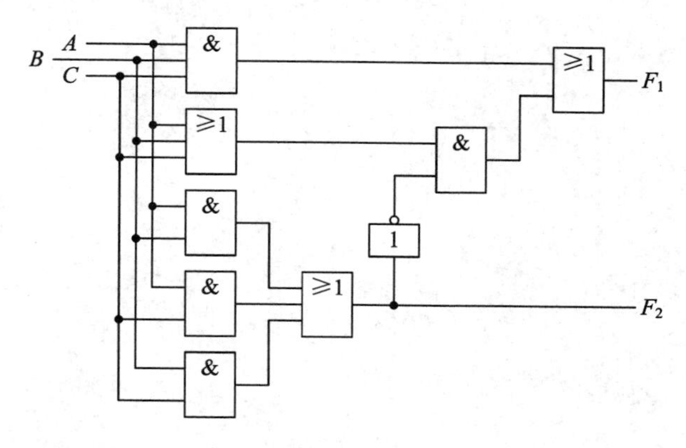

图题 9-18

9-19　用与非门设计4变量的多数表决电路。当 A、B、C、D 中有3个或3个以上为1时输出为1，否则为0。

9-20　设计用3个开关控制一个电灯的逻辑电路，要求改变任何一个开关的状态都能改变电灯的亮灭。要求仅用与非门实现。

9-21　试用与非门设计一个水箱水位指示电路。水箱示意图如图题9-21所示，A、B、C为三个电极，当电极被水浸没时，会点亮特定的指示灯。水面在A、B间为正常状态，点亮绿灯G；在B、C间或在A以上为异常状态，点亮黄灯Y；在C以下为危险状态，点亮红灯R。

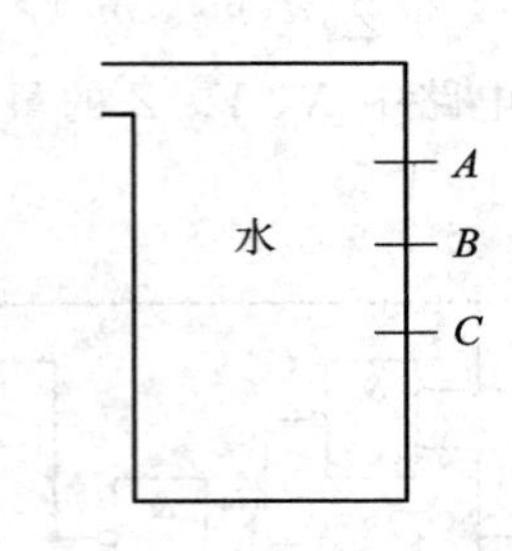

图题9-21

9-22　已知输入信号A、B、C、D的波形如图题9-22所示，选择集成逻辑门设计实现产生输出F的组合逻辑电路。

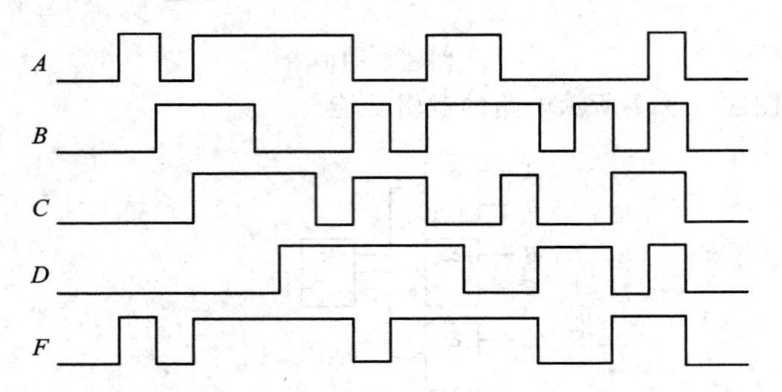

图题9-22

第 10 章　时序逻辑电路

从逻辑功能看，时序逻辑电路任何时刻的输出信号不仅取决于当时的输入信号，还与电路原来的状态有关。从结构上看，时序逻辑电路除包含组合逻辑电路外，还有具有记忆功能的触发器。本章将介绍时序逻辑电路的基本概念和特点、几种常见触发器的功能、时序逻辑电路的应用，重点讨论典型时序逻辑部件计数器和寄存器的工作原理、逻辑功能、集成芯片、使用方法及典型应用。

10.1　时序逻辑电路概述

10.1.1　时序逻辑电路的结构及特点

由于时序逻辑电路的输出不仅取决于当时的输入，还与电路原来的状态有关，因此电路必须具有存储记忆的功能，以便保存过去的信息。由触发器作存储器件时的时序电路的基本结构如图 10－1 所示。

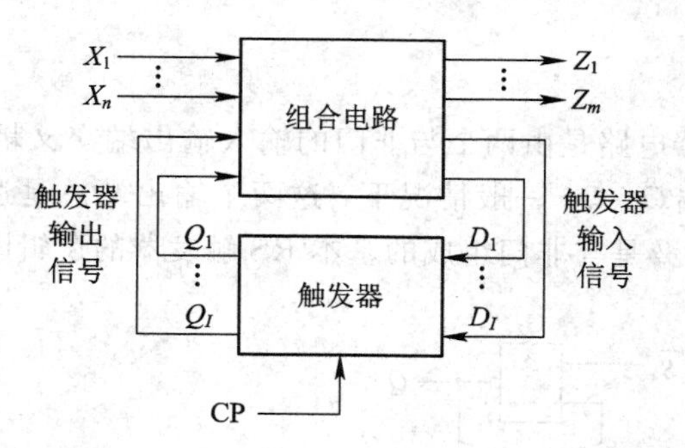

图 10－1　时序电路的基本结构框图

在图 10－1 所示电路中，X_1，X_2，…，X_n为时序逻辑电路的输入信号；Z_1，Z_2，…，Z_m为时序逻辑电路的输出信号；D_1，D_2，…，D_l是时序逻辑电路中的激励信号，激励信号决定电路下一时刻的状态；Q_1，Q_2，…，Q_l为时序逻辑电路的“状态”；CP 为时钟脉冲信号，用于控制触发器状态变化的时刻。

时序逻辑电路的状态 Q_1，Q_2，…，Q_l是存储电路对过去输入信号记忆的结果，它随着外部信号的作用而变化。对电路功能进行研究时，通常将触发器某一时刻的状态称为“现态”，记作 Q^n；在某一现态下，外部信号发生变化时触发器将要达到的新状态称为“次态”，记作 Q^{n+1}。

综上所述，从电路结构可知，时序逻辑电路具有如下特征：

(1) 电路包含组合电路和触发器两部分，具有对过去输入进行记忆的功能；

(2) 电路中包含反馈回路，通过反馈使电路功能与"时序"相关；

(3) 电路的输出信号由电路当时的输入信号以及状态共同决定。

10.1.2 时序逻辑电路的分类

按照电路的工作方式，时序逻辑电路可分为同步时序逻辑电路和异步时序逻辑电路。在同步时序逻辑电路中，存储电路内所有触发器的时钟输入端均与同一个时钟脉冲信号(CP)相连，因此，所有触发器的状态更新都与所加时钟脉冲信号同步。在异步时序逻辑电路中，没有统一的时钟脉冲，各触发器状态的更新不是同时进行的。

根据电路中输出变量是否与输入变量直接相关，时序电路又分为米里(Mealy)型和摩尔(Moore)型两类。米里型电路的外部输出 Z 不仅取决于触发器的状态 Q^n，而且取决于外部输入 X。摩尔型电路的外部输出 Z 仅仅取决于触发器的状态 Q^n。由此可见，摩尔型电路只不过是米里型的一种特例而已。

10.2 触发器

10.2.1 RS 触发器

RS 触发器有基本 RS 触发器和带有时钟控制端的同步 RS 触发器两种，下面首先介绍基本 RS 触发器。

1. 基本 RS 触发器

1) 电路结构

最基本的 RS 触发器电路是由两个与非门的输入输出端交叉耦合而成的。它有两个输入端 $\overline{R}$、$\overline{S}$ 及两个输出端 Q、$\overline{Q}$。一般情况下，这两个输出端总是逻辑互补的，即一个为 0 时，另一个为 1。图 10-2 是与非门组成的基本 RS 触发器的逻辑图和逻辑符号。

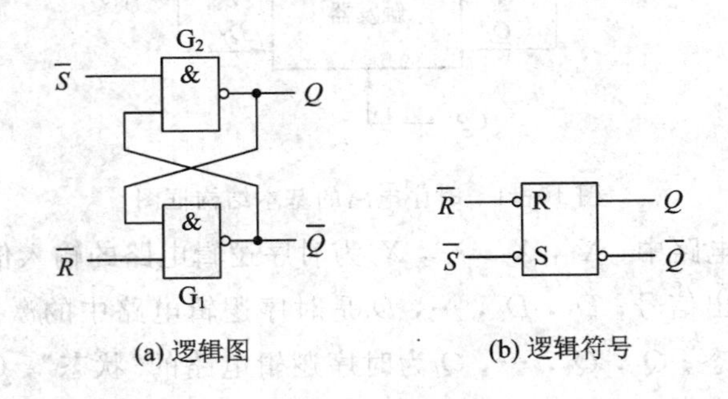

图 10-2 与非门组成的基本 RS 触发器

2) 工作原理

以 Q 这个输出端的状态作为触发器的状态：当 $Q=1$ 时，称触发器为 1 状态；当 $Q=0$ 时，称触发器为 0 状态。

在接通电源后，当 $\overline{R}$ 和 $\overline{S}$ 端均未加低电平，即 $\overline{R}=\overline{S}=1$ 时，若触发器的原始状态(称为初态)处于 1 状态，那么这个状态一定是稳定的。因为 $Q=1$，与非门 G_1 输入端必然全为

1，$\bar{Q}$ 一定为 0。与非门 G_2 输入端有 0，$Q=1$ 是稳定的，这时 $\bar{Q}=0$ 也是稳定的。如果触发器的初态为 0 态，那么这个状态在输入端不加低电平信号时也是稳定的。因为 $Q=0$，与非门 G_1 输入端有 0，$\bar{Q}$ 一定为 1，与非门 G_2 输入端全为 1，所以 $Q=0$ 是稳定的，这时 $\bar{Q}=1$ 也是稳定的。这说明触发器在未接收低电平输入信号时，一定处于两个状态中的一个状态，无论处于哪个状态都是稳定的，所以说触发器具有两个稳态。

若触发器的初态 Q 为 1，$\bar{Q}$ 为 0，则当 $\bar{R}=0$，$\bar{S}=1$ 时，与非门 G_1 因输入端有 0 使 $\bar{Q}$ 由 0 变 1，使与非门 G_2 输入端变为全 1，Q 必然由 1 翻转为 0；在触发器 Q 已经处于 0 状态时，如果使 $\bar{S}=0$，$\bar{R}=1$，则与非门 G_2 因输入端有 0 使 Q 由 0 变 1，与非门 G_1 因为输入端全为 1，而使 $\bar{Q}$ 由 1 翻转为 0，即触发器从 0 态翻转到 1 态。

这里应注意两点：一是当电路进入新的稳定状态后，即使撤销了在 $\bar{R}$ 端或 $\bar{S}$ 端所加的低电平输入信号，使 $\bar{R}=\bar{S}=1$，触发器翻转后的状态也能够稳定地保持；二是要让触发器从一个稳态翻转为另一个稳态，所加的输入信号必须“适当”。

可见，触发器的新状态 Q^{n+1}（也称次态）不仅与输入状态有关，也与触发器原来的状态 Q^n（也称现态或初态）有关。

综上所述，基本 RS 触发器有如下特点：

(1) 有两个互补的输出端，有两个稳态；

(2) 有复位（$Q=0$）、置位（$Q=1$）、保持原状态三种功能；

(3) $\bar{R}$ 为复位输入端，$\bar{S}$ 为置位输入端，该电路为低电平有效；

(4) 由于反馈线的存在，无论是复位还是置位，有效信号只需作用很短的一段时间，即“一触即发”。

3) 逻辑功能及其描述

由与非门组成的基本 RS 触发器的真值表如表 10－1 所示。

表 10－1　用与非门组成的基本 RS 触发器的真值表

$\bar{R}$	$\bar{S}$	Q^n	Q^{n+1}	功能说明
0	0	0	×	不稳定状态
0	0	1	×	
0	1	0	0	置 0（复位）
0	1	1	0	
1	0	0	1	置 1（置位）
1	0	1	1	
1	1	0	0	保持原状态
1	1	1	1	

(1) 特性方程。

触发器次态 Q^{n+1} 与输入状态 $\bar{R}$、$\bar{S}$ 及现态 Q^n 之间关系的逻辑表达式称为触发器的特性方程。根据表 10－1 可画出基本 RS 触发器 Q^{n+1} 的卡诺图，如图 10－3 所示。由此可得同步 RS 触发器的特性方程为

$$Q^{n+1} = S + \bar{R}Q^n \quad （约束条件\ \bar{R}+\bar{S}=1） \qquad (10-1)$$

(2) 状态转换图。

状态转换图表示触发器从一个状态变化到另一个状态或保持原状态时，对输入信号的要求，如图 10-4 所示。

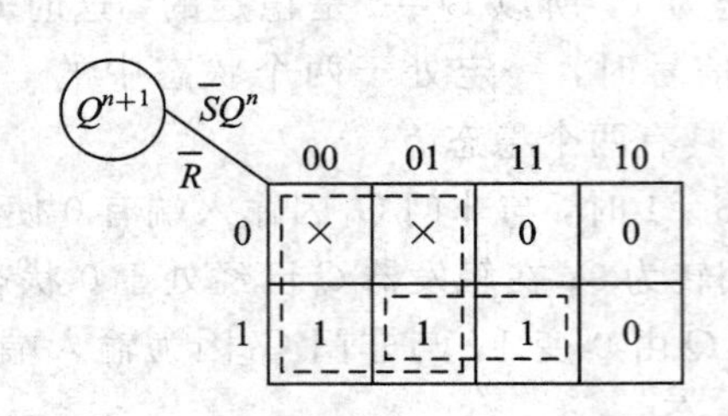

图 10-3　基本 RS 触发器 Q^{n+1} 的卡诺图

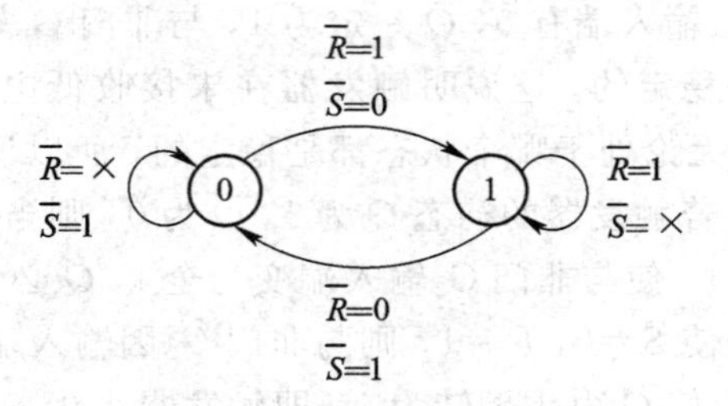

图 10-4　基本 RS 触发器的状态转换图

（3）驱动表。

驱动表用表格的方式表示触发器从一个状态变化到另一个状态或保持原状态不变时，对输入信号的要求。表 10-2 所示是基本 RS 触发器的驱动表。驱动表对时序逻辑电路的设计是很有用的。

表 10-2　基本 RS 触发器的驱动表

$Q^n \to Q^{n+1}$		$\overline{R}$	$\overline{S}$
0	0	×	1
0	1	1	0
1	0	0	1
1	1	1	×

（4）波形图。

触发器的功能也可以用输入输出波形图直观地表示出来。设基本 RS 触发器初始状态为 0，已知输入 $\overline{R}$、$\overline{S}$ 的波形，由表 10-2 可画出输出 Q、$\overline{Q}$ 的波形，如图 10-5 所示，图中输出波形忽略了门电路的延迟时间。

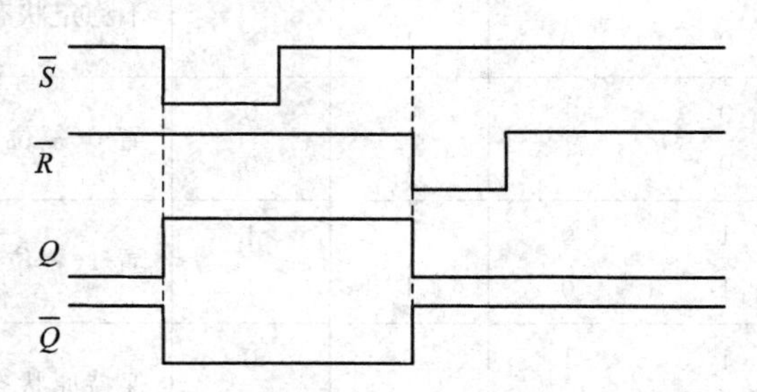

图 10-5　基本 RS 触发器波形分析图

2. 同步 RS 触发器

在实际应用中，触发器的工作状态不仅要由 R、S 端的信号来决定，还希望触发器按一定的节拍翻转。为此，给触发器加一个时钟控制端 CP，只有在 CP 端上出现时钟脉冲时，触发器的状态才能变化。具有时钟脉冲控制功能的 RS 触发器称为同步 RS 触发器，其具体实现电路这里不做详细分析，我们只关注其功能与优缺点。具有时钟脉冲控制的触发器状态的改变与时钟脉冲同步，所以称为同步触发器，其逻辑符号如图 10-6 所示。同步 RS 触发器的功能表如表 10－3 所示。

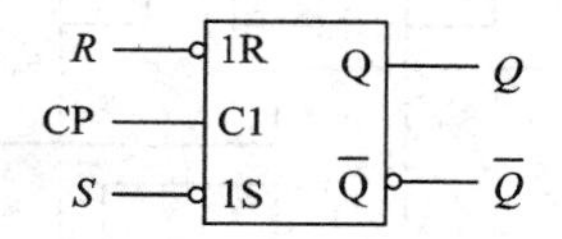

图 10－6　同步 RS 触发器

表 10－3　同步 RS 触发器的功能表

R	S	Q^n	Q^{n+1}	功能说明
0	0	0	0	保持原状态
0	0	1	1	
0	1	0	1	输出状态与 S 状态相同
0	1	1	1	
1	0	0	0	输出状态与 S 状态相同
1	0	1	0	
1	1	0	×	输出状态不稳定
1	1	1	×	

1）特性方程

根据表 10－3 可画出同步 RS 触发器 Q^{n+1} 的卡诺图，如图 10－7 所示。需要注意的是，与基本 RS 触发器不同，同步 RS 触发器的复位端 R 和置位端 S 是高电平使能的。由卡诺图可得，同步 RS 触发器的特性方程为

$$Q^{n+1} = S + \bar{R}Q^n \quad (\text{约束条件 } R \cdot S = 0) \tag{10-2}$$

2）状态转换图

状态转换图如图 10－8 所示。

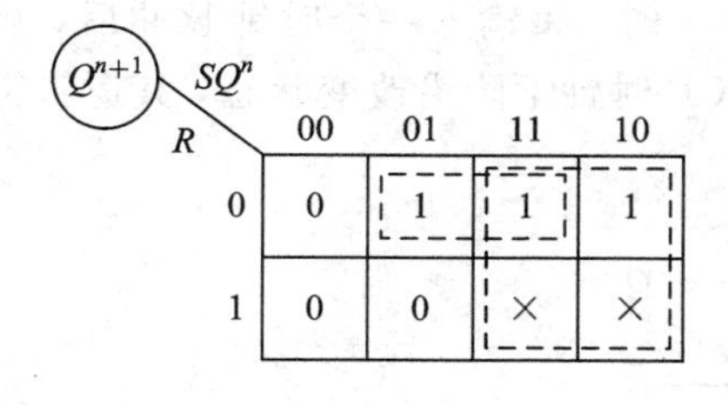

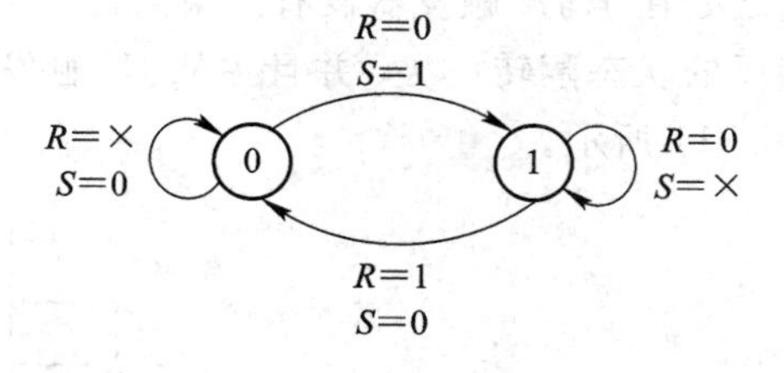

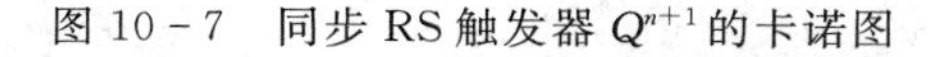
图 10－7　同步 RS 触发器 Q^{n+1} 的卡诺图

图 10－8　同步 RS 触发器的状态转换图

3）驱动表

同步 RS 触发器的驱动表与基本 RS 触发器相同，见表 10－2。

4）波形图

图 10－9 所示为同步 RS 触发器的波形图。

在一个时钟周期的整个高电平期间或整个低电平期间都能接收输入信号并改变状态的触发方式称为电平触发。由此引起的在一个时钟脉冲周期中，触发器发生多次翻转的现象

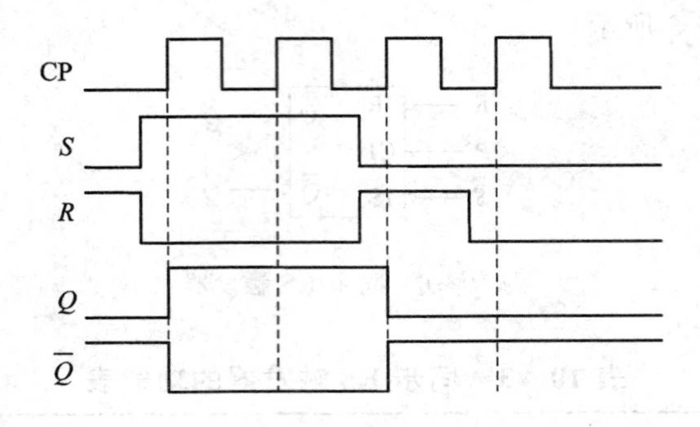

图 10-9　同步 RS 触发器的波形图

叫作空翻，如图 10-10 所示。空翻是一种有害的现象，它使得时序电路不能按时钟节拍工作，造成系统的误动作。造成空翻现象的原因是同步触发器的结构不完善。下面将讨论几种无空翻的触发器。

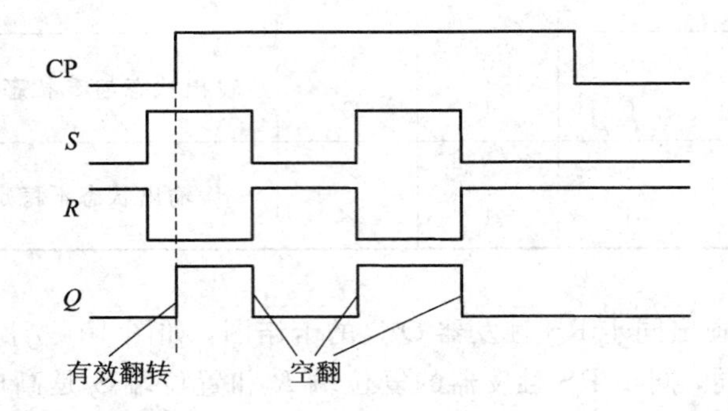

图 10-10　同步 RS 触发器存在的空翻现象

10.2.2　主从 JK 触发器

主从 JK 触发器的逻辑功能与同步 RS 触发器的逻辑功能基本相同，也有时钟控制端，不同之处在于 JK 触发器没有约束条件，在 $J=K=1$ 时，每输入一个时钟脉冲后，触发器向相反的状态翻转一次，并且主从 JK 触发器是在 CP 时钟下降沿改变状态，其逻辑符号如图 10-11 所示。

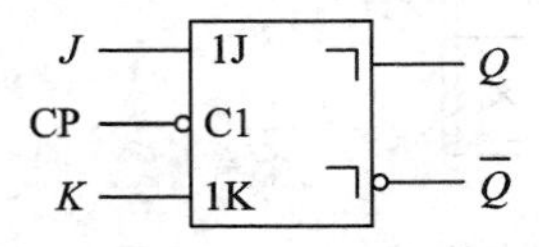

图 10-11　主从 JK 触发器的逻辑符号

表 10-4 为 JK 触发器的功能表。根据该表可画出 JK 触发器 Q^{n+1} 的卡诺图，如图 10-12 所示。由此可得 JK 触发器的特性方程为

$$Q^{n+1}=J\,\overline{Q^n}+\overline{K}Q^n \tag{10-3}$$

JK 触发器的状态转换图如图 10-13 所示。

表 10-4　JK 触发器的功能表

J	K	Q^n	Q^{n+1}	功能说明
0	0	0	0	保持原状态
0	0	1	1	
0	1	0	0	输出状态与 J 状态相同
0	1	1	0	
1	0	0	1	输出状态与 J 状态相同
1	0	1	1	
1	1	0	1	每输入一个脉冲，输出状态改变一次
1	1	1	0	

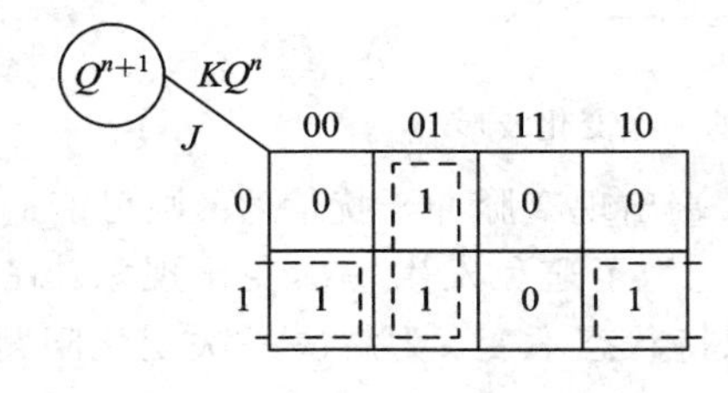

图 10-12　JK 触发器 Q^{n+1} 的卡诺图

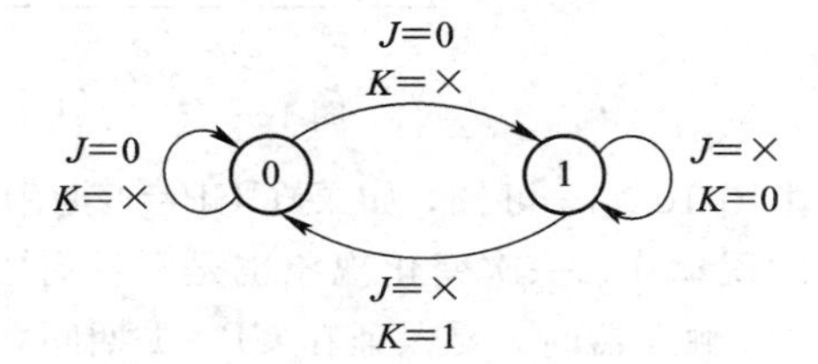

图 10-13　JK 触发器的状态转换图

根据表 10-4 可得 JK 触发器的驱动表，如表 10-5 所示。

表 10-5　JK 触发器的驱动表

$Q^n \to Q^{n+1}$	J	K
0　0	0	×
0　1	1	×
1　0	×	1
1　1	×	0

【例 10-1】　设主从 JK 触发器的初始状态为 0，已知输入 J、K 的波形如图 10-14 所示，则可画出输出 Q 的波形图。

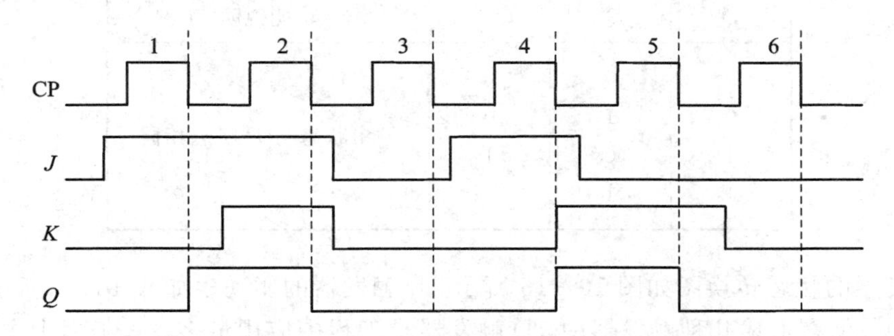

图 10-14　JK 触发器的波形图

在画主从触发器的波形图时，应注意以下两点：

(1) 触发器的触发翻转发生在时钟脉冲的触发沿(这里是下降沿)。

(2) 在 CP =1 期间，如果输入信号的状态没有改变，则判断触发器次态的依据是时钟脉冲下降沿前一瞬间输入端的状态。

设主从 JK 触发器的初始状态为 0，已知输入 J、K 的波形图如图 10-15 所示，则可画出输出 Q 的波形图。

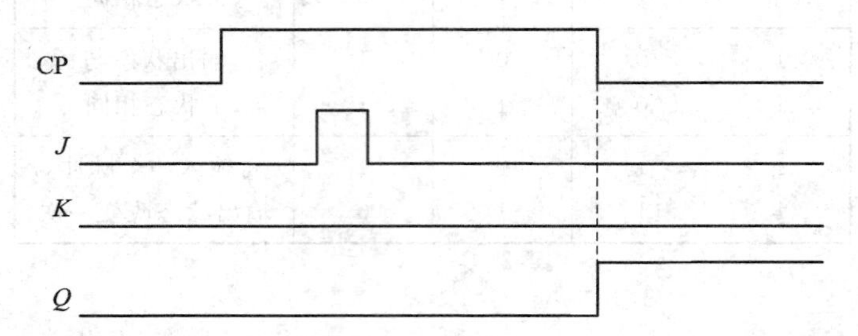

图 10-15 主从 JK 触发器的一次变化波形

由图 10-15 可知，如果在 CP=1 期间，J 输入端出现窄脉冲干扰信号，则可能造成触发器的误动作。一次变化现象也是一种有害的现象，为了避免发生一次变化现象，在使用主从 JK 触发器时，要保证在 CP=1 期间，J、K 保持状态不变。为解决一次变化问题，让触发器只接收 CP 触发沿到来前一瞬间的输入信号，能实现这种功能的触发器称为边沿触发器。

10.2.3 边沿触发器(D 触发器)

边沿触发器不仅将触发器的触发翻转控制在 CP 触发沿到来的一瞬间，而且将接收输入信号的时间也控制在 CP 触发沿到来的前一瞬间。因此，边沿触发器既没有空翻现象，也没有一次变化问题，从而大大提高了触发器工作的可靠性和抗干扰能力。

D 触发器只有一个触发输入端 D，因此，逻辑关系非常简单，如表 10-6 所示。D 触发器的特性方程为

$$Q^{n+1} = D \tag{10-4}$$

表 10-6 D 触发器的功能表

D	Q^n	Q^{n+1}	功能说明
0	0	0	输出状态与 D 状态相同
0	1	0	
1	0	1	
1	1	1	

D 触发器的状态转换图如图 10-16 所示。D 触发器的驱动表如表 10-7 所示。虽然功能比较简单，但在上述几种触发器中，D 触发器是工程中应用最多的。工程中主要将 D 触发器用作寄存器。下一节我们就重点介绍常见的时序逻辑电路实例——计数器和寄存器。

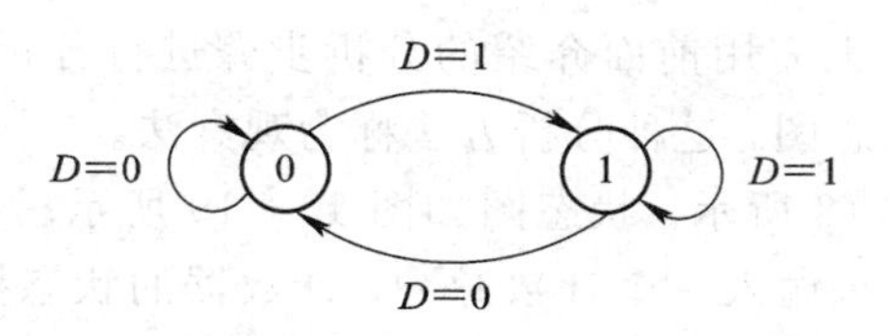

图 10-16　D 触发器的状态转换图

表 10-7　D 触发器的驱动表

$Q^n \to Q^{n+1}$		D
0	0	0
0	1	1
1	0	0
1	1	1

10.3　时序逻辑电路的应用

时序逻辑电路的分析就是对给定的时序逻辑电路图进行分析，求出该时序逻辑电路在输入信号以及时钟信号的作用下，存储电路状态变化规律以及电路输出信号的变化规律，从而了解时序逻辑电路所完成的逻辑功能和工作特性。本节我们介绍时序逻辑电路设计中较为常用的由触发器构成的计数器和寄存器。

10.3.1　计数器

计数器是数字系统中应用较多的时序逻辑电路。它不仅能记录输入时钟脉冲的个数，还可以实现分频、定时，产生节拍脉冲和脉冲序列等。例如，计算机中的时序发生器、分频器、指令计数器等都要使用计数器。

计数器中的“数”用触发器的状态组合来表示，在计数脉冲作用下使一组触发器的状态依次转换成不同的状态组合来表示数的变化，达到计数的目的。计数器在运行时，总是在有限个状态中循环，通常将一次循环所包含的状态总数称为计数器的“模”。

计数器的种类很多，按其进制可分为二进制和非二进制(任意进制或 N 进制)计数器，非二进制计数器中最典型的是十进制计数器；按计数的增减趋势可分为加法、减法和可逆计数器；按其工作方式可分为同步和异步计数器；按进位方式可分为串行、并行和串并行计数器。

1. 二进制异步计数器

由于 1 位二进制计数单元正好用一个触发器构成，因此 n 个触发器串联起来，就可以组成 n 位二进制计数器。一个 n 位二进制计数器最多可计数 2^n 个。

图 10-17 所示为由 4 个下降沿触发的 JK 触发器组成的 4 位异步二进制加法计数器的逻辑图。图中 JK 触发器的输入端 $J=K=1$，即 JK 触发器始终实现翻转功能。最低位触发

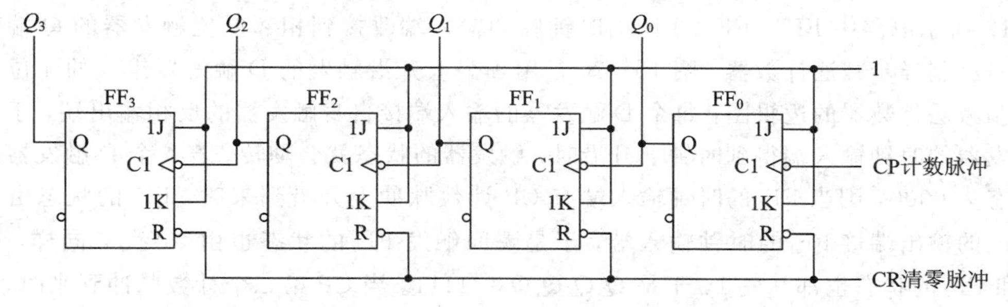

图 10-17　由 JK 触发器组成的 4 位异步二进制加法计数器的逻辑图

器 FF_0的时钟脉冲输入端接计数脉冲 CP，其它触发器的时钟脉冲输入端接相邻低位触发器的 Q 端。由于电路的连线简单且规律性强，因此无需用前面介绍的分析步骤进行分析，只需作简单的观察与分析就可画出时序波形图或状态图，这种分析方法称为观察法。

用观察法作出该电路的时序波形图，如图 10－18 所示，状态图如图 10－19 所示。由状态图可见，从初态 0000(由清零脉冲所置)开始，每输入一个计数脉冲，计数器的状态按二进制加法规律加 1，是二进制加法计数器，因计数器有 4 个触发器，故称为 4 位二进制加法计数器。又因该计数器有 0000～1111 共计 16 个状态，故也可称 1 位十六进制加法计数器(模 16 加法计数器)。另外，从时序图可看出，Q_0、Q_1、Q_2、Q_3的周期分别是计数脉冲(CP)周期的 2 倍、4 倍、8 倍、16 倍，也就是说，Q_0、Q_1、Q_2、Q_3分别对 CP 波形进行了二分频、四分频、八分频、十六分频，因而计数器也可作为分频器。

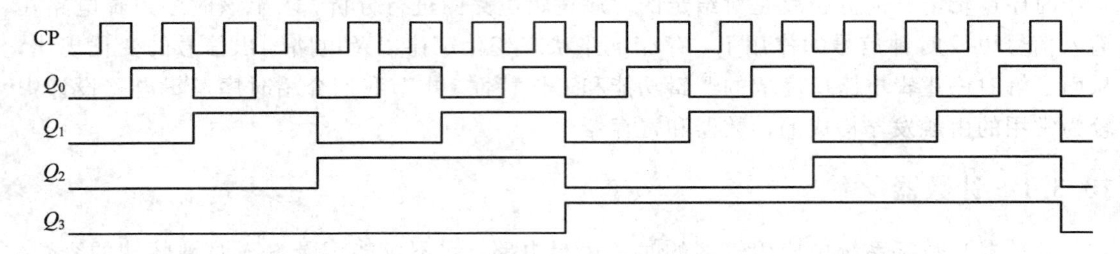

图 10－18　4 位异步二进制加法计数器的时序图

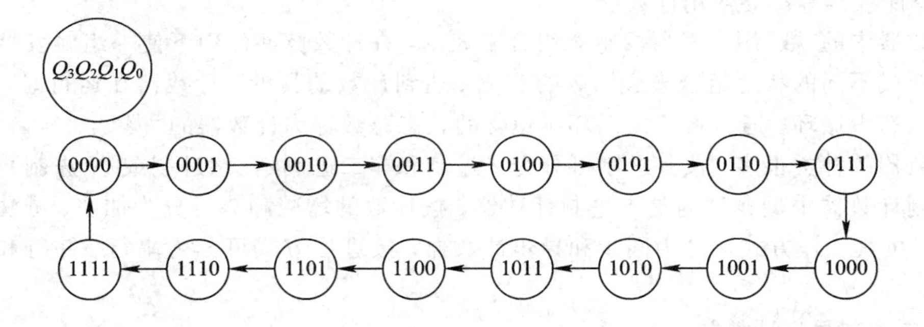

图 10－19　图 10－17 所示电路的状态图

异步二进制计数器结构简单，改变级联触发器的个数，可以很方便地改变二进制计数器的位数，n 个触发器构成 n 位二进制计数器或模 2^n计数器，或 2^n分频器。

实际生活中用到的计数器多为减法计数器，如交通信号灯、微波炉读秒器等。将图 10－17 所示电路中 FF_1、FF_2、FF_3的时钟脉冲输入端改接到相邻低位触发器的 $\bar{Q}$ 端就可构成二进制异步减法计数器。图 10－20 是用 4 个上升沿触发的 D 触发器组成的 4 位异步二进制减法计数器的逻辑图，每个 D 触发器的输入端接自身触发器的反相输出端，于是每个触发器的时钟输入端得到时钟上升沿时，触发器的状态就会翻转。若 4 个 D 触发器的初始状态为 0000，则当 FF_0的时钟输入端有 CP 计数脉冲上升沿到来时，FF_0的状态由 0 变 1，FF_0的输出端接 FF_1的时钟输入端，于是瞬间触发 FF_1的状态也由 0 变 1，同样，引发 FF_2和 FF_3的状态也都 0 变 1，于是 $Q_3Q_2Q_1Q_0=1111$。当 CP 第二个计数脉冲到来时，FF_0的状态由 1 变 0，此时 FF_1的时钟输入端得到的是时钟下降沿，FF_1、FF_2、FF_3的状态都不发生改变，于是 $Q_3Q_2Q_1Q_0=1110$。后续的状态变化请读者按上述原理自行分析，最后得到的状态图如图 10－21 所示。

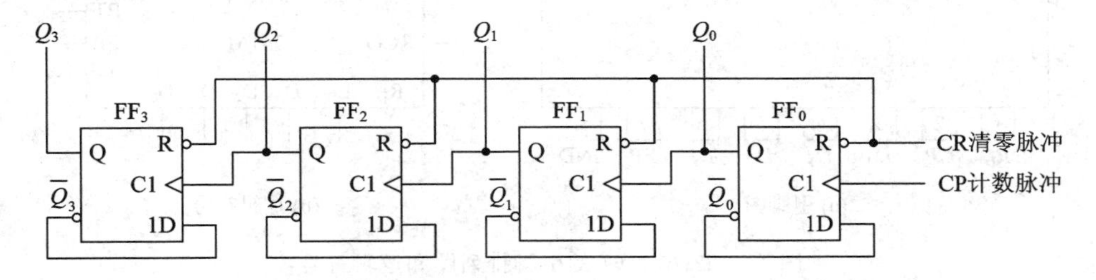

图 10－20　D 触发器组成的 4 位二进制异步减法计数器的逻辑图

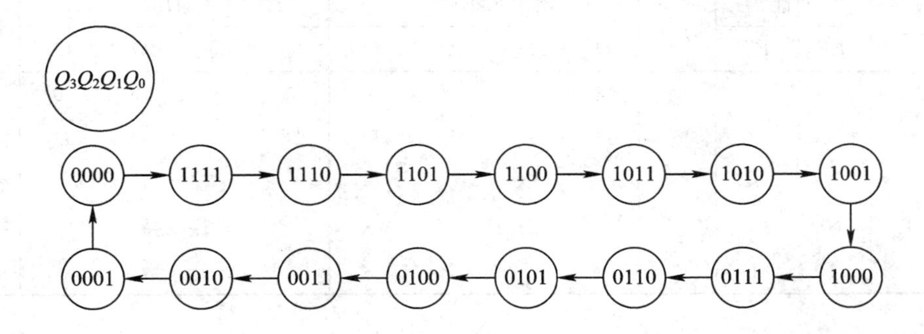

图 10－21　4 位二进制异步减法计数器的状态图

由图 10－17 和图 10－20 可见，用 JK 触发器和 D 触发器都可以很方便地组成二进制异步计数器。方法是先将各触发器都实现翻转功能。各触发器之间的连接方式由加、减计数方式和触发器的触发方式决定。对于加计数器，若用上升沿触发器组成，则应将低位触发器的 $\overline{Q}$ 端与相邻高 1 位触发器的时钟脉冲输入端相连(即进位信号应从 $\overline{Q}$ 端引出)；若用下降沿触发器组成，则应将低位触发器的 Q 端与相邻高 1 位触发器的时钟脉冲输入端相连。对于减计数器，各触发器的连接方式则相反。

在二进制异步计数器中，高位触发器的状态翻转必须在相邻触发器产生进位信号(加计数)或借位信号(减计数)之后才能实现，所以异步计数器的工作速度较低。为了提高计数速度，可采用同步计数器。

2. 二进制同步计数器

同步计数器的计数脉冲同时引入各触发器的 CP 端，各触发器的状态改变是同时发生的，没有各级延迟时间积累，所以可提高计数速度。同步计数器的电路组成比异步计数器更加复杂，这里我们直接介绍集成同步计数器芯片。常用的集成二进制计数器有 4 位二进制同步加法计数器 74161、单时钟 4 位二进制同步可逆计数器 74191、双时钟 4 位二进制同步可逆计数器 74193 等。下面以 74161 为例对集成二进制计数器的性能进行介绍。同步加法计数器 74161 的引脚排列图及逻辑符号如图 10－22 所示。

74161 的功能表如表 10－8 所示，$\overline{R_D}$ 是异步清零端，$\overline{L_D}$ 是同步预置数据输入端，EP 和 ET 是计数使能端，$Q_3Q_2Q_1Q_0$ 是输出端，RCO 是进位输出端($RCO=ET\cdot Q_0\cdot Q_1\cdot Q_2\cdot Q_3$)。

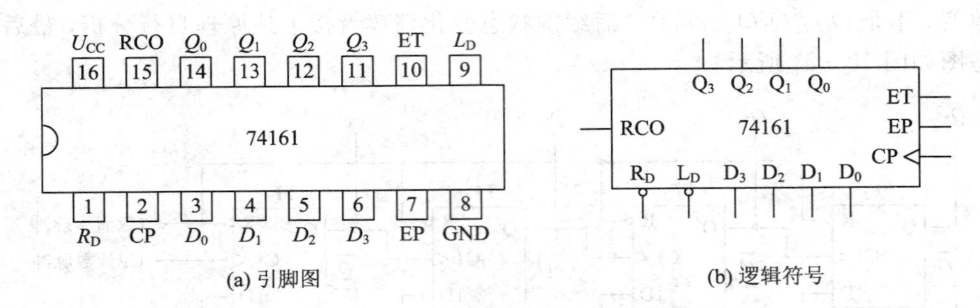

图 10－22 74161 的引脚排列图和逻辑符号

表 10－8 74161 的功能表

清零	预置	使能		时钟	预置数据输入				输出				工作模式
$\overline{R_D}$	$\overline{L_D}$	EP	ET	CP	D_3	D_2	D_1	D_0	Q_3	Q_3	Q_1	Q_0	
0	×	×	×	×	×	×	×	×	0	0	0	0	异步清零
1	0	×	×	↑	D_3	D_2	D_1	D_0	D_3	D_2	D_1	D_0	同步置数
1	1	0	×	×	×	×	×	×	保持				数据保持
1	1	×	0	×	×	×	×	×	保持				数据保持
1	1	1	1	↑	×	×	×	×	计数				加法计数

由表 10－8 可知，74161 具有以下功能：

(1) 异步清零。当$\overline{R_D}=0$时，不管其它输入端的状态如何，不论有无时钟脉冲 CP，计数器输出将被直接置零($Q_3Q_2Q_1Q_0=0000$)，称为异步清零。

(2) 同步并行预置数。当$\overline{R_D}=1$、$\overline{L_D}=0$时，在输入时钟脉冲 CP 上升沿的作用下，并行输入端的数据 $D_3D_2D_1D_0$ 被置入计数器的输出端，即 $Q_3Q_2Q_1Q_0=D_3D_2D_1D_0$。由于这个操作要与 CP 上升沿同步，所以称为同步预置数。

(3) 计数。当$\overline{R_D}=\overline{L_D}=\text{EP}=\text{ET}=1$时，在 CP 端输入计数脉冲，计数器进行二进制加法计数。

(4) 保持。当$\overline{R_D}=\overline{L_D}=1$，且 EP · ET＝0，即两个使能端中有 0 时，则计数器保持原来的状态不变。这时，若 EP＝0，ET＝1，则进位输出信号 RCO 保持不变；若 ET＝0，则不管 EP 状态如何，进位输出信号 RCO 为低电平 0。

图 10－23 是 74161 的时序图。由时序图可以清楚地看到 74161 的功能和各控制信号间的时序关系。

市场上能买到的集成计数器芯片一般为 4 位二进制计数器和 1 位十进制计数器，如果需要其它进制计数器，可用现有的 4 位二进制计数器芯片或十进制计数器芯片进行设计：以一片 4 位二进制计数器 74161 为基础，采用清零法或预置数法可以改成十六以下进制计数器。

(1) 清零法：适用于具有异步清零端的集成计数器。清零法实现模值为 $M(M<N)$ 的计数，起跳态为 M 是一个瞬态，并非计数器主循环中的状态。

图 10－24(a)所示是用 74161 和与非门构成的六进制计数器。当计数器计数至 0110 时，与非门输出低电平，使得计数器状态瞬间复位为 0000。因此，0110 是瞬态，只会存在

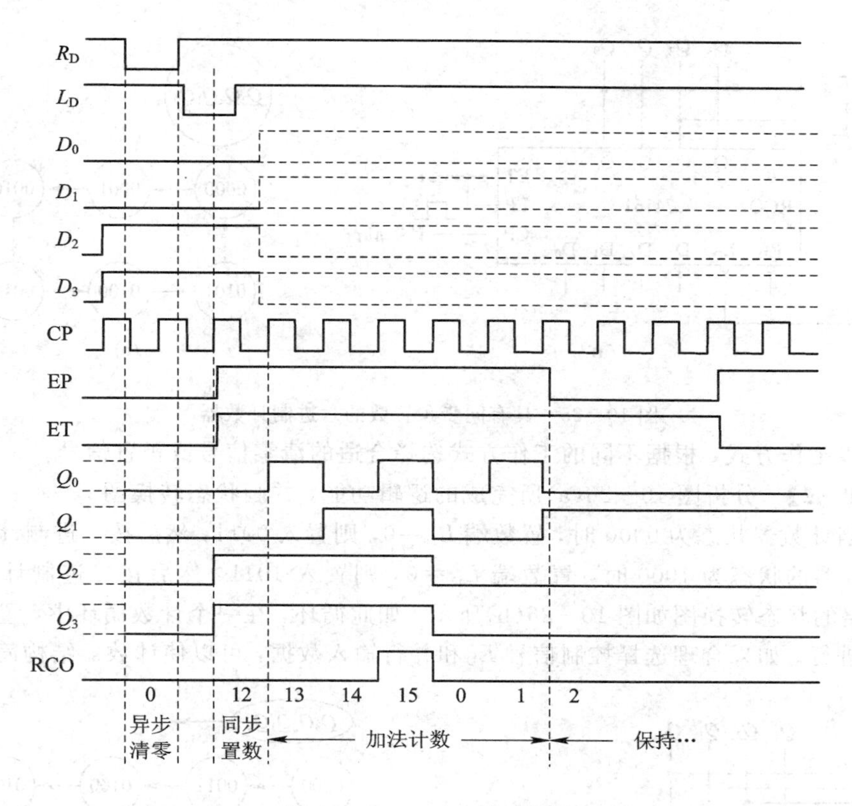

图 10－23　74161 的时序图

非常短的时间后立即变为 0000。计数器从 0000 开始进行加法计数，首先满足 $Q_2Q_1=11$ 的复位条件的只能是 0110，所以不必担心出现 0111、1110、1111 等可以促使计数器复位的状态。即使计数器初始状态在主循环之外，经过一次复位操作后也能自动进入主循环。图 10－24(b)是计数器主循环的状态图，其模值 $M=6$。

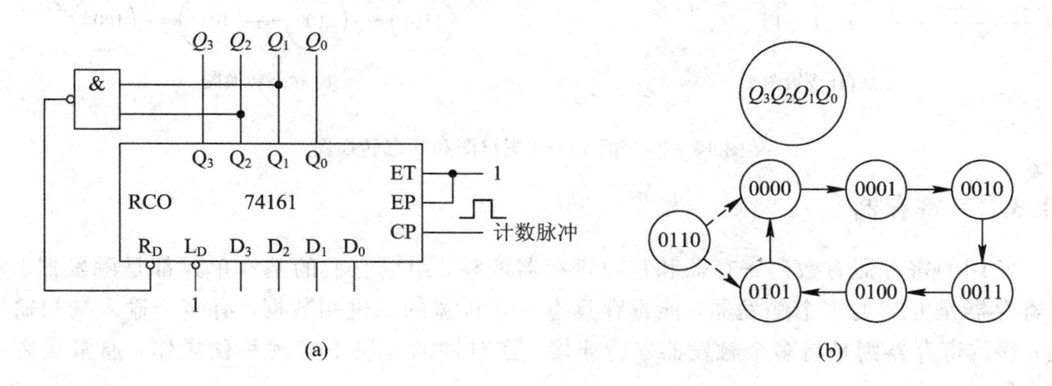

图 10－24　异步清零法组成六进制计数器

(2) 预置数法：适用于具有同步预置端的集成计数器。图 10－25(a)所示是用集成计数器 74161 和与非门组成的六进制计数器，其状态图如图 10－25(b)所示。

综上所述，改变集成计数器的模可用清零法，也可用预置数法。清零法比较简单，预置数法比较灵活。但不管用哪种方法，都应首先搞清所用集成组件的清零端或预置端是异

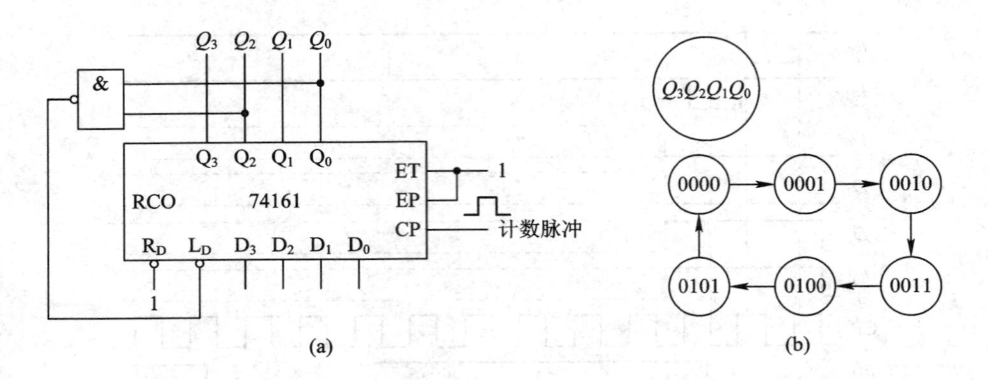

图 10－25 具有同步预置数的六进制计数器

步还是同步工作方式，根据不同的工作方式选择合适的清零信号或预置信号。

【例 10－2】 分析图 10－26(a)所完成的逻辑功能，并画状态转换图。

解 当计数器状态为 0000 时，置数端 $L_D=0$，则置入 0011，然后按二进制计数顺序计数；当计数器的状态为 1000 时，置数端 $L_D=0$，则置入 1011，然后按二进制计数顺序计数。此电路的状态转换图如图 10－26(b)所示。如此循环，在一个计数循环中，置入和计数操作轮流进行。如果合理选择控制信号 L_D 和并行输入数据，可以使计数器结构简单。

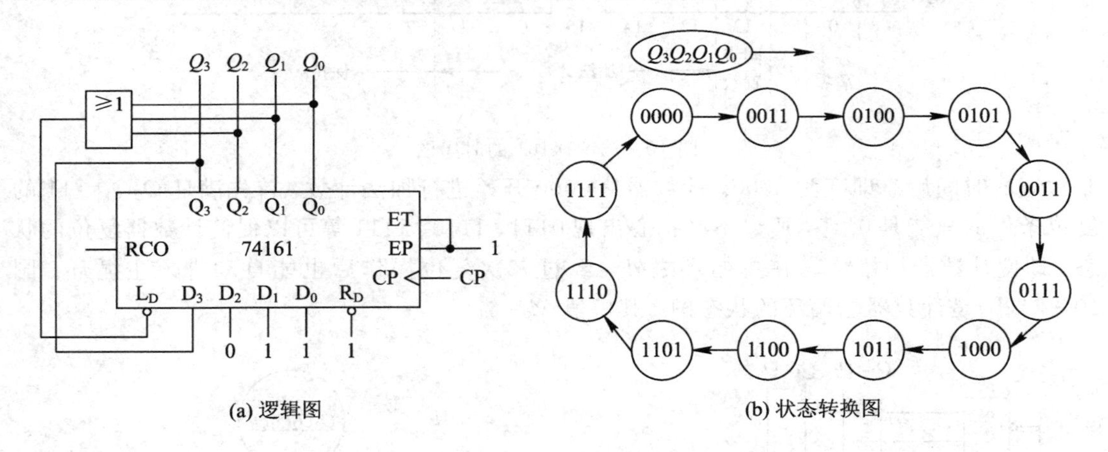

图 10－26 例 10－2 逻辑图和状态转换图

10.3.2 寄存器

常用的寄存器有数码寄存器和移位寄存器两种，组成它们的基本单元都是触发器。数码寄存器是并列的多个触发器，能寄存具有一定位宽的二进制数据，有多个输入端和输出端；移位寄存器则是将多个触发器串行连接，在时钟的控制下实现移位操作，通常只有一个串行输入端。

数码寄存器是存储二进制数码的时序电路组件，它具有接收和寄存二进制数码的逻辑功能。触发器是寄存器的核心部分，因为一个触发器可以存储 1 位二值代码，用 n 个触发器就可以存储 n 位二值代码。门电路组成寄存器的控制电路，用于控制寄存器的“接收”“清零”“保持”“输出”等功能。

图 10－27(a)所示是由 D 触发器组成的 4 位集成寄存器 74LS175 的逻辑电路图，其引脚图如图 10－27(b)所示。其中，$\overline{R}_D$ 是异步清零控制端。$D_0 \sim D_3$ 是并行数据输入端，CP 为时钟脉冲端，$Q_0 \sim Q_3$ 是并行数据输出端，$\overline{Q}_0 \sim \overline{Q}_3$ 是 $1\overline{Q} \sim 4\overline{Q}$ 是反码数据输出端。

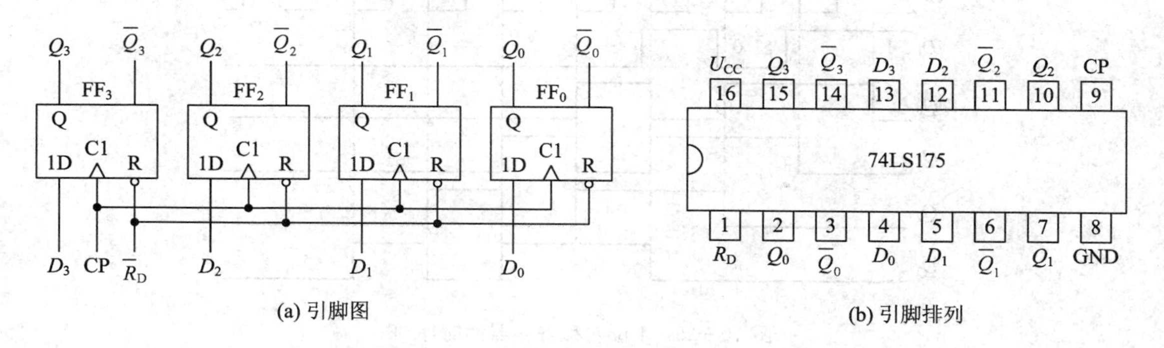

图 10－27　4 位集成寄存器 74LS175

该电路的数码接收过程为：将需要存储的 4 位二进制数码送到数据输入端 $D_0 \sim D_3$，在 CP 端送一个时钟脉冲，脉冲上升沿作用后，4 位数码并行地出现在 4 个触发器的 Q 端。74LS175 的功能示于表 10－9 中。

表 10－9　74LS175 的功能表

清零	时钟	输　入				输　出				工作模式
$\overline{R_D}$	CP	D_0	D_1	D_2	D_3	Q_0	Q_1	Q_2	Q_3	
0	×	×	×	×	×	0	0	0	0	异步清零
1	↑	D_0	D_1	D_2	D_3	D_0	D_1	D_2	D_3	数码寄存
1	1	×	×	×	×	保　持				数据保持
1	0	×	×	×	×	保　持				数据保持

移位寄存器不但可以寄存数码，而且在移位脉冲作用下，寄存器中的数码可根据需要向左或向右移动 1 位。移位寄存器也是数字系统和计算机中应用很广泛的基本逻辑部件。由 D 触发器组成的 4 位右移寄存器如图 10－28 所示。

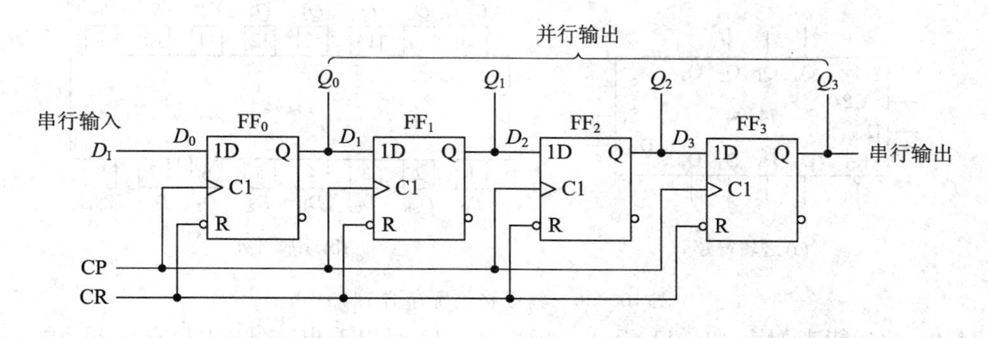

图 10－28　D 触发器组成的 4 位右移寄存器

设移位寄存器的初始状态为 0000，串行输入数码 $D_I=1101$，从高位到低位依次输入。在 4 个移位脉冲作用后，输入的 4 位串行数码 1101 全部存入了寄存器中。电路的时序图如

图 10－29 所示，状态表如表 10－10 所示。

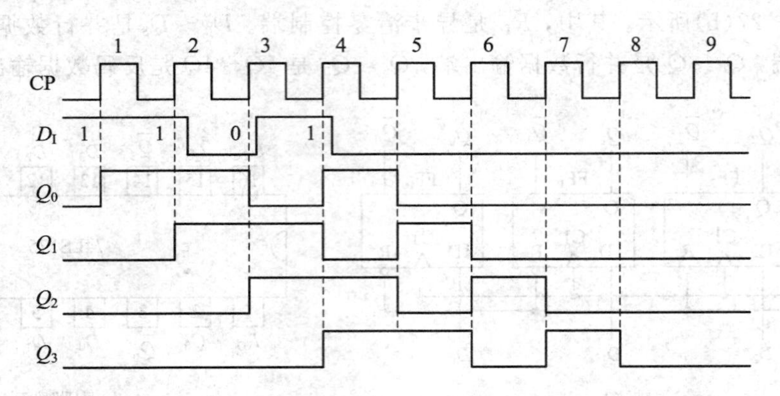

图 10－29　4 位右移寄存器的时序图

表 10－10　右移寄存器的状态表

移位脉冲	输入数码	输　出			
CP	D_I	Q_0	Q_1	Q_2	Q_3
0	×	0	0	0	0
1	1	1	0	0	0
2	1	1	1	0	0
3	0	0	1	1	0
4	1	1	0	1	1

移位寄存器中的数码可由 Q_3、Q_2、Q_1、Q_0 并行输出，也可从 Q_3 串行输出。串行输出时，要继续输入 4 个移位脉冲，才能将寄存器中存放的 4 位数码 1101 依次输出。图 10－29 中第 5～8 个 CP 脉冲及所对应的 Q_3、Q_2、Q_1、Q_0 波形，就是将 4 位数码 1101 串行输出的过程。所以，移位寄存器具有串行输入-并行输出和串行输入-串行输出两种工作方式。

74194 是由 4 个触发器组成的功能强大的 4 位移位寄存器，其逻辑符号和引脚图如图 10－30 所示。

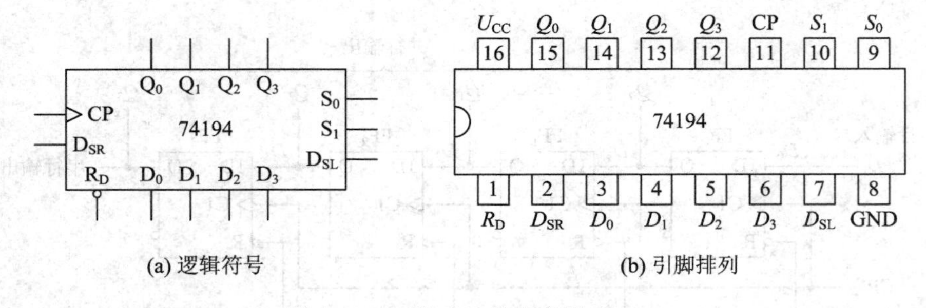

(a) 逻辑符号　　(b) 引脚排列

图 10－30　集成移位寄存器 74194

74194 的功能表如表 10－11 所示。由表 10－11 可以看出，74194 具有如下功能：

(1) 异步清零。当$\overline{R_D}=0$ 时即刻清零，与其它输入状态及 CP 无关。

(2) S_1、S_0是控制输入。当$\overline{R_D}=1$ 时 74194 有如下 4 种工作方式：

表 10-11　74194 的功能表

输入										输出				工作模式
清零	控制		串行输入		时钟	并行输入								
$\overline{R_D}$	S_1	S_0	D_{SL}	D_{SR}	CP	D_0	D_1	D_2	D_3	Q_0	Q_1	Q_2	Q_3	
0	×	×	×	×	×	×	×	×	×	0	0	0	0	异步清零
1	0	0	×	×	×	×	×	×	×	Q_0^n	Q_1^n	Q_2^n	Q_3^n	保　持
1 1	0 0	1 1	× ×	1 0	↑ ↑	× ×	× ×	× ×	× ×	1 0	Q_0^n Q_0^n	Q_1^n Q_1^n	Q_2^n Q_2^n	右移，D_{SR}为串行输入，Q_3为串行输出
1 1	1 1	0 0	1 0	× ×	↑ ↑	× ×	× ×	× ×	× ×	Q_1^n Q_1^n	Q_2^n Q_2^n	Q_3^n Q_3^n	1 0	左移，D_{SL}为串行输入，Q_0为串行输出
1	1	1	×	×	↑	D_0	D_1	D_2	D_3	D_0	D_1	D_2	D_3	并行置数

① 当 $S_1S_0=00$ 时，不论有无 CP 到来，各触发器状态不变，为保持工作状态。

② 当 $S_1S_0=01$ 时，在 CP 的上升沿作用下，实现右移(上移)操作，流向是 $D_{SR}\to Q_0\to Q_1\to Q_2\to Q_3$。

③ 当 $S_1S_0=10$ 时，在 CP 的上升沿作用下，实现左移(下移)操作，流向是 $D_{SL}\to Q_3\to Q_2\to Q_1\to Q_0$。

④ 当 $S_1S_0=11$ 时，在 CP 的上升沿作用下，实现置数操作：$D_0\to Q_0$，$D_1\to Q_1$，$D_2\to Q_2$，$D_3\to Q_3$。

D_{SL} 和 D_{SR} 分别是左移和右移串行输入。D_0、D_1、D_2 和 D_3 是并行输入端。Q_0 和 Q_3 分别是左移和右移时的串行输出端，Q_0、Q_1、Q_2 和 Q_3 为并行输出端。

10.3.3　应用实例

【例 10-3】 试分析以下序列信号发生电路的功能。

解　图 10-31 是用 74161 及若干门电路构成的电路。其中，74161 与 G_1 构成了一个模 5 计数器，且 $Z=Q_0\overline{Q_2}$。

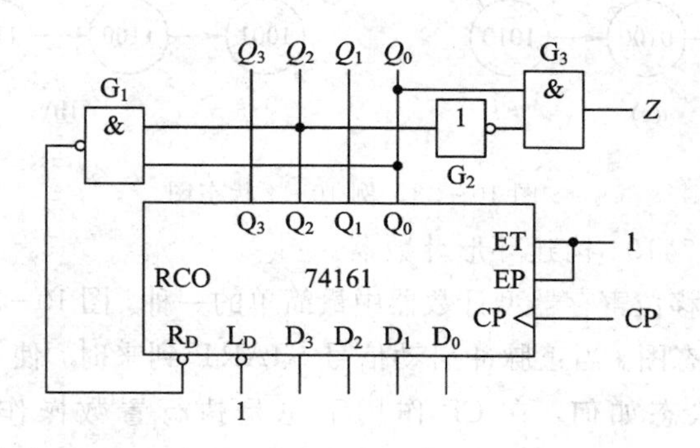

图 10-31　计数器组成序列信号发生器

在 CP 作用下，计数器的状态变化如表 10-12 所示。由于 $Z=Q_0\overline{Q_2}$，故不同状态下的输出如该表的最右列所示。因此，这是一个循环输出 01010 序列的信号发生器，序列长度 $P=5$。所谓序列信号，是在时钟脉冲作用下产生的一串周期性的二进制信号。

表 10－12　状态表

Q_2^n	Q_1^n	Q_0^n	Q_2^{n+1}	Q_1^{n+1}	Q_0^{n+1}	Z
0	0	0	0	0	1	0
0	0	1	0	1	0	1
0	1	0	0	1	1	0
0	1	1	1	0	0	1
1	0	0	0	0	0	0

【例 10－4】 分析图 10－32 所示 74194 组成的计数电路，画出状态转换图。

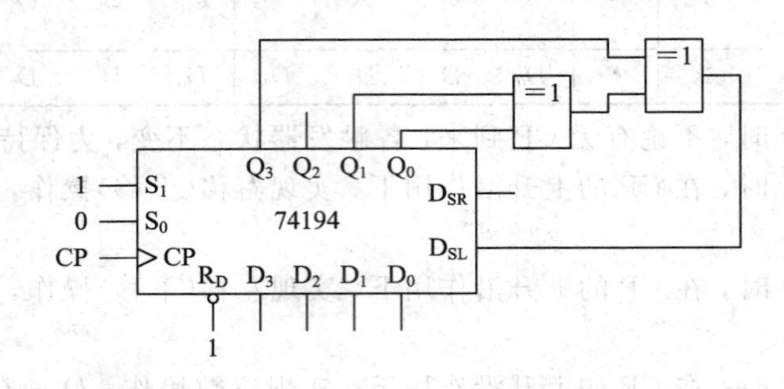

图 10－32　例 10－4 逻辑图

解　74194 是具有双向移位功能的集成计数器。因 $S_1S_0=10$，则是左移寄存器。CP 上升沿时，D_{SL} 端为输入端。$D_{SL}=Q_3\oplus Q_1\oplus Q_0$，状态转换图如图 10－33 所示。该电路有两个计数长度为 7 的计数循环，可通过预置数的方法进入相应的计数循环。当初始状态为 1111 或 0000 时，后续状态不会改变，这两种状态自成循环，因此，该电路不能实现自启动。

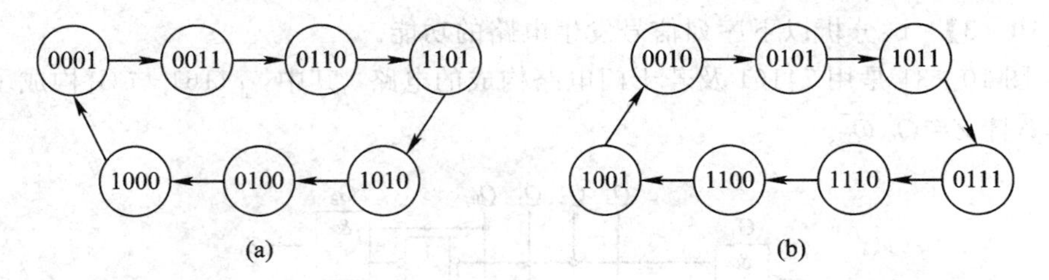

图 10－33　例 10－4 状态图

【例 10－5】 试由 74194 构建环形计数器。

解　环形计数器是移位寄存器型计数器中最简单的一种。图 10－34 是用 74194 构成的环形计数器的逻辑图和状态图。当正脉冲启动信号 START 到来时，使 $S_1S_0=11$，从而不论移位寄存器 74194 的原状态如何，在 CP 作用下总是执行置数操作使 $Q_0Q_1Q_2Q_3=1000$。当 START 由 1 变 0 之后，$S_1S_0=01$，在 CP 作用下移位寄存器进行右移操作。在第 4 个 CP 到来之前 $Q_0Q_1Q_2Q_3=0001$。这样在第 4 个 CP 到来时，由于 $D_{SR}=Q_3=1$，故在此 CP 作用下 $Q_0Q_1Q_2Q_3=1000$。可见该计数器共 4 个状态，为模 4 计数器。

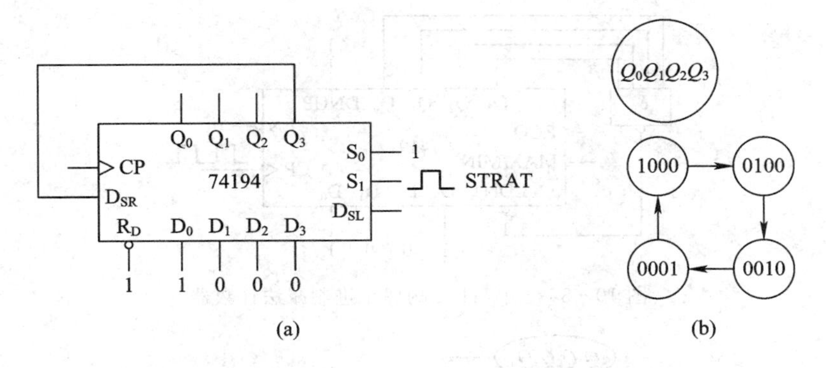

图 10－34　用 74194 构成的环形计数器的逻辑图和状态图

环形计数器的电路十分简单，N 位移位寄存器可以计 N 个数，实现模 N 计数器，且状态为 1 的输出端的序号即代表收到的计数脉冲的个数，通常不需要任何译码电路。

【例 10－6】 用两片 74161 组成的同步计数器如图 10－35 所示，试分析其分频比（Y 与 CP 之频率比），当 CP 为 1 kHz 时，Y 的频率为多少？

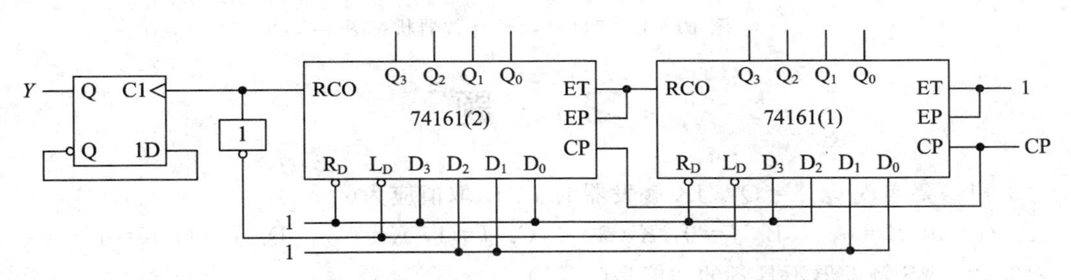

图 10－35　例 10－6 的逻辑电路图

解　由电路得知，当第 1 片 74161 进位输出为 1 时，第 2 片 74161 才能工作在计数状态；而第 2 片 74161 的进位输出变为 1 时，取反后可使两片 74161 的置数控制端 L_D 有效，74161(1)和 74161(2)分别置入最小数 1100 和 1001。因此第 2 片的模为 7(1001～1111)，第 1 片的模有 6 遍计数为模 16，有 1 遍计数为模 4(1100～1111)，两片组成模为 100 的计数器，经过 D 触发器二分频后，电路的分频系数为 200∶1。若 CP 的信号频率为 1kHz，则输出 Y 的频率为 5 Hz。

【例 10－7】 常生活中常见的计数器多为减法计数器，如交通信号灯。试用二进制 4 位可逆计数器 74191 构建十进制减法计数器。

解　4 位二进制同步可逆计数器 74191 的功能与 74161 类似，区别在于当 DNUP 引脚接高电平时芯片可以进行减法计数。另外，74191 仅有 LDN 异步预置数控制端且低电平有效，没有异步复位端。十进制减法计数器电路如图 10－36 所示。

当计数器计数值减为 0000 时，下一个 CP 时钟上升沿到来后计数器状态短暂的变为 1111。由于此时与非门的输出为 0，使得计数器完成异步置位，计数器状态迅速变为 1001，使得计数器再次进入主循环，从而实现十进制减法计数，其状态图如图 10－37 所示。显然，该计数器是可以实现自启动的。另外，若要实现任意进制的计数功能，仅需改变预置数据输入端 $D_3D_2D_1D_0$ 的值。如果要将 74191 计数器的计数值显示在七段数码管上，还需要利用 7448 译码器，将 4 位二进制数译码为七段数码管 a～g 的输入信号。

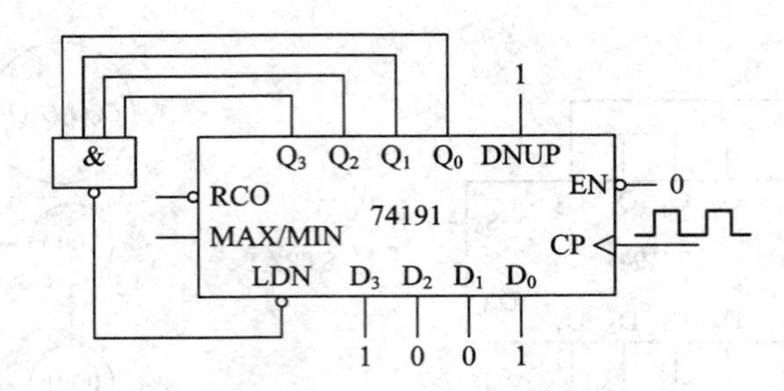

图 10-36　由 74191 构建十进制减法计数器

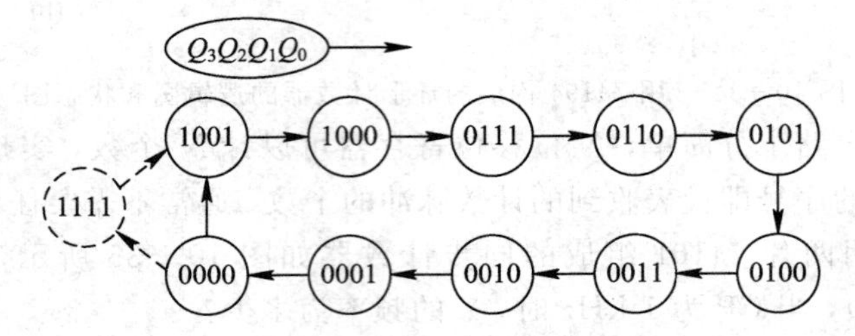

图 10-37　74191 减法计数器状态图

习　题

10-1　要实现 $Q^{n+1}=\overline{Q^n}$，JK 触发器的 J、K 取值应为(　　)。

A. $J=0$，$K=0$　　B. $J=0$，$K=1$　　C. $J=1$，$K=0$　　D. $J=1$，$K=1$

10-2　RS 触发器不具备的功能是(　　)。

A. 置零　　B. 置 1　　C. 翻转　　D. 保持

10-3　下列触发器中，克服了“一次变化”现象的为(　　)。

A. 边沿 D 触发器　B. 基本 RS 触发器　C. 同步 RS 触发器　D. 主从 JK 触发器

10-4　欲使 D 触发器按 $Q^{n+1}=\overline{Q}^n$ 工作，应使输入 $D=$(　　)。

A. 0　　B. 1　　C. Q　　D. $\overline{Q}$

10-5　触发器的基本性质是什么？

10-6　触发器的状态转换真值表与组合逻辑电路的真值表相比较有何不同？

10-7　触发器的特性方程与组合逻辑电路的逻辑表达式相比较有何不同？

10-8　两个与非门组成的基本 RS 触发器中，输入信号波形如图题 10-8 所示。

(1) 画出触发器的逻辑符号；

(2) 画出触发器输出端 Q 端的波形(设初态为 0)。

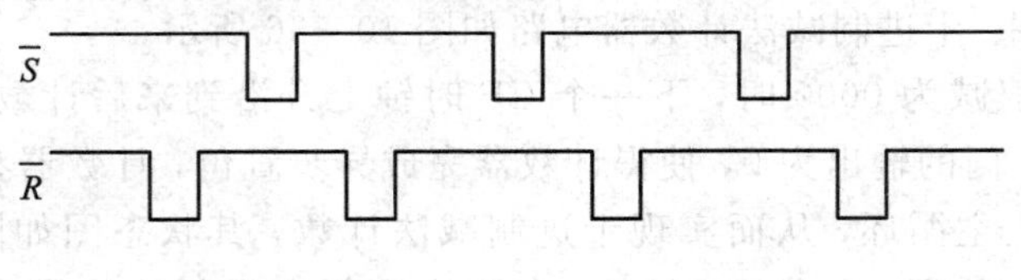

图题 10-8

10－9　D 触发器器的输入波形如图题 10－9 所示，试画出 Q 端的输出波形(设 Q 的初态为 1)。

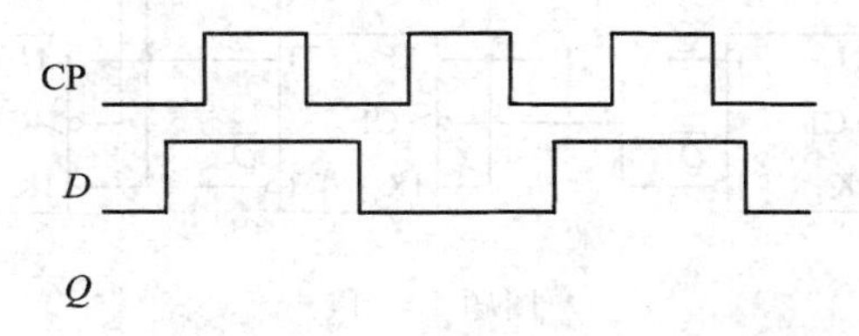

图题 10－9

10－10　分别写出 RS 触发器、JK 触发器和 D 触发器的特性方程，并说明为什么 RS 触发器具有约束条件。

10－11　已知主从 JK 触发器 J、K 的波形如图题 10－11 所示，画出输出 Q 的波形图(设初始状态为 1)。

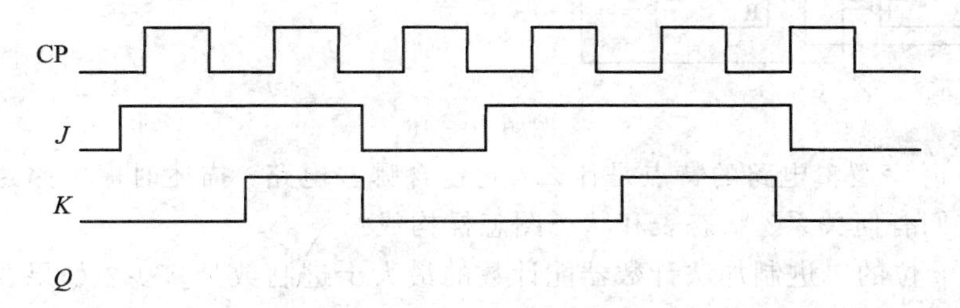

图题 10－11

10－12　如图题 10－12，试画出各触发器在 5 个 CP 作用下 Q 端的波形。各触发器初始状态皆为零。

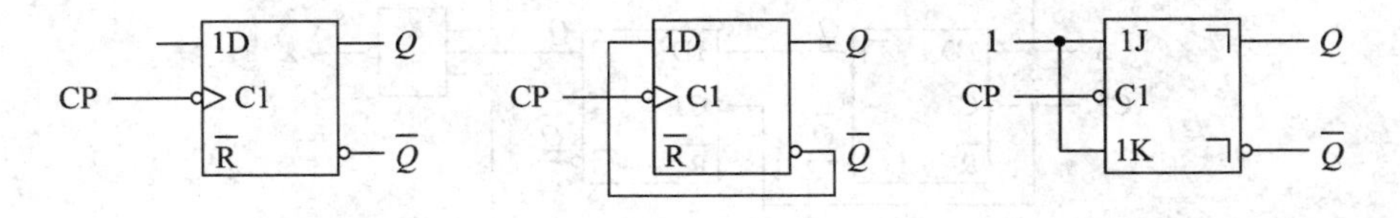

图题 10－12

10－13　逻辑电路和输入的 6 个 CP 脉冲如图题 10－13 所示。设触发器的初始状态为 0 状态，试画出 Q 端和 Z 端的输出波形。

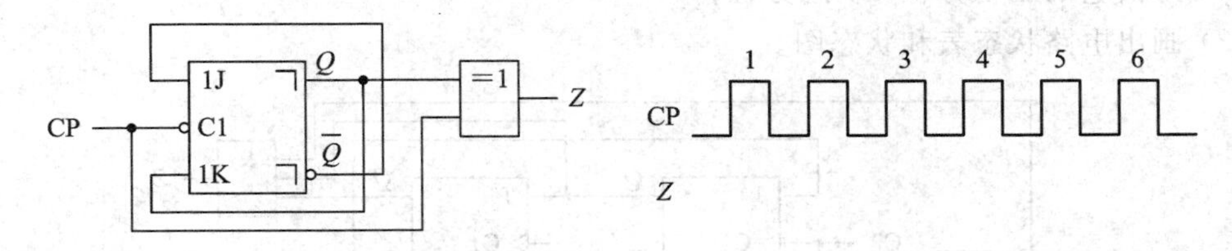

图题 10－13

10－14　试画出图题 10－14 所示电路在一系列 CP 信号作用下 Q_1、Q_2、Q_3 端的输出波形。设各触发器的初始状态为 0。

10－15　电路如图题 10－15 所示，已知 A 和 CP 的波形，画出触发器 Q_0、Q_1 及输出 Y

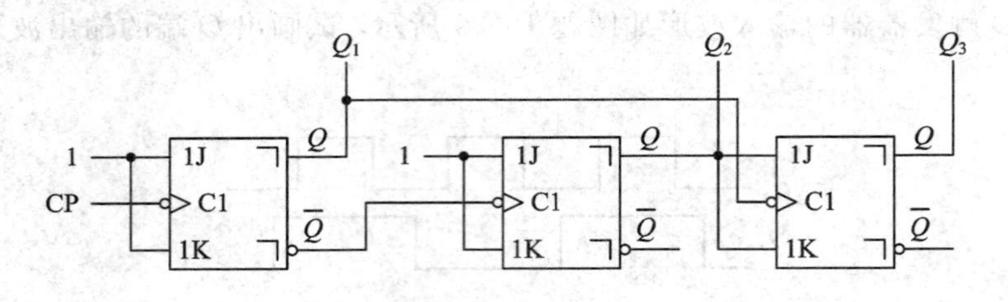

图题 10－14

的波形。设触发器的初始状态为 0。

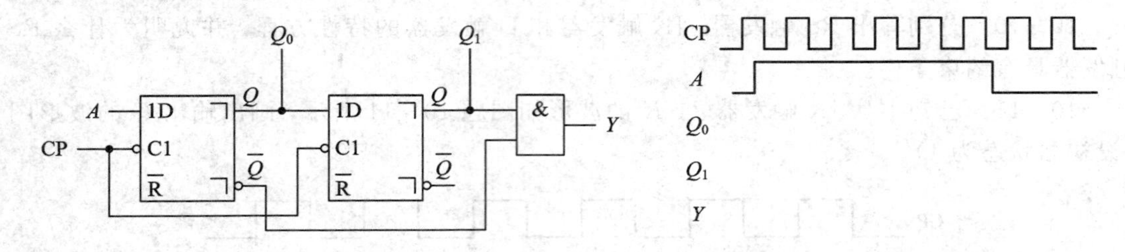

图题 10－15

10－16　时序逻辑电路的特点是什么？它包含哪些电路？描述时序电路逻辑功能的方法有几种？它们有何关系？状态表和状态图怎样构成？

10－17　n 位的二进制加法计数器能计数的最大十进制数是多少？如果要计数的十进制数是 101，则需要几位二进制加法计数器？无效状态有多少个？

10－18　数码寄存器和移位寄存器的输入、输出特点各是什么？

10－19　试分析图题 10－19 所示的时序电路，画出状态图。

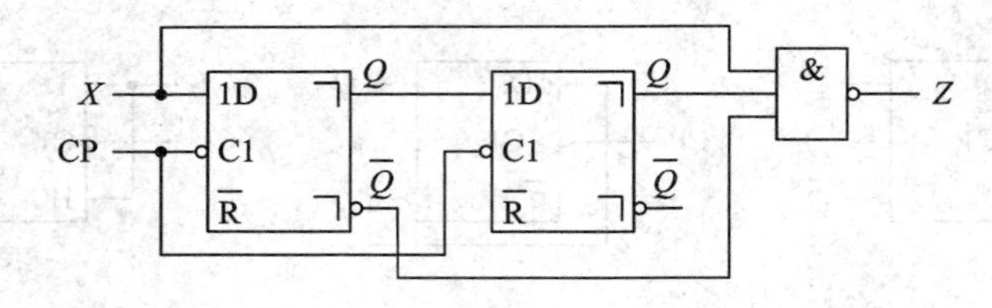

图题 10－19

10－20　试分析图题 10－20 所示的电路。

(1) 写出它的驱动方程、状态方程；

(2) 画出电路状态表和状态图。

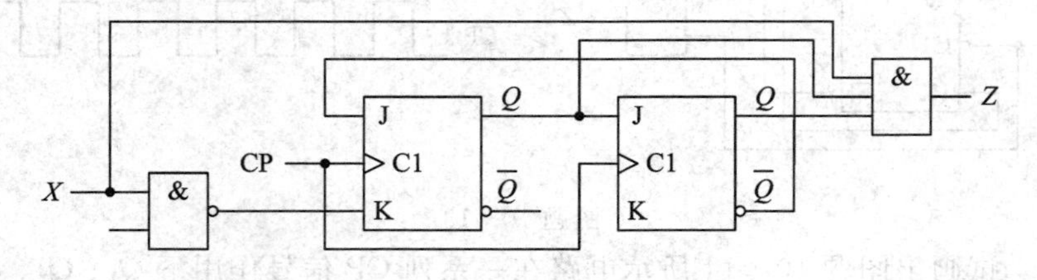

图题 10－20

10－21　试画出图题 10－21 所示时序电路的状态转换图，并画出对应于 CP 的 Q_1、

Q_0和输出 Z 的波形。设电路的初始状态为 00。

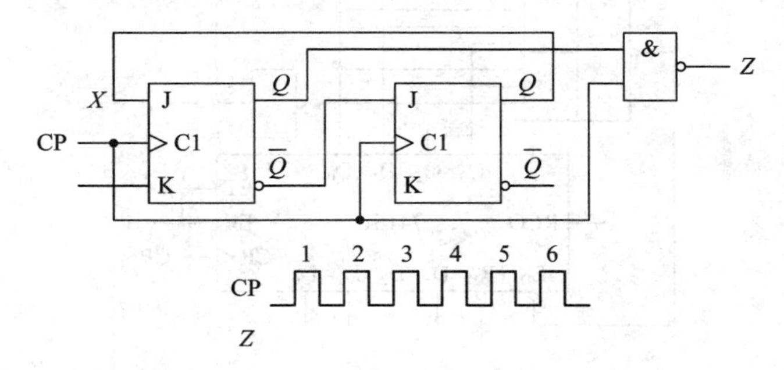

图题 10－21

10－22　试用 JK 触发器设计一个串行数据检测电路，当连续输入 3 个或 3 个以上 1 时，电路的输出为 1，其它情况下输出为 0。例如：

输入 X：101100111011110

输出 Y：000000001000110

10－23　设图题 10－23 中移位寄存器保存的原始信息为 1110，试问下一个时钟脉冲后，它保存什么样的信息？多少个时钟脉冲后，信息循环一周？

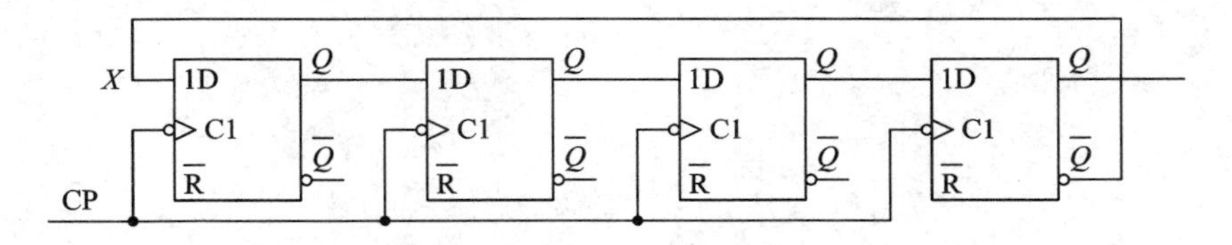

图题 10－23

10－24　试作图，用两片 74194 构成 8 位双向移位寄存器。

10－25　试用集成计数器 74161 构成十一进制计数器，分别使用清零法和置数法实现。

10－26　分析图题 10－26(a)和(b)电路所完成的逻辑功能，并画状态转换图。若输入脉冲 CP 的频率为 360 kHz，则求 RCO 输出频率。

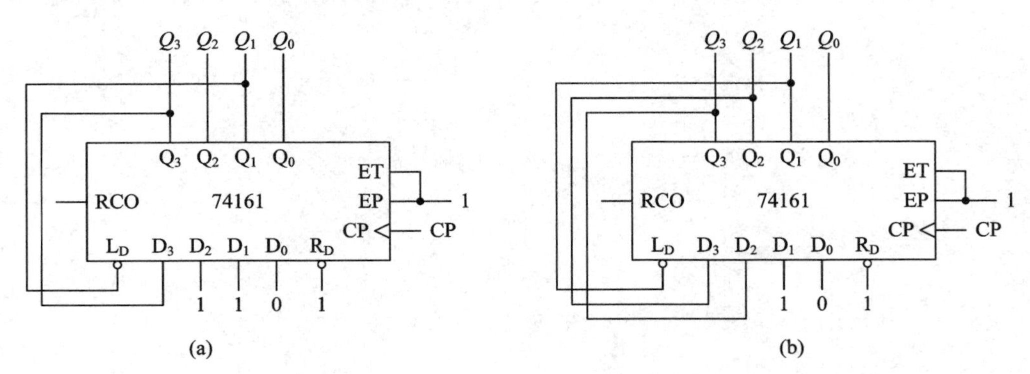

图题 10－26

10－27　图题 10－27 所示是可变进制计数器，试分析当控制 A 为 1 和 0 时，各为几进制计数器，列出状态转换图。

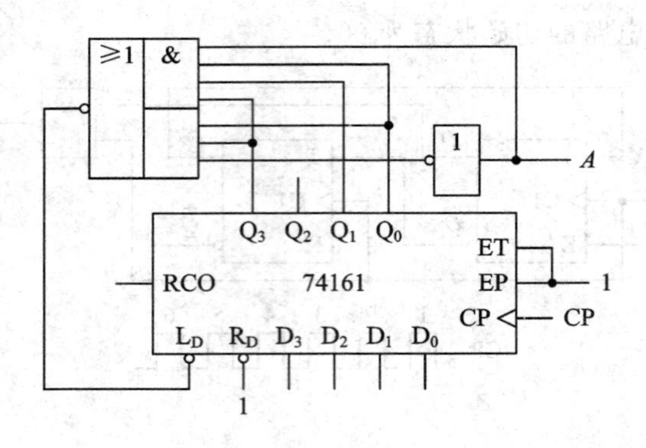

图题 10 - 27

10 - 28　试用两片集成计数器 74161 构成同步二十四进制计数器。

第 11 章　模拟量与数字量的转换

在通信、控制、雷达等领域中，为提高系统的主要性能指标，对信号的处理普遍采用了数字化处理技术。由于系统的原始处理对象往往是一些模拟量，因此需要将模拟信号转换成数字信号后才能送给数字系统进行处理。同时，还需要把处理后得到的数字信号再还原成相应的模拟信号后输出。通常将模拟信号转换数字信号的电路或器件称为模拟-数字转换器，又称为 A/D 转换器(或称 ADC)；把数字信号转换成模拟信号的电路或器件称为数字-模拟转换器，又称为 D/A 转换器(或称 DAC)。本章主要介绍 A/D 转换器和 D/A 转换器的电路结构、基本原理和常见的典型电路。

11.1　概　　述

A/D 与 D/A 转换器常用于数字控制系统 数据通信与传输系统以及自动测试与测量系统。图 11-1 所示为典型的数字控制系统。它由传感器、信号调理电路、A/D 转换器、数字控制器、D/A 转换器、功率驱动等部分组成。

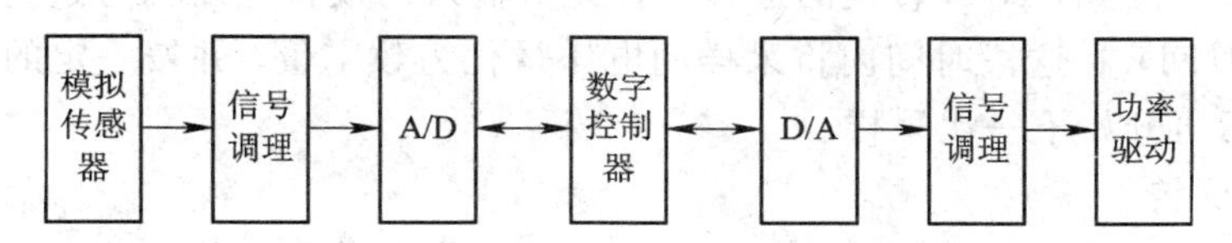

图 11-1　数字控制系统

模拟传感器用于采集实时信号，并将非电物理量转换成电信号。信号调理电路将传感器送来的模拟电信号进行变换、放大及滤波等处理，将信号调理成 A/D 转换器所能接收的信号。A/D 转换器用于将模拟信号转换成数字量，并将其传输给数字控制器。数字控制器将采集的信号进行加工处理，如提取有用信号并滤除噪声。信号处理完成后，再将处理后的信号送到 D/A 转换器。D/A 转换器将数字控制器的数字信号变换成模拟量，送给信号调理电路，进行放大及变换，最后送到功率驱动电路，供负载使用。

图 11-2 所示为数据传输系统。它由多路模拟信号输入选择器、A/D 转换器、调制器、高频传输系统、解调器、D/A 转换器及多路模拟信号输出选择器等组成。

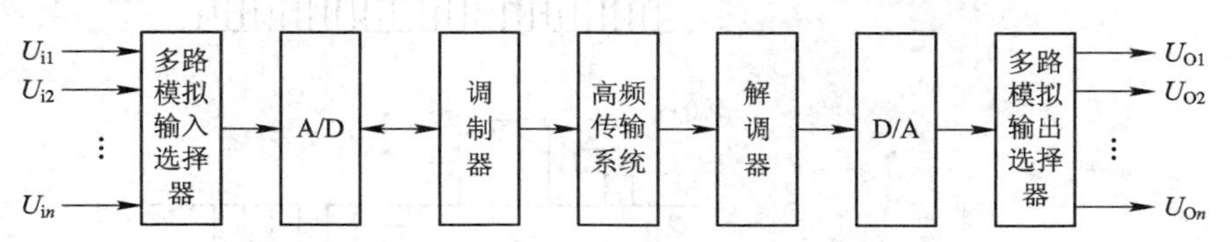

图 11-2　数据传输系统

在通信系统中，往往要传输的信号较多，如不加任何处理，则需要较多的传输通道，这不仅降低了通信效率，而且占用了大量的通信资源。所以在数据通信与传输系统中，往往通过将模拟量进行数字化，然后利用分时传输技术，实现多路信号通过一个传输通道进行传输。多路模拟信号通过模拟输入选择器，分时送入某一路信号，然后将该信号送入 A/D 转换器，转换成数字信号，再送到调制器，生成可以通过无线、微波及光纤等方式传输的信号进行传输。接收端先对调制信号进行解调，再送到 D/A 转换器，最后通过模拟输出选择器将信号送到相应的出口。在现代测量仪器和设备系统中，几乎所有的电子测量系统均采用数字测量方式，如数字万用表、数字示波器、数字温度计及数字电流源等。在这些系统中一般都离不开 D/A 及 A/D 转换器。除此之外，在医疗信息、电视信号、图像处理、语音合成等系统中也应用到 A/D 及 D/A 转换器。

11.2　A/D 转换器(ADC)

A/D 转换器的任务是将时间和幅度都连续变化的模拟信号转换成与之成比例的时间和幅度都离散的数字信号输出。A/D 转换一般要经过采样、保持、量化及编码 4 个过程。在实际电路中，有些过程是合并进行的，如采样与保持、量化与编码往往在转换过程中同时实现。

11.2.1　A/D 转换器的工作原理

在 A/D 转换器中，因为输入的模拟信号在时间上是连续的，而输出的数字信号是离散的，所以转换只能在一系列选定的瞬间对输入的模拟信号采样，然后再把这些采样值转换成输出的数字量。因此，A/D 转换的过程是首先对输入的模拟电压信号进行采样，采样结束后进入保持时间，在这段时间内将采样的电压量化为数字量，并按一定的编码形式给出转换结果，然后再开始下一次采样。

1. 采样与保持

采样是将时间上连续变化的信号转化为时间上离散的信号，即将时间上连续变化的模拟量转换为一系列等间隔的脉冲，脉冲的幅度取决于输入模拟量，其过程如图 11－3 所示。图中，$u_i(t)$是输入模拟信号，$s(t)$为采样脉冲，$u_o(t)$为采样后的输出信号。

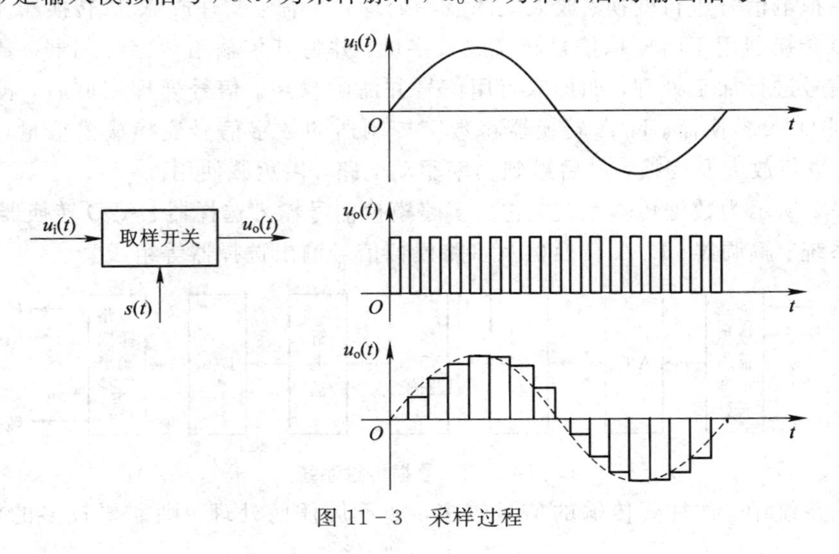

图 11－3　采样过程

在采样脉冲作用的周期 τ 内，采样开关接通，使 $u_o(t)=u_i(t)$，在其它时间$(T_S-\tau)$内，输出等于0。因此，每经过一个采样周期，对输入信号采样一次，在输出端便得到输入信号的一个采样值。为了不失真地恢复原来的输入信号，根据采样定理，一个频率有限的模拟信号，其采样频率 f_S必须大于等于输入模拟信号包含的最高频率 f_{max}的两倍，即采样频率必须满足：

$$f_S \geqslant 2f_{max} \tag{11-1}$$

当然也可以利用带通采样原理，以至少2倍信号带宽为采样频率进行采样。带通采样原理这里不再赘述，有兴趣的读者可以参见软件无线电相关的书籍。模拟信号经采样后，得到一系列样值脉冲。采样脉冲宽度 τ 一般是很短暂的，在下一个采样脉冲到来之前，应暂时保持所取得的样值脉冲幅度，以便进行转换。因此在采样电路之后须加保持电路。图11-4(a)所示是一种常见的采样保持电路，场效应管V为采样门，电容 C 为保持电容，运算放大器为跟随器，起缓冲隔离作用。在采样脉冲 $s(t)$到来的时间内场效应管V导通，输入模拟量 $u_i(t)$向电容充电。假定充电时间常数远小于 τ，那么电容 C 上的充电电压就能够及时跟上 $u_i(t)$的采样值。采样结束，V迅速截止，电容 C 上的充电电压就保持了前一次采样时间 τ 的输入 $u_i(t)$的值，一直保持到下一个采样脉冲到来为止。当下一个采样脉冲到来时，电容 C 上的电压 $u_o(t)$再按输入 $u_i(t)$变化。在输入一连串采样脉冲序列后，采样保持电路的缓冲放大器输出电压 $u_o'(t)$便得到如图11-4(b)所示的波形。

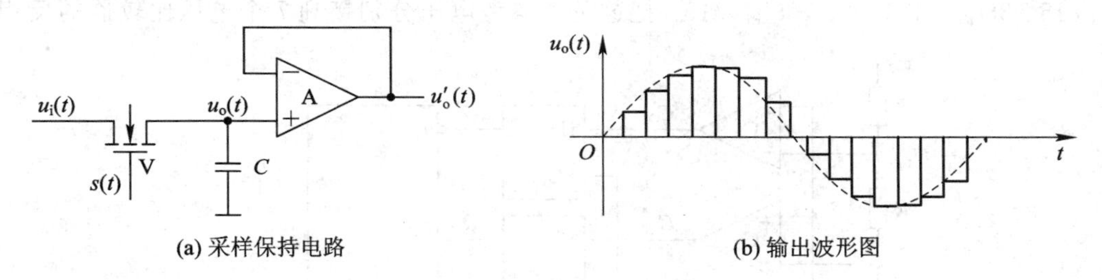

(a) 采样保持电路　　(b) 输出波形图

图11-4　采样保持电路及输出波形

2. 量化与编码

正如前面所讲，数字信号不仅在时间上是不连续的，而且在幅度上的变化也是不连续的。因此，任何一个数字量的大小都可用某个最小量化单位的整数倍来表示。而采样保持后的电压仍是连续可变的，在将其转换成数字量时，就必须把它与一些规定个数的离散电平进行比较，凡介于两个离散电平之间的采样值，可按某种方式近似地用这两个离散电平中的一个表示。这种取整并归的方式和过程称为数值量化，简称量化。所取的最小数量单位叫作量化单位，用 Δ 表示。显然，数字信号最低有效位(LSB)的1所代表的数量大小就等于 Δ。把量化的结果用代码表示出来，称为编码。这些代码就是A/D转换的输出结果。

在量化过程中，由于采样电压不一定能被 Δ 整除，所以量化前后不可避免地存在误差，此误差称之为量化误差，用 ε 来表示。量化误差属原理误差，它是无法消除的。A/D转换器的位数越多，各离散电平之间的差值越小，量化误差越小。量化过程常采用两种近似量化方式：只舍不入量化方式和四舍五入的量化方式。以3位A/D转换器为例，设输入信号 u_I的变化范围为0～8 V，采用只舍不入量化方式时，取 $\Delta=1$ V，量化中把不足量化单位部分舍弃，如数值在0～1 V之间的模拟电压都当作 0Δ，用二进制数000表示，而数值在

1 V～2 V 之间的模拟电压都当作 1Δ，用二进制数 001 表示。这种量化方式的最大量化误差为 Δ；如采用四舍五入量化方式，则取量化单位 8/15 V，量化过程将不足半个量化单位的部分舍弃，对于大于或等于半个量化单位的部分按一个量化单位处理。它将数值在 0～8/15 V 之间的模拟电压均当作 0Δ 对待，用二进制数 000 表示；而数值在 8/15 V～24/15 V 之间的模拟电压均当作 1Δ，用二进制数 001 表示。不难看出，采用前一种只舍不入量化方式的最大量化误差为 1LSB，而采用后一种有舍有入量化方式的最大量化误差为 LSB/2，后者的量化误差比前者小，故为大多数 A/D 转换器所采用。

实现 A/D 转换的方法很多，按照工作原理不同可以分为直接 A/D 转换和间接 A/D 转换。直接 A/D 转换是将模拟信号直接转换成数字信号，比较典型的有并行比较型 A/D 转换和逐次逼近型 A/D 转换。间接型 A/D 转换是先将模拟信号转换成某一中间变量(时间或频率)，然后再将中间变量转换成数字量，比较典型的有双积分型 A/D 转换和电压-频率转换型 A/D 转换。下面将介绍几种典型 A/D 转换的实现电路和工作原理。

11.2.2 并行比较型 A/D 转换器

并行比较型 A/D 转换器的电路结构如图 11－5 所示，它由电阻分压器、电压比较器 C_1～C_7、寄存器和编码电路 4 部分构成。其输入为模拟电压 u_I，输出为 3 位二进制数码 $D_2D_1D_0$。基准电压 U_{REF} 经电阻分压器分压后，产生各电压比较器的参考电压，其数值分别为 $U_{REF}/15$、$3U_{REF}/15$、…、$13U_{REF}/15$。把这 7 个参考电压分别接到 7 个电压比较器的反相输

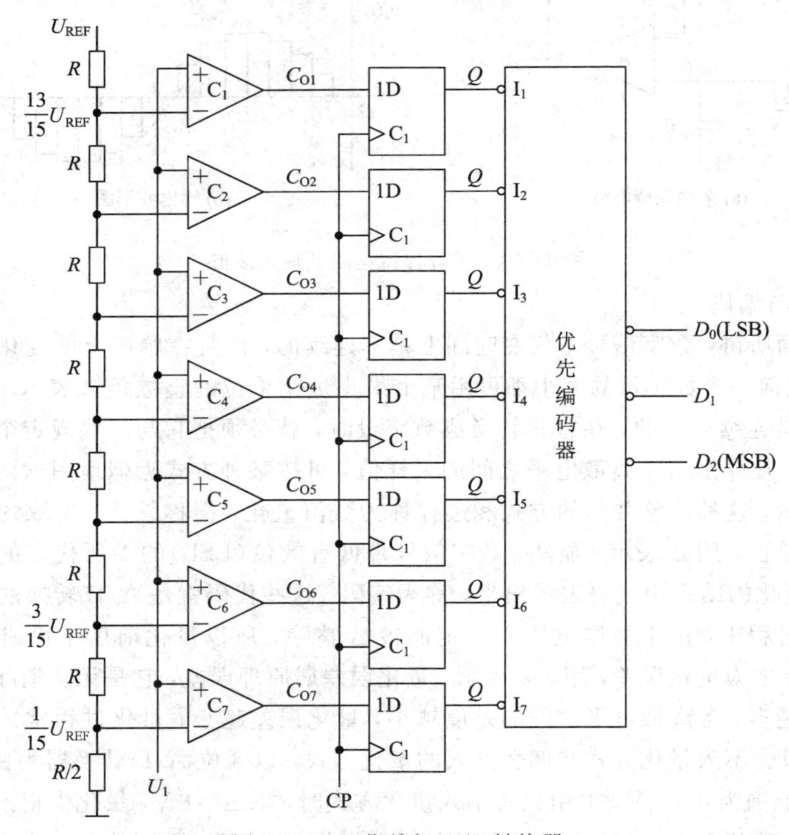

图 11－5　3 位并行 A/D 转换器

入端，同时，将输入的模拟电压 u_s 接到每个电压比较器的同相输入端。当 u_I 大于某电压比较器的参考电压时，该电压比较器输出高电平，反之则输出低电平。

若 $u_I<\frac{1}{15}U_{REF}$，则所有电压比较器的输出全是低电平，CP 上升沿到来后寄存器中所有的触发器都被置成 0 状态；若 $\frac{1}{15}U_{REF}\leqslant u_I<\frac{3}{15}U_{REF}$，则只有 C_7 输出为高电平，CP 上升沿到来后最下面的触发器被置成 1 状态，其余触发器被置为 0 状态。依此类推，根据各比较器的参考电压值，可以确定输入模拟电压值与各比较器输出状态的关系。比较器的输出状态由 D 触发器存储，经优先编码器编码，得到数字量输出。优先编码器优先级别最高是 I_7，最低是 I_1。设 u_I 变化范围是 $0\sim U_{REF}$，输出 3 位数字量为 $D_2D_1D_0$，3 位并行比较型A/D 转换器的输入、输出关系如表 11－1 所示。

表 11－1　3 位并行比较型 A/D 转换器的输入、输出关系

输入模拟电压	比较器输出状态							数字量输出		
	C_{O1}	C_{O2}	C_{O3}	C_{O4}	C_{O5}	C_{O6}	C_{O7}	D_2	D_1	D_0
$0\leqslant u_I<\frac{U_{REF}}{15}$	0	0	0	0	0	0	0	0	0	0
$\frac{U_{REF}}{15}\leqslant u_I<\frac{3U_{REF}}{15}$	0	0	0	0	0	0	1	0	0	1
$\frac{3U_{REF}}{15}\leqslant u_I<\frac{5U_{REF}}{15}$	0	0	0	0	0	1	1	0	1	0
$\frac{5U_{REF}}{15}\leqslant u_I<\frac{7U_{REF}}{15}$	0	0	0	0	1	1	1	0	1	1
$\frac{7U_{REF}}{15}\leqslant u_I<\frac{9U_{REF}}{15}$	0	0	0	1	1	1	1	1	0	0
$\frac{9U_{REF}}{15}\leqslant u_I<\frac{11U_{REF}}{15}$	0	0	1	1	1	1	1	1	0	1
$\frac{11U_{REF}}{15}\leqslant u_I<\frac{13U_{REF}}{15}$	0	1	1	1	1	1	1	1	1	0
$\frac{13U_{REF}}{15}\leqslant u_I<U_{REF}$	1	1	1	1	1	1	1	1	1	1

并行比较型 A/D 转换器的转换速度很快，其转换速度实际上取决于器件的速度和时钟脉冲的宽度。其缺点是电路复杂，对于一个 n 位二进制输出的并行比较型 A/D 转换器，欲求 2^n-1 个电压比较器和 2^n-1 个触发器，代码转换电路随 n 的增大变得相当复杂。并行比较型 A/D 转换器的转换精度主要取决于量化电平的划分，分得越细，精度越高。但分得过细，使用的比较器和触发器数目就越大，电路就更加复杂。此外，转换精度还受参考电压的稳定度、分压电阻的相对精度及电压比较器灵敏度的影响。

11.2.3　逐次逼近型 A/D 转换器

在直接 A/D 转换器中，逐次比较型 A/D 转换器是目前采用最多的一种。逐次逼近转换过程与用天平称物重非常相似。天平称重的过程是：从最重的砝码开始试放，与被称物体行进比较，若物体重于砝码，则该砝码保留，否则移去；再加上第二个次重砝码，由物体的重量是否大于砝码的重量决定第二个砝码重量是留下还是移去…… 照此一直加到最小一个砝码为止。将所有留下的砝码重量相加，就得物体重量。仿照这一思路，逐次比较型A/D 转换器就是将输入模拟信号与不同的参考电压做多次比较，使转换所得的数字量在数值上逐次逼近输入模拟量对应值。

n 位逐次比较型 A/D 转换器框图如图 11-6 所示。它由电压比较器、D/A 转换器、数据寄存器、移位寄存器、时钟脉冲源和控制逻辑电路等几部分组成。其工作原理如下：电路由启动脉冲启动后，在第一个时钟脉冲作用下，控制电路使移位寄存器的最高位置 1，其它位置 0，其输出经数据寄存器将 1000…0，送入 D/A 转换器，输入电压首先与 D/A 转换器输出电压$\left(\frac{U_{REF}}{2}\right)$相比较，若 $u_I \geqslant \frac{U_{REF}}{2}$，则比较器输出为 1，若 $u_I < \frac{U_{REF}}{2}$，则为 0。比较结果存于数据寄存器的 D_{n-1} 位。然后在第二个 CP 作用下，移位寄存器的次高位置 1，其它低位置 0。如最高位已存 1，则此时 $u_o' = \frac{3}{4}U_{REF}$。于是 u_I 再与 $\frac{3}{4}U_{REF}$ 相比较，如 $u_I \geqslant \frac{3}{4}U_{REF}$，则次高位 D_{n-2} 存 1，否则 $D_{n-2}=0$；若最高位为 0，则 $u_o' = \frac{U_{REF}}{4}$，u_i 与 u_o' 比较，若 $u_i \geqslant \frac{U_{REF}}{4}$，则 D_{n-2} 位存 1，否则存 0。依此类推，逐次比较得到输出数字量。

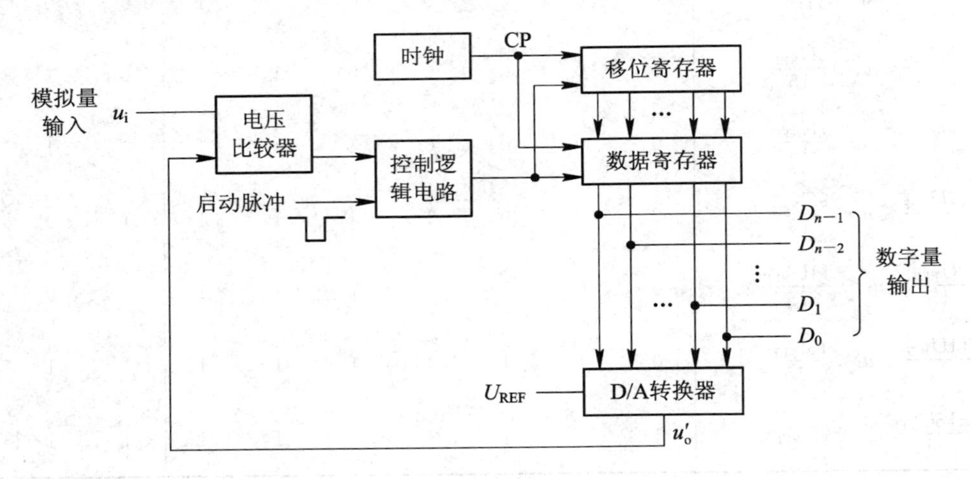

图 11-6　n 位逐次比较型 A/D 转换器框图

为进一步理解逐次比较 A/D 转换器的工作原理及转换过程，下面用实例加以说明。如图 11-6 所示的 8 位 A/D 转换器，输入模拟量 $u_A = 6.84$ V，D/A 转换器基准电压 $U_{REF} = 10$ V。

根据逐次比较 D/A 转换器的工作原理，可画出在转换器过程中 CP、启动脉冲、$D_7 \sim D_0$ 及 D/A 转换器输出电压 u_o' 的波形，如图 11-7 所示。

由图 11-7 可见，当启动脉冲低电平到来后转换开始。在第一个 CP 作用下，数据寄存器将 $D_7 \sim D_0 = 10000000$ 送入 D/A 转换器，其输出电压 $u_o' = 5$ V，u_A 与 u_o' 比较，$u_A > u_o'$，D_7 存 1；第二个 CP 到来时，寄存器输出 $D_7 \sim D_0 = 11000000$，u_o' 为 7.5 V，u_A 再与 7.5 V 比较，因为 $u_A < 7.5$ V，所以 D_6 存 0；输入第三个 CP 时，$D_7 \sim D_0 = 10100000$，$u_o' = 6.25$ V；

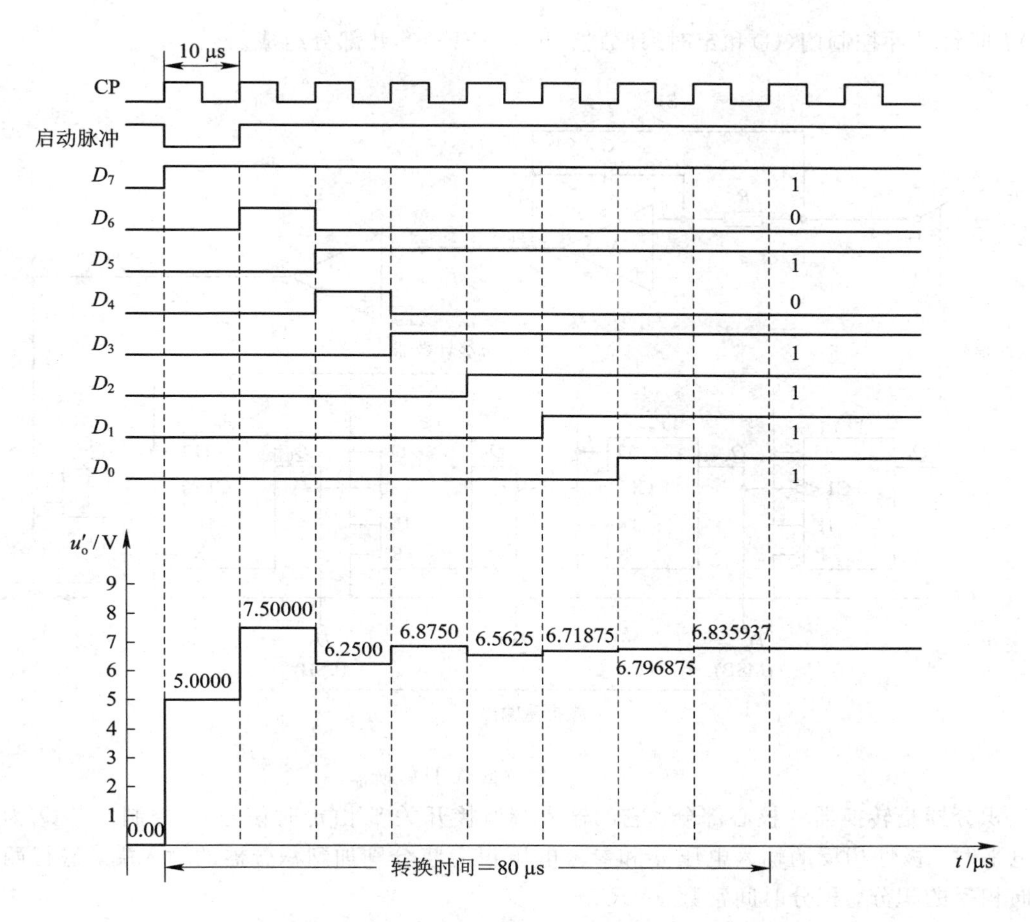

图 11－7　8 位逐次比较型 A/D 转换器波形图

u_A再与 u_o'比较……如此重复比较下去，经 8 个时钟周期，转换结束。由图中 u_o'的波形可见，在逐次比较过程中，与输出数字量对应的模拟电压 u_o'逐渐逼近 u_A 值，最后得到 A/D 转换器转换结果 D_7～D_0 为 10101111。该数字量所对应的模拟电压为 6.8359375 V，与实际输入的模拟电压 6.84 V 的相对误差仅为 0.06%。

逐次比较型 A/D 转换器完成一次转换所需要的时间与其位数和时钟脉冲频率有关，位数愈少，时钟频率愈高，转换所需时间越短。这种 A/D 转换器具有转换速度快、精度高的特点。常用集成逐次比较型 A/D 转换器有 ADC0808/0809 系列(8 位)、AD575(10 位)、AD574(12 位)等。

11.2.4　双积分型 A/D 转换器

双积分型 A/D 转换器是一种间接 A/D 转换器。它的基本原理是，对输入模拟电压和参考电压分别进行两次积分，将输入电压平均值变换成与之成正比的时间间隔，然后利用时钟脉冲和计数器测出此时间间隔，进而得到相应的数字量输出。由于该转换电路是对输入电压的平均值进行变换，所以它具有很强的抗工频干扰能力，在电子测量系统中得到了广泛的应用。

图 11－8 是这种转换器的原理电路，它由积分器(由集成运放 A 组成)、过零比较器

(C)、时钟脉冲控制门(G)和定时/计数器(FF_0～FF_n)等几部分组成。

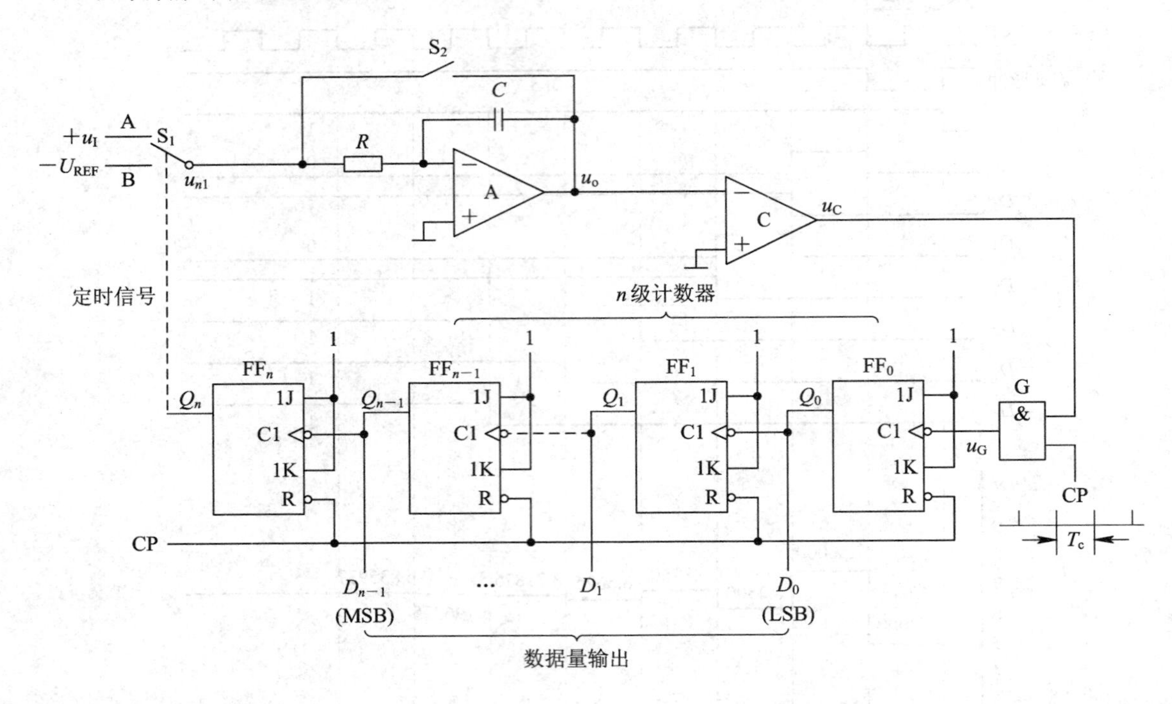

图 11－8　双积分型 A/D 转换器

积分器是转换器的核心部分，它的输入端所接开关 S_1 由定时信号 Q_n 控制。当 Q_n 为不同电平时，极性相反的输入电压 u_I 和参考电压 U_{REF} 将分别加到积分器的输入端，进行两次方向相反的积分，积分时间常数 $\tau=RC$。

过零比较器用来确定积分器输出电压 u_o 过零的时刻。当 $u_o\geqslant0$ 时，比较器输出 u_C 为低电平；当 $u_o<0$ 时，u_C 为高电平。比较器的输出信号接至时钟控制门(G)作为关门和开门信号。

计数器和定时器由 $n+1$ 个接成计数型的触发器 FF_0～FF_n 串联组成。触发器 FF_0～FF_{n-1} 组成 n 级计数器，对输入时钟脉冲 CP 计数，以便把与输入电压平均值成正比的时间间隔转变成数字信号输出。当计数到 2^n 个时钟脉冲时，FF_0～FF_{n-1} 均回到 0 态，而 FF_n 翻转为 1 态，$Q_n=1$ 后，开关 S_1 从位置 A 转接到 B。

时钟脉冲源的标准周期 T_c，作为测量时间间隔的标准时间。当 $u_C=1$ 时，门打开，时钟脉冲通过门加到触发器 FF_0 的输入端。

下面以输入正极性的直流电压 u_I 为例，说明电路将模拟电压转换为数字量的基本原理。电路工作过程分为以下几个阶段进行，波形如图 11－9 所示。

(1) 准备阶段。

首先控制电路提供 CR 信号使计数器清零，同时使开关 S_2 闭合，待积分电容放电完毕后，再使 S_2 断开。

(2) 第一次积分阶段。

在转换过程开始时($t=0$)，开关 S_1 与 A 端接通，正的输入电压 u_I 加到积分器的输入端。积分器从 0 V 开始对 u_I 积分，其波形如图中斜线 OU_P 段所示。根据积分器的原理可得

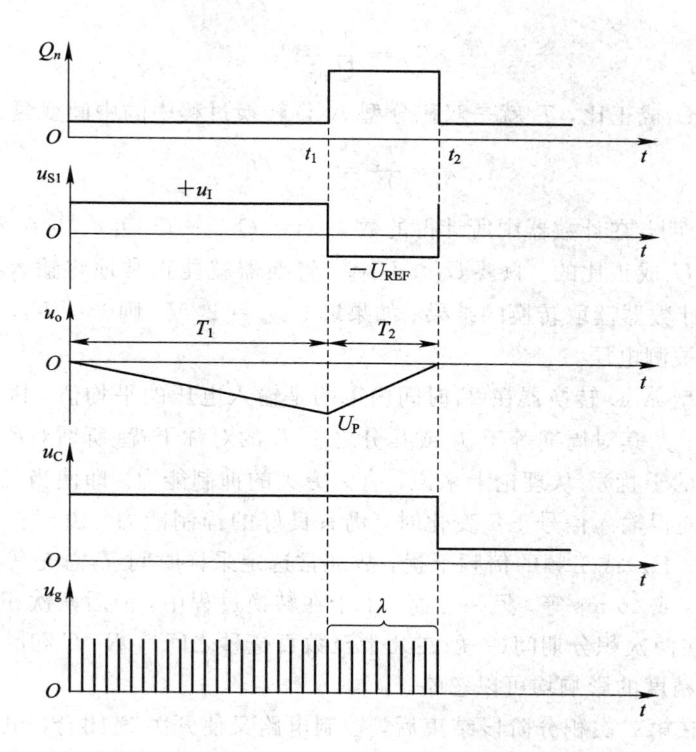

图 11-9 双积分型 A/D 转换器各处工作波形图

$$u_o = -\frac{1}{\tau}\int_0^t u_I \mathrm{d}t \tag{11-2}$$

由于 $u_o<0$，过零比较器输出为高电平，时钟控制门 G 被打开。于是，计数器在 CP 作用下从 0 开始计数。经过 2^n个时钟脉冲后，触发器 $FF_0 \sim FF_{n-1}$都翻转到 0 态，而 $Q_n = 1$，开关 S_1由 A 点转接到 B 点，第一次积分结束。第一次积分时间为

$$t = T_1 = 2^n T_c \tag{11-3}$$

令 U_I为输入电压在 T_1时间间隔内的平均值，由式可得第一次积分结束时积分器的输出电压为 U_P，即

$$U_P = -\frac{T_1}{\tau}U_I = -\frac{2^n T_c}{\tau}U_I \tag{11-4}$$

(3) 第二次积分阶段。

当 $t = t_1$时，S_1转接到 B 点，具有与 U_I相反极性的基准电压 $-U_{REF}$加到积分器的输入端；积分器开始向相反方向进行第二次积分；当 $t = t_2$时，积分器输出电压 $u_o \geqslant 0$，比较器输出 $u_C=0$，时钟脉冲控制门 G 被关闭，计数停止。在此阶段结束时，u_o的表达式可写为

$$u_o(t_2) = U_P - \frac{1}{\tau}\int_{t_1}^{t}(-U_{REF})\mathrm{d}t = 0 \tag{11-5}$$

设 $T_2 = t_2 - t_1$，于是有

$$\frac{U_{REF} T_2}{\tau} = \frac{2^n T_c}{\tau}U_I \tag{11-6}$$

设在此期间计数器所累计的时钟脉冲个数为 λ，则

$$T_2 = \lambda T_c \tag{11-7}$$

$$T_2 = \frac{2^n T_c}{U_{REF}} U_I \tag{11-8}$$

可见，T_2与U_I成正比，T_2就是双积分型 A/D 转换过程中的中间变量。

$$\lambda = \frac{T_2}{T_c} = \frac{2^n}{U_{REF}} U_I \tag{11-9}$$

式(11－9)表明，在计数器中所计得的数λ($\lambda = Q_{n-1} \cdots Q_1 Q_0$)，与在采样时间$T_1$内输入电压的平均值$U_I$成正比的。只要$U_I < U_{REF}$，转换器就能正常地将输入模拟电压转换为数字量，并能从计数器读取转换的结果。如果取$U_{REF} = 2^n$ V，则$\lambda = U_I$，计数器所计的数在数值上就等于被测电压。

由于双积分型 A/D 转换器在T_1时间内采的是输入电压的平均值，因此具有很强的抗工频干扰的能力。尤其对周期等于T_1或几分之一T_1的对称干扰(所谓对称干扰是指整个周期内平均值为零的干扰)，从理论上来说，有无穷大的抑制能力。即使当工频干扰幅度大于被测直流信号，使得输入信号正负变化时，仍有良好的抑制能力。由于在工业系统中经常碰到的是工频(50 Hz)或工频的倍频干扰，故通常选定采样时间T_1总是等于工频电源周期的倍数，如 20 ms 或 40 ms 等。另一方面，由于在转换过程中，前后两次积分所采用的同一积分器。因此，在两次积分期间(一般在几十至数百毫秒之间)，R、C和脉冲源等元器件参数的变化对转换精度的影响均可以忽略。

必须指出，在第二次积分阶段结束后，控制电路又使开关S_2闭合，电容C放电，积分器回零。电路再次进入准备阶段，等待下一次转换开始。

11.2.5 A/D 转换器的主要技术指标

无论是选择或评价 A/D 转换器芯片的性能，还是分析或设计 A/D 转换器接口电路，都会涉及有关 A/D 转换器的一些主要技术参数或指标。这些技术指标中，最主要且经常用到的有：分辨率与量化误差、转换精度、转换时间和电源灵敏度等。

1. 分辨率与量化误差

分辨率是指转换器区分两个输入信号数值的能力，即测量时所能得到的有效数值之间的最小间隔。对于 A/D 转换器来说，分辨率是指数值输出的最低位(LSB)所对应的输入电平值，或者说相邻的两个量化电平的间隔。与 D/A 转换器类似，A/D 转换器的分辨率习惯上以输出二进制位数或者 BCD 码位数表示。如 ADC0809 的分辨率为 8 位，AD574 有 12 位的分辨率，又如双积分型 A/D 转换器 7135 的分辨率为$4\frac{1}{2}$(BCD 码)。

量化误差是由 A/D 转换器有限分辨率所引起的误差。A/D 转换过程实质上是量化取整过程，即用有限小的数字量表示一个在理论上变化无限小的模拟量，两者之间必然会产生误差，这种舍入误差是量化过程中的固有误差，只能减小，不可能完全消除。

2. 转换精度

转换精度可分为绝对精度和相对精度。绝对精度是指对应于一个数字量的实际输入模拟量与理论输入模拟量之差。这个参数对用户无太大实际意义，手册中也很少列出。A/D 转换器的相对精度是指满量程转换范围内任一数字量所对应的模拟量的实际值与理论值之间的偏差，通常用百分数表示。

3. 转换时间

对 A/D 转换器来说，转换时间是指完成一次 A/D 转换所需要的时间。转换时间一般与信号大小无关，主要取决于转换器的位数。位数越多，转换时间越长。转换时间的倒数称为转换速率。A/D 转换器芯片按转换速率分挡的一般约定是：转换时间大于 1 ms 的为低速，1 ms～1μs 的为中速，小于 1 μs 的为高速，小于 1 ns 的为超高速。

4. 电源灵敏度

A/D 转换器的供电电源电压波动时相当于引入一个模拟输入量的变化，从而产生转换误差。电源灵敏度通常用电源电压变化 1%时相当于模拟量变化的百分数表示。例如，某 A/D 转换器的电源灵敏度是 0.05%，是指该转换器的电源电压发生 1%的波动时，相当于引入了 0.05%的模拟输入值的变化。一般要求电源电压有 3%的变化时所造成的转换误差不应超过±1/2LSB。

11.2.6 集成 A/D 转换器选择要点

在微机测控系统、实时数据采集和智能化仪表的设计过程中，经常要面临如何选择合适的 A/D 转换器以满足应用系统设计要求的问题。有各种不同精度、速度和综合性能优良的 A/D 转换器集成芯片可供用户选择。

1. A/D 转换器集成芯片简介

表 11-2 列出了部分常用的 A/D 转换器芯片的主要性能参数。表中 ADC0809 属早期生产的单芯片集成化 A/D 转换器，是廉价、中速挡芯片，它可以接收 8 路模拟量输入。AD574A 属于高精度、高速度的集成芯片，是混合集成的高档次逐次逼近型 A/D 转换器。分辨率在 14 位以上的芯片有 AD679 和 ADC1143 等。

表 11-2 部分常用 A/D 转换器芯片性能参数表

芯片型号	分辨率	转换时间	输入电压范围	转换误差	电源	引脚数	数据总线接口
ADC0809	8	100 μs	0～+5 V	±1LSB	+5 V	28	并行
AD574A	12	25 μs	0～+10 V	≤±1LSB	+15 V 或 ±12 V、+5 V	28	并行
AD679	14	10 μs	0～10 V，±5 V	≤2LSB	+5 V、±12 V	28	并行
ADC1143	16	≤100 μs	+5 V，+10 V， ±5 V，±10 V	≤0.06%	+5 V、±15 V	32	并行
AD7570	10	120 μs	±25 V	±1/2LSB	+5 V，+15 V	28	并行/串行
MC14433	$3\frac{1}{2}$BCD 码	100 ms	±0.2 V，±2 V	±1LSB	±5 V	24	并行
ICL7109	12	300 ms	−4 V～+4 V	±2LSB	±5 V	40	并行
ICL7135	$4\frac{1}{2}$BCD 码	100 ms	−2 V～+2 V	±1LSB	±5 V	28	并行
MCP3208	12	10 μs	2.7 V～5.5 V	±1LSB	+2.5 V	16	串行
ADS1210	24	取决于 输入时钟	0～5 V	±1LSB	+5 V	18	串行

2. A/D 转换器芯片选择要点

从上述 A/D 转换器芯片的结构特性分析中可以看出，经常查阅集成芯片手册，熟悉它们各自的主要结构特性，是做到正确合理选用 A/D 转换器芯片的前提条件之一。选用 A/D 转换器芯片要结合实际应用系统的设计要求，选择时主要考虑以下几点：

(1) 精度与分辨率。精度对于测控系统是最重要的指标之一。选择 A/D 转换器精度的依据是模拟量输入通道的总误差或综合精度要求。这种综合精度要求既包括 A/D 转换器的转换精度，又包括测量仪表的测量精度，模拟信号预处理电路精度，还包括输出执行机构的跟踪精度等。选取 A/D 转换器分辨率时，应与其它各个环节所能达到的精度相适应。一般情况下 8～12 位的中分辨率能够满足需要，少数特殊情况下须选用 13 位以上的高分辨率芯片。

(2) 转换速度。A/D 转换器转换速度的选择，主要根据应用系统对象信号变化率的快慢，以及系统有无实时性要求而定。对于温度、压力、流量等变化缓慢的热工参数的检测，对 A/D 转换速度无苛刻要求，一般多选用积分型或跟踪比较型等低速 A/D 转换器。逐次逼近型 A/D 转换芯片大多属于中速芯片，一般用于采集信号频率不太高的工业多通道单片机应用系统和声频数字转换系统等。只有在军事、宇航、雷达、数字通信以及视频数字转换系统中才用到价格昂贵的高速或超高速 A/D 转换器。

(3) 外加采样保持器。对于快速变化的模拟输入信号，因 A/D 转换时间所引起的孔径误差常常提出过高的转换速度要求，这样势必大大提高 A/D 转换器的成本。所以遇到这种情况时经常利用外加采样保持器使得转换速度不太高的 A/D 转换器也能适用于快速信号采集系统。实际上，对于直流或变化非常缓慢的信号不用加采样保持器，其它情况一般都加。正是面对这一现实，而今一些新型高档 A/D 转换器芯片内部已集成了采样保持器，即使对快速变化的模拟输入信号，也可以直接进行连接，使用十分方便。

(4) 基准电压源。基准电压源用于为 A/D 转换器提供一个转换的参考模拟标准电压。基准电压源本身是否精确是直接影响 A/D 转换精度的主要因素之一。所以，对于片内不带精密参考电压源的中档 A/D 转换器芯片，使用时一般都要考虑用单独的高精度稳压电源作为基准电压源。

(5) 输出要求。不同的 A/D 转换芯片可以适应不同格式数字量输出的要求，有并行或串行数字输出；有二进制数码或 BCD 码输出。数字输出电平大多数都与 TTL 电平兼容，但也有与 CMOS 或 ECL 电路兼容的芯片。尽管大部分 A/D 芯片已有内部时钟电路，但也有芯片须用外部时钟源。

11.2.7 集成 ADC 器件

ADC0809 是由美国国家半导体公司(NSC)生产的 8 位逐次逼近型 A/D 转换器，芯片内采用 CMOS 工艺。该器件具有与微处理器兼容的控制逻辑，可以直接与各种微处理器接口相连。图 11-10 是其内部结构框图，虚线框外标注有外部引脚的标号和名称。其内部电路主要由 8 路模拟开关、地址锁存与译码电路、8 位逐次逼近型 A/D 转换器和三态输出锁存缓冲器等构成。

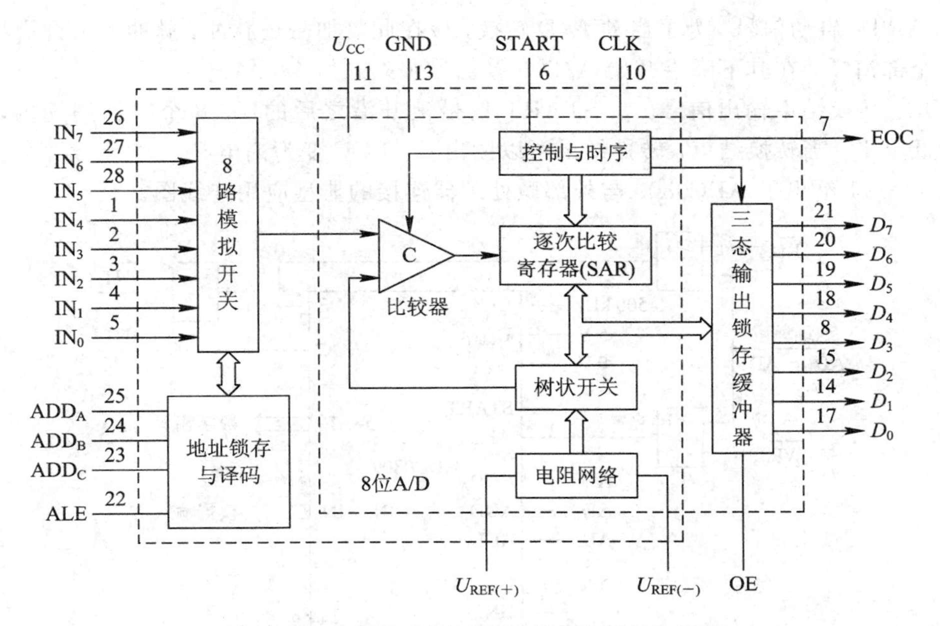

图 11-10　集成 ADC0809 电路的内部结构框图

1. 8 路模拟开关及地址的锁存和译码

ADC0809 有 8 路单端模拟电压输入端 IN_0 ～ IN_7，3 位地址输入线 ADD_C、ADD_B、ADD_A。通过 ALE 信号对 3 位地址进行锁存，然后由译码电路选通 8 路模拟输入电压的某一路进行 A/D 转换。

2. 8 位 D/A 转换器

ADC0809 内部由树状开关和电阻网络构成 8 位 A/D 转换器，其输入为逐次比较型寄存器(SAR)的 8 位二进制数，输出为 U_{ST}，转换器的参考电压为 U_R(＋)和 U_R(－)。

3. 逐次比较寄存器(SAR)和比较器

转换开始之前，先对 SAR 的所有位清 0，然后对 SAR 的最高位置 1，其余为 0，通过内部 D/A 转换得到相应的输出 U_{ST} 并与输入模拟电压 U_{IN} 送比较器进行比较。若 $U_{ST}>U_{IN}$，则比较器输出逻辑 0，SAR 最高位由 1 变为 0；若 $U_{ST}\leqslant U_{IN}$，则比较器输出逻辑 1，SAR 最高位保留为 1。此后，SAR 的次高位再置 1，其余低位为 0，再进行上述比较过程，直到最低位比较完成。

4. 三态输出锁存缓冲器

转换结束后，SAR 的数字量送入三态输出锁存缓冲器锁存，供外部电路读出。

5. 引脚功能

IN_0～IN_7：模拟信号输入端。

U_{RET}(＋)和 U_{RET}(－)：基准电压的正端和负端。

ADD_C、ADD_B、ADD_A：模拟输入的选通地址输入。

ALE：地址锁存允许信号输入，高电平有效。

D_7～D_0：数码输出。

OE：输出允许信号，高电平有效。

CLK：时钟脉冲输入端。一般在此端加 500 kHz 的时钟信号。

START：启动信号。为了启动 A/D 转换，应在此脚加一正脉冲，脉冲的上升沿将内部寄存器全部清零，在其下降沿开始 A/D 转换。

EOC：转换结束输出信号。在 START 信号上升沿之后的 1～8 个时钟周期内，EOC 信号为低电平。当转换结束，转换结果可以读出时，EOC 变为高电平。

图 11－11 给出了 ADC0809 与外部微处理器连接的典型应用连线图。

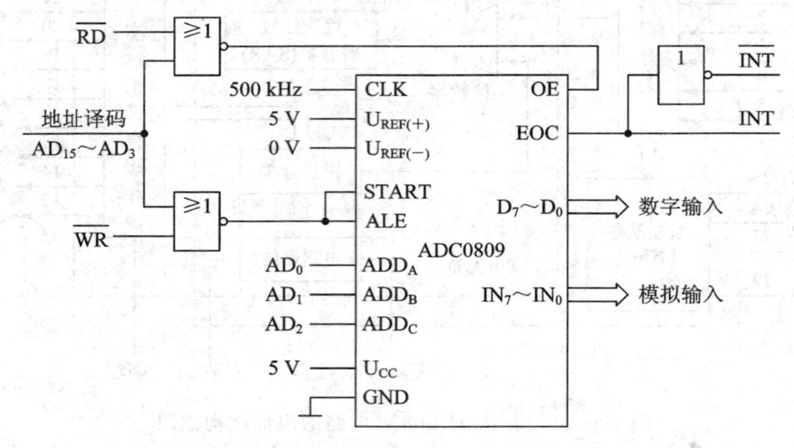

图 11－11　集成 ADC0809 典型应用电路的连线图

11.3　D/A 转换器(DAC)

数字量是用代码按数位组合起来表示的，对于有权码，每位代码都有一定的权。为了将数字量转换成模拟量，必须将每 1 位的代码按其权的大小转换成相应的模拟量，然后将这些模拟量相加，即可得到与数字量成正比的模拟量，从而实现了数字-模拟转换。

n 位 D/A 转换器的方框图如图 11－12 所示。D/A 转换器由数码寄存器、模拟开关电路、解码网络、求和电路及基准电压几部分组成。数字量以串行或并行方式输入并存储于数码寄存器中，寄存器输出的每位数码驱动对应数位上的电子开关，将在电阻解码网络中获得的相应数位权值送入求和电路。求和电路将各位权值相加便得到与数字量对应的模拟量。D/A 转换器按解码网络结构不同可分为权电阻网络 D/A 转换器、倒 T 型电阻网络 D/A 转换器、权电流型 D/A 转换器等几种类型。

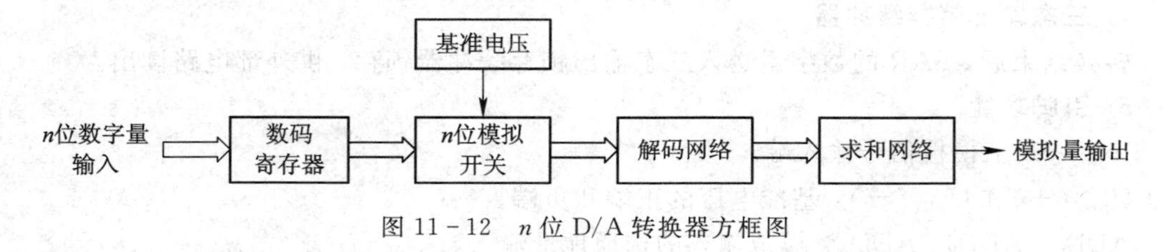

图 11－12　n 位 D/A 转换器方框图

11.3.1　权电阻网络 D/A 转换器

1. 电路组成

图 11－13 所示为 4 位权电阻网络 D/A 转换器的原理图。它由权电阻网络 2^0R、2^1R、

2^2R、2^3R，电子模拟开关 S_0、S_1、S_2、S_3，基准电压 U_{REF} 及求和运算放大器组成。

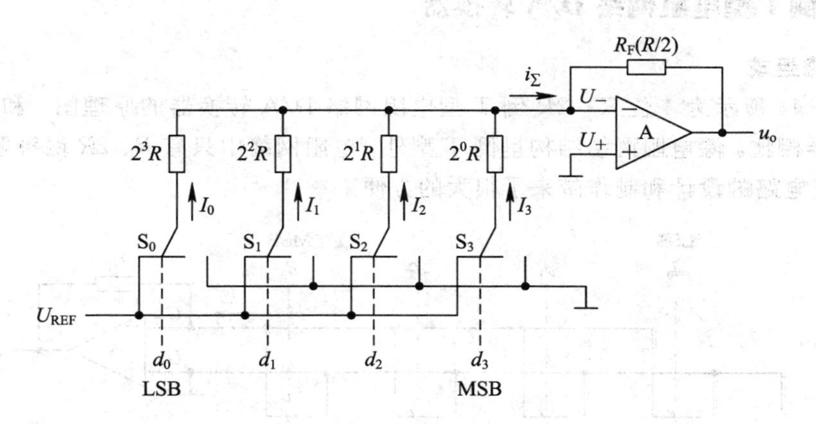

图 11-13　权电阻网络 D/A 转换器原理图

电子模拟开关 $S_0 \sim S_3$ 受输入数字信号 $d_0 \sim d_3$ 控制，如果第 i 位数字信号 $d_i = 1$，则 S_i 接位置 1，相应的电阻 R_i 和基准电压 U_{REF} 接通；若 $d_i = 0$，则 S_i 接位置 0，R_i 接地。

求和运算放大器用于将权电阻网络提供的电流 i_Σ 转换为相应的模拟电压 u_o 输出。调节反馈电阻 R_F 的大小，可使输出的模拟电压 u_o 符合要求。同时，求和运算放大器又是权电阻网络和输出负载的缓冲器。

2. 工作原理

下面分析图 11-13 所示权电阻网络 D/A 转换器输出的模拟电压和输入数字信号之间关系。在假设运算放大器输入电流为零的条件下可以得到

$$\begin{aligned} u_o &= -R_F i_\Sigma = -R_F(I_3 + I_2 + I_1 + I_0) \\ &= -R_F\left(\frac{U_{REF}}{2^0 R}d_3 + \frac{U_{REF}}{2^1 R}d_2 + \frac{U_{REF}}{2^2 R}d_1 + \frac{U_{REF}}{2^3 R}d_0\right) \end{aligned} \tag{11-10}$$

取 $R_F = R/2$，则得到

$$u_o = -\frac{U_{REF}}{2^4}(d_3 2^3 + d_2 2^2 + d_1 2^1 + d_0 2^0) \tag{11-11}$$

对于 n 位的权电阻网络 D/A 转换器，当反馈电阻取为 $R/2$ 时，输出电压的计算公式可写成

$$\begin{aligned} u_o &= -\frac{U_{REF}}{2^n}(d_{n-1}2^{n-1} + d_{n-2}2^{n-2} + \cdots + d_1 2^1 + d_0 2^0) \\ &= -\frac{U_{REF}}{2^n}\sum_{k=0}^{n-1} d_k 2^k \end{aligned} \tag{11-12}$$

上式表明，输出的电压正比于输入的数字量，从而实现了从数字量到模拟量的转换。权电阻网络 D/A 转换器的优点是电路结构比较简单，所用的电阻元件数比较少。它的缺点是各个电阻的阻值相差比较大，尤其是在输入信号的位数较多时，这个问题更突出。例如当输入信号增加到 8 位时，如果权电阻网络中最小的电阻为 $R = 10\ \text{k}\Omega$，那么最大的电阻值将达到 $2^7R(=1.28\ \text{M}\Omega)$，两者相差 128 倍之多。要想在极为宽广的阻值范围内保证每个电阻都有很高的精度是十分困难的，尤其对制作集成电路更加不利。为了克服权电阻网络 D/A 转换器中电阻值相差太大的缺点，常采用倒 T 型电阻网络 D/A 转换器。

11.3.2 倒T型电阻网络D/A转换器

1. 电路组成

图11-14所示为4位$R-2R$倒T型电阻网络D/A转换器的原理图。和权电阻网络D/A转换器相比，除电阻网络结构呈倒T型外，电阻网络中只有R、$2R$两种阻值的电阻，这就给集成电路的设计和制作带来了很大的方便。

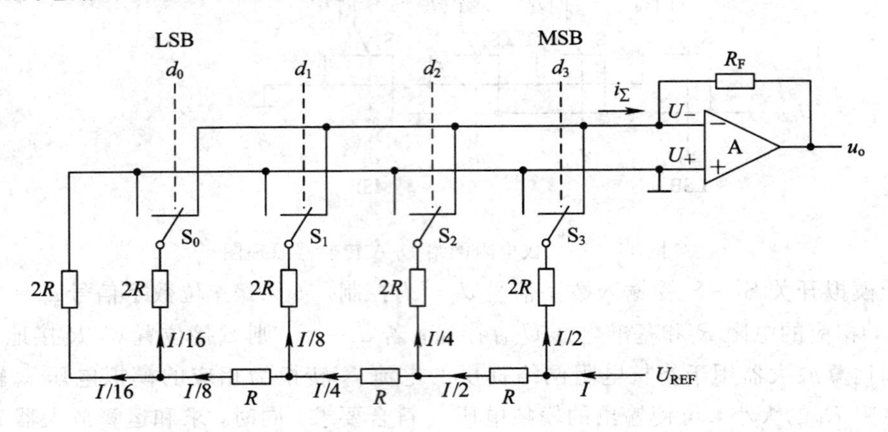

图11-14 倒T型电阻网络D/A转换器

2. 工作原理

电子模拟开关$S_0 \sim S_3$受输入数字信号$d_0 \sim d_3$控制。如果第i位数字信号$d_i=1$，S_i接求和运算放大器的虚地端；当$d_i=0$时，S_i接地。可见，无论输入数字信号为0还是为1，即无论各电子模拟开关接“0”端还是接“1”端，各支路的电流都直接流入地或流入求和运算放大器的虚地端，所以对于倒T型电阻网络来说，各$2R$电阻的上端相当于接地。由图11-14可以看出，基准电压U_{REF}对地电阻为R，其流出的电流$I=U_{REF}/R$是固定不变的，而每个支路的电流依次为$I/2$、$I/4$、$I/8$、$I/16$，因此，电流I_Σ为

$$I_\Sigma = \frac{I}{2}d_3 + \frac{I}{4}d_2 + \frac{I}{8}d_1 + \frac{I}{16}d_0 \tag{11-13}$$

在求和放大器的反馈电阻阻值等于R的条件下输出电压为

$$u_o = -RI_\Sigma = -\frac{U_{REF}}{2^4}(d_3 2^3 + d_2 2^2 + d_1 2^1 + d_0 2^0) \tag{11-14}$$

以此类推，对于n位倒T型电阻网络D/A转换器，在求和放大器的反馈电阻阻值为R的条件下，输出的模拟电压为

$$u_o = -\frac{U_{REF}}{2^n}(d_{n-1}2^{n-1} + d_{n-2}2^{n-2} + \cdots + d_1 2^1 + d_0 2^0) \tag{11-15}$$

由上式可看出，输出电压和输入数字量成正比。由于不论电子模拟开关接“0”端还是接“1”端，电阻$2R$的上端总是接地或接求和运算放大器的虚地端，因此流经$2R$支路上的电流不会随开关状态的变化而变化，它不需要建立时间，所以电路的转换速度提高了。倒T型电阻网络D/A转换器的电阻数量虽比权电阻网络多，但只有R和$2R$两种阻值，因而克服了权电阻网络电阻阻值多、差别大的缺点，便于集成化。因此，$R-2R$倒T型电阻网络D/A转换器得到了广泛的应用。

但无论是权电阻网络 D/A 转换器还是倒 T 型电阻网络 D/A 转换器，在分析过程中，都把电子模拟开关当作理想开关处理，没有考虑它们的导通电阻和导通电压降。而实际上，这些开关总有一定的导通电阻和导通压降，而且每个开关的情况不完全相同。它们的存在无疑将引起转换误差，影响转换精度。为了克服这一问题，常采用权电流型 D/A 转换器。

11.3.3 权电流型 D/A 转换器

1. 电路组成

图 11－15 所示为 4 位权电流型 D/A 转换器的原理图。它由权电流 $I/16$、$I/8$、$I/4$、$I/2$，电子模拟开关 S_0、S_1、S_2、S_3，基准电压 U_{REF} 及求和运算放大器组成。

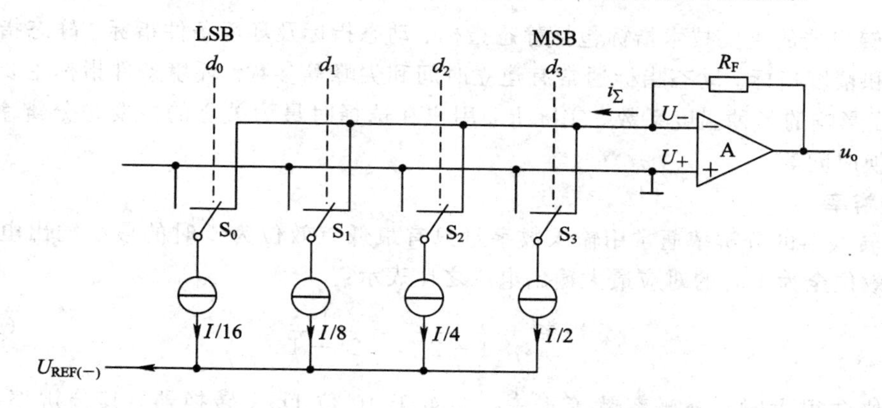

图 11－15 权电流型 D/A 转换器

电子模拟开关 S_0～S_3 受输入数字信号 d_0～d_3 控制，如果第 i 位数字信号 $d_i=1$，则相应的开关 S_i 将权电流源接至运算放大器的反相输入端；若 $d_i=0$，其相应的开关将电流源接地。

恒流源电路经常使用图 11－16 所示的结构形式。只要在电路工作时 U_B 和 U_{EE} 稳定不变，则三极管的集电极电流可保持恒定，不受开关电阻的影响。电流的大小近似为

$$I_i=\frac{U_B-U_{EE}-U_{BE}}{R_E} \tag{11-16}$$

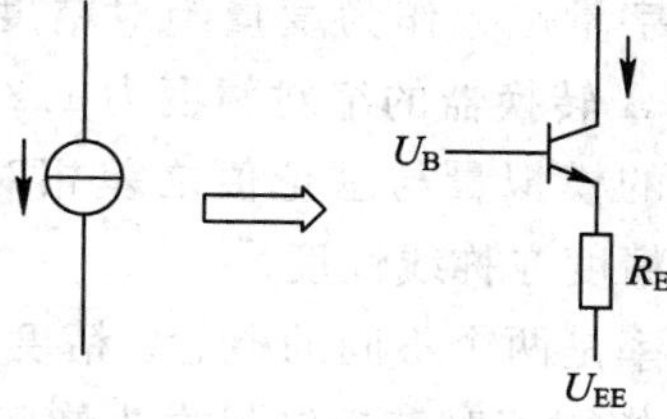

图 11－16 权电流型 D/A 转换器中的电流源

2. 工作原理

在权电流型 D/A 转换器中，有一组恒流源，每个恒流源的大小依次为前一个的 1/2，

和二进制输入代码对应的权成正比。输出电压为

$$\begin{aligned} u_o &= I_\Sigma R_F = R_F\left(\frac{I}{2}d_3 + \frac{I}{4}d_2 + \frac{I}{8}d_1 + \frac{I}{16}d_0\right) \\ &= \frac{R_F I}{2^4}(d_3 2^3 + d_2 2^2 + d_1 2^1 + d_0 2^0) \end{aligned} \tag{11-17}$$

可见，输出电压 u_o正比于输入的数字量，实现了从数字量到模拟量的转换。权电流型 D/A 转换器各支路电流的叠加方法与传输方式和 $R-2R$ 倒 T 型电阻网络 D/A 转换器相同，因而也具有转换速度快的特点。此外，由于采用了恒流源，每个支路电流的大小不再受开关电阻和压降的影响，从而降低了对开关电路的要求。

11.3.4 D/A 转换器的主要技术指标

D/A 转换器的主要技术指标包括静态指标、动态指标及环境条件指标。静态指标主要有分辨率和精度指标。动态指标通常有建立时间和尖峰等参数。环境条件指标主要有反映环境、温度影响的各种温度系数。实际上，用户在选择时最为关心的主要是分辨率、转换精度和转换时间等。

1. 分辨率

D/A 转换器的分辨率通常用输入数字量只有最低有效位为 1 时的最小输出电压与输入数字有效位全为 1 时的对应最大输出电压之比表示：

$$\text{分辨率} = \frac{2^{-n}}{1-2^{-n}} = \frac{1}{2^n-1} \tag{11-18}$$

当 n 位数很大时，分辨率就等于$\frac{1}{2^n}$，如对于 10 位 D/A 转换器，其分辨率为$\frac{1}{2^{10}}=\frac{1}{1024}\approx 0.001$，表示它可以对满量程的$\frac{1}{1024}$的增量做出反应。显然，位数越多，分辨率就越高。转换时，对应数字输入量信号最低位的模拟电压量值越小，也就越灵敏。所以，习惯上常用输入二进制数位来给出分辨率，例如 D/A 转换器 DAC0832 的分辨率为 8 位，AD7542 的分辨率为 12 位等。

2. 转换精度

D/A 转换器的转换精度有绝对精度和相对精度之分。绝对精度指的是转换器实际输出电压与理论值之间的误差，该误差是由于 D/A 转换器的增益误差、零点误差、非线性误差和噪声等因素造成的。通常用数字量位数作为度量绝对精度的单位。如精度为±1/2LSB，如果满量程为 10 V，则 12 位 D/A 转换器的绝对精度为 1.22 mV。相对精度是指满刻度已校准的情况下，对应于任一数码的模拟量与理论值之差相对于满刻度的百分比。如 10 位 D/A 的相对精度为 0.1%，相对精度亦称线性度。

值得注意的是，精度和分辨率是两个不同的概念。精度是指转换后所得实际结果对于理想值的接近程度，而分辨率是指能够对转换结果发生影响的最小输入量。即便对于分辨率很高的 D/A 转换器，可能由于温度、漂移、线性度不良等原因，并不一定具有很高的精度。

3. 转换时间

D/A 转换器的转换时间又称建立时间，是描述 D/A 转换速度快慢的一个重要参数。

所谓建立时间，是指D/A转换器中输入代码有满度值的变化时，其输出模拟电压（或电流）达到满度值±1/2LSB所需要的时间。

4. 非线性误差

D/A转换器的非线性误差定义为实际转换特性曲线与理想特性曲线之间的最大偏差，并用该偏差相对满量程的百分数度量。非线性误差反映了D/A转换器在输入数字量变化时输出模拟量按比例关系变化的程度。一般要求非线性误差不大于±1/2LSB。

11.3.5 集成D/A转换器选择要点

D/A转换器芯片作为模拟量输出通道的核心部件，在接口设计中应合理选择。选择依据主要从芯片的功能特点、结构组成和应用特性等几个方面进行考虑。随着大规模集成电路技术的飞速发展，D/A转换器芯片的功能、结构和性能等都不断得到改进，为微机应用系统和接口设计人员提供了极大方便。应尽可能选择性能价格比高的集成芯片，以满足不同应用的需要。

1. D/A转换器集成芯片简介

几种常用的D/A转换器芯片的特点和性能如表11－3所示。D/A转换器集成芯片按功能与结构的不同和使用的方便程度可以大致分为三种类型：第一类为简单功能性结构的D/A转换器芯片；第二类是与微机完全兼容的D/A转换器芯片；第三类为“超级型”D/A转换器芯片。

表11－3 几种常用D/A转换器芯片的特点和性能

芯片型号	位数	转换时间/ns	非线性误差/%	工作电压/V	基准电压/V	功耗/mW	输出	数据总线接口
DAC0832	8	1000	0.2～0.05	＋5～＋15	－10～＋10	20	I	并行
AD7520	10	500	0.2～0.05	＋5～＋15	－25～＋25	20	I	并行
AD7521	12	500	0.2～0.05	＋5～＋15	－25～＋25	20	I	并行
DAC1210	12	1000	0.05	＋5～＋15	－10～＋10	20	I	并行
MAX506	8	6000	±1LSB	＋5或±5	0～5或±5	25	U	串行
MAX538	12	25000	±1LSB	＋5	0～3	0.7	U	串行

2. D/A转换器芯片选择要点

在设计微机应用系统的接口电路时，合理选择D/A转换器芯片是很重要的一环。所谓“合理”选择，指的是既要结合应用系统的实际需要，又要选用性能价格比高的芯片，还要确保接口实现既简单方便，又可靠实用。

D/A转换器芯片的选择要点如下：

(1) D/A转换器芯片主要性能指标的选择。首先要合理选择分辨率、精度和转换速度以满足设计任务所要求的技术指标。转换器的这些性能指标在器件手册上都能查到。需要注意的是，一般位数越多，精度会越高，转换时间也越长；但价格随速度和精度的提高而增加。

(2) 锁存特性与转换控制的选择。D/A转换器芯片内部是否带有数据输入锁存缓冲器，将直接影响与微机的接口设计。如果选用上述第一类芯片，还必须外加数字量输入锁存器等，否则只能通过具有输出锁存功能的 I/O 端口给 D/A 转换器传送数字量。但若是选用第二类或第三类芯片，接口设计就简单得多了。

(3) 数字输入/输出特性的选择。数字输入特性包括接收数据的码制、数据格式以及逻辑电平等。大多数 D/A 转换器芯片只能接收自然二进制数字代码。当输入数据为 2 的补码或偏移码等双极性数码时，应外加适当的偏置电路。输入数据格式大多数为并行码，现在也有少数芯片内部有移位寄存器，可以接收串行输入码，如 AD7522 和 AD7543 等。对于输入逻辑电平的要求可以分为两大类：一类 D/A 转换器使用固定的阈值电平，一般只能与 TTL 或低压 CMOS 电路相连；另一类可以通过对“逻辑电平控制”或“阈值电平控制”端加合适的电平，以使 D/A 转换器能分别与 TTL、高低压 CMOS 或 PMOS 器件进行直接连接。

D/A 转换器芯片有电流输出型和电压输出型。目前大多数芯片为电流输出型，若要构成电压输出型，只需在 DAC 的电流输出端外接一个运算放大器，运算放大器的反馈电阻有的也可做在芯片内部，如 DAC0832。对于具有电流源性质输出特性的 D/A 转换器，要求输出电流与输入数字之间保持正确的转换关系，只要输出端电压小于输出电压允许范围，而与输出端的电压大小无关。对于输出特性为非电流源特性的 D/A 转换器（如 AD7522、DAC1020 等），无输出电压允许范围指标，电流输出端应保持公共端电位或为虚地，否则将破坏其转换关系。

(4) D/A 转换器参考电压源的配置。参考电压源是影响 D/A 转换器输出结果的唯一模拟参量，对 D/A 转换接口的工作性能和电路结构有很大影响。目前大多数 D/A 转换器芯片不带参考电压源，使用这类芯片时为了方便地改变输出模拟电压范围和极性，必须配置合适的外接参考电压源。

外接参考电源形式很多，图 11－17 中列出了常用的 3 种参考电压源电路，其中图 11－17(a)是由带温度补偿的齐纳二极管 V_W 构成的参考电压源电路。图 11－17(b)为采用运算放大器的稳压电路。该电路具有驱动能力强、负载变化对输出参考电压无直接影响、参考电压可以调节等特点。图 11－17(c)使用了一种新颖的精密参考电压源——能隙恒压源器件 MC1403(国产型号为 5G1403)。这种集成化的精密稳压电源的特点是输出电压低(1.25 V～2.5 V)，而输入电压为 5 V～15 V。与齐纳二极管相比，能隙恒压源器件工作在线性区域，内部噪声小。

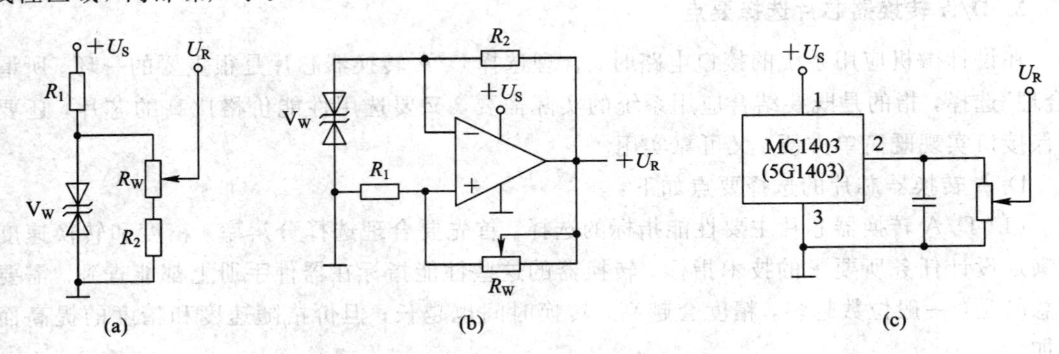

图 11－17　D/A 转换器常用参考电压源电路

11.3.6 集成 DAC 器件

DAC 的集成器件有很多产品，下面以 DAC0832 为例介绍集成 DAC 的电路结构和应用。DAC0832 是美国国家半导体公司(NSC)生产的 8 位 D/A 转换器，芯片采用 CMOS 工艺，该器件可以直接与各种微处理器接口，是控制系统中常用的 D/A 转换器。

图 11-18 是 DAC0832 的内部电路结构框图及外部引脚的标号和名称。它由 8 位输入寄存器、8 位 D/A 寄存器、8 位 D/A 转换器、逻辑控制电路以及输出电路的辅助元件 R_{fb}(15 kΩ)组成。8 位 D/A 转换器采用 $R-2R$ 倒 T 型电阻网络结构。DAC0832 有两个分别控制的数据寄存器，在使用时有很大的灵活性，可以根据需要接成不同的工作方式。DAC0832 中没有集成运算放大器，并且采用电流输出方式，使用时须外接运算放大器。芯片中已经设置有电阻 R_{fb}，只要将 9 脚接到运算放大器的输出端即可。若运算放大器增益不够，还须外接反馈电阻。各引脚名称和功能说明如下。

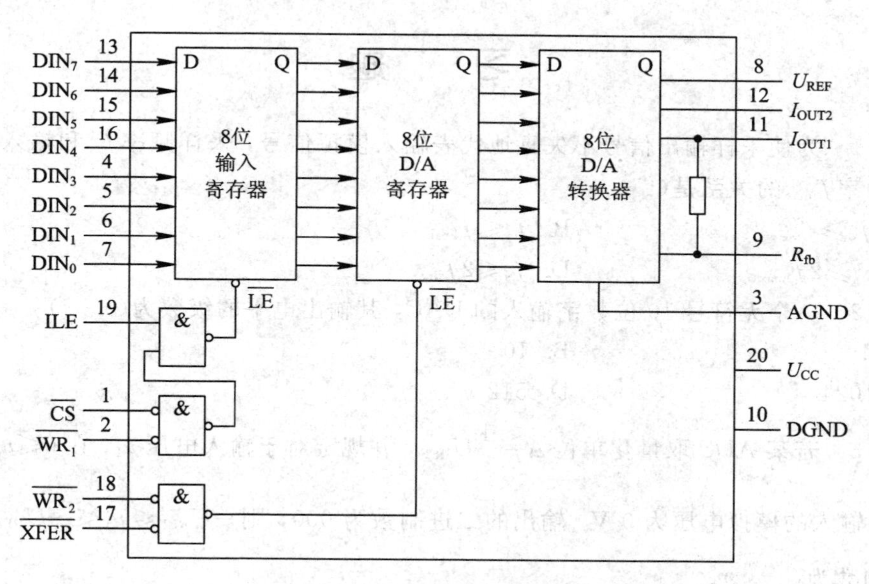

图 11-18　DAC0832 的内部组成框图

1. 控制信号

$\overline{CS}$(1)：片选信号，低电平有效。

$\overline{WR_1}$(2)：数据输入选通信号，低电平有效。

ILE(19)：输入允许信号，高电平有效。

只有在$\overline{CS}$、$\overline{WR_1}$、ILE 同时有效时，输入的数字量才能写入输入寄存器，并在$\overline{WR_1}$的上升沿实现数据锁存。

$\overline{WR_2}$(18)：数据传送选通信号，低电平有效。

$\overline{XFER}$(17)：数据传送控制信号，低电平有效。

只有在$\overline{WR_2}$、$\overline{XFER}$同时有效时，输入寄存器的数字量才能写入到 D/A 寄存器，并在$\overline{WR_2}$的上升沿实现数据锁存。

2. 输入数字量

DIN_0～DIN_3(7～4)、DIN_4～DIN_7(16～13)：8位数字量输入(自然二进制码)，DIN_7为最高位，DIN_0为最低位。

3. 输出模拟量

I_{OUT1}(11)：DAC输出电流1。当D/A寄存器中的数据全为1时，I_{OUT1}最大(满量程输出)；当D/A寄存器中的数据全为0时，$I_{OUT1}=0$。

I_{OUT2}(12)：DAC输出电流2。I_{OUT2}为一常数(满量程输出电流)与I_{OUT1}之差，即$I_{OUT1}+I_{OUT2}$为满量程输出电流。

4. 电源和地

U_{CC}(20)：接电路工作的电源电压，其值为+5 V～+15 V。

AGND(3)：模拟地。

DGND(10)：数字地。

习　题

11-1　为使采样输出信号不失真地代表输入模拟信号，采样频率f_s和输入模拟信号的最高频率f_{Imax}的关系是(　　)。

A. $f_s \geqslant f_{Imax}$　　B. $f_s \leqslant f_{Imax}$

C. $f_s \geqslant 2f_{Imax}$　　D. $f_s \leqslant 2f_{Imax}$

11-2　一个无符号10位数字输入的DAC，其输出电平的级数为(　　)。

A. 4　　B. 10

C. 1024　　D. 512

11-3　若某ADC取量化单位$\Delta=\frac{1}{8}U_{REF}$，并规定对于输入电压$u_I$，在$0 \leqslant u_I < \frac{1}{8}U_{REF}$时，认为输入的模拟电压为0 V，输出的二进制数为000，则$\frac{5}{8}U_{REF} \leqslant u_I < \frac{6}{8}U_{REF}$时，输出的二进制数为(　　)。

A. 001　　B. 101

C. 110　　D. 111

11-4　常见的A/D转换器有几种？其特点分别是什么？

11-5　常见的D/A转换器有几种？其特点分别是什么？

11-6　为什么A/D转换器需要采样-保持电路？

11-7　若A/D转换器(包括采样-保持电路)输入模拟电压信号的最高变化频率为10 kHz，试说明采样频率的下限是多少？完成一次A/D转换所用时间的上限是多少？

11-8　比较逐次比较型A/D转换器和双积分型A/D转换器的优点，指出它们各适用于哪些场合。

11-9　在如图11-6所示的逐次比较型A/D转换器中，若$n=10$，已知时钟频率为1 MHz，则完成一次转换所需时间是多少？如要求完成一次转换的时间小于100 μs，问时钟频率应选多大？

11-10　在8位逐次比较型ADC中，若满量程输出电压$U_{omax}=10$ V，输入模拟电压$u_I=7.36$ V，试求：

(1) 该转换电路的量化单位等于多少？

(2) 该电路转换输出结果是多少？

11-11　在图11-6所示的逐次比较型A/D转换器中，设$U_{REF}=10$ V，$u_I=8.26$ V，试画出在时钟脉冲作用下u_o'的波形并写出转换结果。

11-12　在双积分型ADC电路中，第一次积分的时间T_1和第二次积分的时间T_2分别与哪些因素有关？积分器的积分时间常数对输出结果有影响吗？

11-13　10位倒T型电阻网络D/A转换器如图题11-13所示，当$R=R_F$时，试求：

(1) 输出电压的取值范围；

(2) 若要求电路输入数字量为200H，输出电压$u_o=5$ V，试问U_{REF}应取何值？

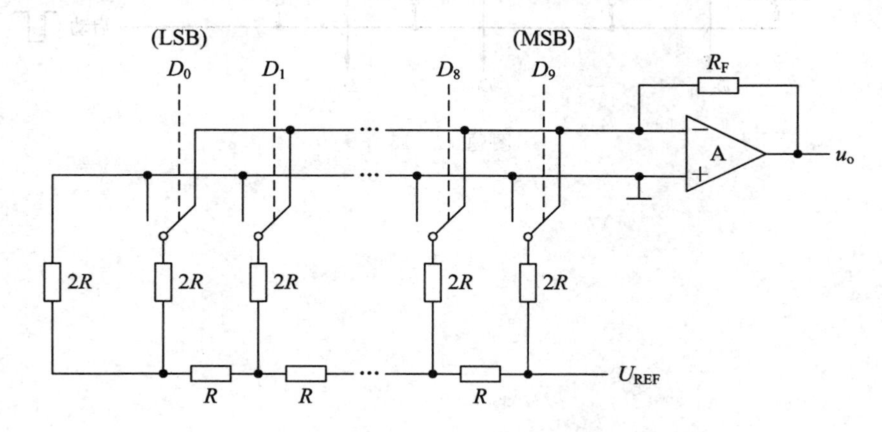

图题11-13

11-14　n位权电阻D/A转换器如图题11-14所示。

(1) 试推导输出电压u_o与输入数字量的关系式；

(2) 如$n=8$，$U_{REF}=-10$ V，当$R_F=1/8R$时，如输入数码为20H，试求输出电压值。

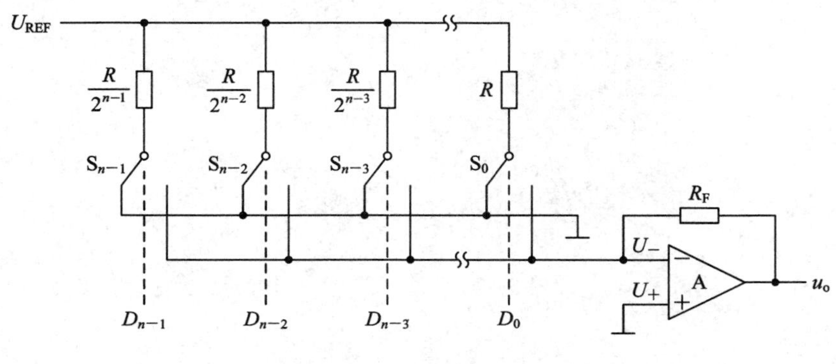

图题11-14

11-15　在图题11-15所示的双积分型ADC电路中，若有$n=10$，$U_R=10$ V，CP脉冲的脉冲频率$f=500$ kHz，试求：

(1) 采样积分时间T_1；

(2) 输入模拟电压 $U_1 = 3.75$ V 时，比较积分的时间 T_2，并确定计数器的输出状态；

(3) 输入模拟电压 $U_1 = 2.5$ V 时，电路的转换结果。

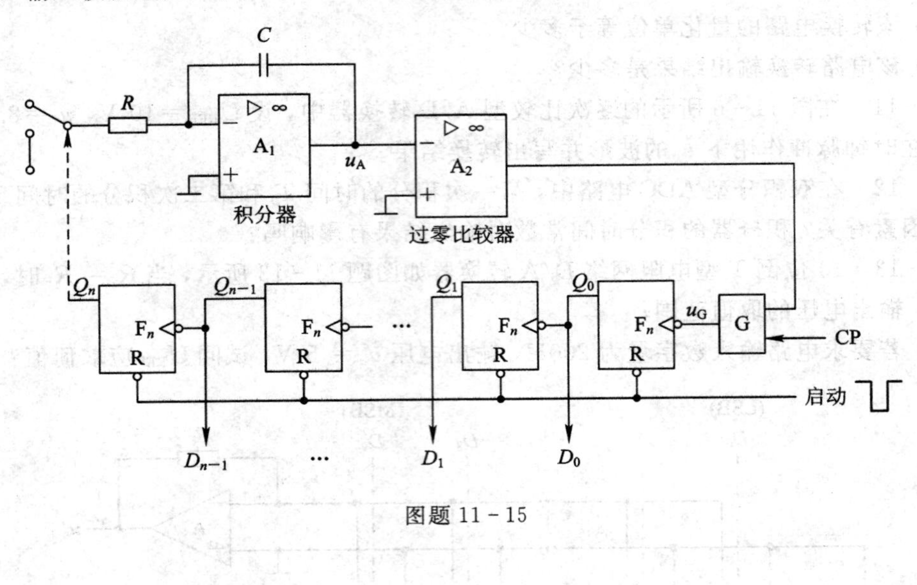

图题 11－15

第 12 章　555 定时器的应用

在数字电路或系统中，通常需要使用周期性的脉冲波形，例如触发器的时钟脉冲、控制过程中的定时信号等。获取这些脉冲波形，通常有两种方法：一种是利用脉冲信号发生器直接产生，另一种是对已有的信号进行变换后获得。本章主要介绍集成 555 定时器及其在构成施密特触发器、单稳态触发器及多谐振荡器上的应用。

12.1　集成 555 定时器

开关电路是脉冲单元电路的一个组成部分，晶体管、逻辑门和 555 定时器都具有开关特性，它们可以构成脉冲电路中的开关电路。在前面的章节中已经介绍过晶体管和门电路的开关特性，本章介绍 555 定时器的特性。555 定时器是一种多用途的数字-模拟混合的中规模集成电路。它的结构比较简单，使用却非常灵活、方便，利用它可以方便地构成各种脉冲单元电路。由 555 定时器构成的各种电路，都是通过定时控制，实现信号的产生和变换，从而完成其它控制功能。555 定时器有双极型和 CMOS 两种类型的产品，它们的结构和工作原理没有本质的区别。

12.1.1　电路组成及工作原理

555 定时器的内部逻辑图如图 12－1 所示，一般由分压电路、比较器、触发器、放电开关以及输出缓冲级等 5 部分组成。

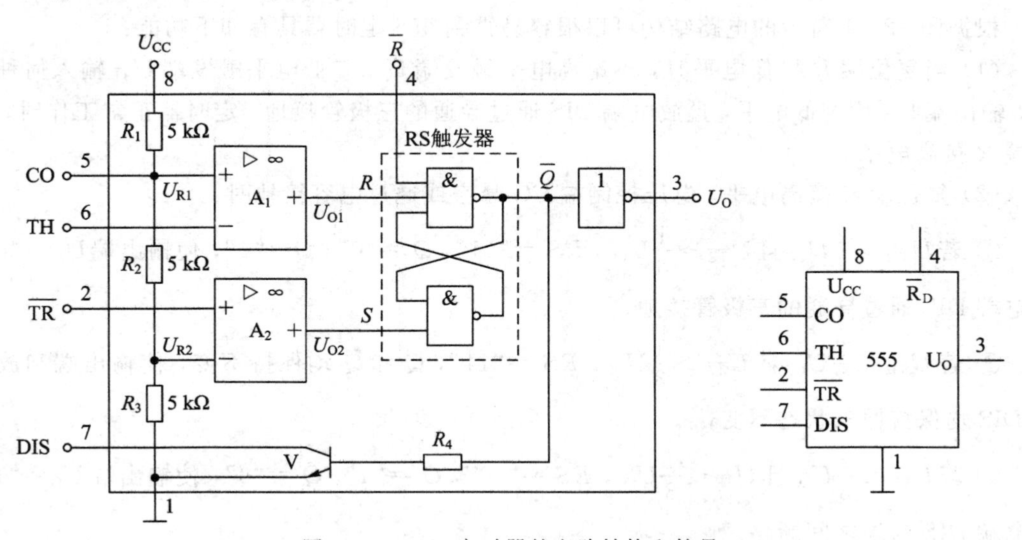

图 12－1　555 定时器的电路结构和符号

1. 分压电路

分压器由 3 个等值电阻串联而成，将电源电压 U_{CC} 分成 3 等份，其作用是为比较器提供两个参考电压 U_{R1}、U_{R2}，若电压控制端 CO 悬空或通过电容接地，则

$$U_{R1} = \frac{2}{3}U_{CC} \tag{12-1}$$

$$U_{R2} = \frac{1}{3}U_{CC} \tag{12-2}$$

若电压控制端 CO 外接电压 U_C，则

$$U_{R1} = U_C \tag{12-3}$$

$$U_{R2} = \frac{1}{2}U_C \tag{12-4}$$

2. 比较器

比较器由两个结构相同的集成运放 A_1、A_2 构成。A_1 用来比较参考电压 U_{R1} 和高电平触发端电压 U_{TH}，当 $U_{TH}>U_{R1}$ 时，集成运放 A_1 输出 $U_{O1}=$“0”；当 $U_{TH}<U_{R1}$ 时，集成运放 A_1 输出 $U_{O1}=$“1”。A_2 用来比较参考电压 U_{R2} 和低电平触发端电压 $U_{\overline{TR}}$，当 $U_{\overline{TR}}>U_{R2}$ 时，集成运放 A_2 输出 $U_{O2}=$“1”；当 $U_{\overline{TR}}<U_{R2}$ 时，集成运放 A_2 输出 $U_{O2}=$“0”。

3. 基本 RS 触发器

当 $RS=$“01”时，$Q=$“0”，$\overline{Q}=$“1”；当 $RS=$“10”时，$Q=$“1”，$\overline{Q}=$“0”。

4. 放电开关及输出缓冲级

放电开关由一个晶体管 V 组成，其基极受 RS 触发器输出端 $\overline{Q}$ 控制。当 $\overline{Q}=$“1”时，三极管导通，放电端 DIS 通过导通的三极管为外电路提供放电的通路；当 $\overline{Q}=$“0”时，三极管截止，放电通路被截断。为了提高电路的负载能力，在电路的输出端设置了非门，主要作用是提高驱动负载的能力和隔离负载对定时器的影响。

12.1.2 555 定时器的功能

根据图 12-1 所示的电路结构可以很容易得到 555 定时器具有如下功能：

(1) 当复位端 $\overline{R}$ 接低电平时，不论高电平触发端 U_{TH} 和低电平触发端 $U_{\overline{TR}}$ 输入何种电平，输出端 U_O 均为低电平，且放电端 DIS 通过导通的三极管接地。定时器正常工作时，复位端 $\overline{R}$ 接高电平。

(2) 复位端 $\overline{R}$ 接高电平，电压控制端 CO 悬空或通过电容接地时：

① 若 $U_{TH}>\frac{2}{3}U_{CC}$ 且 $U_{\overline{TR}}>\frac{1}{3}U_{CC}$，$RS=$“01”，$Q=$“0”，$\overline{Q}=$“1”，使输出端 $U_O=$“0”，放电端 DIS 通过导通的三极管接地；

② 若 $U_{TH}<\frac{2}{3}U_{CC}$ 且 $U_{\overline{TR}}>\frac{1}{3}U_{CC}$，$RS=$“11”，$Q$ 和 $\overline{Q}$ 均保持不变，使输出端和放电端 DIS 均保持原来状态不变；

③ 若 $U_{TH}<\frac{2}{3}U_{CC}$ 且 $U_{\overline{TR}}<\frac{1}{3}U_{CC}$，$RS=$“10”，$Q=$“1”，$\overline{Q}=$“0”，使输出端 $U_O=$“1”，放电端 DIS 与地之间断路。

(3) 复位端 $\overline{R}$ 接高电平，电压控制端 CO 外接控制电压时：

① 若 $U_{TH} > U_C$ 且 $U_{\overline{TR}} > \frac{1}{2}U_C$，$RS$ =“01”，Q =“0”，$\overline{Q}$ =“1”，使输出端 U_O=“0”，放电端 DIS 通过导通的三极管接地；

② 若 $U_{TH} < U_C$ 且 $U_{\overline{TR}} > \frac{1}{2}U_C$，$RS$ =“11”，Q 和 $\overline{Q}$ 均保持不变，使输出端 U_O 和放电端 DIS 均保持原来状态不变；

③ 若 $U_{TH} < U_C$ 且 $U_{\overline{TR}} < \frac{1}{2}U_C$，$RS$ =“10”，Q =“1”，$\overline{Q}$ =“0”，使输出端 U_O=“1”，放电端 DIS 与地之间断路。

可见，CO 端外加控制电压 U_C，可以改变两个参考电压 U_{R1}、U_{R2} 的大小。上述功能也可归纳于表 12－1。

表 12－1　555 定时器功能表

$U_{\overline{R}}$	U_{TH}	$U_{\overline{TR}}$	U_O	放电端 DIS
0	×	×	0	与地导通
1	$>\frac{2}{3}U_{CC}$	$>\frac{1}{3}U_{CC}$	0	与地导通
1	$<\frac{2}{3}U_{CC}$	$>\frac{1}{3}U_{CC}$	保持原状态不变	保持原状态不变
1	$<\frac{2}{3}U_{CC}$	$<\frac{1}{3}U_{CC}$	1	与地断开

555 定时器可产生精确的时间延迟和振荡，其电源电压范围宽，对于双极型器件，其电源电压可达 5 V～16 V；对于 CMOS 器件，电源电压可达 3 V～18 V。它还可以提供与 TTL 及 CMOS 数字电路兼容的接口电平，输出一定的功率，以及驱动微电机、指示灯、扬声器等。在脉冲波形的产生与变换、仪器与仪表、测量与控制、家用电器与电子玩具等领域，555 定时器得到了广泛的应用，下一节介绍其主要应用。

12.2　555 定时器的主要应用

12.2.1　施密特触发器

施密特触发器实际上是双稳态触发器的一种特例，它也有两个稳定状态，只要外加触发信号幅值足够大，就可以从一个稳态转换到另一个稳态，它是脉冲波形变换中经常使用的一种电路，它在性能上有两个重要的特点：

（1）它有两个转折电压 U_{T1}、U_{T2}，使 u_o 从低电平跃变为高电平的输入电压为 U_{T1}，使 u_o 从高电平跃变为低电平的输入电压为 U_{T2}，U_{T1} 不等于 U_{T2}，即电路具有“回差”特性。

两个转折电压差的绝对值称为回差电压，记作 ΔU_T：

$$\Delta U_T = |U_{T1} - U_{T2}| \tag{12-5}$$

（2）在电路转换时，通过内部的正反馈过程，使输出电压波形的脉冲边沿变得更陡峭。

利用这两个特点，不仅能将边沿缓慢的信号波形整形为边沿陡峭的矩形波，而且可以将叠加在输入波形上的噪声有效地清除。根据电压传输特性的不同，施密特触发器可分两种类型：输出电平与输入电平是同相的，其电压传输特性就称为同相回差特性；输出电平与输入电平是反相的，其电压传输特性就称为反相回差特性。其逻辑符号和电压传输特性如图 12-2 所示。

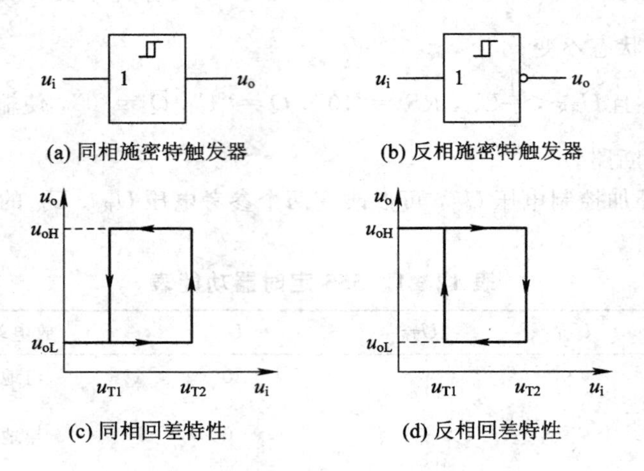

图 12-2 施密特触发器及其电压传输特性

施密特触发器可以由门电路组成，也可以采用集成的施密特触发器 7414，还可以由 555 定时器构成。这里我们主要介绍由 555 定时器构成的施密特触发器。将 555 定时器的高、低电平触发端 TH 和$\overline{\mathrm{TR}}$连接在一起作为信号输入端，如图 12-3(a)所示，便构成了施密特触发器。

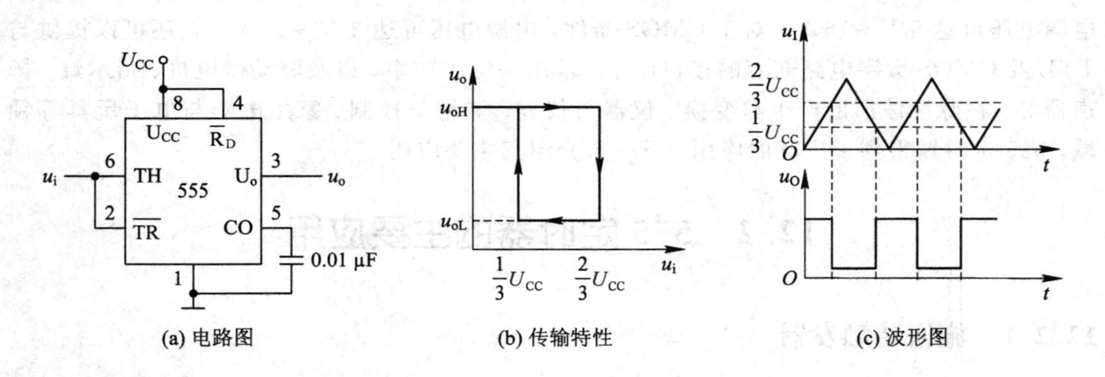

图 12-3 由 555 定时器组成的施密特触发器

当 $u_I<\frac{1}{3}U_{CC}$，即$\overline{\mathrm{TR}}$端电压小于$\frac{1}{3}U_{CC}$时，输出电压 u_o为高电平。只有当 u_I升高到大于$\frac{2}{3}U_{CC}$，即 TH 端电压大于$\frac{2}{3}U_{CC}$时，输出电压 u_o才变为低电平。随后，u_I再升高，u_o状态不变，只有当 u_I下降到小于$\frac{1}{3}U_{CC}$，即$\overline{\mathrm{TR}}$端电压小于$\frac{1}{3}U_{CC}$时，输出电压 u_o才又变为高电平。因此，图 12-3(a)所示电路有如图 12-3(b)所示的电压传输特性。可见，当 u_I升高时，上限触发电平 $U_{T1}=\frac{2}{3}U_{CC}$；当 u_I下降时，下限触发电平 $U_{T2}=\frac{1}{3}U_{CC}$，其回差电压为

$$\Delta U_{\mathrm{T}}=U_{\mathrm{T1}}-U_{\mathrm{T2}}=\frac{2}{3}U_{\mathrm{CC}}-\frac{1}{3}U_{\mathrm{CC}}=\frac{1}{3}U_{\mathrm{CC}} \tag{12-6}$$

当u_{I}为三角波时，u_{I}与u_{o}的波形如图 12-3(c)所示。如果在控制电压端 CO 加直流电压U_{C}，便可以通过调节U_{C}来改变回差电压ΔU_{T}的值，此时，$U_{\mathrm{T1}}=U_{\mathrm{C}}$，$U_{\mathrm{T2}}=\frac{1}{2}U_{\mathrm{C}}$，则

$$\Delta U_{\mathrm{T}}=\frac{1}{2}U_{\mathrm{C}} \tag{12-7}$$

施密特触发器的用途非常广泛，其典型应用说明如下：

(1) 波形的变换与整形。

利用施密特触发器可以把边沿变化缓慢的周期波变换为矩形波，如图 12-4(a)所示。当输入的正弦电压u_{I}超过U_{T1}时，电路达到一种稳态，当输入电压低于U_{T2}时，电路又翻到另一稳态。可见，只要输入电压u_{I}的变化包含触发电平U_{T1}和U_{T2}，即可在施密特触发器的输出端得到同频率的矩形脉冲信号。

当输入u_{I}波形的幅度足够大，但不规则时，经施密特触发器整理后，可以输出幅值规则的矩形脉冲波，如图 12-4(b)所示。

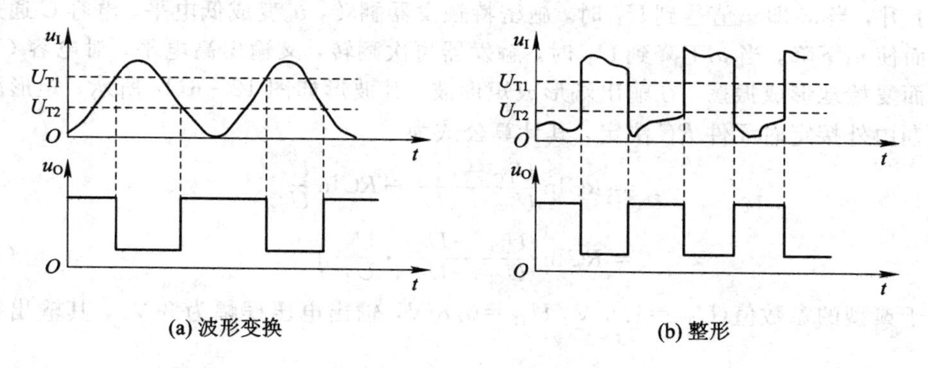

图 12-4　波形的变换与整形

(2) 幅度鉴别。

当施密特触发器输入一串幅度不等的脉冲信号时，只有幅度超过U_{T1}的脉冲能使触发器状态翻转，而低于U_{T1}的脉冲不能使触发器翻转，如图 12-5 所示，可见，施密特触发器是很好的幅度鉴别器。

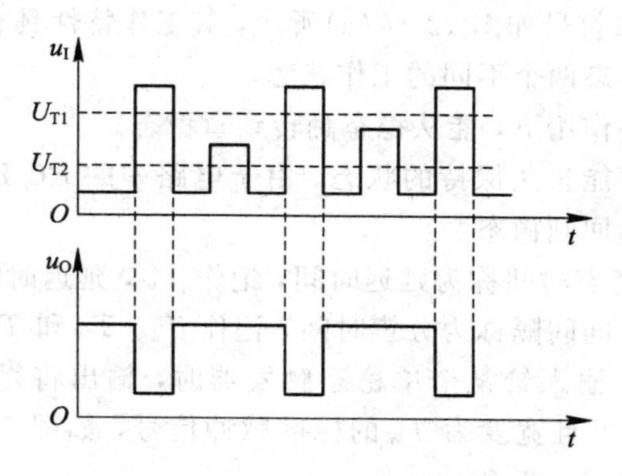

图 12-5　脉冲幅度鉴别

（3）构成脉冲源。

利用施密特触发器可以构成矩形波发生器，电路如图 12－6(a)所示。

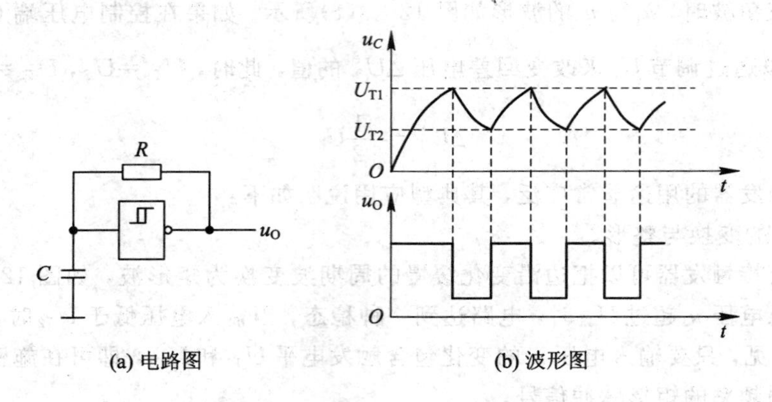

图 12－6　施密特矩形波发生器

接通电源瞬间，电容 C 上的电压为 0 V，输出 u_o为高电平。u_o通过电阻 R 对电容 C 充电，u_C上升，当 u_C 即 u_i值达到 U_{T1}时，施密特触发器翻转，u_o变成低电平。电容 C 通过电阻 R 放电而使 u_i下降，当 u_i下降到 U_{T2}时，触发器再次翻转，又输出高电平，对电容 C 充电。如此周而复始地形成振荡，在输出端形成矩形波。其波形如图 12－6(b)所示，矩形脉冲的振荡周期由外接定时元件 RC 决定，其计算公式为

$$\begin{aligned} T &= RC\ln\frac{U_{CC}-U_{T2}}{U_{CC}-U_{T1}}+RC\ln\frac{U_{T1}}{U_{T2}} \\ &= RC\ln\left(\frac{U_{CC}-U_{T2}}{U_{CC}-U_{T1}}\cdot\frac{U_{T1}}{U_{T2}}\right) \end{aligned} \tag{12-8}$$

对于典型的参数值($U_{T1}=1.6$ V，$U_{T2}=0.8$ V，输出电压摆幅为 3 V)，其输出振荡频率为

$$f \approx \frac{0.7}{RC} \tag{12-9}$$

最大可能的振荡频率为 10 MHz。

12.2.2　单稳态触发器

单稳态触发器的逻辑符号如图 12－7(a)所示，其工作特性具有如下显著特点：

（1）具有稳态和暂稳态两个不同的工作状态。

（2）在外界触发脉冲作用下，能从稳态翻转到暂稳态。

（3）暂稳态是一个不能长久保持的状态。由于电路中的 RC 延时环节的作用，经过一段时间后，电路会自动返回到稳态。

单稳态触发器的暂稳态时间称为延迟时间，记作 T_W，延迟时间取决于 RC 电路的参数值。两次触发间的最短时间间隔称为分辨时间，记作 T_d。T_W和 T_d是单稳态触发器的重要参数。当非标准脉冲信号输入给某个单稳态触发器时，输出将得到一个与之对应的具有 TTL 或 CMOS 高、低电平且宽度为 T_W的标准脉冲信号，如图 12－7(b)所示。实际工作时，两次触发器时间间隔应大于 T_d。

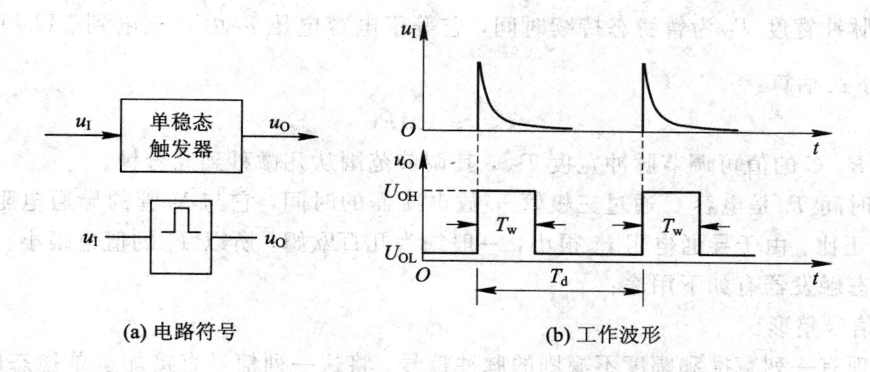

(a) 电路符号　　(b) 工作波形

图 12-7　单稳态触发器

单稳态触发器可以由门电路组成，也可以采用集成的单稳态触发器 74121，还可以由 555 定时器构成。这里，我们主要介绍由 555 定时器构成的单稳态触发器。将 555 定时器的高电平触发端 TH 与放电端 DIS 端相连后接定时元件 RC，从低电平触发端$\overline{\text{TR}}$加入触发信号，则构成单稳态触发器，电路和工作波形如图 12-8(a)所示。其工作原理分析如下：

(1) 输入信号 u_I为高电平且 $u_I > \frac{1}{3}U_{CC}$时，输出电压 u_o为低电平，DIS 导通，电容两端电压 $u_C=0$，电路处于稳态。

(2) 当 u_I由高电平变为低电平且低于$\frac{1}{3}U_{CC}$时，输出电压 u_o由 0 变 1，DIS 断开，电路进入暂稳态。此后，电源通过 R 对电容 C 充电，当充电到电容上电压 u_C即 U_{TH}端电压大于$\frac{2}{3}U_{CC}$时，输出电压 u_o由 1 变 0，DIS 导通，电容通过 DIS 端很快放电，电路自动返回稳态，等待下一个触发脉冲的到来。对触发脉冲除要求高电平大于$\frac{2}{3}U_{CC}$、低电平小于$\frac{1}{3}U_{CC}$外，其脉冲宽度应小于暂稳态时间。

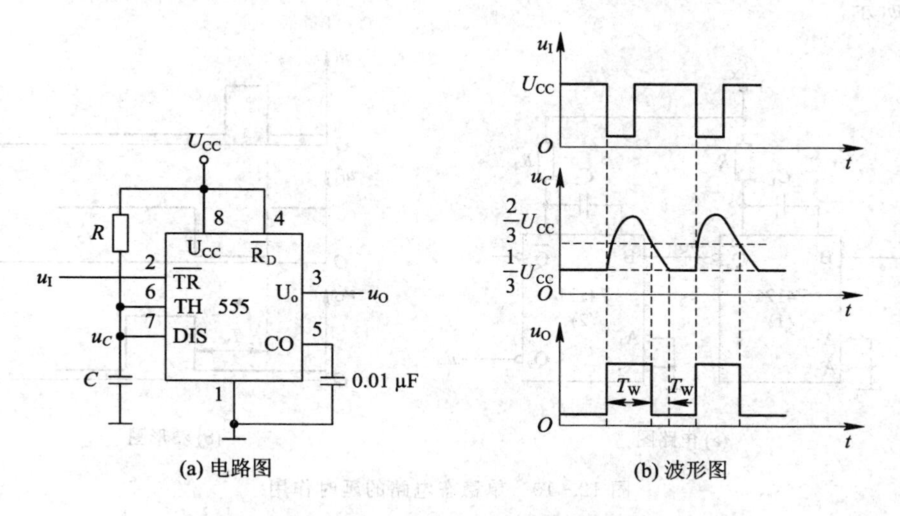

(a) 电路图　　(b) 波形图

图 12-8　由 555 定时器构成的单稳态触发器

输出脉冲宽度 T_W 为暂稳态持续时间，它等于电容电压 u_C 由 0 充电到 $\frac{2}{3}U_{CC}$ 所需的时间，可用下式估算：

$$T_W \approx 1.1RC \tag{12-10}$$

调节 R、C 的值可调节脉冲宽度 T_W，其调节范围从几微秒到几分钟。

恢复时间 T_{re} 是电容 C 通过三极管 V 放电所需的时间，它与 V 管的导通电阻 r_{on} 值和电容 C 成正比。由于导通电阻 r_{on} 很小，一般约为几百欧姆，所以 T_{re} 的值也很小。

单稳态触发器有如下用途：

(1) 信号整形。

假设现有一列宽度和幅度不规则的脉冲信号，将这一列信号直接加至单稳态电路的触发输入端，在电路的输出端就可以得到一组幅度和宽度均一致的规则的矩形脉冲信号，如图 12-9 所示。

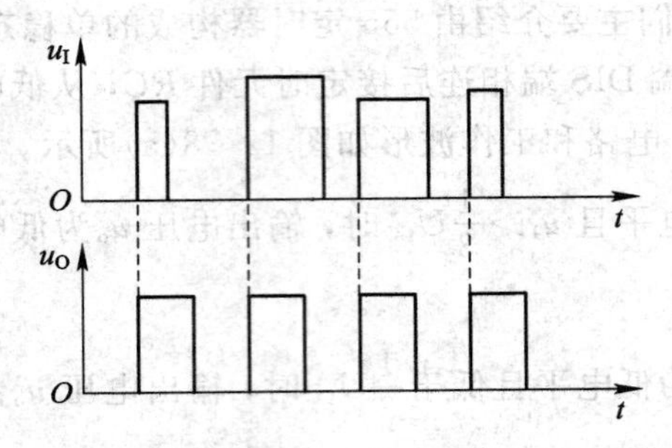

图 12-9　单稳态电路的整形作用

(2) 信号延时。

将两个集成单稳态触发器 74121 首尾连接，被延时信号作为第 1 级的触发输入，第 1 级的反相输出端作为第 2 级的触发输入。根据需要，分别调整两级的外接电阻和外接电容，就可以相应调整延时时间，并可以相应调整从第 2 级输出端获得脉冲信号的宽度，如图 12-10 所示。

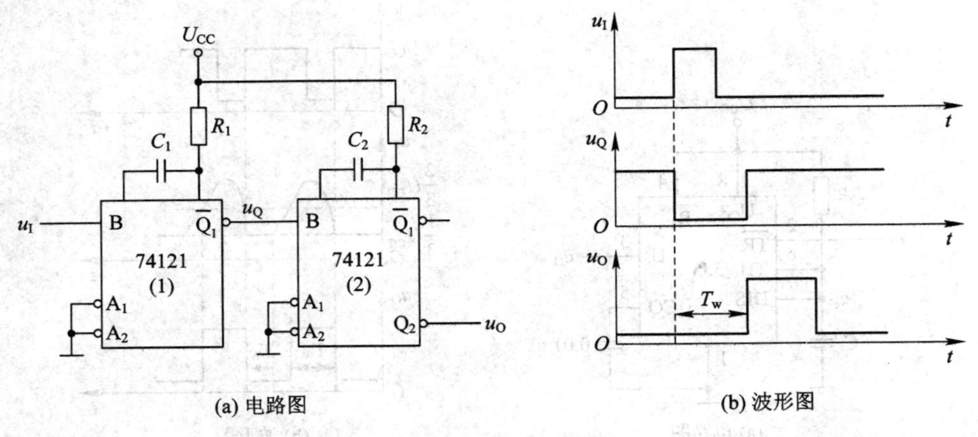

(a) 电路图　　(b) 波形图

图 12-10　单稳态电路的延时作用

(3) 信号定时。

将单稳态触发器的输出接至与门输入端作为控制信号，另一列脉冲序列信号也同时加至与门的另一个输入端。当单稳态触发器处于暂稳态、输出为高电平时，与门打开，脉冲序列信号能够通过与门传递；而当经过一段时间后，单稳态电路回到稳态时，输出为低电平，控制与门关闭。与门打开的时间取决于单稳态触发器暂稳态持续时间的长短，如图 12－11 所示。

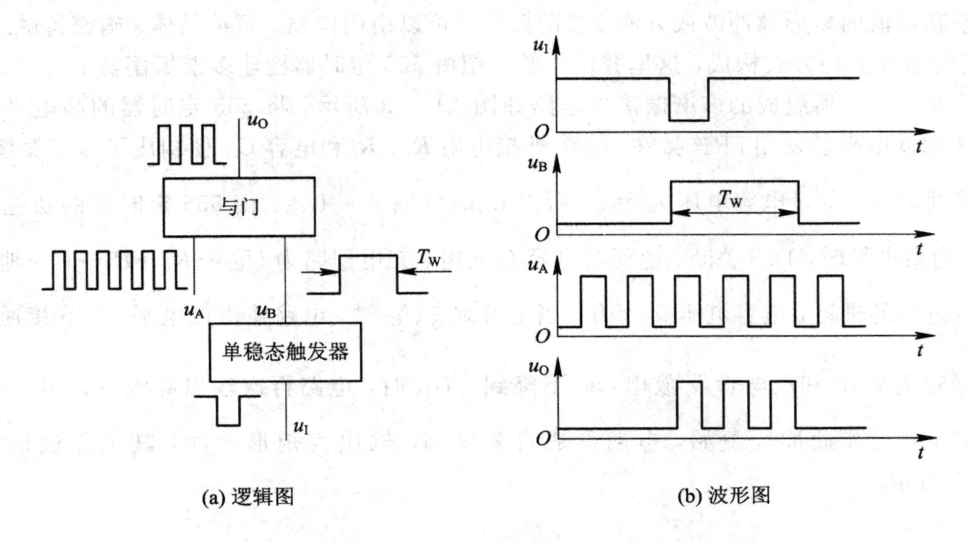

图 12－11　单稳态触发器作定时电路的应用

(4) 噪声消除电路。

利用单稳态触发器可以构成噪声消除电路(或称脉宽鉴别电路)。通常噪声多表现为尖脉冲、宽度较窄，而有用的信号都具有一定的宽度。利用单稳电路，将输出脉宽调节到大于噪声宽度而小于信号宽度，即可消除噪声。由集成单稳态触发器 74121 组成的噪声消除电路如图 12－12(a)所示，其波形如图 12－12(b)所示。

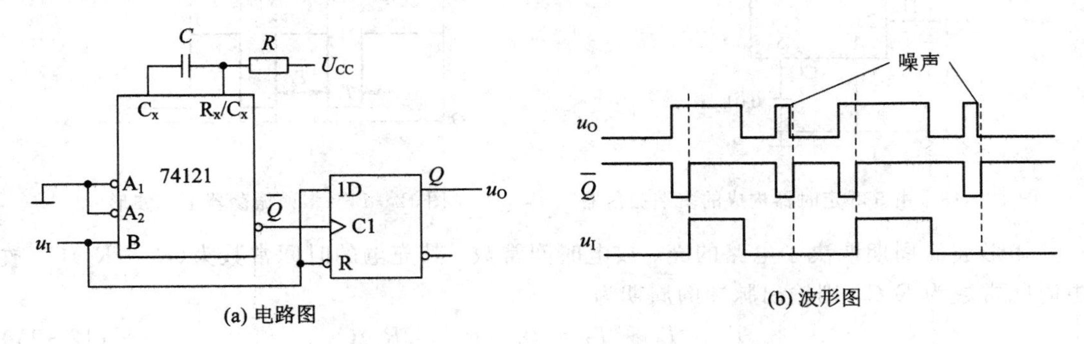

图 12－12　噪声消除电路

图中，输入信号接至单稳态触发器的触发输入端和 D 触发器的数据输入端及直接置 0 端，由于有用信号大于单稳态输出脉宽，因此单稳 $\overline{Q}$ 输出上升沿使 D 触发器置 1，而当信号消失后，D 触发器被清零。若输入中含有噪声，其噪声前沿使单稳触发器翻转，但由于单稳输出脉宽大于噪声宽度，故单稳 $\overline{Q}$ 输出上升沿时，噪声已消失，从而在输出信号中消除了噪声成分。

12.2.3 多谐振荡器

多谐振荡器又称无稳态电路，它只有两个暂态，无需外界信号作用，第一暂态维持一定的时间翻转至第二暂态，第二暂态维持一定的时间又返回第一暂态，周而复始地产生一定频率和幅值的矩形脉冲波或方波。多谐振荡器可以由门电路、石英晶体、施密特触发器、555 定时器等多种方式构成，这里我们主要介绍由 555 定时器构建多谐振荡器的方法。

由 555 定时器组成的多谐振荡器电路如图 12－13 所示。将 555 定时器的高电平触发端 TH 和低电平触发端$\overline{\mathrm{TR}}$连接在一起，外接电阻 R_1、R_2和电容 C，便构成了多谐振荡器。

接通电源后，设电容电压 $u_C=0$，所以 $U_{\mathrm{TH}}=U_{\overline{\mathrm{TR}}}<\frac{1}{3}U_{\mathrm{CC}}$。由 555 定时器的功能表可知，$u_o$为高电平时，DIS 关断，电源对电容 C 充电，充电回路为 $U_{\mathrm{CC}}\to R_1\to R_2\to C\to$地。随着充电过程的进行，电容电压 u_C上升，当上升到$\frac{2}{3}U_{\mathrm{CC}}$时，电路输出低电平，DIS 接通，电容 C 通过电阻 R_2和放电管 V 放电，u_C下降到$\frac{1}{3}U_{\mathrm{CC}}$时，电路再次输出高电平，DIS 关断，电容 C 充电，如此周而复始，电路形成自激振荡，输出为矩形脉冲，其工作波形如图 12－14 所示。

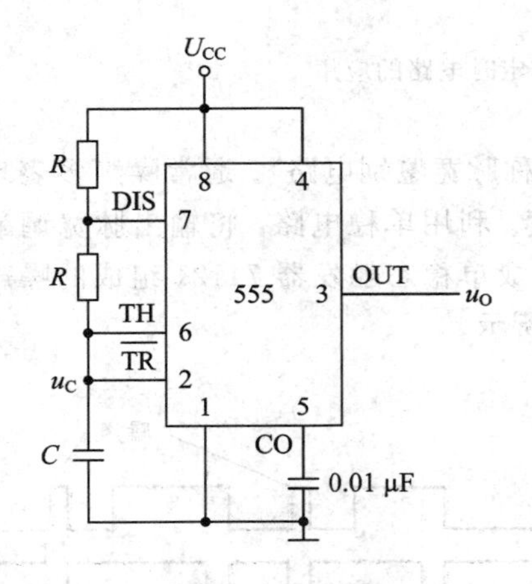

图 12－13　由 555 定时器构成的多谐振荡器

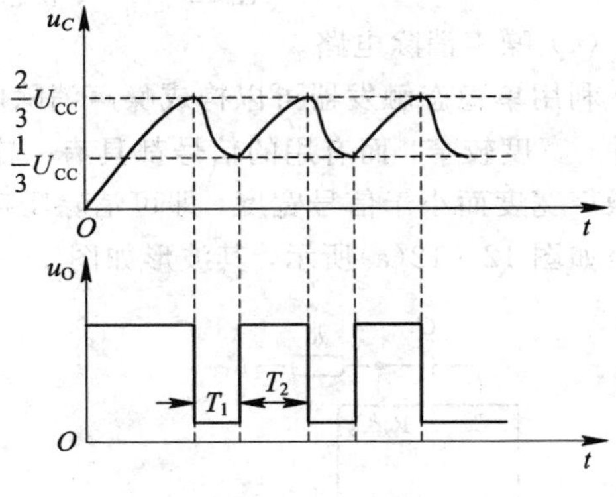

图 12－14　多谐振荡器工作波形

矩形波的周期取决于电路的充、放电时间常数，其充电的时间常数为$(R_1+R_2)C$，放电时间常数为 R_2C，则输出脉冲的周期为

$$T = T_1 + T_2 = 0.7(R_1 + 2R_2)C \tag{12-11}$$

习　题

12－1　用 555 定时器组成施密特触发器，当输入控制端 CO 外接 6 V 电压时，回差电压为(　　)。

A. 0 V　　　B. 2 V　　　C. 4 V　　　D. 6 V

12－2　单稳态触发器有(　　)个稳态。

A. 0　　　　　B. 1　　　　C. 2　　　D. 3

12－3　为了把杂乱的、宽度不一的矩形脉冲信号，整形成具有固定脉冲宽度的矩形波信号输出，应选用(　　)电路。

A. 施密特触发器　　　　　　B. 单稳态触发器

C. 双稳态触发器　　　　　　D. 无稳态触发器

12－4　试用555定时器构成施密特触发器，电源电压 $U_{CC}=15$ V，输入信号 u_I 为三角波，画出输出电压 u_o 的波形，并写出回差电压表达式。

12－5　利用555定时器构成一个鉴幅电路，实现图题12－5所示的鉴幅功能，其中，$U_{TH}=18$ V，$U_{TR}=1.6$ V。要求画出电路图，并标明电路中相关的参数值。

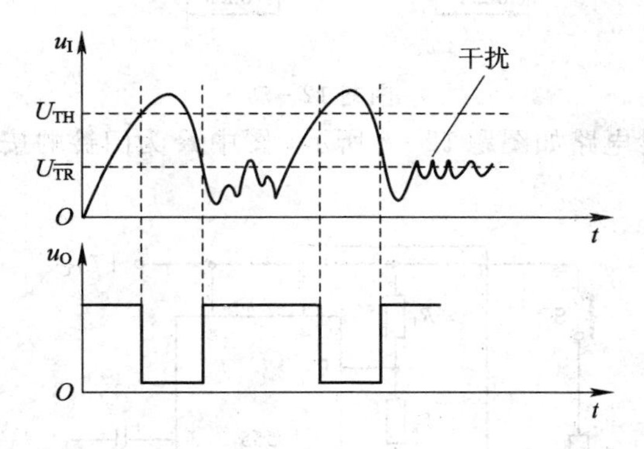

图题12－5

12－6　由555定时器组成的脉冲宽度鉴别电路及输入 u_I 波形如图题12－6所示。集成施密特电路的 $U_{T2}=3$ V、$U_{T1}=1.6$ V，单稳的输出脉宽 t_W 有 $t_1<t_W<t_2$ 的关系。对应 u_I 画出电路中B、C、D、E各点波形，并说明D、E端输出负脉冲的作用。

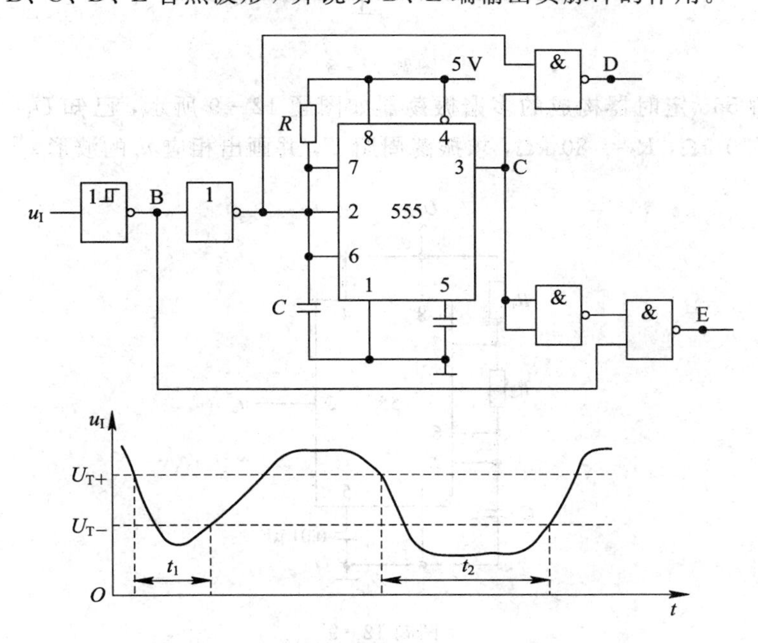

图题12－6

12-7　单稳态电路的输入、输出波形如图题 12-7 所示，设 $U_{CC}=5$ V，电容 $C=0.17$ μF。试画出由 555 定时器组成的电路，并确定电阻 R 的值。

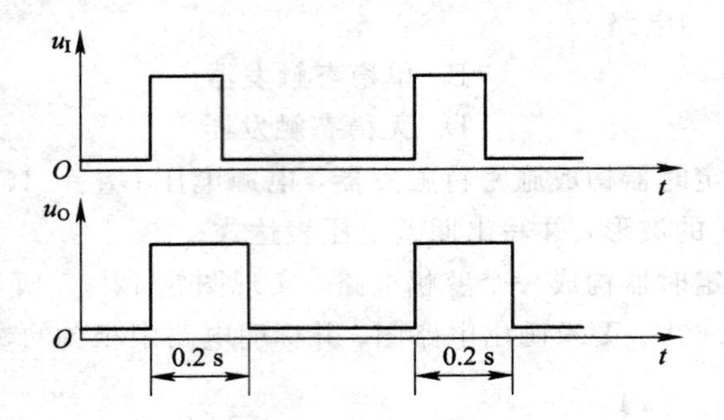

图题 12-7

12-8　为电子门铃电路如图题 12-8 所示，图中 R 为门铃的按钮，试分析电路的工作原理。

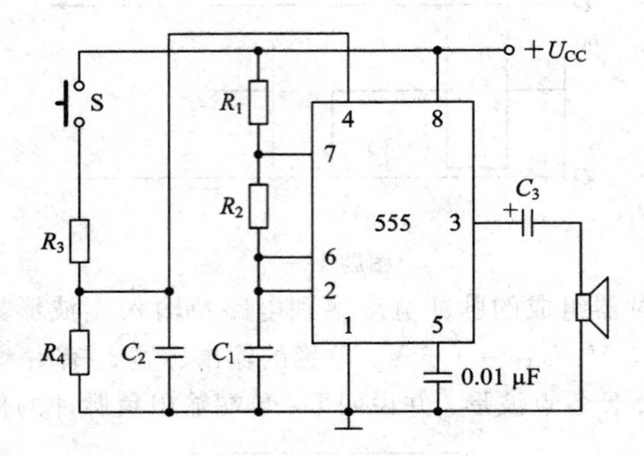

图题 12-8

12-9　由 555 定时器构成的多谐振荡器如图题 12-9 所示，已知 $U_{CC}=10$ V，$C=0.1$ μF，$R_1=20$ kΩ，$R_2=80$ kΩ，求振荡周期 T，并画出相应 u_o 的波形。

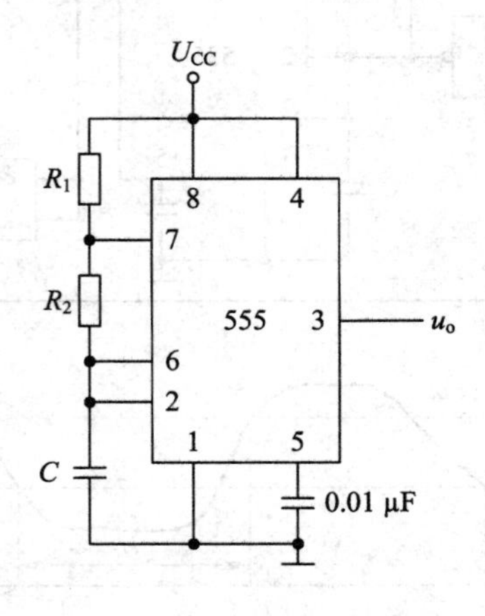

图题 12-9

12-10　由两个 555 定时器构成的电子触摸游戏电路如图题 12-10 所示，图中 A 为触摸端，当触摸到 A 时，相当于给 555 的 TR 端输入一个触发脉冲，试分析电路的工作原理。

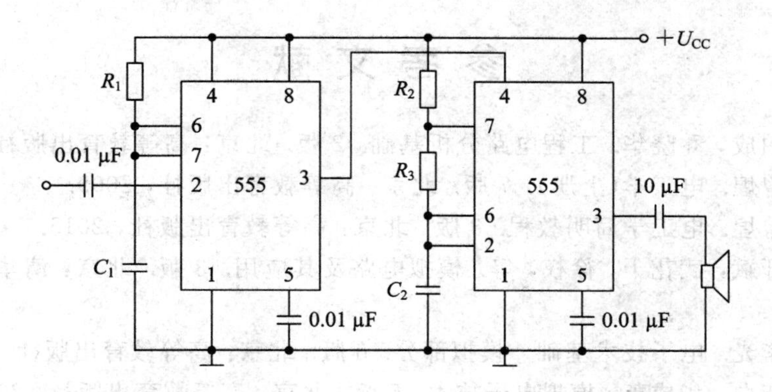

图题 12 - 10

12 - 11　分析如图题 12 - 11 所示电路，简述电路组成及工作原理。若要求扬声器在开关 S 按下后，以 1.2 kHz 的频率持续响 10 s，试确定图中 R_1、R_2 的阻值。

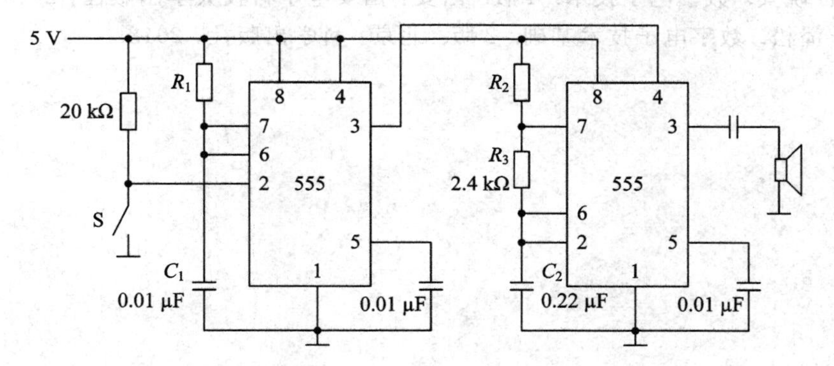

图题 12 - 11

参考文献

［1］ 包伯成，乔晓华．工程电路分析基础．2版．北京：高等教育出版社，2013.

［2］ 秦曾煌．电工学(上册)．7版．北京：高等教育出版社，2009.

［3］ 秦曾煌．电工学简明教程．3版．北京：高等教育出版社，2015.

［4］ 储开斌，武花干，徐权，等．模拟电路及其应用．3版．北京：清华大学出版社，2017.

［5］ 康华光．电子技术基础—模拟部分．6版．北京：高等教育出版社，2013.

［6］ 童诗白，华成英．模拟电子技术．5版．北京：高等教育出版社，2015.

［7］ 朱正伟．数字电路逻辑设计．3版．北京：清华大学出版社，2017.

［8］ 阎石．数字电子技术基础．6版．北京：高等教育出版社，2016.

［9］ 江晓安．数字电子技术．4版．西安：西安电子科技大学出版社，2019.

［10］ 潘松．数字电子技术基础．2版．北京：科学出版社，2018.